Inszenierung und Optimierung des Selbst

Ralf Mayer · Christiane Thompson
Michael Wimmer (Hrsg.)

Inszenierung und Optimierung des Selbst

Zur Analyse gegenwärtiger Selbsttechnologien

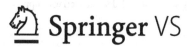

Springer VS

Herausgeber
Dr. Ralf Mayer
Prof. Dr. Christiane Thompson

Martin-Luther-Universität
Halle-Wittenberg
Deutschland

Prof. Dr. Michael Wimmer
Universität Hamburg
Deutschland

ISBN 978-3-658-00464-4   ISBN 978-3-658-00465-1 (eBook)
DOI 10.1007/978-3-658-00465-1

Die Deutsche Nationalbibliothek verzeichnet diese Publikation in der Deutschen Nationalbibliografie; detaillierte bibliografische Daten sind im Internet über http://dnb.d-nb.de abrufbar.

Springer VS

Springer VS ist eine Marke von Springer DE. Springer DE ist Teil der Fachverlagsgruppe Springer Science+Business Media.
www.springer-vs.de

Inhalt

III

IV

Inszenierung und Optimierung des Selbst. Eine Einführung

Ralf Mayer / Christiane Thompson

1. Über die ‚Arbeit am Selbst'

Kulturelle Formen und Praxen der Inszenierung und Optimierung des Selbst spielen heute in der alltäglichen Lebensgestaltung und Lebensführung eine herausragende Rolle. Die Erstellung und Anpassung von Profilseiten in sozialen Netzwerken und Partnerbörsen, die Inanspruchnahme unterschiedlichster Formen von Beratung und Coaching, um das ‚eigene Potential' zu entwickeln und zu präsentieren, sowie die verschiedensten Strategien der Evaluation belegen die Permanenz und Intensität, mit der Menschen heute aufgefordert sind, an sich und ihrer Erscheinung zu arbeiten, mit anderen Worten: sich erneut und verändert im Horizont gesellschaftlich bestimmter Vorstellungen von „Schönheit", „Erfolg", „Leistungsfähigkeit" etc. zu entwerfen und auszulegen.

Betrachtet man die Bandbreite der kulturellen Formate der ‚Arbeit am Selbst', so ist – bei aller Unterschiedlichkeit der Vollzüge und Zielvorstellungen dieser Praxen – auffällig, wie stark in ihnen vorausgesetzt wird, dass über das Selbst verfügt werden kann. Inwiefern dabei die Grenzen denkbarer Verfügungsmöglichkeiten zunehmend verwischen, wird z.B. in den Manipulationen und Veränderungen des eigenen Körpers greifbar: In Operationen, Piercings u.ä. erscheint der Körper weniger im Rahmen einer dezidierten Aushandlung der Grenze des Möglichen, sondern vielmehr im Kontext eines entgrenzten Anspruchs der Überschreitung des Normalen, Schönen und Gesunden (vgl. Borkenhagen 2001). Auch die wachsende Zahl von Beiträgen zum Selbstcoaching, in denen das Ratgeben zum ultimativen Ratgeber-Thema avanciert, kann beispielhaft für die Voraussetzung einer Verfügungsposition in der Findung des Selbst und der ‚Arbeit am Selbst' angeführt werden.

Dem Postulat einer (positiven) Selbstveränderung sowie eines souveränen Zugriffs auf das „Selbst" liegt eine eigentümliche und spannungsreiche Doppelstruktur zugrunde. Die ‚Arbeit am Selbst' impliziert eine Position von Autonomie bzw. Verfügung *und zugleich* eine kaum eingeschränkte Disponibilität für

Veränderungen und damit ein Unterworfensein unter wechselnde Ansprüche und Anforderungsprofile. Über die ‚Arbeit am Selbst' erschließen sich demnach nicht nur immer wieder neue Möglichkeiten zu *sein*; vielmehr realisiert diese Arbeit das Selbst als radikal gestaltbares, *als* Versprechen, Unsicherheit und Zumutung: Sie situiert es in einer Differenz zu sich, in der Aufforderung seiner Steigerung und Überschreitung.

Wenn in diesem Band von einer „Inszenierung und Optimierung des Selbst" die Rede ist, so geschieht dies vor dem Hintergrund der genannten und im Folgenden zu entwickelnden Doppelstruktur. Inszenierung und Optimierung sind dann nicht als Konzepte zu verstehen, die unproblematisch ‚Schein' und ‚Sein', ‚Rückschritt' und ‚Fortschritt' indizieren. Als solche erlägen sie der gängigen Autonomie- und Verfügungsrhetorik, ohne systematisch den Verwicklungen und der Komplexität der Arbeit am „Selbst" gerecht zu werden. Anschaulich wird dies am Schönheitshandeln, wie Nina Degele (2004) aufgezeigt hat: In der selbstgerichteten Vorstellung, im Schönheitshandeln „etwas für sich zu tun", wirken zuletzt soziale Erwartungen, normalisierte Idealvorstellungen und damit auch Unterwerfung und Kontrolle.

Für die systematische Ausarbeitung der ‚Arbeit am Selbst' hat sich die Kategorie der „Subjektivierung" bewährt, da sich mit ihr im Anschluss an die Arbeiten Michel Foucaults (2000) und Judith Butlers (2001) die oben genannte Doppelstruktur ausarbeiten lässt. „Subjektivierung" impliziert, die Vorstellung einer fundierenden philosophischen Subjektivität aufzugeben, um einen machtvollen Prozess sozialer Hervorbringung zu denken, mit dem Verständigungen über sich und das eigene Handeln einhergehen: „It is a form of power that makes individual subjects. There are two meanings of the word ‚subject': subject to someone else by control and dependence, and tied to his own identity by a conscience or self-knowledge" (Foucault 2000: 331). Foucault legt Subjektivierung als einen komplexen und auch rätselhaften oder paradoxen Prozess der Subjektkonstitution aus, in dem die Ansprechbarkeit auf bzw. die Aneignung von Möglichkeiten einen sozialen Raum der Selbstbestimmung evozieren. Das Spiel der Selbstbestimmung wird auf dem Feld der anderen gespielt. Michael Wimmer hat von einer „szenischen Einheit" von sozialer Normierung und individueller Autonomisierung gesprochen (Wimmer 2002: 113). Christoph Menke hat auf eine grundsätzliche Ununterscheidbarkeit zwischen ästhetischer Existenz und Disziplin hingewiesen, die ebenfalls auf die Chiffre der ‚Arbeit am Selbst' bezogen werden kann (Menke 2003: 299).

Werden ‚Selbstführung und Fremdführung' als produktives Wechselverhältnis gedacht oder – in der anerkennungstheoretischen Formulierung Butlers

– indem Individuen ihre Existenz im Rahmen von Kategorien vollziehen und erschließen, die dieser vorausgehen (Butler 2001: 24f.), eröffnet sich ein Raum, in dem darum gerungen werden muss, wer man eigentlich ist. Ulrich Bröckling erläutert diesen Gedanken in seinen Studien zum „unternehmerischen Selbst" am Doppelsinn des Wortes „Aufgabe" im Sinne von „etwas, das man zu tun hat, und etwas, das man aufhört zu tun beziehungsweise preisgibt" (Bröckling 2007: 29). In der produktiven Verweisung von Selbst- und Fremdführung, im relationalen Existieren in und mit anderen, wird die Frage nach originärer Selbstbestimmung unbeantwortbar, ohne dass es eine Entlastung von der Beantwortung der Frage nach dem Selbst geben könnte.

Mit der systematischen Figur der ‚Arbeit am Selbst' ist zuletzt eine Historisierung von Subjektivierung verbunden: „Die Serie von Subjektivitäten wird niemals zu einem Ende kommen", äußert Foucault in einem Interview mit Ducio Trombadori (Foucault 1997: 85), „und uns niemals vor etwas stellen, das ‚der Mensch' wäre. Der Mensch ist ein Erfahrungstier: Er tritt ständig in einen Prozeß ein, der ihn als Objekt konstituiert und ihn dabei gleichzeitig verschiebt, verformt, verwandelt – und der ihn als Subjekt umgestaltet." Was hier im Kontext humanwissenschaftlicher Betrachtung formuliert wird, eine Betrachtung, die durch eine Verwicklung der Subjekt- und Objektposition der Erkenntnis gekennzeichnet ist, impliziert nach Foucault, eine anthropologische Grundlegung *des Menschen* aufzugeben und an ihrer Stelle die Aufmerksamkeit auf die vielfältigen historischen und kulturellen Formen der ‚Arbeit am Selbst', auf die Serie der Subjektivitäten, zu richten.

In eben diesem Sinn wird im vorliegenden Band neben der systematischen eine gegenwartsanalytische Untersuchungsperspektive entfaltet, die aktuelle Formen der ‚Arbeit am Selbst', insbesondere in ihrer pädagogischen Relevanz, in den Blick nimmt. Der systematische und gegenwartsanalytische Bezug zur Pädagogik gibt dabei den Untersuchungen eine besondere Rahmung; denn die Problemsignatur der neuzeitlichen Pädagogik besteht gerade darin, die Möglichkeit individueller Selbstbestimmung zu gewährleisten und diese gerade auch gegen gesellschaftliche Vereinnahmungen und Normalisierungen zu verteidigen (vgl. Schäfer 2012). Paradigmatisch lässt sich dies am Erziehungsroman „Emile" (Rousseau 1995) verdeutlichen, in dem Rousseau die Erziehung als Ermöglichung der Identität des jungen Emile von der Erzieherfigur her konzipiert, der in Aufopferung und Stellvertreterposition die offene Zukunft des Kindes gegen gesellschaftliche Normalitätsansprüche sichern soll (vgl. ebd.: 16, auch Schäfer 2002, 2007). Und auch der neuzeitliche Einsatz des Bildungsbegriffs liegt im Versprechen der Selbstbestimmung gegen gesellschaftliche Funktionalität und Brauchbarkeit, dem

Horizont einer Existenz, die im Einklang mit der sie kennzeichnenden Gedanklichkeit steht (Schäfer 2011, Thompson 2002).

Der Anspruch der Selbstbestimmung des Kindes bzw. des sich bildenden Individuums hat der Pädagogik von Anfang an Probleme und Paradoxien eingebracht (Wimmer 2006, Schäfer 2009); denn wie sollte es der Erziehung möglich sein, die Zukunft des Kindes offen zu halten, ohne diese zum Gegenstand einer kategorialen oder inhaltlichen Bestimmung zu machen und sie also gerade zu schließen?[1] Wie können sich Bildungsprozesse, die nur in und als Auseinandersetzung mit Welt und damit im Kontext soziosymbolischer Ordnung vollzogen werden, in reflexiver Distanz zu den sie ermöglichenden Ordnungen realisieren? An welchen Kriterien oder Kategorien ließe sich Bildung qua Selbstbestimmung festmachen?[2]

Es ist nicht verwunderlich, dass erziehungswissenschaftliche Studien in historisch-systematischer und empirischer Ausrichtung gerade auch die machtvolle Produktivität theoretischer und praktischer Pädagogik für die ‚Arbeit am Selbst‘ zum Thema machen. Jan Masschelein und Norbert Ricken haben die neuzeitliche Bildung mit einem Individualisierungs- und Verantwortungsregime in Verbindung gebracht (Masschelein/Ricken 2003). Käte Meyer-Drawe hat die disziplinarische Herausbildung des Individuums in reformpädagogischen Zusammenhängen analysiert (Meyer-Drawe 2001). Exemplarisch seien für die Analyse des konstitutiven Zusammenhangs von Selbst- und Fremdführung in pädagogischen Institutionen und Praxen Studien zur Individualisierung in der Schule (Rabenstein 2008), zu neuen Lernformen (Wrana 2009) und Lernbegriffen, wie dem „lebenslangen Lernen" (Pongratz 2006), zur schulischen Vereinbarungskultur (Dzierzbicka 2006), zum Evaluationsregime (Masschelein/Simons 2005, Thompson 2013) sowie zu veränderten bildungsökonomischen Rahmungen pädagogischer Institutionen (Liesner 2009) genannt.

Die Pädagogik stellt – grob gesagt – ein paradigmatisches Feld dar, in dem sich gegenwärtig die „Inszenierung und Optimierung des Selbst" untersuchen lässt; denn die Pädagogik muss in ihrem Anspruch der Ermöglichung individueller

---

1   Auf das fundamentale pädagogische Problem der Relation zwischen der (Er-)Öffnung und Unterstützung individueller oder gesellschaftlicher Lebensentwürfe und je spezifischer Bestimmungs- bzw. Schließungsversuche kommt *Sabrina Schenk* in ihrer Auseinandersetzung mit historisch wie systematisch orientierten Lesarten utopischer sowie dystopischer Entwürfe zu sprechen. Dabei arbeitet sie sich an pädagogischen, literarischen und ästhetischen (Traditions-)Linien ab, die das gespannte Verhältnis von Gegenwart und Zukunft, von Möglichkeit und Wirklichkeit, von Optimierung und Reglementierung inszenieren.

2   Im Beitrag von *Paula-Irene Villa* wird die These verfolgt, dass die Schönheitschirurgie als logische Konsequenz moderner Subjektivierung – gerade auch im Zusammenhang aufklärerischer Selbstbehauptung – verstanden werden kann. Vor dem Hintergrund einer zunehmenden Prekarisierung der gesellschaftlichen Bedingungen avanciert der Körper, so Villa, zum Medium der Selbstgestaltung mit dem Ziel, Handlungssicherheit (wieder-)herzustellen.

Selbstbestimmung fortgesetzt theoretische und praktische Antworten auf Fragen finden, die sich in Kontexten der Realisierung ihres Versprechens stellen. Diese findet sie in neuen Verfahren[3], Technologien und Handlungskonzepten[4], welche einen Raum individueller Selbstbestimmung und Selbstauseinandersetzung eröffnen sollen. Darüber hinaus gibt die Pädagogik aus systematischer Sicht einen weiterführenden Bezugsrahmen für die Inszenierung und Optimierung des Selbst ab. Dies hat mit der oben ausgeführten Doppelstruktur der Subjektivierung zu tun, welche die Pädagogik als theoretische und praktische Wissenschaft besonders tangiert: Die Pädagogik hält ein Versprechen individueller Selbstbestimmung offen, das sie nicht halten kann. Sie tritt für die Offenheit des Kindes und dessen Zukunft ein, ohne ihm bzw. seiner Zukunft doch je gerecht werden zu können. Die Pädagogik ist damit in einem Terrain situiert, in dem über grundbegriffliche Konzeptionen, Technologien, Ziele pädagogischen Handelns gestritten werden kann: Auf welche Weise kann die Pädagogik aber die Komplizenschaft mit gesellschaftlichen Ordnungs- und Normalvorstellungen verhindern?[5] Auf welcher Grundlage werden Widerstand und Kritik gegen gegenwärtige Regime der Selbstbestimmung möglich? Oder erscheinen subversive Strategien eher unmöglich?

Diese Fragen lassen sich kaum eindeutig beantworten. Denn was im Kontext der neuen Technologien des Selbst auffällt, ist die Schwierigkeit, die Grenze zwischen Zwang und Freiheit, zwischen individueller Selbstbestimmung und sozialer Nötigung noch zweifelsfrei bestimmen zu können. So wollen wir im Folgenden zunächst einmal historisch-systematisch die ‚Arbeit am Selbst' in ihrer Wirkmächtigkeit für die moderne Pädagogik aufnehmen, so dass sich die Kategorien der Inszenierung und Optimierung näher bestimmen lassen (2.). Auf diese Weise wird es im dritten Teil möglich, an einem Beispiel die zentralen Gesichtspunkte der ‚Arbeit am Selbst' zu konkretisieren (3.) und diese dann im vierten Teil zu pointieren (4.).

---

3   *Sandra Koch* und *Gesine Nebe* untersuchen in ihrem Beitrag ein in Deutschland zunehmend verbreitetes Verfahren pädagogisch motivierter Beobachtung: die Bildungs- und Lerngeschichten. Unter Bezugnahme auf Bruno Latours Inskriptionsbegriff zeigen sie an einer exemplarischen Analyse, wie über die verschiedenen Schritte des Beobachtungsverfahrens das ‚Kind' als Bildungssubjekt konstituiert und bearbeitet wird.

4   Vgl. hierfür das Trainingsraum-Konzept, mit dem aktuell in Schulen ‚Disziplinprobleme' bearbeitet werden. In seinem Beitrag führt *Ludwig A. Pongratz* eine gouvernementale Analyse und kritische Sichtung des Verfahrens durch. Im Zentrum steht dabei, wie die Technologien der Selbstführung im ‚Trainingsraum-Konzept' über Marktlogiken und vertragsrechtliche Figuren operieren.

5   *Sarah-Marie Puhr* und *Kirsten Puhr* erarbeiten in ihrem Beitrag auf dem Hintergrund einer anthropologisch und diskursanalytisch orientierten Lektüre spezifische Figuren der Selbstdarstellung im Rahmen einer Internetpräsenz, die sie als „Inszenierungen ‚körperlicher Behinderung'" erschließen. Die darin zum Ausdruck kommende Spannung zu normalisierenden Ordnungsvorstellungen kontrastieren die Autorinnen ebenfalls mit dem Bildungsversprechen selbstbestimmter Partizipation.

2. Herkünfte und Probleme neuzeitlicher Selbstbestimmung

Die Notwendigkeit einer ‚Arbeit am Selbst' ist keine Erfindung der jüngeren Management- oder Unternehmenskultur. In unseren einleitenden Bemerkungen ist bereits deutlich geworden, dass die „Inszenierung und Optimierung des Selbst" durch den Verweis auf gegenwärtige kulturelle und gesellschaftliche Wandlungsprozesse (Virtualisierung, Medialisierung, Informatisierung, Flexibilisierung, Entgrenzung etc.) nicht hinreichend erschlossen werden kann. Es bedarf dagegen einer „Genealogie der Subjektivierung" (Bröckling 2007: 19ff.), die aus der Perspektive der Doppelstruktur der Subjektivierung den Blick darauf richtet, wie die unlösbare Aufgabe, ein Subjekt zu sein, jeweils vollzogen, beschrieben und gefordert wird bzw. worden ist. Die neuzeitliche Anthropologie gehört in die Reihe dieser Beschreibungen; zugleich hat sie einen allgemeinen Rahmen hervorgebracht, innerhalb dessen Menschen beginnen, ihre Existenz zu verstehen und zu gestalten.[6]

Das moderne anthropologische Theorem, nach dem der Mensch nicht einfach Mensch ist, sondern zu einem solchen werden muss, bildet den Dreh- und Angelpunkt der modernen Pädagogik. Uns interessiert an dieser Stelle indes nicht die Begründungskraft, welche dieses Theorem für pädagogische Denker wie Rousseau oder Kant besitzt, sondern vielmehr die Art und Weise, wie in für die Pädagogik wichtigen Referenztexten die ‚Arbeit am Selbst' Kontur gewinnt. Unsere Ausführungen begrenzen wir auf Schlaglichter im Ausgang von der renaissance-humanistischen Auffassung der Freiheit und Würde des Menschen, in der der Zusammenhang von Bildung und Selbstgestaltung bzw. Selbstbestimmung formuliert wird (Buck 1991).

In seiner Rede „Über die Würde des Menschen" (1486) formuliert Pico della Mirandola seine Auffassung des Menschen als eines unbestimmten Wesens, das die Freiheit besitze, sich selbst zu gestalten. Diese Bestimmung wird bei Pico in eine Schöpfungserzählung eingebettet, in der Gott dem Menschen eine Stellung in der Schöpfung zuweist, die ihm zugleich ermöglicht, sich auf das Ganze der Schöpfung zu beziehen: in der Position des bewundernden Betrachters. In dieser „Mitte der Welt", wie Pico sagt (Pico 1990: 5), ist es dem Menschen möglich zu schauen, „was es alles in dieser Welt gibt". Eingesetzt in diese Mitte steht der Mensch unter der Anrufung Gottes, die Pico sprichwörtlich inszeniert:

---

6   Dass allgemeine Gesellschaftsdiagnosen, wie „Leistungsgesellschaft", „Aktivgesellschaft" etc., in ihrer analytischen und reflexiven Qualität begrenzt sind, zeigt *Norbert Ricken* in seinen Lektüren von Ehrenberg und Han. Die Unmöglichkeit des Subjekt-seins arbeitet Ricken über den metaphorischen Ausdruck der „Grenzen des Selbst" aus, die einen veränderten Blick auf heutige Strategien der Inszenierung und Optimierung des Selbst sowie auf das pädagogische Projekt zu werfen erlauben.

„Also war er zufrieden mit dem Menschen als einem Geschöpf von unbestimmter Gestalt, stellte ihn in die Mitte der Welt und sprach ihn so an: ‚Wir haben dir keinen festen Wohnsitz gegeben, Adam, kein eigenes Aussehen noch irgendeine besondere Gabe, damit du den Wohnsitz, das Aussehen und die Gaben, die du selbst dir aussiehst, entsprechend deinem Wunsch und Entschluß habest und besitzest. (...) Weder haben wir dich himmlisch noch irdisch, weder sterblich noch unsterblich geschaffen, damit du wie dein eigener, in Ehre frei entscheidender, schöpferischer Bildhauer dich selbst zu der Gestalt ausformst, die du bevorzugst'" (ebd.: 5ff.).

Pico entwirft einen austarierten Rahmen, in dem die menschliche Freiheitsgestaltung als Antwort auf die Anrufung Gottes verständlich wird. Die Gestaltung der Freiheit vollzieht sich bei Pico, dies ist auch in bildungstheoretischen Lektüren immer wieder hervorgehoben worden, im Rahmen der von Gott geschaffenen Ordnung (Ruhloff 1993, Riemen 1989). Wichtig an diesem Gedanken ist in unserer Argumentation die Universalisierung, welche in der Bestimmung liegt, die Gestaltung der menschlichen Freiheit als ein Sich-Verhalten zur Schöpfungsordnung bzw. zur Anrufung Gottes zu begreifen. Sie lässt den Menschen – Adam in Stellvertretung für die gesamte menschliche Gattung – *in Erscheinung treten*, so dass den Einzelnen eine *Referenz* für ihr Freiheitshandeln zugänglich wird: Als Betrachter der Schöpfung Gottes werden Möglichkeitsräume der menschlichen Existenz *inszeniert* und zugleich *Horizonte* der Vervollkommnung, Selbstbestimmung oder Bildung des Menschen eröffnet.[7]

Picos Rede über die Freiheit des Menschen führt vor, wie der einzelne sich in einem inszenatorischen Rahmen als Subjekt erkennt und handlungsfähig wird.[8] Die Freiheit des Menschen ist zwar ein Verfügen über Wahlmöglichkeiten, und doch unterliegt sie einem Ordnungszusammenhang, der bei Pico durch die Schöpfungsordnung begründet wird. Es handelt sich, anders gesagt, um eine *geordnete Freiheit* – ein Ausdruck, der sich als Chiffre für den Möglichkeitsraum des Pädagogischen (hier: die Bildung des Menschen) eignen könnte.[9]

---

7   Bezogen auf Pico ist leicht nachvollziehbar, auf welcher Grundlage die Unterwelt des Viehs gegenüber der Erhebung in die höhere Welt des Göttlichen durch den Entschluss des eigenen Geistes herausgestellt wird. Wir werden diese konkreten Optionen im weiteren Verlauf nicht diskutieren, da es uns an dieser Stelle nur darum geht zu zeigen, dass die Struktur der Möglichkeitsräume der Selbstbestimmung von einer Operation der Inszenierung abhängt.

8   Gerade die rhetorische Qualität solch inszenatorischer Rahmungen – die sich von erkenntnistheoretischen Unterscheidungen wie ‚Schein' und ‚Wirklichkeit' absetzt und nach der Wirksamkeit sprachlich-medialer Hervorbringungen des Selbst fragt – bildet den Gegenstand des Beitrags von *Angela Höller, Kristin Scholz, Sabrina Schröder* und *Pauline Starke*. Ihre das Moment von Performativität und Negativität betonende Lesart der Rhetorik erproben die Autorinnen an einem Text als „Form der Darstellungspraxis" und pointieren dabei gerade die produktive Unabschließbarkeit in den Inszenierungsfiguren des Selbst.

9   Die LeserInnen des Emile werden sich an die wohlgeordnete Freiheit der Erziehung erinnern, mit der Rousseau eben jenen pädagogischen Raum des Denkens und Handelns für Emile, aufspannen zu können meint, in dem es diesem gelingen sollte, als mit sich identisch zu exis-

Ungeachtet der vielfältigen Register und Formen der Selbstbestimmung kann aus der Perspektive der historisch-systematischen Pädagogik von einer „entfesselten Dynamik" der Selbstvervollkommnung (Ruhloff 1993: 170) bzw. einer sich vertiefenden Selbstbemächtigung des Menschen gesprochen werden (Ballauff 2004). Dies ist verbunden mit einem Telosschwund bzw. einer Deteleologisierung von Bildungs- und Erziehungsprozessen. Günther Buck hat dieses Konzept als Verschiebung von einem organologischen hin zu einem identitätstheoretischen Bildungsverständnis gedeutet, bei gleichzeitiger Zersetzung der theologisch-metaphysischen Ordnung: „Das Identitätskriterium ist so die letzte Etappe, die Reststufe im Prozess des neuzeitlichen Telosschwunds. Von allen in der langen Geschichte der Sinndeutung menschlicher Praxis wirksam gewesenen Kriterien des guten Lebens bleibt nur noch diese Idee ihres formalen Grundzugs" (Buck 1984: 159). Das Identitätstheorem, das nach Buck den Bildungsprozess gegen die geschichtliche Selbstentfremdung des Menschen in Stellung bringt, fungiert lediglich als formale Bestimmung.

Die Selbstreferentialität von Bildung und Selbstbestimmung lässt sich als eine Art *Uridee* von Optimierung begreifen. Pädagogische Prozesse werden nicht im Lichte vorgegebener Lebensformen und Ordnungsvorstellungen konzeptualisiert und begründet. Neue Gestaltungsoptionen sind nicht mehr vor traditionellen Auffassungen zu legitimieren; vielmehr muss umgekehrt der bislang erfahrene und traditionell geordnete Raum des Sozialen und des Selbst seine Existenzberechtigung vor den neuen Handlungsmöglichkeiten und Erwartungshorizonten ausweisen.[10] Moderne Technologien haben eben diese Selbstreferentialität zusätzlich verstärkt. Dies hängt mit den zunehmenden Gestaltungsoptionen zusammen, aber auch damit, dass diese Entwicklungen unablässig die Frage nach dem Menschen erneuern, nach dem, was ‚human' sei.[11]

---

tieren (Rousseau 1995). Die wohlgeordnete Freiheit bestimmt, anders gesagt, die Grenzen des pädagogischen Raums. Analysen der Konstitution und Struktur pädagogischer Räume sind vielfach von Alfred Schäfer vorgelegt worden (vgl. exemplarisch Schäfer 1989, 2009, 2012).

10 *Gerhard Gamm* eröffnet in seinem Beitrag ein Feld vielfältiger Analysevarianten des in der Moderne sich radikalisierenden Verbesserungsimperativs. Dabei diskutiert er die sich hieraus für das Konzept des Selbst ergebenden Problemstellungen mit Blick auf neuzeitliche Diagnosen des Sozialen, auf damit verbundene Ansprüche und Legitimationsdiskurse.

11 Die Frage nach dem Humanum vollzieht sich in Form einer unabschließbaren Selbst- und Weltlektüre. In ihren maschinellen Kreationen fragt die Kreatur nach ihren eigenen Möglichkeiten und Begrenzungen, nach Macht und Ohnmacht, nach ihrem Proprium, Mischformen und dem ihr Fremden, nach dem, was natürlich, lebendig, biologisch und was Kultur, künstlich, automatenhaft oder gar tot sei. Die entsprechenden Maßstäbe und Perspektiven – um Identität und Differenz, Privileg und Opposition, Kontinua und Diskontinuitäten verändern sich mit dem Entwicklungsprozess Neuer Technologien (vgl. Tholen 1994: 111ff., Meyer-Drawe 1996: 112, Kaltenborn 2001: 15, Tibon-Cornillot 2002, Mayer 2011).

Die Optimierung liegt durchaus auf der Linie des klassisch pädagogischen Theorems der Selbsttätigkeit „als Bestimmtsein des Menschen zur Selbstbestimmung" (Benner 1980: 490); denn die in diesem Theorem enthaltene begründungstheoretische Wendung führt über die Begründung von Pädagogik bzw. Bildungstheorie hinaus dazu, dass die Koordinaten zur Konstitution des pädagogischen Raums immer wieder von neuem theoretisch und praktisch zu verhandeln sind.[12] Dies impliziert eine Aufforderung zu permanenter Selbstvergewisserung. Pädagogische Rationalitätsformen, Begründungsentwürfe, Freiheitsvorstellungen, aber auch pädagogische Technologien und Verfahren müssen dann unter der Perspektive postdisziplinärer Führung untersucht werden – gerade auch was ihre Überlagerung und wechselseitige Durchdringung betrifft; denn mit ihnen kommen eine Materialität und Medialität[13] mit spezifischen Eigenlogiken und Eigendynamiken in den Blick.

Massimo de Carolis (2009) hat das Feld der Optimierung über letztlich unabschließbar verschränkte theoretische und praktische Führungslinien charakterisiert, in denen sich die Logiken technologischer Programme und unterschiedlichste Phänomenbereiche menschlicher Praxis beständig durchqueren. Die Logiken überformen bzw. transformieren gleichsam die Phänomenbereiche, so dass sich stets veränderliche Räume der Betrachtung, des Wissens und der Intervention herausbilden. Dazu bedarf es der Übersetzung oder Verifikation technologischer Programme auf die bzw. der Ebene des Praktischen. Die sich herausbildenden Praxen wirken wiederum auf den ‚Logos' der Technik, auf die theoretischen Programmatiken und Konzepte zurück. Dieses komplexe wechselseitige Übersetzungs- und Durchdringungsgeschehen beschreibt de Carolis angesichts einer sich in alle Lebensbereiche einschreibenden Technik als ein unaufhörliches „Optimierungsprogramm" (de Carolis 2009: 11).

De Carolis' Ausführungen machen die Unübersichtlichkeit von Optimierungsprozessen deutlich: In diesen greift eine unkontrollierbare wie stets relationale (Eigen-)Dynamik (ebd.: 11ff.). Ganz in diesem Sinn hat Ulrich Bröckling

---

12   Das Thema der „Schulwahl", das *Jens Oliver Krüger* in seinem Beitrag über eine Diskursanalyse von Ratgebern untersucht, ist hierfür ein gutes Beispiel; denn zum einen ist die „Schulwahl" als Aufgabe von Eltern nicht immer ein Thema gewesen, wie Krüger darlegt. Zum anderen verdeutlicht die Analyse, dass Ratgeber die Fragen pädagogischer Entscheidung und Verantwortung nicht auflösen, sondern die Aufgabe pädagogischer Selbstvergewisserung auf Dauer stellen.

13   Der Gegenstand von *Anna Tuschlings* medienkulturwissenschaftlichem Beitrag sind komplexe medientechnisch eröffnete Schnittstellen zwischen menschlichen Vermögen und maschinellen Modellierungen, die auf eine ‚Optimierung von Lernprozessen' zielen. Sie untersucht diesbezüglich die medialen Logiken und Dynamiken in aktuellen Entwicklungen, die das ‚Lernen des Selbst' nicht nur über Rationalität, sondern gleichfalls über sinnlich-emotionale Dimensionierungen und Modi der Selbstbestimmung bzw. -codierung anzusteuern versuchen.

die Suggestivkraft und Entgrenzung von Optimierung herausgestellt: Es gibt kein
stabiles Optimum, vielmehr bewegliche Fluchtpunkte und dynamische Überarbei-
tungsschleifen, in denen sich die einzelnen bewegen.[14] Dabei geraten die Inszenierung des Selbst und mit ihr die *geordnete Freiheit*, die (vorläufig) die Parame-
ter bestimmt, unter denen die ‚Arbeit am Selbst‘ vollzogen wird, in Bewegung.
Schon in diesen knappen Überlegungen zeigt sich, dass der Begriff der Optimierung die Pädagogik damit konfrontiert, die Aspekte der Selbstreferentialität und
Permanenz der ermächtigenden Selbstbestimmung im Horizont der Unbestimmtheit genauer zu analysieren.[15]

Bis zu diesem Punkt lassen sich folgende Aufgaben pointieren: Erstens gilt
es, unter der Perspektive von Foucaults „Serie der Subjektivitäten" eine Analyse gegenwärtiger Formen der ‚Arbeit am Selbst‘ vorzunehmen. Zweitens ist es
wichtig, die Ambiguität des pädagogischen Projekts für die ‚Arbeit am Selbst‘
zu erfassen und zu diskutieren. Drittens sind – nicht zuletzt mit der Aufwertung
technologischer Gesichtspunkte – die Grenzen der Intelligibilität und Anerkennbarkeit des Selbst in der ‚Arbeit am Selbst‘ zu vermessen. Auch die Frage nach
der Uneinholbarkeit[16] des Selbst, seiner Unverfügbarkeit und Selbstverfehlung[17],
liefert systematisch und empirisch bedeutsame Anknüpfungspunkte in einer kritischen Diskussion um die Inszenierung und Optimierung des Selbst. Solche kritischen Auseinandersetzungen knüpfen etwa an ein „anthropologische[s] Interes-

---

14 Diese Überlegungen hat Ulrich Bröckling im Rahmen einer Podiumsdiskussion zum Thema
    „Wir Perfektionisten – Vervollkommnung zwischen Qual und Wahl" am 17. April 2012 in
    Halle/Saale ausgeführt. Organisiert wurde die Veranstaltung vom „Zentrum für Pietismusfor-
    schung" und dem „Interdisziplinären Zentrum zur Erforschung der Europäischen Aufklärung".
    Teile der Podiumsdiskussion sind abrufbar unter: http://www.mdr.de/mdr-figaro/journal/
    perfektionisten110.html. Bröckling hat in diesem Zusammenhang das moderne Streben nach
    Selbstvervollkommnung von der Optimierung abgegrenzt, da die erste auf der Ebene der
    Gattung, die zweite aber auf der Ebene des Individuums operiere. Wir greifen diese Situierung
    in unserer Argumentation nicht auf, da wir mit Foucault herausheben wollen, dass und wie
    die Herausbildung von Anthropologie und Pädagogik auch als eine Antwort auf die Frage der
    Regierung zu begreifen ist (vgl. z. B. Foucault 1992).

15 Im pädagogischen Diskurs wird der Begriff der „Optimierung" oft mit antipädagogischen
    Zügen ausgestattet. Hintergrund ist dabei häufig die Kritik an einer technologischen Reduk-
    tion pädagogischer Prozesse. Wir votieren für eine analytische Wendung: Das pädagogische
    Spektrum von „Weiterentwicklungen", „Verbesserungen", „Reformierungen" etc. ist bislang
    kaum aus einer übergeordneten Perspektive untersucht worden.

16 Dieser Uneinholbarkeit geht *Rainer Kokemohr* über das Rätsel der „Ich-selbst-Referenz" nach.
    Kokemohrs sprachtheoretisch dimensionierter Beitrag folgt der Spur der (neueren) Phänome-
    nologie, welche sich die Unmöglichkeit der Selbstreferenz und Selbstgegebenheit zunehmend
    begrifflich-kategorial zur Aufgabe gemacht hat.

17 *Kerstin Jergus* nähert sich in ihrem Beitrag dieser Thematik zeichen- und differenztheoretisch
    über das „Zitat" an. Es existiert kein Subjekt als Ursprünglichkeit und Eigentlichkeit; vielmehr
    vollziehen sich, so Jergus, Prozesse der Subjektivierung als Ringen um Intelligibilität und als
    unabschließbare Konstitution.

se an der Depression" an (Ehrenberg 2010: 53), an Erfahrungen von Endlichkeit, Exposition, Alterität und Unheimlichkeit (Heidegger). Im Folgenden gilt es, einige schon entwickelte Denkfiguren an einem Beispiel zu konkretisieren. Angeregt durch eine Studie Oliver Müllers (2010), gehen wir dazu auf den Fall des Soziologen Helmut Dubiel ein. Zentraler Gegenstand sind die biographischen Reflexionen Dubiels im Umgang mit seiner Parkinson-Erkrankung. Diese gestatten es, die feinen ‚Bruchlinien der Selbst- und Welterfahrung', wie Müller (2010: 9ff.) mit Waldenfels (2002) formuliert, herauszuarbeiten. Anhand dieses Beispiels lassen sich die Entgrenzung und Radikalisierung der ‚Arbeit am Selbst', das unabschließbare Verhältnis von Selbstbestimmung und Selbstentzug, sowie die Produktivität von Inszenierung und Medialität, abschließend pointieren.

3. Optimierung und Inszenierung in gegenwärtigen Selbsttechnologien

Im historisch-systematischen Abriss zur „Inszenierung und Optimierung des Selbst" wurde eine fortschreitende Dynamisierung und Flexibilisierung erkennbar, welche lineare Optimierungsvorstellungen unterläuft. Die Vervielfältigung von Möglichkeiten und Referenzen in der ‚Arbeit am Selbst' stellt zudem eine Schwierigkeit für die Erforschung der Inszenierung und Optimierung des Selbst dar. Deutlich wurde auch die Bedeutung gegenwärtiger Technisierungsprozesse für die Wahrnehmung, das Verständnis von uns selbst und für unser Handeln. Der Fall Helmut Dubiels (2008) ist in diesem Zusammenhang von besonderem Interesse, da hier das eigene Selbst, respektive der eigene Körper, im Horizont der Auseinandersetzung mit medizinischen Beurteilungen und Behandlungsstrategien auf durchgreifende Weise in den Fokus treten.

Dubiel, den mitten im Leben die Diagnose Morbus Parkinson einholt, schildert in seinem Buch *Tief im Hirn* (2008) seine Erfahrungen mit der bedrängenden und invasiven Seite der Krankheit: Parkinson ‚besetzt' den Körper als kranken, als fremden oder devianten[18], so dass es sukzessive immer schwieriger scheint, Person und Krankheit voneinander zu trennen:

> „Vor fünfzehn Jahren ‚hatte' ich die Krankheit, so wie andere Diabetes oder Arthrose haben. Jetzt, da immer weniger Menschen imstande sind, die Krankheit von meiner Person zu trennen, hat mich die Krankheit. (…) Diese Identifikation mit meiner Krankheit hat zunächst zu tun mit ihrer Unheilbarkeit, sodann mit dem Umstand, dass sie gerade in jene kommuni-

---

18 „(…) weil der übermächtige Gegner sich in meinem Kopf verschanzt hatte. Von da an kann ich in meinen Handlungen keinen Plan, keine Rationalität mehr erkennen. Ich erkenne mich nicht mehr als ein verantwortliches planendes Subjekt" (Dubiel 2008: 61).

kativen Kompetenzen des Körpers eingreift, mittels derer Menschen Kontakt untereinander knüpfen" (Dubiel 2008: 9).

Die Unmöglichkeit der Distanzierung – in der eigenen Wahrnehmung und besonders auch in der Wahrnehmung durch Andere – wird zur zunehmend prekären Referenz des Selbstverhältnisses. Dabei verweisen individuelle, soziale, medizinische und technische Bezugspunkte zunehmend ineinander, so dass sich mit dem ärztlichen Befund ,Morbus Parkinson' Linien der Distanzierung und Differenzierung in bislang maßgebende Wahrnehmungs- und Wissensverhältnisse eintragen. Mit der Erkrankung durchzieht etwas Fremdes, Unbestimmtes, Fragliches das Selbst- und Weltverhältnis – das über die Diagnose jedoch eine spezielle (Wissens-)Form erhält.[19]

Gravierender noch zeigt sich die Befremdung im „sozialen Lebensumfeld" (Dubiel 2008: 43) und den mit ihr verbundenen ,bewährten', angenommenen bzw. anerkannten Normalitätsvorstellungen, die soziale Zusammenhänge und darin auch das Selbst formieren. Die sich modifizierenden Kommunikations-, Interaktions- und Teilhabemöglichkeiten in unterschiedlichen Feldern erfährt Dubiel als (zunehmenden) Verlust selbstbestimmten körperlichen wie geistigen Handelns. Beinahe schicksalhaft bezieht er die schwindende Kontrolle über die eigenen Körperbewegungen, über Mimik, Gestik und Sprache, auf Modellierungen ,normaler Körperordnungen und -präsenz', auf Souveränitäts- und Anerkennungsvorstellungen, die das ihm mögliche Körper- und Selbstbild/-verhältnis begrenzen bzw. verunsichern: „Eines der untrüglichen Merkmale dieser Krankheit ist die eingefroren erscheinende Mimik oder auch gelegentliche unwillkürliche Grimassen. Das hat oft fatale Konsequenzen für die soziale Akzeptanz von Parkinson-Kranken (…). Wer über seinen Gesichtsausdruck nicht mehr Herr ist, kann auch nicht mehr auf die durchschnittliche Bereitschaft seiner Mitmenschen rechnen, die Krankheit von der Person zu trennen" (Dubiel 2008: 14f.).

Was Dubiels Äußerungen an der Schnittstelle individueller und sozialer Rahmungen zeigen, ist, dass etwas an oder in mir selbst mir fremd werden, eine Problematisierung, ja eine ,Verwerfung' erfahren kann. Und doch bleibt der sich vollziehende ,Ausschluss' zugleich Teil des Selbst wie er das Selbst teilt: „Auf einen Schlag fühlte ich mich ausgeschlossen von der Gemeinschaft derer, die

---

19   „Die Diagnose brachte Ordnung in eine zufällig scheinende Serie von Symptomen. (…)
      In der Dimension der Zeit hatte die Diagnose einen paradoxen Effekt von Beunruhigung
      und Beruhigung. Zum einen markiert sie den Anfangspunkt einer Besonderung unter den
      Menschen, den endgültigen Beginn des Ausschlusses aus dem Kreis der (scheinbar noch)
      ,Gesunden' und ,Normalen'. Zum anderen war die Diagnose wegen der chaotischen Vielfalt
      der Krankheitssymptome eine Art ,black box', in die man fürderhin jegliches Symptom, jede
      Missempfindung stecken konnte" (Dubiel 2008: 29f.).

einfach über ihren Körper verfügen können, bei denen es zwischen Handlungsimpuls und Handlung keine Reibungsverluste gibt" (ebd.: 39). Diese Äußerung geht nicht in ihrer Relation zu einem inneren Bezugspunkt auf; vielmehr zeigt sich hier, dass und wie im eigenen Selbstverständnis etwa soziale Aspekte stets (an-)greifen. Nancy betont, dass sich in einer solchen Konstellation nicht einfach der Sonderfall eines pathologisch indizierten Selbstverhältnisses entziffern lässt, sondern allgemein dessen paradoxe Konstitutionslogik: „Diese Fremdheit bringt mich zu mir, macht mein Verhältnis zu mir selber aus" (Nancy 2000: 13ff.).[20] Sie artikuliert allerdings das Verhältnis zu sich selbst als (schmerzhaftes) Problem, als etwas letztlich Undurchschaubares (vgl. ebd.: 43).

Wie nun wird die Befremdung des Selbst- und Weltverhältnisses durch die medizinischen Behandlungsmaßnahmen bearbeitet?[21] Welche Bezugspunkte werden in Anspruch genommen, wenn es nicht mehr um Heilung gehen kann, sondern um einen den ‚normalen Alltag' erleichternden Umgang mit einer „unzuverlässig gewordene[n] Körperlichkeit" (Dubiel 2008: 66)? Wonach bemisst sich diesbezüglich eine Verbesserung oder Verschlechterung der Krankheitssymptome? Und wie gewinnt ein entsprechender Befund seine Gestalt und Aussagekraft – angesichts medizinischer Annahmen und Unklarheiten, erwünschten Haupt- und unerwünschten Nebenwirkungen, sozialen Reaktionen etc. (vgl. Dubiel 2008: 19, 90, 98, 111f., 122)? Instrumentelle Indienstnahmen und souveräne Positionierungen gegenüber dem Fremden (im Eigenen) stoßen demnach auf Grenzen, wie sich beispielhaft am Verhältnis zu den depressiven Symptomen zeigen lässt, welche nach der neurochirurgischen Operation die Erkrankung Dubiels begleiten (ebd.: 112). Die ‚Arbeit am Selbst' geht gleichwohl weder in einer einfachen Leidens-, Repressions- noch in einer Verfügungs- oder Nutzenperspektive auf, da das Selbst sich zu etwas verhalten muss, das als Fremdes/Unbestimmtes weder einfach einen äußeren noch einen inneren Bezugspunkt des Selbst zu bezeichnen vermag.

Auch die neurochirurgische Behandlungsstrategie konfrontiert mit einer (weiteren) fremden und invasiven Ordnung, welche die ‚Arbeit am Selbst' (mit-)be-

---

20 Gerade die paradoxe Konstitutionslogik des Selbst inspiriert *Michael Wimmer* in seinem bildungsphilosophischen Beitrag, dem diffusen Status des Selbst in aktuellen Theorieansätzen nachzugehen. Über differenztheoretische Konzepte, wie Alterität und Medialität, erforscht er in Bezug auf Selbst, Körper und Psyche die unauflösliche Verquickung von Fremdem und Eigenem sowie Materialität, Macht, Technologie und zeitlichen Strukturen. Dadurch wird es ihm möglich, Engführungen und Verhärtungen des Selbstkonzepts in unterschiedlichen Diskurssträngen wieder zu verflüssigen.

21 Zur Behandlung gehört zum einen eine pharmazeutische Therapie, welche die durch die Krankheit verursachte Degeneration der den Botenstoff Dopamin produzierenden Nervenzellen mittels Ersatzstoffen zu regulieren versucht. Zum anderen hat sich Dubiel einer ‚Tiefenhirnstimulation' unterzogen, einem neurochirurgischen Verfahren, auf das weiter unten noch eingegangen wird.

stimmt und zu der sich das Selbst in der Arbeit an sich verhält: Eine Anstrengung, die es für Dubiel (2008: 156) nötig macht, sich mit dem Fremden zu arrangieren oder auszusöhnen – eine letztlich unmögliche und unabschließbare Aufgabe, *solange* das Fremde sich nicht gänzlich integrieren lässt oder das Selbst vollständig überwältigt. Mit Jean-Luc Nancy (2000: 7ff.) könnte man davon sprechen, dass, insofern sich das Fremde durch eine Widerständigkeit auszeichnet und nicht völlig ins Selbst einfügt, dieses fortgesetzt einen Prozess des ‚Ankommens' und ‚Eindringens' bzw. eine unaufhörliche Konfrontation ‚in-korporiert' oder auch inszeniert, mit der man nie völlig vertraut, nie gänzlich ausgesöhnt sein kann.[22] Nachfolgend werden diesbezüglich einige Schilderungen Dubiels hinsichtlich der Konsequenzen des neurotechnischen Verfahrens der Tiefenhirnstimulation aufgenommen.

Die Aufgabe des Implantats zweier kleiner Elektroden im Gehirn, die etwas irreführend auch als ‚Hirnschrittmacher' bezeichnet werden, ist es, spezifische Gehirnregionen des an Parkinson Erkrankten durch elektrische Impulse gezielt zu modulieren. Mittels dieser Technik des ‚Neuro-Enhancements' sollen die Schädigungen der Nervenzellen kompensiert und die Funktionsweise der Neurotransmitter wieder ‚normalisiert' werden. Ein Ziel ist es, mit der Parkinson-Erkrankung verbundene Symptome, etwa die Bewegungsstörungen, wie das unwillkürliche Zittern, zu behandeln und mit der medikamentösen Strategie verbundene Nebenwirkungen zu reduzieren (vgl. Dubiel 2008: 94ff., Müller 2010: 26f., Bittner 2008). In Dubiels Reflexionen zeichnet sich nun die mit De Carolis skizzierte Spannung technisch induzierter ‚Optimierungsprogrammatiken' ab: als „Missverhältnis" (Dubiel 2008: 115) zwischen den theoretischen Annahmen, Zwecksetzungen wie Unsicherheiten und Lücken sowie dem fortgesetzten schwankenden Ringen um einen für Dubiel ‚annehmbaren' Umgang mit den konkreten Konsequenzen des invasiven technischen Eingriffs in das Gehirn:

> „Es war nun mal mein Eindruck, dass der schwere und sehr teure Eingriff im ganzen ersten Jahr im Effekt darauf hinauslief, dass sehr schwere Symptome an die Stelle von schweren Symptomen getreten waren. Aber ich musste mir auch eingestehen, dass mein Tremor und die qualvollen Überbewegungen und Off-Situationen generell einfach nicht mehr vorkamen. Mein Tablettenkonsum hatte sich um 25 Prozent reduziert. Meine gesamte Beweglichkeit und Durchhaltefähigkeit waren deutlich besser als zuvor. Dagegen stand eine Reihe von sehr unheimlichen und belastenden Symptomen, unheimlich und belastend, weil sich der Neurologe offenkundig auch keinen Reim auf die Schwierigkeiten machen konnte, die ich hatte" (Dubiel 2008: 111f.).

---

22   Der Gegenstand von Nancys (2000) ebenfalls mit biographischen Anlässen verknüpften philosophischen Reflexionen sind seine Erfahrungen mit einer Herztransplantation.

So erforderte die Zeit nach der Operation angesichts der im Alltag dienlichen wie nachteiligen Wirkungen der Tiefenhirnstimulation die Beschäftigung mit einem „postoperativen Management" (Dubiel 2008: 140, 143).

Besonders zwei Erfahrungsweisen implizieren für Dubiel massive Wendungen für die Selbstbestimmung, an denen sich auch Müller (2010: 26ff.) und Straub u. a. (2012: 45, 49ff., 63f.) abarbeiten: Das Neuroimplantat ermöglichte zwar die Kontrolle des Tremors wie der mit Angstzuständen und Atemnot einhergehenden Depressionserscheinungen. Die Operation wurde allerdings von einer Schädigung des Sprachzentrums im Gehirn begleitet – eine Nebenfolge, die ihm in ihrer Drastik vor allem aufgrund seiner Lehr- und Forschungstätigkeiten auffiel und für deren Eintreten keine hinreichende neurologische Erklärung zur Verfügung stand. Zwar konnte er weiterhin der wissenschaftlichen Arbeit nachgehen, die Beeinträchtigung der in spezifischen Situationen gewohnten oder erwarteten Artikulations- und Kommunikationsmöglichkeiten stellt für ihn jedoch eine immense Benachteiligung dar (vgl. Dubiel 2008: 138ff.). In Dubiels Beschreibungen kommt nun ein Umstand hinzu, der die technisch-instrumentelle Seite dieser neurochirurgischen Intervention radikalisiert – mit beträchtlichen Konsequenzen für die ‚Arbeit am Selbst'. Eine Neurologin schlägt aufgrund der Nebenfolgen der Operation vor, den Schrittmacher versuchsweise auszuschalten. Und Dubiel beschreibt seine direkten Erfahrungen danach folgendermaßen: „Es war, als ob ein Geist aus mir sprach. In derselben Sekunde kehrte meine Stimme zurück (…) Interessant war, dass nicht nur das Sprechen im technischen Sinne wieder sofort funktionierte, sondern auch meine Verstandestätigkeit und die kognitiven Funktionen – im buchstäblichen Sinne – wieder angeknipst waren" (Dubiel 2008: 142). Die in den letzten Passagen des Buches beschriebenen Konsequenzen für Selbsterfahrung und -verhältnis sind immens. Dubiel sieht sich nun „in die Lage versetzt mit zwei physischen und zwei Bewusstseinszuständen zu leben, zwischen denen er lernt, wie er es ausdrückt, hin- und herzu‚schalten'" (Müller 2010: 27): einmal eben der Zustand der Kontrolle von Tremor und Depressionserscheinungen, an den sich aber sprachliche wie kognitive Beeinträchtigungen binden; und dann der Zustand bzw. die Ermöglichung komplexer Reflexionsleistungen und Prononcierungen, verbunden mit der Belastung durch das Zittern wie durch depressive Symptome. Da es nicht gelang, eine Art erträglichen ‚Mittelwert' zu finden (vgl. Dubiel 2008: 143), hängen in Dubiels Reflexionen am Umgang mit dem binären ‚An-/Aus-Schema' der Elektroden in seinem Gehirn im umfassenden Sinne die Varianten der ihm möglichen praktischen Selbstverhältnisse: die Wahrnehmungsformen von sich selbst und der Welt, die realisierbaren Beziehungen von psychischem Zustand, Leistungsfähigkeit, Selbstkontrolle und -reflexion. Die Selbstverhältnisse vollziehen sich auf dem Hintergrund des Verfahrens der Tiefenhirnstimulation, das ein letztlich inkommensurables, auch intakte Gehirnfunktionen belastendes Netz an Effekten installiert. Bedeutsam erscheint dabei ebenso, dass Dubiel sich selbst bzw. sein ‚Selbst' im Horizont dieses neurochirurgisch eröffneten Möglichkeitsraums als technisch beinflussbares und abhängiges, ja gleichsam her- und einstellbares Objekt beschreibt. In einer anderen Wendung könnte man akzentuieren, dass er sein praktisches Selbstverhältnis im Rahmen der Entscheidung für die Nutzung und individuelle Optimierung technischer Möglichkeiten realisiert, was im selben Atemzug die Unterwerfung unter diese Möglichkeiten impliziert.[23] Dubiel erfährt sich „gleichzeitig [als] Steuernder und Manipulierter" (Müller 2010: 32).

4. Die unmögliche Aufgabe, Subjekt zu sein: Pointierungen

Das Beispiel Dubiels ermöglicht uns, die in den ersten Teilen aufgenommenen Gedankengänge in einem letzten Schritt zu pointieren. Es handelt sich um drei Themenkomplexe, die wir als programmatischen Vorblick auf die Beiträge dieses Bandes verstehen. In Bezug auf die ‚Arbeit am Selbst' ist erstens der Themenkreis *Entgrenzung und Radikalisierung* herauszustellen, die sich zuvor an der Dynamisierung von Optimierungsprozessen gezeigt haben. Der Fall Dubiels schärft diesen Aspekt im Hinblick auf die Verbreitung von technischen Eingriffen am menschlichen Körper und in unser Denken. Diese Eingriffe erfolgen in unterschiedlichsten Konstellationen, in unterschiedlicher Intensität und in unterschiedlichem Ausmaß. Sie lassen sich u. a. in ein kontingentes, jeweils verschiedenartig artikulierbares Spannungsfeld von Unbestimmtheit oder Fremdheit, Normalisierung, Kontrolle und Ermöglichung einschreiben (vgl. Gamm/Hetzel 2005). Durch entsprechende Interventionsmöglichkeiten – hier durch pharmazeutische und neurochirurgische Behandlungsformen und deren Konsequenzen – folgt das, was als Selbstbild, Selbstbestimmung, Selbstkontrolle oder Selbstveränderung erfahren werden kann, nicht mehr den ehemals für evident gehaltenen Beurteilungsmaßstäben und Eingriffsmöglichkeiten. Denn diese Maßstäbe entwickeln und verflüssigen sich über Differenzen: wie beispielsweise die von Ge-

---

23   „Das höhere Maß an sozialer Kontrollierbarkeit ist nicht der einzige Nachteil der neuen Freiheit im Umgang mit dem Schrittmacher. Immer mehr intime, spontane Reaktionen werden nur noch möglich durch Vermittlung des Steuergeräts. Einen Vortrag kann ich zwar wieder halten, aber schon in der Diskussion muss ich das Gerät anstellen, weil mich Wellen von Atemnot, Depressionen und Angstzuständen überschwemmen. Das Schlimmste an dem neuen Zustand ist die soziale Scham über die instrumentelle Vermittlung der menschlichen Kommunikation" (Dubiel 2008: 152f.).

sundheit und Krankheit, von Aktivität und Passivität, von Innen und Außen, von Behandlung, Therapie und Optimierung. Man kann hier von zunehmenden Entgrenzungsdynamiken sprechen. Der Begriff ‚Entgrenzung' bringt dabei nicht nur zum Ausdruck, dass neue und unvorhergesehene Handlungsoptionen oder -strategien eröffnet werden, für die zunächst keine zureichenden Richtmaße und Entscheidungskriterien existieren, sondern dass weder traditionelle soziokulturelle noch für natürlich gehaltene Grenzziehungen zwingend anzuerkennen sind. Dies schließt ebenfalls eine Verflüssigung normativ gehaltvoller Unterscheidungen ein, die seit der Antike für die reflexive Selbstvergewisserung des Menschen bedeutsam scheinen: wie etwa diejenige zwischen dem, was uns ‚gegeben' ist und dem ‚Gemachten', zwischen ‚zoë und bios' oder zwischen ‚physis' und ‚techne' (vgl. Euler 2003, Hubig 2006, Weiß 2009). Das heißt gleichsam: Die faktischen Entwicklungen durchkreuzen selbst die theoretischen Voraussetzungen zu ihrer Beurteilung.

Es stellt sich somit die Frage, welche Konsequenzen diese Entgrenzungen für die soziale Praxis und ein Verständnis von Individualität besitzen: Wie berührt z. B. die Möglichkeit therapeutischer, operativer und anderer Eingriffe in unterschiedlichsten Reichweiten die Vorstellung von Autonomie und Eigenständigkeit? Dubiel spricht davon, dass er mit dem Implantant sich selbst als fremd erfährt – und dieses Fremde hat Macht über ihn. Geht man über das Beispiel hinaus, schließen sich hier u. a. Fragen nach der Begründung und Belastbarkeit möglicher Grenzziehungen im Kontext einer radikalisierten ‚Arbeit am Selbst' an: Wie weit können „dürfen, sollen oder wollen" (Grunwald 2007: 951f.) wir hinsichtlich der Inszenierung und Optimierung des Selbst und des Körpers gehen? – Oder: Wer soll uns hindern? So stellt Dubiel (2008: 117f.) die Frage, welche Autorität ambivalente wie invasive Optimierungsanstrengungen, -kalküle und -ansprüche untersagen sollte – angesichts des Verlusts eindeutiger, etwa von technischen Eingriffen unbeeinflusster Maßstäbe.

Dubiels Fall pointiert zweitens die Bewegung des Selbst *im Feld zwischen Selbstbestimmung und Selbstentzug*. In den ersten beiden Abschnitten haben wir die ‚Arbeit am Selbst' im Zusammenhang der Doppelstruktur der Subjektivierung entwickelt. Diese verwies insbesondere auf Bestimmungen durch andere, auf eine ‚geordnete Freiheit', an denen sich Erfahrungen des Selbstentzugs entzünden. Im Fall Dubiels entstehen mit der Therapie technische Optionen und Regime, Problemstellungen und Verhaltensstrategien, in denen die Frage nach der Verfügung über sich nicht mehr abschließend beantwortet werden kann.[24] Das Selbst oder

---

24 Schon die durch den chirurgischen Eingriff beeinflussbaren neurologischen Mechanismen gliedern sich in medizinisch indizierte Haupt- und Nebenfolgen. Darüber hinaus beschreibt

auch der Körper erscheinen gleichsam eingelassen in Kontextualisierungen, die nicht zuletzt soziale und technische Möglichkeiten formen. Sie entwickeln Erscheinungs- und Ordnungsformen, Charakteristika und Konfliktlinien, die sich in keinem der Kontextualisierungen einfach auffinden lassen, die aber ohne diese nicht existieren würden (vgl. Nancy 2000: 11, 29).

Unabhängig von dem hier gewählten Beispiel lässt sich allgemein die These aufstellen, dass die gegenwärtigen Praktiken der ‚Arbeit am Selbst' einen Horizont von Selbstermächtigung und Selbstentzug aufspannen, der auf die moderne anthropologische Figur des ‚homo absconditus' (Plessner) zurückbezogen ist. Die Anstrengungen darum, die stets problematischen Versuche, sich als Autor des eigenen Lebens erfahren zu können, wie Müller (2010: 32) Dubiels Ausführungen bündelt, pointieren insofern kein Randphänomen der ‚Arbeit am Selbst', sondern deuten elementar auf die kulturelle, soziale wie technische ‚Bearbeitung' von Unbestimmtheit und Selbstentzogenheit. Dies impliziert einen letztlich ungewissen Prozess der ‚Selbstwerdung', in dem das Subjekt als „Projekt und offene Frage" (Heil 2009) unabschließbar und notwendig wissenschaftlich zu durchleuchten, medizinisch, therapeutisch und pädagogisch zu unterstützen und zu optimieren ist (vgl. Bröckling 2007: 22). Diese Prozesse markieren die Grenzen der ‚Arbeit am Selbst' und damit auch der gesellschaftlichen Normen, ebenso etwa ökonomischer Imperative und intersubjektiver Erwartungen.

Drittens ist auf die *Produktivität des Inszenierungs- und Medialitätsaspekts* im Kontext der Arbeit an sich selbst einzugehen. An Picos Rede über die Würde des Menschen haben wir gezeigt, dass die Inszenierung der Subjektivierung nicht äußerlich ist: Die Selbstbestimmung des einzelnen wird als Antwortgeschehen auf die Anrufung Gottes beschrieben, die Schöpfung zu bewundern. Im Kontext von Dubiels Parkinson-Erkrankung steigert sich der Inszenierungs- und Medialitätsaspekt; denn er vermag situativ auf sein Selbstgefühl, auf individuelle Einschätzungen seines Selbst wie auf Erfordernisse und Ordnungsfiguren unterschiedlicher sozialer Kontexte, in denen er sich bewegt, zu reagieren: gleichsam per elektrischem Impuls. Gleichwohl wird diese Interventionsmöglichkeit durch eine medizinisch-technologische Programmatik strukturiert. Deutlich wird dadurch die Vermitteltheit der ‚Arbeit am Selbst', die nicht auf ein mehr oder weniger spektakuläres ‚In-Szene-Setzen' reduziert werden kann, so als handele es sich um ein vernachlässigbares Moment der Selbsterfahrung.

Die Repräsentationen, Strategien und Aufführungen des Selbst scheinen – weit über unser Beispiel hinaus – wesentliche Gesichtspunkte der gegenwärtigen

---

Dubiel die damit verbundenen Erfahrungen des eigenen Selbst nicht nur positiv, sondern auch als unheimlich, z. B. wenn ein Symptom seiner Depression schlicht ausgeschaltet werden kann.

Formen bzw. Praxen der Selbstbearbeitung darzustellen. Doch schon in unserem Exempel wird ersichtlich, dass hinsichtlich der Art und Weise, wie die Ambivalenzen der Selbsterfahrung inhaltlich und formal gewendet werden, von einer Medialität der ‚Arbeit am Selbst‘, der Selbsterfahrung und -inszenierung gesprochen werden kann. In den Darstellungen Dubiels prägen technische Metaphern und Logiken, soziokulturelle Motive, Normalitätsvorstellungen und bildhafte Assoziationen die Bilder des Selbst und des Körpers. Überdies scheint das Selbst erst über konkrete Technologien und Behandlungsstrategien Gestalt zu gewinnen, die Dubiel nicht einfach verwendet, sondern die Teil seines Selbst geworden sind. Wenn Dubiel (2008: 142ff.) die kognitive Leistungsfähigkeit seines Gehirns an Schaltzustände knüpft, deren ebenso einschneidende wie schlichte Funktionalität für sein Selbstverhältnis er zugleich als faszinierend wie unheimlich, als Sicherheit erzeugend oder auch als beschämend artikuliert und von sich etwa im Anklang an „Frankensteins Monster“ (ebd.: 153) spricht oder wenn er Anerkennungsproblematiken über das Stigmatisierungs- und Normalitätskonzept[25] anschneidet, spiegelt sich darin möglicherweise eine basale Bemühung: Der Versuch, dasjenige zum Ausdruck zu bringen, das „offenbar nicht ohne weiteres auf den Begriff zu bringen ist“ (Müller 2010: 30). Wir sind demnach, um das zugleich eigene und fremde Selbst artikulieren bzw. inszenieren zu können, auf Medien, auf Übersetzungen, auf Gestaltungsmittel und -möglichkeiten angewiesen.

Dieser Band geht zurück auf eine Arbeitstagung mit dem Titel „Inszenierung und Optimierung des Selbst: Zur Analyse gegenwärtiger Selbsttechnologien“, die im November 2011 an der Martin-Luther-Universität Halle-Wittenberg aus Anlass des 60. Geburtstags von Alfred Schäfer stattgefunden hat. Ihm ist dieses Buch gewidmet.

Die Herausgeber/in danken in diesem Zusammenhang allen, die an dem Kolloquium und zu der hier nun vorliegenden Publikation beigetragen oder anderweitig mitgewirkt haben. Der Universität und den Franckeschen Stiftungen danken wir für Zuschüsse und die Bereitstellung der Tagungsräumlichkeiten. Gabriele Handke, Angela Höller, Kerstin Jergus, Astrid Mährlein, Antje Naumann, Kristin Scholz, Sabrina Schröder und Pauline Starke sind wir für die großartige Unterstützung bei der Organisation der Tagung dankbar. Für die Manuskripterstellung sind wir über die genannten Personen hinaus Peter Lenhart und Korina Thiedmann

---

25   „In jeder Interaktionssequenz zwischen zwei Menschen wird aufs Neue ausgehandelt, wer der Stigmaträger und wer der Gewährsmann der Normalität ist, dem das Privileg des Richters über seine Mitmenschen zusteht“ (ebd.: 136).

zu Dank verpflichtet. Und last but not least danken wir dem VS Verlag, insbesondere Stefanie Laux, für die ausgesprochen entgegenkommende Zusammenarbeit.

Literatur

Ballauff, Theodor (2004): Pädagogik als Bildungslehre. Baltmannsweiler: Schneider Verlag

Benner, Dietrich (1980): Das Theorie-Praxis-Problem in der Erziehungswissenschaft und die Frage nach Prinzipien pädagogischen Denkens und Handelns. In: Zeitschrift für Pädagogik 26. 485-497

Bittner, Uta (2008): Software fürs Gehirn (Quelle: http://www.faz.net/-gqi-vz59; Zugriff: 24.02.2013)

Borkenhagen, Ada (2001): Gemachte Körper: die Inszenierung des modernen Selbst mit dem Skalpell. In: Psychologie und Gesellschaftskritik 25, Heft 1. 55-67

Bröckling, Ulrich (2007): Das unternehmerische Selbst. Soziologie einer Subjektivierungsform. Frankfurt/M.: Suhrkamp

Buck, August (1991): Studien zu Humanismus und Renaissance : gesammelte Aufsätze aus den Jahren 1981-1990. Wiesbaden: Harrassowitz

Buck, Günther (1984): Rückwege aus der Entfremdung. Studien zur Entwicklung der deutschen humanistischen Bildungsphilosophie. Paderborn: Schöningh

Butler, Judith (2001): Psyche der Macht. Das Subjekt der Unterwerfung. Frankfurt/M.: Suhrkamp

De Carolis, Massimo (2009): Das Leben im Zeitalter seiner technischen Reproduzierbarkeit. Zürich/Berlin: diaphanes

Degele, Nina (2004): Sich schön machen. Zur Soziologie von Geschlecht und Schönheitshandeln. Wiesbaden: VS Verlag

Dreyfus, Hubert/Rabinow, Paul (Hrsg.) (1987): Jenseits von Strukturalismus und Hermeneutik. Frankfurt/M.: Suhrkamp

Dubiel, Helmut (2008): Tief im Hirn. Mein Leben mit Parkinson. München: Goldmann

Dzierzbicka, Agnieszka (2006): Vereinbaren statt anordnen. Neoliberale Gouvernementalität macht Schule. Wien: Löcker

Dzierzbicka, Agnieszka/Schirlbauer, Alfred (Hrsg.) (2006): Pädagogisches Glossar der Gegenwart. Wien: Löcker

Ehrenberg, Alain (2010): Depression: Unbehagen in der Kultur oder neue Formen der Sozialität. In: Menke/Rebentisch (2010): 52-62

Euler, Peter (2003): Bildung als ,kritische' Kategorie. In: Zeitschrift für Pädagogik. 49. Jg. Heft 3. 413-421

Foucault, Michel (1987): Das Subjekt und die Macht. In: Dreyfus/Rabinow (1987): 243-261.

Foucault, Michel (1992): Was ist Kritik. Berlin: Merve

Foucault, Michel (1997): Der Mensch ist ein Erfahrungstier. Gespräch mit Ducio Trombadori. Frankfurt/M.: Suhrkamp

Foucault, Michel (2000): Power. New York: The New Press

Gamm, Gerhard/Hetzel, Andreas (Hrsg.) (2005): Unbestimmtheitssignaturen der Technik. Eine neue Deutung der technisierten Welt. Bielefeld: transcript

Grunwald, Armin (2007): Orientierungsbedarf, Zukunftswissen und Naturalismus. Das Beispiel der ,technischen Verbesserung' des Menschen. In: Deutsche Zeitschrift für Philosophie 55. 949-965

Heil, Reinhard (2009): Homo absconditus. Das Subjekt als Projekt und offene Frage. In: Hetzel (2009): 181-193

Hetzel, Andreas (Hrsg.) (2009): Negativität und Unbestimmtheit. Beiträge zu einer Philosophie des Nichtwissens. Bielefeld: transcript

Honneth, Axel/Saar, Martin (Hrsg.) (2003): Michel Foucault – Zwischenbilanz einer Rezeption. Frankfurt/M.: Suhrkamp

Hubig, Christoph (2006): Die Kunst des Möglichen I. Grundlinien zu einer dialektischen Philosophie der Technik. Technikphilosophie als Reflexion der Medialität. Bielefeld: transcript

Kaltenborn, Olaf (2001): Das Künstliche Leben. Die Grundlagen der Dritten Kultur. München: Fink

Kluge, Sven/Steffens, Gerd/Weiß, Edgar (Hrsg.) (2009): Jahrbuch für Pädagogik 2009. Entdemokratisierung und Gegenaufklärung. Frankfurt/M.: Lang

Liesner, Andrea (2009): Von Pisa nach Bologna: Schöne Landschaften, düstere Aussichten? In: Kluge/Steffens/Weiß (2009): 93-103

Masschelein, Jan/Ricken, Norbert (2003): Do we still need the Concept of *Bildung*? In: Educational Philosophy and Theory 35. Nr. 2. 139-154

Masschelein, Jan/Simons, Maarten (2005): Globale Immunität oder Eine kleine Kartographie des europäischen Bildungsraums. Zürich: diaphanes

Mayer, Ralf (2011): Erfahrung – Medium – Mysterium. Studien zur medialen Technik in bildungstheoretischer Absicht. Paderborn: Schöningh

Menke, Christoph (2003): Zweierlei Übung. Zum Verhältnis von sozialer Disziplinierung und ästhetischer Existenz. In: Honneth/Saar (2003): 283-299

Menke, Christoph/Rebentisch, Juliane (Hrsg.) (2010): Kreation und Depression. Freiheit im gegenwärtigen Kapitalismus. Berlin: Kadmos

Meyer-Drawe, Käte (1996): Menschen im Spiegel ihrer Maschinen. München: Fink

Meyer-Drawe, Käte (2001): Erziehung und Macht. In: Vierteljahrsschrift für wissenschaftliche Pädagogik 77. Heft 4. 446-457

Müller, Oliver (2010): Zwischen Mensch und Maschine. Vom Glück und Unglück des Homo faber. Berlin: Suhrkamp

Nancy, Jean-Luc (2000): Der Eindringling. L'Intrus. Das fremde Herz. Berlin: Merve

Pico della Mirandola, Giovanni (1990): Über die Würde des Menschen. Hamburg: Meiner

Pongratz, Ludwig (2006): Lebenslanges Lernen. In: Dzierzbicka/Schirlbauer (2006): 162-171

Rabenstein, Kerstin (2008): Das Leitbild des selbständigen Schülers. Machtpraktiken und Subjektivierungsweisen in der pädagogischen Reformsemantik. In: Rabenstein/Reh (2008): 39-60

Rabenstein, Kerstin/Reh, Sabine (Hrsg.) (2008): Kooperatives und selbständiges Arbeiten von Schülern. Zur Qualitätsentwicklung von Unterricht. Wiesbaden: VS Verlag

Riemen, Jochen (1989): Das Chamäleon: Zu Pico della Mirandolas *oratio de dignitate hominis*. In: Ruhloff (1989): 162-215

Rousseau, Jean-Jacques (1995): Emil oder Über die Erziehung. Stuttgart: Reclam

Ruhloff, Jörg (Hrsg.) (1989): Renaissance-Humanismus. Zugänge zur Bildungstheorie der frühen Neuzeit. Essen: Die Blaue Eule

Ruhloff, Jörg (1993): Vom Gottesknecht zum Selbstliebhaber. Ausblicke auf Individualität, Subjektivität, Autonomie in Interpretationen des Menschen zwischen Renaissance und Aufklärung. In: Bildung und Erziehung 46. Heft 2. 167-182

Schäfer, Alfred (1989): Zur Kritik pädagogischer Wirklichkeitsentwürfe. Weinheim: Deutscher Studienverlag

Schäfer, Alfred (2002): Rousseau – ein pädagogisches Porträt. Weinheim: Beltz

Schäfer, Alfred (Hrsg.) (2007): Kindliche Fremdheit und pädagogische Gerechtigkeit. Paderborn: Schöningh

Schäfer, Alfred (2009): Die Erfindung des Pädagogischen. Paderborn: Schöningh

Schäfer, Alfred (2011): Das Versprechen der Bildung. Paderborn: Schöningh

Schäfer, Alfred (2012): Das Pädagogische und die Pädagogik. Paderborn: Schöningh

Sieben Anna/Sabisch-Fechtelpeter, Katja/Straub, Jürgen (Hrsg.) (2012): Menschen machen. Die hellen und die dunklen Seiten humanwissenschaftlicher Optimierungsprogramme. Bielefeld: transcript

Straub, Jürgen/Sieben, Anna/Sabisch-Fechtelpeter, Katja (2012): Menschen besser machen. Terminologische und theoretische Aspekte vielgestaltiger Optimierungen des Humanen. In: Sieben/ Sabisch/Straub (2012): 27-75

Tibon-Cornillot, Michel (2002): Die transfigurativen Körper. Zur Verflechtung von Techniken und Mythen (1982). In: Wulf/Kamper (2002): 17-30

Tholen, Georg Ch. (1994): Platzverweis. Unmögliche Zwischenspiele von Mensch und Maschine. In: Tholen/Bolz/Kittler (1994): 111-135

Tholen, Georg Ch./Bolz, Norbert/Kittler, Friedrich A. (Hrsg.) (1994): Computer als Medium. München: Fink

Thompson, Christiane (2002): Selbständigkeit im Denken. Der philosophische Ort der Bildungslehre Theodor Ballauffs. Opladen: Leske und Budrich

Thompson, Christiane (2013): Evaluations and the Forgetfulness of Pedagogical Relations. Remarks on Educational Authority. Erscheint in: Educational Theory 63

Waldenfels, Bernhard (2002): Bruchlinien der Erfahrung. Phänomenologie. Psychoanalyse. Phänomenotechnik. Frankfurt/M.: Suhrkamp

Weiß, Martin G. (Hrsg.) (2009): Bios und Zoë. Die menschliche Natur im Zeitalter ihrer technischen Reproduzierbarkeit. Frankfurt/M.: Suhrkamp

Wigger, Lothar/Cloer, Ernst/Ruhloff, Jörg/Vogel, Peter/Wulf, Christoph (Hrsg.) (2002): Forschungsfelder der Allgemeinen Erziehungswissenschaft. Zeitschrift für Erziehungswissenschaft 5. Beiheft 1. Opladen: Leske & Budrich

Wimmer, Michael (2002): Pädagogik als Kulturwissenschaft. Programmatische Überlegungen zum Status der Allgemeinen Erziehungswissenschaft. In: Wigger u. a. (2002): 109-122

Wimmer, Michael (2006): Dekonstruktion und Erziehung. Studien zum Paradoxieproblem in der Pädagogik. Bielefeld: transcript

Wrana, Daniel (2009): Zur Organisationsform selbstgesteuerter Lernprozesse. In: Beiträge zur Lehrerbildung 27, Heft 2. 163-174

Wulf, Christoph/Kamper, Dietmar (Hrsg.) (2002): Logik und Leidenschaft. Erträge Historischer Anthropologie. Berlin: Reimer

I

Das Selbst und sein Optimum.
Selbstverbesserung als das letzte Anliegen der modernen Kultur

Gerhard Gamm

> *Der Mensch strebt* nicht *nach Glück;*
> *nur der Engländer tut das.*
>
> F. Nietzsche

Was mache ich zum 60. Geburtstag von Alfred Schäfer? Einem aus Nordrhein-Westfalen stammenden Pädagogen und Philosophen, Ethnologen und lange in der Bildungsarbeit tätigen Dekonstruktivisten? Einem linksrheinischen Dekonstruktivisten mit Vorliebe fürs (romantische) Paradox? Der sich entgegen Pangloss, dem großen Metaphysiker aus „der ganzen Provinz", wie Voltaire im *Candide* auf diese Weltgegend deutend erklärt, sein Forschungsleben lang – und mit der Kritischen Theorie im Rücken – an der Annahme Leibnizens, in der besten aller möglichen Welten zu leben, reibt?

Eine Lustreise à la Kant. – Bei so viel Lebensungereimtheiten (und erst recht zu einem runden Geburtstag) scheint nur eine komödiantisch oder ironisch eingefärbte Reise der Gedanken angemessen zu sein, eine Lustreise – und zwar eine Lustreise à la Kant. Eine solche Reise beginnt, wenn sich das philosophische Denken um Gegenstände bemüht, die auf einem höchst unsicheren Terrain lagern und an Gebiete grenzen, die Kant „unerforschlich" nennt und dennoch für Philosophie und Wissenschaft, und damit für jedermann, eine große Bedeutung haben, wie Mutmaßungen über den Anfang des Menschengeschlechts oder die Bedeutung der Französischen Revolution für den allgemeinen Fortschritt in der Geschichte.

Dabei darf man die Ansprüche, die an solcher Art Wissen gestellt werden, nicht zu hoch schrauben, schließlich handelt es sich ja um eine, wie Kant schreibt, „bloße Lustreise": eine „zur Erholung und Gesundheit des Gemüts vergönnte Bewegung" (Kant 1968c: 109), bei der man vor allem darauf achten muss, „ob der Weg, den die Philosophie nach Begriffen nimmt, mit dem, welche die Geschichte [und die Gesellschaft] angibt, zusammentreffen" (ebd.: 110).

Gefragt nach der Methode einer derartigen Lustreise, findet Kant eine Formulierung, die so gut und witzig, wenn nicht wunderbar ist, dass man sie sich auf der Zunge zergehen lassen muss. Bei einem im philosophischen Denken unternommenen *pleasure-trip* gleitet man „auf den Flügeln der Einbildungskraft, obgleich nicht ohne einen durch Vernunft an Erfahrung geknüpften Leitfaden" (ebd.: 109). Was will man mehr? Man sieht Phantasie, Vernunft und Erfahrung, aber auch ein auf Dasein und Wohlsein getrimmtes Gefühl in einem Denken vereinigt, das man, ohne zu zögern, auch und gerade postmetaphysisch ein genuin philosophisches nennen kann, hinter dem selbst Adornos paradoxe, welt- und weitläufige Bestimmung von Philosophie als „volle, unreduzierte Erfahrung im Medium begrifflicher Reflexion" (Adorno 1966: 23) verblasst, ein Denken also, das auf die Kräfte eines radikal Imaginären[1] ebenso sehr vertraut wie auf die gemeine Erfahrung: das, im gleichsam schwebenden Wechsel, von der Einbildungskraft befeuert hochtourig über alle Grenzen der Realität hinausschießt, ohne den Leitfaden, den Vernunft und Erfahrung an die Hand geben, aus den Augen zu verlieren. Man muss ein Spiel „der Einbildungskraft in Begleitung der Vernunft" (Kant 1968c: 109) in Gang setzen, das die Dinge so weit umstellt und neu arrangiert, dass sie in einem neuen Licht erscheinen. Die Elemente, die so aufeinander verweisen, dass eine offene, Hegel sagt, „plastische Totalität" entsteht, sollten auch von etwas anderem berichten als nur von der (faktischen) Welt, die uns umgibt. Sie sollten das Gesicht der Welt – wie bei einem Portrait – prägnanter zum Vorschein bringen, als es einer bloß dokumentarischen Wiedergabe möglich ist.[2]

1. Letzte Anliegen

Normalerweise kommt das Letzte zum Schluss, in unserem Fall macht es den Anfang: Worum geht es bei ‚letzten Anliegen'? Wie immer, wenn's ums Letzte geht, ums ‚letzte Hemd', die ‚letzte Ölung' und die ‚Letztbegründung', gehen – in jener geheimnisvollen *coincidentia oppositorum* unseres Lebens – das Bedrohliche und das Erlösende, das Komische und das Tragische, das Definitive und die allen Definitionen und Unterscheidungen abholde „Lichtung" Hand in Hand. Man weiß nicht, ob man sich angesichts des Letzten freuen oder ängstigen, beruhigen oder der *ataraxia* den Laufpass geben soll. Auf das gequälte Pathos der Rede von den letzten Dingen folgen unwillkürlich Skepsis und galliger Humor: Wie endgültig, gewiss und wahr das wohl sein mag, was in die Gloriole einer letzten Auskunft gekleidet und d. h. unter Absehung von allen kulturellen, historischen und sprachlichen Bedingtheiten derart anmaßend auftritt.

---

1   Einer vorbildlosen Produktivität: Vorstellungen und Bilder auch ohne Gegenwart des Objekts
     zu haben.
2   „Exakte Phantasie" hatte Adorno in seinen frühen Schriften über den Deutungscharakter der
     Philosophie gesagt.

Ein Satz. – Wie es Lustreisen so an sich haben, gehen sie meistens schnell zu Ende. In meinem Fall hat die Reise gerade mal die Länge eines Satzes. Nur seinen schier unüberschaubaren Implikationen ist es zu verdanken, dass wir nicht schon am Ende sind, bevor wir richtig angefangen haben.

Der kleine Satz stammt aus der Feder des amerikanischen Soziologen Philip Rieff, geschrieben um die Mitte der 60er-Jahre in seinem Buch: *The Triumph of Therapeutic* (1966); aufgelesen habe ich ihn in Alain Ehrenbergs jüngstem Buch: *La société du malaise* (2010), *Das Unbehagen in der Gesellschaft* (2011). Der kleine unscheinbare Satz lautet: „Das verbesserte Selbst ist das letzte Anliegen der modernen Kultur" (Rieff 1966). Sein Kontext ist Rieffs These, dass die Zukunft der gesellschaftlichen Ordnung „in Lehren [liegt], die darauf hinaus laufen, jedem zu gestatten, ein versuchsweises Leben zu führen" (ebd.). „Der religiöse Mensch wurde geboren, um erlöst zu werden; der psychologische Mensch dagegen, um befriedigt zu werden" (ebd.). Für Rieff ist der Therapeut die Schlüsselfigur, der auf dem beschwerlichen Weg zu sich selbst die Rolle des spirituellen Führers übernimmt.

Aufs Ganze gesehen glaubt oder erhofft oder erwartet Rieff, dass sich mit der modernen Kultur eine, wie er schreibt, „milde" Apokalypse ankündigt, für die „die Aufhebung des Sinns für das Tragische (…) keine Tragödie darstellt" (ebd.). Der Satz vom verbesserten Selbst ist so eingängig und einschlägig wie sperrig und umstritten. Er spiegelt ohne jeden Zweifel den Zeitgeist, weil sich jeder einen und jeder seinen eigenen Reim darauf machen kann.

Ein Satz, viele Fragen. – Man könnte den Satz in einem ersten, ganz unspektakulären Sinn so verstehen, dass er in Form einer Behauptung über eine *soziale Tatsache* Auskunft gibt und dabei zugleich auf eine mehr oder minder offensichtliche kulturinterne Gesetzmäßigkeit rekurriert, die er in der neueren Zeit am Werk sieht. Eine große Anzahl von Institutionen und Praktiken, Verhaltensweisen und Einstellungen belegt, dass es in der modernen Kultur nicht zuletzt darum geht, die kognitiven und die affektiven, die kommunikativen und die imaginativen, die sozio- und anthropotechnischen Fähigkeiten des menschlichen Subjekts zu steigern. Dabei geht es nicht allein um Reparatur und Prothetik, Kompensation und posttraumatischen Ausgleich, um Stützung und Heilung: Die Fortschreibung bestehender Selbstverhältnisse ist das eine, Vorbereitungen zur Selbstüberschreitung zu treffen, das andere. Foucault sah das spezifisch moderne Reizklima darin, dass es dazu anhalte, ständig Vorreden zur Überschreitung zu schreiben.

Das umfänglich verbesserte Selbst ist nicht nur ein von der *Zeit* wie von der *Sache* her höchst erstrebenswertes Ziel, es scheint auch eine nachdrücklich (heraus)geforderte Praxis zu sein. In ihm spiegelt sich geradezu die Modernität

des Zeitalters, Begriff und Sache fallen in ihm zusammen: Moderne Kultur und
ständige Selbstverbesserung haben dieselbe Bedeutung, insofern ihr spezifischer
Seinsmodus ein wechselseitiges Herausgefordert-Sein ist. Man könnte in einem
übertragenen Sinn von einem analytischen Urteil sprechen, könnte man darüber
hinaus sicher sein, dass eine Mehrheit in den transatlantischen Gesellschaften des
Westens diese Auffassung teilt. Vielleicht sollte man in diesem Zusammenhang
wie Marcel Mauss über den „Gabentausch" analog von ‚Selbstverbesserung' als
einer „totalen sozialen Tatsache" sprechen, um so den für die gesellschaftliche
Produktion und Reproduktion *verpflichtenden* Charakter (Gebotscharakter) eigens hervorzuheben.

Offen bleibt, ob die bereits in Gang gesetzten Steigerungsspiralen von Gesundheit und Bildung, Wissenschaft und Technik, Ökonomie und Ökologie stärker
reguliert oder weiter frei gegeben werden sollten und welches ominöse Subjekt,
das die moderne Kultur zu repräsentieren vorgibt, darüber entscheiden könnte.
Spricht man von der Modernität des Zeitalters, muss man annehmen, dass es, in
Abkehr von allen extramundanen Instanzen, die Menschen in der Vielheit ihrer
Assoziationen selbst sind, die im Geist olympischer Konkurrenz – schneller, schöner, höher, stärker – über sich selbst hinauszugelangen versuchen und dabei ständig ihre Rollen wechseln, in der sie sowohl Subjekt als auch Objekt sind: Akteure,
die direktiv, aktiv usf. die Selbstveränderung initiieren und gestalten, aber auch
qua Objekte den therapeutischen und technischen Eingriffen und Transformationen unterliegen; darüber hinaus von einer Dynamik kapitalistischer Konkurrenz mitgerissen werden, die ihre Initiativfunktion fragwürdig erscheinen lässt.

Schon 1968 hatte Karl Löwith (in programmatischer Umdeutung von J. G.
Vicos Grundsatz „verum et factum convertuntum") herausgestellt, dass die neuen
Wissenschaften Kybernetik und experimentelle Genetik nicht nur die uns äußere
Welt durch wissenschaftlich-technische Arbeit, sondern schließlich auch den Ma-
cher selbst verändern und verändern wollen (vgl. Löwith 1986b: 226).

Man könnte den Satz auch in einem starken geschichtsphilosophischen Sinn
verstehen. Die Kultur sieht ihren höchsten Zweck, d. h. ihren eigentlichen Sinn,
ihre Daseinsberechtigung darin, möglichst viele Potenzen des menschlichen
Selbst kreativ zu gestalten. Nachdem Gott tot ist, wir ihn ermordet haben, setzen wir uns selbst, wenngleich etwas verschämt ob dieser Hybris, an seine Stelle. Seine Majestät, das Selbst, übernimmt seine Aufgaben – als Dienstleister wie
als *art* und *creative director*.

Oder deutet die Idee der Selbstoptimierung des Menschen auf die *Grenze*
der Modernität, sodass erst jenseits ihres Horizonts neue letzte Anliegen auftauchen können? Ist diese Idee, die sich heute so kraftvoll unter unsere soziale Rea-

lität geschaltet hat, die schier unerschöpfliche Quelle zur Erzeugung von Lebenssinn oder nur eine bzw. die endlos gesteigerte Spirale eines Immergleichen: die Flucht vor der Sinnlosigkeit eines durch den je individuellen Tod endgültig besiegelten Schicksals?

Wie schwer wiegt das utopische Moment, das in diesem Satz lauert, bei dem man nicht recht weiß, ob es nicht positive (lebensstimulierende) oder eher negative (bedrohliche) Konnotationen aufweist? Steht hinter der Annahme eines verbesserten Selbst die (dumpfe) Befürchtung der konservativen Kulturkritik, dass die im Namen der Selbstverbesserung forcierte Selbstermächtigung und Selbsterhöhung, ja Selbstvergötterung geradewegs in den *Nihilismus* führt, besonders dann, wenn im Kontext der neuen *converging technologies* und *transhumanistischen* Umbauprogramme in erster Linie funktions- und leistungsbezogene Module, Kompetenzen und Chancen optimiert werden sollen?

Man muss dem Himmel dankbar sein, dass in Ost und West, Politik und Wissenschaft, Christentum und Islam eine so schöne und zuverlässige Uneinigkeit über den Menschen und seine Verfassung herrscht, ist doch bis dato jeder Versuch, philosophisch oder politisch, praktisch oder technisch eine artgerechte Menschenhaltung zu etablieren, gescheitert. Nicht mal die Menschenrechte als moderne Variante von „Regeln für den Menschenpark" sind soweit unumstritten, dass sie dem Großsubjekt Menschheit als Geschäftsgrundlage dienen könnten.

Es könnte auch ein gesellschaftskritischer Impetus hinter der Aussage stehen, etwa in der Art, wie ihn Foucault nach antikem Vorbild reklamiert: „dass es keinen anderen, ersten und letzten Punkt des Widerstands gegen die [politische] Macht gibt als die Beziehung zu sich selbst" (Foucault 2004: 313).

Ein Satz, (k)eine Idee. – Wie sich zeigt, enthält die Rede von ‚letzten Anliegen' eine Vielzahl von Bedeutungen: Handelt es sich unterschwellig eher um einen *Appell* oder um eine im großen Stil gegebene *Herausforderung*, vor der wir in Zukunft stehen? Zielt sie eher auf ein in der Moderne aufgebrachtes *Versprechen* einer besseren Zukunft oder um eine womöglich in der kulturellen Evolution angelegte Möglichkeit, die in Form eines höchsten Zwecks zu ergreifen sich lohnt? Wie viel Prophetie, wie viel Hoffnung, wie viel Wissenschaft steckt darin? Wie viel unbewusste Verzweiflung, auf nichts anderes mehr rekurrieren zu können als auf diese „großen Hautsäcke voller Biomoleküle", wie der ehemalige Direktor des MIT, R.A. Brooks, sagt (Brooks 2002: 192). Nur wer strebend sich bemüht, den können wir erlösen.

Kurz: Im ‚letzten Anliegen', das die Idee der Selbstverbesserung, d. h. der Selbstverwertung mit sich führt, steckt erstens eine *soziale Tatsache*: Die sozialen Akteure verhalten sich gemäß dieser Idee und ihren in der gesellschaftlichen

Basis von Ökonomie und Ökologie, Gesundheitspolitik und Bildung instituierten Erwartungen. Wir haben es, zweitens, mit einer *sozialen Norm* zu tun: Es gibt die gesellschaftliche Erwartung oder, der soziale Druck auf den Einzelnen wächst, sich laufend um die Verbesserung seiner Kompetenzen, die Erhöhung seiner Chancen und die Erfindung interessanter Szenen zu bemühen. Gleichsam vor aller Erfahrung sehen wir uns auch genötigt, sie zum Guten und zum Gerechten, zu Freiheit und Würde in Beziehung zu setzen. Gleichzeitig ist mit ihrem Programm die *Utopie* oder das *Versprechen* verbunden, dass Selbstverbesserung, d. h. ein umfassend optimiertes Seelen-, Körper- und Selbstdesign die Chancen für ein gelingendes Leben hier und jetzt erhöht. Das vormals *letzte* Anliegen einer Sorge um sich und sein Seelenheil ist zu einem *vorletzten* geworden, das auch, wenn es um Motivation und Legitimation intramundaner Projekte der (sozialen, biologischen, pharmazeutischen usf.) Selbstverbesserung geht, nichts von seiner metaphysischen Reichweite und Dramatik verloren hat.

Damit handelt es sich um eine (selbst- und weltbewegende) *Idee*. Der Witz der Ideen – ob bei Plato, Kant oder Hegel – war ja immer, dass sie sich machtvoll, *realistisch* wie *überschwänglich* unter die Realität zu schalten wissen, d. h. dass sie, wie die Tradition sagt, in der Wirklichkeit enthalten sind und sie diese auf die eine oder andere Weise bestimmen, d. h. in *Form bringen* (strukturieren) und ob solcherart Immanenz – sei es als Korrespondenz oder Äquivalenz – Begriff und Sache, Subjektivität und Objektivität in ihr zusammenfallen lassen. Alles Wirkliche ist nur insofern, als es die Idee in sich hat und sie ausdrückt. Ideen wie Autonomie oder soziale Gerechtigkeit sind tragende Säulen unseres Welt- und Selbstverständnisses, sie bilden unsere geistige Heimat. Sie bestimmen wesentlich mit, was als Erfahrung oder soziale Tatsache Geltung beansprucht: „Was rechte, was wirkliche Erfahrung sey", schreibt Schelling, „muss erst durch Ideen bestimmt werden" (Schelling 1976: 464).

Dabei konfrontiert die Idee die Philosophie mit der ihr eigenen traumatischen Erfahrung: dem Schwindel, der dadurch erzeugt wird, dass die Idee qua Ideal, Utopie, Fiktion und antinomischem Realitätsbegehren immer auch unendlich weit (und widersprüchlich) über alle Realität hinausschießt.[3]

Eine Idee wie die der Selbstverbesserung – und darin spiegelt sich ihre Macht – beweist ihre Realität auf allen drei Ebenen unserer Diskurse: als strukturbildende Kraft an dem, woran man nicht vorbeikommt, als gesellschaftlich instituierte Erwartung oder universelle Norm, um gleichzeitig, kraft ihrer imaginativen

---

3   Ein Schwindelbefall – ein Entgleiten der Realität – scheint fast unausweichlich zu sein, sieht man die Selbstoptimierungsidee im Zusammenhang der genetischen Revolution unserer Tage, d. h. kopflos oder marktradikal dem freien Spiel der Kräfte – einer liberalen Eugenik – ausgesetzt (vgl. Gamm 2007: 147-165, insbes. 161ff.).

Natur, weit, unendlich weit über alle Konstruktionen und Rezeptionen des Faktischen hinauszugehen. Keine Idee, die uns nicht ob ihrer idealen und surrealen Seite schwindeln macht, die uns nicht durch den Transport einer *Erwartung* in einen Raum, in dem wir etwas erhoffen oder befürchten, erstreben oder verwerfen, begehren oder verdrängen, entlässt. Dumm nur, dass dieser Raum nicht der Lieblingsraum der (neueren) Philosophen ist, die sich primär im ‚Raum der Gründe‘ richtig wohlfühlen, daher sollte dieses *cocooning* besser ein ‚Salon der Gründe‘ genannt werden. Mit diesem unordentlichen Dritten, dem dritten Grund, dem dritten Stand, dem dritten Geschlecht, dem *tritos anthropos* oder der irdischen, plebejischen, klebrigen, lauernden und imaginären Seite der menschlichen Existenz haben und hatten die Philosophen immer schon ihre liebe Mühe.

Offen und kritisch bleibt, ob sich ein Denken entlang der Idee zuletzt der Realität gewachsen zeigt, ob sich vor allem in der Klammer, die die Idee darstellt, auch das Negative in seinen bedeutsamen Unterschieden (die bis zur nichtrationalisierbaren Schlacke des ‚beiläufig‘ oder ‚nur‘ Negativen reichen), wirklich verfängt.[4]

Ein Satz, keine Tragödie. – Die Auffassung Rieffs, dass „die Aufhebung des Sinns für das Tragische (...) keine Tragödie darstellt", sondern als unabänderliches Schicksal eines Lebens ohne größere dramatische Bedeutung ist, widerspricht über weite Strecken dem kulturellen Bewusstsein Alteuropas, mindestens im Selbstverständnis ihrer intellektuellen und künstlerischen Eliten, die seit der Antike von der durch und durch tragischen Existenz des Menschen überzeugt sind und beispielsweise den Tod als den großen Einwand gegen das Leben eines jeden verstanden haben. Welche Bedeutung kann das Leben (überhaupt) haben, wenn wir sterben müssen?

Erst jüngst hat der Theaterregisseur Peter Stein in einem Interview, das im *Lettre International* erschienen ist, diese Sicht vehement erneuert. Seine These: Erst das tragische Bewusstsein macht den Menschen menschlich. Nur ein Bewusstsein unserer tragischen Existenz bietet eine ausreichend lebensstimulierende Wirkung. Die Höchstform, die Bestform menschlicher Existenz liegt einzig im langen Schatten, den das Tragische auf sie wirft. Die *Tragödie* kommuniziert seit der griechischen Antike das Bewusstsein um das Drama der fanatisch nach Sinn

---

4 Wenn z. B. Judith Shklar in ihrem Buch *Über Ungerechtigkeit* (1992) darlegt, dass das gewöhnliche Modell der Gerechtigkeit eine überzeugende Einsicht in die politische wie persönliche Erfahrung von Ungerechtigkeit verstellt, Ungerechtigkeit überhaupt eine (Genea)Logik sui generis aufweist und also nicht von der Idee der Gerechtigkeit her verstanden werden kann, dann setzt das einer Analyse im Ausgang von Ideen unüberwindbare Grenzen. Ihre selbst- und welteröffnende Erschließungskraft trifft auf die intrigante Übermacht der Geschichte, der Kultur, der Sprache usf.

suchenden menschlichen Existenz. Das Leben hat ob der Aussichtslosigkeit, die der Tod über alles und jeden verhängt, keinen Sinn, trotzdem machen wir weiter. Die Tragödie vertieft sich immer wieder in dieses Paradox. „Sie entfernt alle vermeintlichen Sichtweisen, auf die der Mensch baut, und führt uns unerbittlich den *worst case* vor Augen" (Stein 2011: 67). Wenn wir uns hinreichend klar machen, dass wir zum Tod geboren sind und uns dieses Paradox mit aller Kraft vergegenwärtigen, dann wird das Tragische, so Stein, zu einer unerschöpflichen Kraftquelle, nicht aber Anlass zu Depression und Verdrängung, um hinzuzufügen: diese (heroische) Selbstkonfrontation unseres Vorlaufens zum Tode sei „cool und nicht uncool" (ebd.). So zeige die Tragödie, Gewalt wird bestraft.

> „Katharsis entsteht, wenn eine gute Aufführung diese menschliche Situation der Auswegslosigkeit gegenwärtig macht, so dass der Zuschauer dieses Paradox erkennen und analysieren kann. Das erst macht den Menschen menschlich. Dass er als Eintagsfliege mit dem Wissen um das Unabweisbare seiner paradoxen und katastrophalen Situation lebt, unterscheidet ihn grundlegend von allen anderen Lebewesen. Die Tragödie beruht auf diesem Konflikt zwischen Mensch und Gott oder dem Schicksal. Das tragische Bewusstsein ist insofern heroisch, als die Belastung, diesen Widerspruch der Existenz nicht zu verdrängen, [die entscheidenden Lebens-]Kräfte freisetzt" (ebd.).

2. Selbstüberschreitung

Die Rede vom ‚verbesserten Selbst' ist nicht weniger ein Buch mit sieben Siegeln als das ‚letzte Anliegen'. Aber vielleicht können Stippvisiten bei namhaften Persönlichkeiten des öffentlichen und kulturellen Lebens helfen, uns, wie Kierkegaard sagt, in das Wahre dieser Idee hineinzutäuschen. So ist eine Erwähnung von Kants redlicher Vernunft immer als hilfreich, eine von Hegels beißendem Sarkasmus immer als befreiend und die von Nietzsches grenzenloser Konfusion immer als heilsam empfunden worden. Mit ihrer Besichtigung setzen wir unsere Lustreise fort.

Der alte Adam. – Kant hatte ein qualitativ gestuftes Modell der Selbstverbesserung vor Augen. Über Domestizierung, Disziplinierung und Zivilisierung sollten die Menschen bis hinauf in die einsamen Höhen der Moralisierung fortschreiten, wobei sich Kant im Blick auf das Erreichen dieser letzten Stufe keine Illusionen machte. „(...) und Rousseau", schreibt er, „hatte so Unrecht nicht, wenn er dort den Zustand der Wilden vorzog, sobald man nämlich diese letzte Stufe, die unsere Gattung noch zu ersteigen hat, (...) weglässt. Wir sind in hohem Grade durch Kunst und Wissenschaft kultiviert. Wir sind zivilisiert bis zum Überlästigen, zu allerlei gesellschaftlicher Artigkeit und Anständigkeit. Aber uns schon für moralisiert zu halten, daran fehlt noch viel. Denn die Idee der Moralität gehört noch zur Kultur" (Kant 1968b: 26).

Nach den Worten der *Anthropologie in pragmatischer Hinsicht* ist Kants leitender Gesichtspunkt nicht die (physiologische) Natur und das, was die DNA aus dem Menschen macht: Es ist das, was der Mensch als frei handelndes Wesen aus sich selber macht (vgl. Kant 1968a: 119) – beruflich und familiär, charakterlich und gesellig, diätetisch und ästhetisch. Die Dialektik der Aufklärung deutlich vor Augen bemerkt Kant trocken: „Die Menschen sind insgesammt, je civilisierter, desto mehr Schauspieler" (ebd.: 151).

Auf die Frage, wie man sich dahingehend selbst verbessern könnte, nicht nur ein guter Schauspieler, sondern ein guter Mensch zu werden, gibt Kant bekanntlich eine zweigleisige Antwort: Als Wesen zweier Welten setzten die Strategien der Selbstverbesserung einerseits auf die *Reform der Sinnesart*, um andererseits deren notwendige Voraussetzung in einer *Revolution der Denkungsart*, d. h. einem grundsätzlichen Gesinnungswechsel, zu suchen. Aus einer zum Schlechten geneigten Gesinnung ist nicht anders herauszukommen,

> „als dass die *Revolution* für die Denkungsart, die allmähliche *Reform* aber für die Sinnesart (…) notwendig und daher auch dem Menschen möglich sein muss. Das ist: wenn es den obersten Grund seiner Maximen, wodurch er ein böser Mensch war, durch eine einzige unwandelbare Entschließung umkehrt (und hiermit einen neuen Menschen anzieht): so ist er (…) dem Prinzip und der Denkungsart nach ein fürs Gute empfängliches Subjekt; aber nur im kontinuierlichen Wirken und Werden ein guter Mensch: d. i. er kann hoffen, dass er (…) sich auf dem guten (obwohl schmalen) Wege eines beständigen Fortschreitens vom Schlechten zum Besseren befinde" (Kant 1968d: 37).

Tugend nennt Kant den „zur Fertigkeit gewordenen festen Vorsatz" der Pflicht. Sie macht es für den Einzelnen leichter, der im Sittengesetz inthronisierten Verpflichtung, einem an vernünftiger Selbstbestimmung ausgerichteten Willen, zu folgen. Die Motive dazu können unterschiedlichster Art sein, Kant sagt, „man nehme sie her, woher man wolle." Tugendhaftes Verhalten wird in der Orientierung am Sittengesetz „nach und nach erworben". Im besten Fall wird es im Verlauf der Zeit zu einer guten Gewohnheit. Kant nennt dies eine allmähliche Reform des Verhaltens und meint die Festigung oder Verinnerlichung der Maximen durch lange und wiederholte Übung – bis man endlich zu einer dem Bösen entgegengesetzten Haltung kommt. Alle Erziehung und Bildung setzt auf diese sukzessive Einstellungs- und Verhaltensreform. Dass aber *überhaupt* ein Gesinnungswechsel stattfindet, ist eine *Revolution*. Wir müssen eine Revolution in unserem Denken herbeiführen und d. h. einen prinzipiellen Charakter begründen, an dem sich dann entsprechend arbeiten lässt.

Wie die Revolution der Denkungsart, von der Kant spricht, zeigt, hat die moralische Beschaffenheit, die uns zugerechnet werden soll, keinen Ursprung in der Zeit. Sie muss einen Anfang in der Vernunft haben und daher rational erklärbar sein. Der gute bzw. böse Mensch hat *einen* Anfang in der Zeit – blickt man auf die allmähliche Verfertigung und Befestigung der Tugenden in Form ethischer Routinen. Der gute bzw. böse Mensch hat *keinen* Anfang in der Zeit – blickt man auf die Revolution der Denkungsart oder des Charakters. Die Gesinnung, von der Kant spricht, ist nicht in der Zeit erworben.

An dieser Stelle tun sich zwei mögliche Interpretationen auf, die ich bloß streifen kann. Die erste liegt in der Vorstellung einer noumenalen Wahl, sie wurde in der Folgezeit von Schopenhauer bis zu den Existentialisten favorisiert. Eine andere hat Kant vermutlich näher gelegen. „Die Gesinnung ist nicht in der Zeit erworben" kann auch heißen, die Gesinnung als ein gattungsspezifisches Charakteristikum zu verstehen, sie als Ausdruck eines „gefallenen Zustands", wie es an andere Stelle heißt, zu betrachten.

Wenngleich nur angedeutet, zeigen sich hier beispielhaft die Grenzen der kantischen Selbstverbesserungsidee: Mit Blick auf die Tugenden kann man vielleicht etwas machen, was hinsichtlich der Revolution der Denkungs- oder Gesinnungsart unmöglich ist. Darin spiegelt sich noch Kants Grundsatzentscheidung: Freiheit, Autonomie, Würde usf. nicht (nur) als erstrebenswerte Aufgabe, sondern als konstitutive Bedingung menschlichen Handelns zu betrachten; nicht als etwas, das man in erster Linie durch Bemühung und Leistung erwirbt (um sich ihrer würdig zu erweisen), sondern ein über jegliches Können hinausgehendes *Sein*, über das keiner das Recht hat, zu richten. Es gehört zu den unverlierbaren Rechten, durch die das Sein dieser als Selbstzweck bestimmter Wesen unvordenklich geschützt ist. Keine kulturelle Attribution kann ihnen diese jemals streitig machen, d. h. zu- oder absprechen.

Der neue Heilige. – „Je mehr ein Mensch", schreibt der Soziologe Gerhard Schulze, „in [seiner persönlichen Lebensgeschichte] voranschreitet, desto mehr wird er zu seinem eigenen Baumeister. Gewiss kann er sich nicht so vollständig ‚neu erfinden', wie es diese in Mode gekommene Redeweise suggeriert. Interessant aber ist, dass sie sich überhaupt verbreitet hat, denn darin zeigt sich ein wachsendes Gespür für den Anteil, den das Ich an seiner eigenen Verfasstheit hat. Dies gilt zwar für alle Menschen und allen Zeiten, doch der Anteil variiert von Epoche zu Epoche. Zu keiner Zeit hat sich das Ich soviel mit sich selbst beschäftigt wie in der Moderne. Das Ich wurde dadurch in immer höherem Maße für sich selbst verantwortlich, aber auch sich selbst ausgeliefert" (Schulze 2003: 212f.).

Dabei geht es nicht allein um die Frage, wer oder was ich bin, sondern verstärkt darum, was ich machen: aus mir selber machen kann. Bei dieser Konzentration auf das Selbst steht nicht dessen *Sein* im Vordergrund, sondern das *Können*. Schulze spricht von der Dominanz eines *könnensgerichten Paradigmas*. Der an sich selbst interessierte und sich selbst zum Maßstab nehmende Mensch sucht unentwegt nach Mitteln und Wegen oder moderner, nach *Kompetenzen, Situationen* und *Chancen*, den Möglichkeitsraum, als den er sich vorstellt, auszuschöpfen und auszufüllen. Wie schwierig sich das gestalten könnte, lässt sich bereits an Fichtes schöner Formulierung ablesen, dass es sich bei der „endlichen vernünftigen Natur" dieser Spezies um ein Wesen, das bloß „angedeutet" ist, handelt. Kein Wunder also, dass schon Hegel diese welthistorische Tendenz, den „Trieb zur Individualisierung", ironisch dadurch kommentiert, dass in der neuesten Zeit das *humanum* zum „neuen Heiligen" (Hegel 1986b: 237) geworden sei. Vor allem an der neueren Komödie ließe sich, wie Hegel sagt, die „heutige Gegenwärtigkeit des Geistes" (ebd.: 238) studieren.

Zeitdiagnose und Komödienanalyse, Geschichtsphilosophie und Gattungspoetik erhellen sich wechselseitig. Das Komische ist der Moderne wie, Hegel zufolge, das Tragische den Bedingungen der (heroischen) Welt der Antike angepasst. Entsprechend ist in der Rangordnung der Kunstgattungen die Komödie über der Tragödie platziert. Die Komödie ist das Höhere zur Tragödie. In der Entwicklungsgeschichte des Geistes ist sie der Tragödie logisch vor- oder übergeordnet. Im Unterschied zum tragischen Bewusstsein hat nämlich das Komische das „freiere Recht der Subjektivität" (Hegel 1986c: 334) auf seiner Seite.

Das Verhalten des Einzelnen wird durch die neuen Formen der Lebensorganisation gleichsam flüssiger und durchlässiger gemacht, die Beweglichkeit des Individuums nimmt zu, wo es auf dem Standpunkt der neuesten Zeit geschickt wird, „nach dieser oder jener Seite hin aus sich selber zu handeln" (Hegel 1986a: 254). Was die Individualität *entlastet* und *frei* macht, lässt ihr Handeln, Denken und Fühlen und damit sie selbst *irrelevant* werden; was die Vermögen schult, universalistischer zu denken und flexibler zu handeln, lässt auch den Umfang der *Standardisierungen* anwachsen.

Die *Vertiefung* der Subjektivität – das Kennzeichen der modernen Welt – geht mit ihrer *Trivialisierung* einher. Die erweiterten Handlungsradien bezahlt das seine Ex- und Intensitäten steigernde Subjekt mit seiner Entsubstantialisierung, die wiederum Raum schafft für den Ausbau des (romantischen) Kults einer Innerlichkeit, die im Begriff steht, das Subjekt von allen wesentlichen – überindividuell bedeutsamen – Kommunikationen abzuschneiden. Im „Komischen haben die Individuen das Recht, sich, wie sie wollen und mögen aufzuspreizen" (Hegel

1986a: 252). Komisch ist, wenn das Nichtige und Belanglose mit dem Anspruch, das Größte und Höchste zu sein, auftritt, aber in seiner Präsentation tatsächlich nichts Großes zugrunde geht.

Die Subjektivität sieht sich einer Kontingenz preisgegeben, die sie dazu bewegt, sich entweder nach innen, in die idiosynkratische Welt der Gefühle, Phantasien und Wünsche zu wenden oder nach außen, in die „gewöhnliche, äußerliche Realität, in das Alltägliche der Wirklichkeit und damit in die gemeine Prosa des Lebens" (ebd.: 317).

Ein weiteres Moment sieht Hegel in der Veralltäglichung des Abenteuers. Der Sinn für das Abenteuer wird nachgerade zum Drehbuch, nach dem die „losgebundene Partikularität" (Hegel 1986c: 537) die Richtlinien für modernes Selbstdesign entwirft. Die Entgötterung der Welt und die Orientierung am Abenteuer gehören zusammen. Nach Hegel scheint der gesteigerte Sinn für das Abenteuer eine Art Kompensationseffekt für den entschwundenen Zauber durch Götter und Dämonen, auch für das große „Gesamtabenteuer des christlichen Mittelalters", die Kreuzzüge. So besehen sind die vielfach zerstreuten Abenteuer des modernen Lebens kleinformatige Supplemente einer großen Vergangenheit. Da gilt es dann: den Sinn für das kleine, frivole Abenteuer zu reizen und das Spiel mit dem begrenzten Risiko auf leicht erhöhtem Erregungsniveau fortzusetzen. Das Phantastische und In-sich-Gebrochene, die Verkehrung von Innen und Außen findet sich, laut Hegel, auch auf dem „*weltlichen* Boden".

Die Veralltäglichung des Abenteuers wird zum Stimulans des Lebens, wo dem Geist „ nichts Dunkles und Innerliches mehr übrig bleibt (…). Der Geist arbeitet sich nur so lange in den Gegenständen herum, so lange noch ein Geheimes, Nichtoffenbares darin ist" (Hegel 1986b: 234).

Die Entzweiung der modernen Welt wird in der Komödie so radikal gefasst, dass begriffliche Mediation nicht mehr möglich ist und daher die Kunst insgesamt in der Komödie ihrer Auflösung, dem Ende ihrer Deutungsmacht entgegensieht. Gattungspoetik und Geschichtsphilosophie spiegeln sich aneinander. Aus den Banden der substantiellen Sittlichkeit befreit, wird die Subjektivität selbst Thema der Kunst und mit ihr die ungehemmte Multiplikation innerer und äußerer Verhältnisse. Nach dem Wegfall der Ständeklausel und ähnlicher Hemmnisse eröffnet sich der Komödie, der Satire, der Groteske usf. ein schier unerschöpfliches Reservoir von Gegenständen. Die Umstände und Kollisionen werden zahllos, der Umfang eigensinniger Zwecke wächst ins Ungeheure. Entsprechend wird die ‚Erfindung interessanter Szenen' zur Hauptaufgabe der neueren Kunst. Über all das herrscht das (entfremdete) Spiel des Zufalls. Dem Zufall wiederum korrespondieren Charaktere, die keine mehr sind. Erst auf der Höhe der Moderne kann sich die Kunst den „Abenteuern der Phantasie" und ihrer vorbildlosen Produktivität freigeben. Die Situationskategorie wird grundlegend für jedes Handlungsverständnis.[5]

Der zwielichtig Unheilige. – Auch wenn Nietzsche Hegels Komödiendeutung, seine Diagnosen vom Komischen als dem „schmerzfreien Widerspruch", nicht gekannt hat – es ist diese Situation, die Nietzsche vor Augen hatte, als er schon früh sein Leib- und Lebensthema angeschlagen hat: „Den Begriff ‚Mensch' weiter auszuspannen". Womöglich in dem Sinn, dass dessen Größe und Glück, Schönheit und Erhabenheit genug sein könnten, den tragischen Sinn der Erde rückhaltlos zu bejahen. Um so vielleicht der heraufziehenden Sinnlosigkeit des Lebens ein motivierendes Trotzdem entgegenzuschleudern.

Man könnte Nietzsche folgende Frage an Hegel in den Mund legen: ‚Woher glaubst du, Hegel, sollen die Menschen die Motivation nehmen, den zivilisatorischen Überdruss des letzten Menschen abzuwehren, wenn ihnen klar wird, dass sie auf dem Hochplateau einer in den Versöhnungsbilanzen ausgeglichenen Moderne die ständig gleichen Konflikte und Kollisionen nur so zum Schein wiederholen, durchspielen und durchleiden müssen? Wenn sie begreifen, dass das komödiantenhafte Ambiente der Moderne eher einem Ensemble von Biotopen gleicht, in denen sich allenfalls behaglich leben lässt? Woher also die Heiterkeit und Wohlgemutheit nehmen, in deren wohltemperiertem Klima die Komödie spielt?'

Nietzsche denkt aus der Not und der Leere des ‚letzten Menschen'; dessen Abenteuer sind schal geworden. „Man hat sein Lüstchen für den Tag und sein Lüstchen für die Nacht: aber man ehrt die Gesundheit" (Nietzsche 1988d: 20).

Nietzsche überblickt – wie er meint – bereits die Folgeprobleme, die entstehen, wenn Kultur und Gesellschaft – mit den rousseauistischen Gleichheits- und Gerechtigkeitsidealen gesättigt – beginnen, nihilistisch in sich selbst zu kreisen: Wie nachmetaphysisch mit der „Kehrseite der Dinge" fertig werden? Wie Vertrauen in das Leben einflößen? Oder, wie die Komödie des Lebens in die Länge ziehen (vgl. Nietzsche 1988c: 213)? Nietzsche kommt immer wieder auf diese Frage zurück: Welche nachmetaphysischen Möglichkeiten der Versöhnung (Nietzsche: „Erlösung") mit einem grundsätzlich ungerechten Leben gibt es, wenn der

---

5   Der Roman ist die Kunstform, die diesen „Konflikt zwischen der Poesie des Herzens und der entgegenstehenden Prosa der Verhältnisse" (Hegel 1986c) am Nachdrücklichsten spiegelt. Von daher könnte man denken, dass es der Roman ist, der in der wechselseitigen Reflexion von Gattungspoetik und Geschichtsphilosophie die typisch moderne Zerrissenheit aufs Genaueste spiegelt. Diese Konsequenz wird von Lukács gezogen (vgl. Lukács 1963).

Versöhnungsgedanke der Metaphysik selbst im Nihilismus einer Entwertung aller Werte kollabiert?[6]

Nietzsches Einsicht in die „Kehrseite der Dinge" verweigert sich der Annahme der ontologischen Metaphysik, die gegensätzlichen Seiten des Daseins miteinander zu versöhnen. Der abgründige Anteil der Dinge muss notwendig in die Gesamtbilanz des Lebens eingerechnet werden. Das Gesamt des Lebens aber lässt sich weder überblicken noch abschätzen. „Tragische Weltbejahung" ist Nietzsches Antwortformel für diese Struktur (vgl. Gamm 2000a: 15-41).

Was eine knappe Erinnerung an Nietzsches Dialektik der Aufklärung so wichtig macht, sind die kritischen Noten, die das verträumte (rousseauistische) Bewusstsein moderner Selbstverbesserung sich selber verhehlt. Sie demonstriert sie gleichsam an allen Formen der gesellschaftlich-geschichtlichen Praxis, an Gerechtigkeit und Freiheit, an Glück und Leiden, Leben und Vergessen, Denken und Erkennen. Denn es formuliert Nietzsches grundsätzliche Einsicht in die *Nullsummenspiele* des Lebens: „dass mit jedem Wachstum des Menschen auch seine Kehrseite wachsen muss". Es kennzeichnet nämlich den mittelmäßigen Typus unserer Zeit, dass er die Vorstellung vom „Gegensatz-Charakter des Daseins" nicht ertragen kann; dass es ihn dahin drängt, die Übelstände zu bekämpfen, „wie als ob man ihrer entraten könnte; dass er das Eine nicht mit dem Anderen hinnehmen will" (Nietzsche 1988c: 519f.).

Das Vorteilhafte an einer Person sieht Nietzsche so innig mit ihren Schattenseiten verhakelt, dass, wollte man die Eigenschaften, die man gutheißt, von den unerwünschten absondern und befreien, man unweigerlich auch erstere auslöschen würde. Dementsprechend lautet sein Grundsatz: „Will man einmal eine Person sein, so muß man auch seinen Schatten in Ehren halten" (Nietzsche 1988b: 409). Der Schatten wächst mehr oder weniger proportional mit dem, was im Licht steht, die militärische Zerstörungs- mit der technischen Erfindungskraft. Das soll nach

---

6   Wozu noch der tragische Ballast, wenn doch als Stimulans des Lebens die Komödie, ergänzt durch Valium und Prozac ausreichen? Auch wenn man weiß, dass man alsbald genug davon hat? Loriot und Helge Schneider mögen ja noch angehen, aber schon bei Mario Barth hört der Spaß auf. – Aber warum wird die Aufmerksamkeit eines 80.000-köpfigen Publikums im Berliner Olympiastadion nicht durch die Inszenierung einer großen Tragödie, sofern es sie in der Moderne überhaupt gibt, angezogen? Wo gibt es ein modernes Epidauros, von dessen kultureller Größe Michel Serres tief beeindruckt, seine psychische Gesundheit wiederfindet? (Vgl. Serres 1993: 111ff.)
Kurz nach der Wende schreibt Heiner Müller, dass spätestens mit dem Ende der DDR-Staatsmacht der Konfliktstoff für Tragödien erschöpft sei. Es stehe zu befürchten, „dass mit dem Ende der DDR das Ende der Shakespeare-Rezeption in Deutschland gekommen ist. Ich wüßte nicht, warum man in der Bundesrepublik Shakespeare inszenieren sollte, es sei denn die Komödien" (Müller 1994).

Nietzsches Ansicht auch im Bereich der Moral Gültigkeit haben, ja er glaubt, diese Dialektik – nicht ganz ohne utopische Einfärbungen – noch steigern zu können.[7] Anders gesagt, für unser Studienmodul einer ‚Selbstoptimierung des Menschen' gibt es keine bessere Anleitung als das gründliche Studium der Schriften von Friedrich Nietzsche, auch wenn es partout keine Garantie bietet, dass man, wie das neue Buch von Peter Sloterdijk *Du mußt dein Leben ändern* belegt, etwas daraus lernt (Sloterdijk 2009; vgl. dazu Gamm 2012: 100-103).

3. Moderne Kultur

Das ‚verbesserte Selbst' ist nur eine Charakteristik der sozialen Akteure in einer langen Kette von Selbst- und Persönlichkeitsanalysen seit der Mitte des 20. Jahrhunderts. In diesen Diagnosen, die nicht selten die Gestalt von Porträts annehmen, werden die psychische Erfahrung und die gesellschaftliche Erwartung, die individuellen Formen des Umgangs mit sich selbst und die sozialen Verkehrsformen – die Rollen, Routinen und Rituale, Rechte und Pflichten der Gesellschaft – in Beziehung gesetzt. Sie sollen Auskunft darüber geben, welche parallelen Veränderungen zwischen den Strebens- und Affektlagen des Einzelnen und den Leistungsbilanzen der Gesellschaft stattgefunden haben; welche spezifische Züge das Denken, Fühlen und Handeln der sozialen Akteure wie der gesellschaftlichen Realität bestimmen. – Unsere Lustreise nimmt Kurs auf die Gegenwart, auf die gesellschaftliche Lage der hochmodernen Kultur(en) des Westens. Sie bildet(n) den dritten Stammbegriff unseres Leitsatzes vom verbesserten Selbst. Seine Betrachtung lässt die Unlust deutlich anwachsen.

Vom produktiven Charakter zum erschöpften Selbst. – Zur Erinnerung, zu den ersten, die den Sprung in das Rampenlicht einer größeren Öffentlichkeit geschafft haben, gehörte ohne Zweifel die Studie von David Riesman über die „außengeleitete Persönlichkeit" in *The Lonely Crowd*. Ihr folgten in schneller Reihenfolge der „produktive Charakter" von Erich Fromm, der „antiquierte" und der „eindimensionale" Mensch von Günther Anders und Herbert Marcuse, das „narzisstische Selbst" von Otto Kernberg, Heinz Kohut und Christopher Lasch, das „geteilte Selbst" von Ronald D. Laing. Erving Goffman entdeckte in den „Interaktionsritualen" das „heilige Selbst", dem später der „entfesselte" und der „flexible Mensch" von Daniel Bell und Richard Sennett folgten, um nur wenige aus einer ganzen Reihe moderner Selbstdiagnosen zu nennen, die beim Ich als Unter-

---

7 Vgl. zu Nietzsches Überlegungen hinsichtlich der Nullsummenspiele des Lebens: Gamm 2002: 235-284.

nehmer in eigener Sache (Ulrich Bröckling) und dem „erschöpften Selbst" Alain Ehrenbergs noch lange nicht endet.[8]

Auch im Blick auf die soziale Realität haben die letzten Jahrzehnte eine beeindruckende Reihe von Gesellschaftsdiagnosen zutage gefördert. Man bemühte sich, die Grammatik moderner Gesellschaften über paradigmatische Begriffe, Erfahrungen oder Schlüsseltechnologien aufzuklären. Die Risiko- und die Multioptionsgesellschaft, die Erlebnis- und Mediengesellschaft, die Verantwortungs- und Wissensgesellschaft, die Gesellschaft des Spektakels und der Zivilreligionen, der Massen und des Konsums machten ebenso die Runde wie die kybernetische, die postindustrielle und die informationelle Gesellschaft, da lagen das Atomzeitalter, die vaterlose Gesellschaft und die spätkapitalistische Industriegesellschaft schon eine geraume Zeit hinter uns.

Das Problem dieser Diagnosen war oder ist nicht, dass sie die Zeit-, Sach- und Selbstformationen nicht trafen bzw. treffen, sondern, dass die Etiketten nicht (mehr) richtig an den Sachen haften wollten, obwohl sie wichtige Gesichtspunkte systematisch zur Sprache brachten. Sie alle erfüllten mehr oder weniger das Kriterium einer Idee, die sich kohärent und wohlunterschieden unter die gesellschaftliche Realität zu schalten weiß und sowohl als Tatsache als auch als Wert und Utopie ihre Macht und Anerkennung belegen kann.

Es gibt keine Gesellschaft. – Auf der Rückseite dieser Diagnosen keimte der Verdacht, dass es womöglich keine Gesellschaft, keine ‚richtige', ‚echte', ‚bestimmte' Gesellschaft mehr gibt: keine echten Familien, allenfalls Patchwork- und Fortsetzungsfamilien, keine echten Normalarbeitsverhältnisse, sondern prekäre, teilzeit- und projektbasierte Tätigkeiten, keine Normallebensläufe, sondern ‚Bastel'- oder ‚Wahlbiografien': Nicht die Zugehörigkeit zu dieser oder jener Klasse bestimmte fortan das Sein, sondern Lebensstilpräferenzen.

Auch im Bewusstsein, dass der Satz „So etwas wie Gesellschaft gibt es nicht" von Margret Thatcher stammt und dazu gebraucht wurde, rein ideologisch die Bedeutung des Individuums zu überhöhen, ist er doch hilfreich, bestimmte Veränderungen der letzten Jahrzehnte zu beschreiben.

Die angefangene Reihe lässt sich nämlich leicht fortsetzen. Es gibt keine echten Schuldigen, nur Opfer, keine Schuld, nur Schulden; keine Scham, sondern nur Peinlichkeit und Versehen infolge von ‚Fehlern'; es gibt keine echten Politiker, nur bessere oder schlechtere Politikschauspieler. Politik gibt es schon gar nicht,

---

8   Der „unbestimmte Mensch" von Gerhard Gamm (2004) gehört nicht in diese illustre Reihe. Nicht nur, weil er nicht vermisst wird bzw. die Publizität der anderen nicht erreicht. Er thematisiert das menschliche Selbst- und Gesellschaftsverhältnis als Problem der Philosophie, das diese liebgewonnene Referenz – aufgrund der Negativität (des Entzogenseins) jeder Bestimmung – so fragwürdig wie unumgänglich macht.

sie wird entweder ins Recht, z. B. nach Karlsruhe bzw. ins entfernte Brüssel[9] verschoben oder dazu missbraucht, die öffentliche Meinung an die ‚Sachzwänge' der internationalen Finanzmärkte (der Vermögenden) anzupassen. Es gibt keine Moral (mehr), nur eine unterschiedslose, diffuse Ethisierung aller Lebens- und Arbeitsverhältnisse nach den verdeckt ermittelnden Maßstäben von *political correctness*. Es gibt nicht das Gute, allenfalls die ‚Bonität': den guten Ruf des festangelegten Geldes, gegründet auf den Glauben, in drei oder dreißig Jahren zahlungsfähig zu sein.[10] Wie sollte es auch eine richtige Gesellschaft geben, nachdem die ‚Nation' bzw. der Nationalstaat nur mehr bedingt die gesellschaftsermächtigende Klammer ist, die in unseren Breiten die Versammlung der Vielen seit dem 19. Jahrhundert zusammengehalten hat – um von den Auswirkungen der Globalisierung ganz zu schweigen. Was unter anderem auch dazu führte, dass die Soziologie den Gesellschaftsbegriff fallen ließ; übriggeblieben ist die redundante Rede von Gesellschaft als dem Inbegriff des Sozialen.

Vielleicht exemplifiziert der Niedergang der großen Gewerkschaften (in der Bundesrepublik und in Großbritannien) – ihre Auflösung in ein (individuelles) Interessensplitting für Sparten, Berufe und Sonderrechte nach kapitalistischem Muster – den Dezentrierungsprozess der Gesellschaft am nachdrücklichsten.

Kurz, der Eindruck drängt sich auf, dass die institutionalisierten Bindungskräfte der Gesellschaft insgesamt schwächer, der Individualismus und der Individualisierungsdruck, wie seit über 150 Jahren, seit Alexis de Tocqueville beklagt, dagegen stärker geworden sind.[11] Mit dem Schwächerwerden der Gesellschaft – Familie, bürgerliche Gesellschaft (der Arbeit, dem System der Bedürfnisse) und Staat – wächst zusehends die soziale Erwartung an den Einzelnen, sein Leben selbst in die Hand zu nehmen. Das Individuum sieht sich immer mehr auf sich selbst verwiesen. In allem, was es tut und denkt, fühlt und redet, muss es sich auf sich selbst besinnen, sich auf seine Fähigkeiten, i.e. Wort, auf seine Subjektivität stützen. Es sieht sich auf neue Gleise gesetzt: Von der autoritären zur emanzipierten Persönlichkeit, von Ödipus zu Narziss, von den durch innere und äußere Zwänge erzeugten Konflikten und Schuldgefühlen zu einer selbstregulierten Verantwortlichkeit unter dem Diktat, vor der Qual einer selbstverantwortlichen Wahl zu stehen – *making choices, feel the difference* – um bei der klinischen Diagnose einer Dauerüberforderung mit Erschöpfungsfolge, dem Ausgebranntsein, zu enden.

---

9   Rund 60 % der Rechtsmaterie, die im Deutschen Bundestag verhandelt wird, stammt aus Brüssel.

10   Dass das Subjekt, respektive der Mensch, verschwunden ist – „wie am Meeresufer ein Gesicht im Sand" –, weiß seit Foucault jedes Kind.

11   Interessanterweise begleitet – von entsprechenden Dramatisierungen gerahmt – diese Diagnose die moderne bürgerliche Gesellschaft von Anfang an (vgl. Tocqueville 1987).

Wahrscheinlich noch gravierender für das Unbestimmt-, wenn nicht Unbestimmbarwerden der Gesellschaft ist die Tatsache, dass es keine wirklichen Adressaten mehr gibt – für unsere Ansprüche und Ängste, Klagen und Kritiken. Wer sind die Schuldigen? Die berühmt-berüchtigten Verursacher von all dem, was uns nicht passt und wogegen wir protestieren? Dass die Gesellschaft schuld sei, wissen wir eh, aber überzeugend war das eben nur so lange, als wir ihr Bestehen, z. B. in Form der bürgerlichen Gesellschaft, voraussetzen konnten. Weder für die massiven sozialen Ungerechtigkeiten weltweit wie hautnah noch für die Umweltzerstörung (in der alle und keiner mitgehangen mitgefangen sind), weder für die scheiternde Bildungsreform noch für die europäische Schuldenkrise kennen wir die Adressaten. Auf den hohen Nachfragedruck nach Erklärungen und Rezepten antwortet der Markt mit einem absurden Überangebot. Adressatenmangel und Adressatenüberschuss halten sich die Waage, es sind die zwei Seiten ein und derselben Medaille.

An die Stelle der Gesellschaftskritik (des 19. und frühen 20. Jahrhunderts) ist die weitläufige Artikulation des Unbehagens getreten. Der stumme oder laute, der friedliche oder gewalttätige Protest, der an den unterschiedlichsten Orten der Welt aufflammt, gewinnt Gestalt in einer dumpfen Empörung, die selten lange vorhält und verraucht, sobald sich die Gemeinschaft der Empörten wieder auflöst, über die sie sich für eine verschwindend kurze Zeit vereinigt weiß. Fast alles, was an oder in der Gesellschaft Widerstand, Empörung, Protest oder einen (kommenden) Aufstand provoziert, bringt es nicht (mehr) zu einer Ross und Reiter benennenden Kritik, weder auf Seiten der Theoretiker, die in der Artikulation des Unbehagens schwelgen noch auf Seiten der Gesellschaft. In ihr geben von Zeit zu Zeit die Wutbürger den Ton an bzw. bricht sich der Aufstand der Empörten (in den französischen Banlieues oder den britischen Großstädten) gewaltsam Bahn. Aber nirgends gibt sich eine langfristige Perspektive zu erkennen, die sich wie im 19. Jahrhundert mit einer die Fundamente der Gesellschaft erschütternden Kritik zu verbinden wüsste.

4. Selbstbestimmung – Ein Ausblick

Heute hat es den Anschein, dass Selbstverbesserung (wieder) verstärkt im Sinne von *Selbstbestimmung* interpretiert wird. Sowohl in den wissenschaftlichen Debatten als auch hinsichtlich der gesellschaftlichen Praxis ist die Erinnerung an die *Autonomie* wieder eine Art Anlaufstation für affirmative wie kritische Diskurse geworden – aber abzüglich seiner philosophischen, durch Kants Sittengesetz geprägten Bedeutung. – Wie es sich gehört, beenden wir unsere Lustreise mit einem Blick in die Zukunft, aus der das vielleicht mächtigste Licht auf die Gegenwart fällt.

Dialektik der Autonomie. – Das schon in der Antike anhebende philosophische Unternehmen einer Selbstbestimmung durch Affektsteuerung und Affektmodellierung erlebt heute mitsamt dem Rekurs auf das Subjekt eine Renaissance. Was einst als hohes Gut begehrt und gegen erhebliche gesellschaftliche Widerstände durchgesetzt werden musste – *Autonomie* in fast allen Bereichen des gesellschaftlichen Lebens zu beweisen –, dazu werden wir heute nachdrücklich aufgefordert, es ist, als bestätigte sich die beste und bestbeglaubigtste Einsicht der Soziologie aufs Neue: Die Menschen begehren meistens das, was die Gesellschaft von ihnen erwartet (vgl. Berger 1969: 105).

Die neu formierte Zweidrittel-Gesellschaft erwartet heute von jedem Einzelnen, worum lange gekämpft wurde: Autonomie und Verantwortung, Kreativität und Zivilität, Authentizität und Sensibilität. Selbstbestimmung ist zum neuen Zauberwort avanciert, es erscheint als der höchstplatzierte Wert postindustrieller Gesellschaften (vgl. Gamm 2011: 377ff.).

Zu ihren *basics* zählen eine gewisse innere und äußere Unabhängigkeit, d. h. in möglichst allen Lagen unseres Arbeits- und Alltagslebens *Selbstständigkeit* zu beweisen, die Spielräume des Verhaltens kreativ zu nutzen und eigenverantwortlich auszubauen. Man muss dem eigenen Leben einen unverwechselbaren Stempel aufdrücken, um sich selbst und der Welt zu demonstrieren, wer oder was man ist: welche überaus bedeutende Rolle man spielt. Das Ideal persönlicher Autonomie hat sich in der Moderne fest mit der Vorstellung, das Leben eines Menschen sei eine von ihm als Autor geschaffene, oder mindestens von ihm als Redakteur betreute Erzählung, verbunden. Das Problem: jeder sieht sich jederzeit dazu angehalten, mit dem Anspruch auf Relevanz aufzutreten. Er muss das Potential, das man bei ihm vermutet (oder er anderen bei ihm zu vermuten hilft), vor dem unregelmäßigen Kreis seiner Evaluatoren auch rechtfertigen. Tritt er entsprechend auf, ist es fast nur noch zum Lachen: „Komisch", hatte Adorno in Anlehnung an Hegel geschrieben, „ist das Nichtige durch den Anspruch auf Relevanz" (Adorno 1970: 296), darin eines Sinns mit Nietzsche, der, entgegen seinem sehnlichsten Wunsch, ihn alsbald selbstkritisch beurteilt hat: „Alles Persönliche ist eigentlich komisch" (Nietzsche 1966: 1186).

Autonomie wird dabei zunehmend in Kategorien sozialer Interaktion und Deliberation interpretiert. Wer Widersprüche auszuhalten weiß und innerhalb des spannungsreichen Verhältnisses von Kooperation und Konkurrenz, Flexibilität und Kontinuität, Recht und Billigkeit usf. gut zu vermitteln versteht, seine

Selbstbestimmung also dadurch gewinnt, sich (von anderen und Umständen) bestimmen zu lassen, wird heute als autonom handelnd begriffen (vgl. Seel 2002).

Von Kant intellektuell und moralisch als „der Ausgang des Menschen aus seiner selbstverschuldeten Unmündigkeit" begriffen, führt Autonomie heute ein Eigen-, um nicht zu sagen, ein sozialpsychologisch umtriebiges Lotterleben. Von einer moralischen Fundierung qua ‚Menschheit in meiner Person' ist nur selten die Rede. Die Autonomie wird dem Einzelnen in der Form, Verantwortung übernehmen zu müssen, diktiert – weit über das Feld hinaus, wozu der Einzelne bestimmterweise etwas kann. Die Verantwortungszuschreibung wird gesellschaftlich als Individuationsmechanismus, als neue Form, sein Verhalten zu optimieren und ihn selbst zu disziplinieren, missbraucht. Wenn Adorno in seinen Vorlesungen „Zur Lehre von der Geschichte und der Freiheit" schreibt: „Der Begriff des autonomen Subjekts wird von der Realität kassiert" (Adorno 2011: 14), hat er Recht, aber anders als er meint. Auch die ‚Autonomie' ist nicht dagegen gefeit, selbst das auf allen Seiten begehrte Instrument einer neuen Herrschaftspraxis zu sein.

Wie Ehrenberg in seinem Buch über *Das erschöpfte Selbst* darlegt, verweigern sich die Individuen massenhaft dem Anspruch, sie selbst zu sein. Man versteckt die Angst, man selbst zu sein, hinter der Erschöpfung, man selbst zu sein. Die ständige Aufforderung, sich selbst zu verwirklichen, wie sie sich beispielsweise in der Verantwortungszuschreibung spiegelt, führt geradewegs in das quälende Gefühl der eigenen Unzulänglichkeit, d. h. nicht selten in depressive Handlungshemmung. Diese Störung korrespondiert einem erschöpften (ausgebrannten) Subjekt in einer (ästhetisch) befreiten Gesellschaft. Nicht – wie noch im „Zeitalter der Nervosität" – die Schuld und die seelische Konfliktbeladenheit stünden im Vordergrund, sondern die „*Erschöpfung*, die mich entleert und mich handlungsunfähig macht (…). Sich befreien macht nervös, befreit sein depressiv" (Ehrenberg 2004: 53).

Diese Überlegungen stützen den Verdacht, dass anders als in den in gesellschaftskritischer Absicht unternommenen ästhetisch-politischen Selbstbestimmungsversuchen der 50er bis 70er Jahre – von C. Castoriadis bis H. Marcuse – mit Autonomieforderungen heute eher die Ideologie eines neoliberalen Marktes befördert wird. Er begreift die Subjektivität wesentlich als eine ökonomische Ressource zur Freisetzung markteffizienter Kreativität und Innovation (vgl. Boltanski/Chiapello 2003).

Die emanzipatorisch-politische Relevanz der Selbstbestimmung scheint hingegen da noch auf, wo Selbstbestimmungspraktiken die geltenden Konventionen infrage stellen, oder – wie im Hinblick auf die Diskussionen um ein Grundrecht auf informationelle Selbstbestimmung – neue normative Leitlinien der gesellschaftlichen Praxis instituiert werden sollen. Die Frage nach der Selbstbestimmung steht ebenso im Zentrum der gesellschaftlichen Aushandlungsprozesse über die Sterbehilfe wie in jenen über die ethisch-politischen Konsequenzen einer voranschreitenden Technisierung der Gesellschaft.[12]

Gleichwohl muss man diese Aussicht mit Skepsis betrachten. Für die Ausweitung wie Vertiefung der Selbstbestimmung gibt es im Augenblick nur eine Richtung: Selbstverbesserungsgewinne im Sinne einer ständig verbesserten *Selbstverwertung* zu erzielen. Nur so bleibt der flexible Mensch den Konkurrenzen des sozialen und privaten Lebens gewachsen. Wer sich geschickt als brauchbare, mit reichlich Intelligenz und Engagement, Kommunikation und Emotion ausgestattete Humanressource ‚Mensch‘ zu verkaufen und zu präsentieren weiß, kann darauf hoffen, zu bestehen. Es führt kein Weg von der effizienten Selbstverwertung und -inszenierung zurück zum gottwohlgefälligen Lebenswandel –, es sei denn, man stimmt mit der intelligenten Lösung des Calvinismus, wie ihn M. Weber zu sehen lehrt, überein: Beides sei ein und dasselbe, er bediene unser *Wohl* und garantiere (unter Vorbehalt) unser *Heil*.

Nicht zuletzt aufgrund der durch die neuen Technologien mitbedingten posthumanistischen Konzepte von ‚menschlichem Leben‘ und der mehrdeutigen Auskunft über ‚sein Ende‘ steht ‚der Mensch‘ – trotz aller berechtigten Anthropologiekritik im 20. Jahrhundert – heute wieder auf der Agenda von Wissenschaft und Philosophie, Politik und Öffentlichkeit, Ökonomie und Recht – der Grund: Er steht dort, weil er zur Disposition steht.

Das letzte Wort. – Der Referent bedankt sich für die angenehme Reisebegleitung, obgleich nicht ohne eine Nietzsche entlehnte Aufmunterung an den Jubilar: „Die alten lass! Lass die Erinnerung! / Warst einst du jung, jetzt – bist du besser jung“ (Nietzsche 1988a: 242). Sie erlaubt ihm überdies, auf die Autorität des Sokrates gestützt, einen persönlichen wie professionellen Glückwunsch, er hat die zu Unrecht verachtete Form eines höchsten philosophischen Imperativs und gefällt dem Referenten in der Version von Samuel Beckett am besten: *Fail again, fail better.*

---

12 Es lässt sich eine ganze Liste relativ junger und neuer Herausforderungen anführen, die das traditionelle Unternehmen der Selbstbestimmung angesichts der Technisierung betreffen: Sie reichen von gattungsethischen Fragestellungen angesichts der Möglichkeit gentechnischer Eingriffe in die Erbstruktur des Menschen über die gezielte Verhaltenssteuerung durch den Einsatz neurochemischer Pharmazeutika (Human Enhancement) und die informationstechnologische Durchdringung des Alltags mit den damit einhergehenden neuen Formen und Möglichkeiten unsichtbarer Kontrolle (‚smarte Technologien‘ und ‚ubiquitous computing‘), bis zur technologischen Erweiterung und Funktionsverlängerung des Körpers durch seine Vernetzung mit computergestützten informationellen Systemen, seine Erweiterung durch die neurosensorische Verkopplung mit (externen) künstlichen Prothesen (Cyborg) oder auch die Implantation mikrometerkleiner Biochips.

Literatur

Adorno, Theodor W. (1966): Negative Dialektik. Frankfurt/M.: Suhrkamp
Adorno, Theodor W. (1970): Ästhetische Theorie. Frankfurt/M.: Suhrkamp
Adorno, Theodor W. (2011): Zur Lehre von der Geschichte und der Freiheit. Frankfurt/M.: Suhrkamp
Berger, Peter L. (1969): Einladung zur Soziologie. Freiburg/Br.: Walter
Bockrath, Franz (Hrsg.) (2012): Anthropotechniken im Sport. Bielefeld: transcript
Boltanski, Luc/Chiapello, Ève (2003): Der neue Geist des Kapitalismus. Konstanz: UVK
Brooks, Rodney A. (2002): Menschmaschinen. Wie uns die Zukunftstechnologien neu erschaffen. Frankfurt/M.: Campus
Ehrenberg, Alain (2004): Das erschöpfte Selbst. Depression und Gesellschaft in der Gegenwart. Frankfurt/M.: Suhrkamp
Ehrenberg, Alain (2011): Das Unbehagen in der Gesellschaft. Berlin: Suhrkamp
Foucault, Michel (2004): Die Hermeneutik des Subjekts. Frankfurt/M.: Suhrkamp
Gamm, Gerhard (2000a): Komödie oder Tragödie. Die Aporien der Moderne im Lichte Hegels und Nietzsches. In: Gamm (2000b)
Gamm, Gerhard (2000b): Nicht nichts. Studien zu einer Semantik des Unbestimmten. Frankfurt/M.: Suhrkamp
Gamm, Gerhard (2002): Wahrheit als Differenz. Studien zu einer anderen Theorie der Moderne. Descartes – Kant – Hegel – Schelling – Schopenhauer – Marx – Nietzsche. Berlin: Philo
Gamm, Gerhard (2004): Der unbestimmte Mensch. Zur medialen Konstruktion von Subjektivität. Berlin: Philo
Gamm, Gerhard (2007): Vom Schwindel. Am Nullpunkt der Erfahrung. In: Huber u. a. (2007).
Gamm, Gerhard (2011): Bestimmung. In: Kolmer u. a. (2011)
Gamm, Gerhard (2012): Die Schönheit der Wiederholung. In: Bockrath (2012)
Hegel, Georg Wilhelm Friedrich (1986a): Vorlesungen über die Ästhetik 1. Werkausgabe Band 13. Frankfurt/M.: Suhrkamp
Hegel, Georg Wilhelm Friedrich (1986b): Vorlesungen über die Ästhetik 2. Werkausgabe Band 14. Frankfurt/M.: Suhrkamp
Hegel, Georg Wilhelm Friedrich (1986c): Vorlesungen über die Ästhetik 3. Werkausgabe Band 15. Frankfurt/M.: Suhrkamp
Huber, Jörg/Ziemer, Gesa/Zumsteg, Simon (Hrsg.) (2007): Archipele des Imaginären. Zürich/Wien: Springer
Kant, Immanuel (1968a): Anthropologie in pragmatischer Hinsicht. In: Kants Werke. Akademie Textausgabe. Band 8. Berlin: de Gruyter
Kant, Immanuel (1968b): Idee zu einer allgemeinen Geschichte in weltbürgerlicher Absicht. In: Kants Werke. Akademie Textausgabe. Band 8. Berlin: de Gruyter
Kant, Immanuel (1968c): Muthmaßungen über den Anfang der Menschengeschichte. In: Kants Werke. Akademie Textausgabe. Band 8. Berlin: de Gruyter
Kant, Immanuel (1968d): Religion innerhalb der Grenzen der bloßen Vernunft. In: Kants Werke. Akademie Textausgabe. Band 6. Berlin: de Gruyter
Kolmer, Petra/Wildfeuer, Armin G. (Hrsg.) (2011): Neues Handbuch philosophischer Grundbegriffe. Freiburg i. Br.: Alber
Löwith, Karl (1986a): Gott, Mensch, Welt. G. B. Vico, Paul Valéry. Stuttgart: Metzler
Löwith, Karl (1986b): Vicos Grundsatz: verum et factum convertuntum. Seine theologische Prämisse und deren säkulare Konsequenzen. In: Löwith (1986a)

Lukács, Georg (1963): Die Theorie des Romans. Neuwied: Luchterhand

Müller, Heiner/Raddatz, Frank M. (1994): Für immer in Hollywood. In: Lettre International, Frühjahr, Heft 24. 4-6

Nietzsche, Friedrich (1966): Brief an J. Burkhardt, August 1882. In: Werke in drei Bänden. Band 3. Darmstadt: Wissenschaftliche Buchgesellschaft

Nietzsche, Friedrich (1988a): Jenseits von Gut und Böse. Kritische Studienausgabe. Band 5. München: dtv

Nietzsche, Friedrich (1988b): Menschliches, Allzumenschliches. Kritische Studienausgabe. Band 2. München: dtv

Nietzsche, Friedrich (1988c): Nachgelassene Fragmente. Kritische Studienausgabe. Band 12. München: dtv

Nietzsche, Friedrich (1988d): Also sprach Zarathustra. Kritische Studienausgabe. Band 4. München: dtv

Rieff, Philip (1966): The Triumph of Therapeutic. New York: Harper & Row. Zit. nach Ehrenberg (2011): 155

Schelling, F. W. J. (1976): Vorlesungen über die Methode des akademischen Studiums. In: Schelling. Schriften von 1801-1804. Darmstadt: Wissenschaftliche Buchgesellschaft

Schulze, Gerhard (2003): Die beste aller Welten. München: Hanser

Seel, Martin (2002): Sich bestimmen lassen. Studien zur theoretischen und praktischen Philosophie. Frankfurt/M.: Suhrkamp

Serres, Michel (1993): Die fünf Sinne. Eine Philosophie der Gemenge und Gemische. Frankfurt/M.: Suhrkamp

Shklar, Judith N. (1992): Über Ungerechtigkeit. Erkundungen zu einem moralischen Gefühl. Berlin: Rotbuch

Sloterdijk, Peter (2009): Du mußt dein Leben ändern. Frankfurt/M.: Suhrkamp

Stein, Peter (2011): Glücksmaschine Theater. Von der Kostbarkeit der Kunst, vom Tragischen und vom Prinzip Trotzdem. In: Lettre International, Herbst, Heft 94. 66-70

Tocqueville, Alexis de (1987): Über die Demokratie in Amerika. Zürich: Manesse

II

Prekäre Körper in prekären Zeiten – Ambivalenzen gegenwärtiger somatischer Technologien des Selbst

Paula-Irene Villa

> „Seine Fertigkeiten qualifizieren den Plastischen Chirurgen für die Ästhetische Chirurgie. Für Eingriffe, die dem Wunsch des Patienten entspringen, sein Äußeres selbstbestimmt zu verbessern. Auch dies gehört zum Spektrum zeitgemäßer Medizin" (http://www.prof-kistler.de).

Selbstbestimmung als Maßstab ‚zeitgemäßer' Medizin, medizinische Fertigkeiten im Dienst der Selbstbestimmung des Patienten – so plausibilisiert ein Arzt sein Tun. Wie sich dies derzeit konkret gestaltet, zeigt das Beispiel einer Klinik für ästhetische Chirurgie, die folgendermaßen ihre Leistungen im Bereich der ‚Behandlung von Geburtsfolgen' anpreist:

> „Sie möchten sich in Ihrem Körper wieder wohl fühlen? (…) So schön eine Geburt auch für das private Familienglück ist: Frauen leiden häufig unter den körperlichen Folgen (…). Für Geburtsfolgen bieten wir eine Kombination aus mehreren Eingriffen an. So haben Sie durch eine Operation gleich mehrere ‚Problemzonen' behoben. (…) Auch weitere Kombinationen sind möglich – abhängig von Ihren körperlichen Begebenheiten (…). Wie Ihr perfektes ‚Paket' aussieht, besprechen wir am besten in einem persönlichen Gespräch" (http://www.sensualmedics.com).

Die ‚Wunscherfüllung' der Patientin und die darauf abgestimmten ärztliche Dienstleistung definieren das Angebot. Es wird ein Leiden am eigenen Körper unterstellt, hernach werden ‚Eingriffe' zu modularisierten Angeboten, die nach Bedarf bzw. Wunsch individuell kombinierbar sind. Dass die Chiffre ‚Eingriff' überdies bemerkenswert unterbestimmt bleibt, ist kein Zufall. Vielmehr fügt sich die hier formulierte „wunscherfüllende Medizin" (vgl. Kettner 2009) in die zeitgenössische Verflüssigung der Grenzen zwischen medizinischer Heilung, körperlicher Optimierung – enhancement – und Lifestyle, die derzeit soziologisch als „Entgrenzung der Medizin" (Viehöver/Wehling 2011) diskutiert wird.

Während man obige Beispiele zunächst als ökonomisch motivierte Werbung profitorientierter Ärzte und Ärztinnen abtun könnte, so wird die Schönheitschirurgie derzeit auch anders, jedoch gleichermaßen emphatisch gerahmt. Im nachfolgenden Beispiel tauschen sich im Jahre 2009 ‚userinnen' unter einem thread zu Schönheitschirurgie in einem Blog aus, der sich der butch-femme Thematik widmet. Hier einige Auszüge:[1]

> „(…) Ich würde so etwas niemals verurteilen. Jeder Mensch muß für sich den idealen Weg finden. Sicher sind diese aalglatt, gestrafften Gesichter ohne jede Mimik sehr gewöhnungsbedürftig, aber jedem das was er sich vorstellt (…)" (user_in 1).

> „Wenn ich das Geld für eine OP hätte, würde ich es ohne zu zucken tun. (…) Es sollte jedem überlassen sein, was er mit seinem Körper macht" (user_in 2).

> „Ich bin der Meinung, das sollte jeder für sich selbst entscheiden. Wenn jemand wegen seinem Aussehen wirklich schwere Komplexe hat und sich kaum mehr auf die Straße traut, dann finde ich es total in Ordnung, wenn er sich operieren lässt" (user_in 3).

> „ich finde schönheitschirurgie ist ausdruck der selbstbestimmung über die gestaltung des eigenen körpers und daher für mich absolut legitim. ich verbringe mein ganzes leben lang in diesem einen körper. was spricht dagegen ihn so zu gestalten, dass ich sagen kann ‚ja, darin fühle ich mich wohl!'. diese hülle gibt meiner seele stärke, diese fassade ist der schöne hausputz meines inneren und es steht jedem frei den eigenen körper so zu gestalten, wie man es für notwendig/schön hält" (user_in 4).

> „Auch diese OPs ermöglichen vielen Trans*menschen Selbstbestimmung bzw. ein besseres Leben. Birgt jedoch so einige Gefahren und wird kontrovers diskutiert" (butch-femme Forum 2012).

Hier – in einem vom Selbstverständnis her lesbischen Kontext – wird deutlich, wie individuelle Selbstbestimmung sich auch am Recht darauf festmacht, den eigenen Körper individuell zu gestalten, und dies gegebenenfalls auch mit Mitteln der Chirurgie. Interessant ist neben der Betonung der individuellen Entscheidungsfreiheit auch der letztgenannte Bezug zur Realität von ‚Trans*menschen', d. h. zu Personen, die ihr Geschlecht selber gestalten. Anders gesagt: Hier rahmt weniger eine ökonomische Konsum- und Dienstleistungsnorm die körperliche Selbstbestimmung, sondern eine normative Ausrichtung an der (hier emanzipatorisch informierten) Autonomie und der Anerkennung von Individualität als Entscheidungsmaxime. So finden sich in zahlreichen, dezidiert feministischen und/oder queeren Praxen Formen der ‚Wiederaneignung' des eigenen Körpers – auch qua ästhetischer Chirurgie (vgl. Pitts 2003: 49ff.) – als Ausdruck des individuellen ‚empowerments', der Selbstermächtigung.

Dezidiert gegenteilige Argumente finden sich in der Öffentlichkeit durchaus. So wird in informellen Diskussionen sowie in den (insbesondere bildungsbürgerlichen) Medien Kritik an denjenigen formuliert, die ‚Schönheits-OPs' in

---

1   Die nachfolgenden Zitate stammen aus dem genannten Thread im Internet (letzter Aufruf: 15.12.2012). Sie sind nicht Teil eines methodologisch abgesicherten empirischen Designs, sondern ein Zufallsfund, der gleichwohl – so kann ich aus meiner empirischen Kenntnis sagen – keine Ausnahmen darstellt. Um die Anonymität zu wahren, habe ich die Personen als user_in durchnummeriert; die Originalschreibweise wurde erhalten.

Anspruch nehmen. Dabei wird moniert, dass medizinische ‚Eingriffe' im Dienste der Schönheit ideologische Verblendung bzw. Unterdrückung seien. Kurz: Entsprechende Patientinnen (und zunehmend Patienten) seien ‚surgical dopes'; dumme Frauen, die alles andere als eigentlich, wirklich, authentisch mündig seien. Interessanterweise wird auch dabei die Autorität der individuellen Autonomie selbst nicht angezweifelt. Außer in einzelnen medizinischen Lehr- und Fachbüchern z.B. zur plastischen Chirurgie, die von einer „Überregulierung" (Thomas 2002: 42) medizinischer Praxis durch Politik und Recht ausgehen, genießt die Rhetorik der individuellen Verfügung über den eigenen Körper, so meine ich, diskursive Immunität. Und dies gilt auch für die kritischen Stimmen.[2] Politisch z.B. wird höchstens darüber debattiert, wer ab welchem Alter und unter welchen Bedingungen diese Verfügungsautonomie zugestanden wird.[3] Dass dieser Diskurs – Selbstbestimmung der Person – sich eng mit der Verfügbarkeit über den eigenen Körper verknüpft, und dass dies eine ausgesprochen ambivalente Thematik ist, darum soll es in diesem Beitrag gehen. Jenseits moralisierender Pauschalurteile – das System, der ‚Schönheitsmythos' (Wolf 2002) sei schuld – oder psychologisierender Unterstellungen – mangelnden Wissens um sich – ist die so genannte Schönheitschirurgie dazu angetan, die Formen aktueller Arbeit am Körper als Technologie des Selbst (im Sinne Foucaults; vgl. Foucault 1993, Villa 2008) genauer zu analysieren.

In folgendem Beitrag will ich diese Arbeit nachzeichnen, (geschlechter-)soziologisch wenden und dabei zwei Thesen verfolgen: Erstens ist die Schönheitschirurgie eine geradezu logische Konsequenz moderner Subjektivierung, wie sie spätestens seit Kant das Selbstverständnis (post)moderner Gesellschaften prägt. Dies kann exemplarisch an den emanzipatorischen, reflexivierenden Effekten der zweiten Frauenbewegung nachvollzogen werden. Dabei wird auch deutlich, wie sehr die Geschlechterdifferenz in den Sog reflexiv modernisierter De-Ontologisierungen geraten ist. Die Schönheitschirurgie somatisiert, so ließe sich bündig formulieren, die von Kant formulierte Aufklärung als selbstbestimmten Gebrauch der Vernunft: „Habe den Mut, Dich Deines Körpers zu bedienen" (Villa 2008c). Zweitens behaupte ich, dass es bei den vielfachen Formen gegenwärtiger Körperarbeit – dem, was medial gern als ‚Körperkult' oder ‚Schönheitswahn' betitelt wird – um eine spezifische Ästhetik der Ethik geht, die sich in einer für deutsche Verhältnisse spezifischen gesellschaftlichen Konstellation vollzieht. Diese folgt, wie vielfache Autor_innen inzwischen argumentieren (vgl. u.a. die Beiträge in

---

2   Vgl. für eine Diskussion verschiedener feministischer Positionen zum Thema die Beiträge in Heyes/Jones 2009 sowie Pitts 2003: 49-86.
3   Exemplarisch hierfür sind etwa die seit 2008 immer mal wieder geführten Bundestagsdebatten über die Festsetzung von Altersgrenzen bei der ästhetischen Chirurgie.

Villa 2008) zwar der Logik des sich selbst beständig optimierenden „unternehmerischen Selbst" (Bröckling 2007). Doch geschieht diese gegenwärtige somatische Arbeit am Selbst dabei auch in einer als ‚prekär' zu bezeichnenden gesellschaftlichen Situation. Vor diesem Hintergrund meine ich, dass sich somatische
Technologien des Selbst als Versuch lesen lassen, in spezifischer Weise Handlungssicherheit in unsicheren Zeiten zu gewinnen.

Prekarisierung des (Geschlechts-)Körpers als Autonomiegewinn – eine zeithistorische Annäherung

‚Mein Bauch gehört mir' – so eine der wohl bekanntesten, nachhaltigsten und
radikalsten Behauptungen der zweiten Frauenbewegung in Deutschland. Analog, wenn auch semantisch kollektivistisch verschoben, formuliert es ein Klas-
siker der amerikanischen ‚second wave'[4], der inzwischen derart häufig aktualisiert und so vielfach übersetzt wurde, dass er als globaler Bezugstext gelten kann:
‚Our Bodies, ourselves' (Boston Women's Health Book Collective 2011).[5] Beide
programmatischen Titel deuten an, wie eng der Nexus von Körper und Selbstermächtigung als feministische Praxis und Theorie war – und geblieben ist. Wer
ein ganzer Mensch sein und selbstbestimmt leben will, die muss auch – und womöglich vor allem – über den eigenen Körper bestimmen können. Die Stoßrich-
tung dieser Losungen changierte zwischen der ‚Entdeckung' eines eigentlichen,
natürlichen Körper-Ichs mit einer entsprechenden ‚Wiederaneignung' dieses ver-
schütteten inneren, natürlichen (somatischen) Kerns einerseits und der kollektiv
verstandenen Suche nach neuen somatischen Existenzweisen jenseits einer gegebenen Natur andererseits (vgl. Lenz 2008). Beide Pole dieser empirisch als Kon-
tinuum zu verstehenden Praxen der Selbstermächtigung qua Körper eint jedoch
die Umkehrung einer spezifisch modernen Ontologie des Geschlechtskörpers.
Dieses Dispositiv (Foucault 1978; vgl. auch Bührmann/Schneider 2008), das im
Sinne eines ‚Biologie ist Schicksal' über Jahrhunderte (Geschlechts-)Körper und
(geschlechtliches) Individuum deterministisch verkoppelt hatte, wurde im Zuge

---

4   ‚Second Wave' steht für die zweite ‚Welle' der Frauen- bzw. feministischen Bewegungen, d. h.
     für diejenigen in den 1970'er und 1980'er Jahren. Demgegenüber bezeichnet ‚first wave' die
     Frauenbewegung(en) um 1900 und ‚third wave' gegenwärtige feministische Artikulationen.
     Für die deutschsprachige Formulierung der „langen Wellen der Frauenbewegung" vgl. Gerhard
     1999b.
5   Zur überaus interessanten Geschichte des Buches, auch hinsichtlich seiner globalen Zirkulation
     vgl. Davis 2007.

der zweiten Frauenbewegung praxeologisch und geschlechterwissenschaftlich kritisiert sowie vom Kopf auf die Füße gestellt:[6]

Mit der Umstellung von religiös-mystischen Weltdeutungen und den darauf basierenden Autoritäten auf weltlich-wissenschaftliche Rationalitäten hat sich, wie weithin bekannt, ab Ende des 18. Jahrhunderts die bürgerliche europäische Moderne entwickelt. Diese Umstellung bedeutete im Kern eine Ver(natur)wissenschaftlichung der Welt. Dies trifft in besonderem Maße für die Geschlechterdifferenz zu, die ab dem späten 18. Jahrhundert als objektive, natürliche, a-historische, unveränderliche und unausweichliche somatische Differenz kodiert wird. Dieses Geschlechterdispositiv intensiviert sich im langen 19. Jahrhundert. Exemplarisch bringt es Rudolf Virchow 1848 auf den Punkt: „[...] kurz, Alles, was wir an dem wahren Weibe Weibliches bewundern und verehren, ist nur eine Dependenz des Eiestocks" (Virchow 1848: 168).

Gegen allerlei Kontingenzen und mögliche Pluralisierungen – für Max Planck etwa die Zulassung von Frauen zur höheren Bildung –, die sich aus der Moderne selbst ergeben, immunisiert die Ontologie des Geschlechts: An die Stelle der Religion tritt die ‚Natur' und entzieht so Bereiche des Sozialen der im Kantschen Sinne aufklärerischen und individualisierenden Wirkung des Selber-Denkens. Im Körper findet sich die Ontologie des Geschlechts. Gegen solche ‚Tatsachen' kann man viel anreden – anhaben kann man solchen Fakten nichts.[7]

Die interdisziplinäre Geschlechterforschung hat in mehrfacher Weise und auf verschiedenen Ebenen diese Ontologisierungen rekonstruiert und in kritischer Absicht entlarvt: Ontologisierungen, die wissenschaftsimmanent sind; diskursive Ontologisierungen, die im Rahmen des ‚Exports' dieser wissenschaftlichen Faktizitäten in die Lebenswelt aus ‚sex' (dem biologischen Geschlecht) ‚gender' (das kulturelle oder soziale Geschlecht) machen, d. h. aus der Gebärmutter die Unfähigkeit zu studieren oder einparken zu können. Und schließlich (Selbst-) Ontologisierungen durch performative Praxis, d. h. – wie Judith Butler argumentiert – die Verschleierung von im weitesten Sinne sozialen Konstruktionsprozessen zugunsten einer Natürlichkeitsfiktion (vgl. Butler 1991: 48).

Praxeologisch wie akademisch beginnt die Deontologisierung der Geschlechterdifferenz spätestens mit der bekannten Formulierung von Simone de Beauvoir (1961: 433): „Man kommt nicht als Frau zur Welt, man wird es". Auch wenn de Beauvoir nicht die erste war, die das *Gewordensein* des Geschlechts gegen die Annahme eines „unveränderlichen Wesens" (ebd.: 432) argumentativ in Stellung

---

6   Nachfolgende Ausführungen basieren z. T. auf Villa 2013.
7   In der historischen Rückschau erweist sich diese Natur allerdings als geradezu kontingent: Gebärmutter, Hormone, Gene, Hirnhälften, Nerven, Schädelumfang – an diesen Körperzonen wurde die Ontologie des Geschlechts schon vermeintlich entdeckt.

bringt, so hat sie dies doch als Erste entlang historischer Empirie theoretisiert.[8]
Sie hat damit die selbstherrliche Moderne nachhaltig erschüttert. Denn de Beauvoir hat, womöglich stärker durch die Rezeption ihrer Werke als in ihren Texten
selbst, den hegemonialen Diskurs der Natürlichkeit und damit die Ontologie der
Geschlechterdifferenz herausgefordert. Es reicht, so de Beauvoir, eben nicht, einfach als Frau – was auch immer das sei – geboren zu sein, um eine Frau zu sein.
Vielmehr müssen Menschen zu Frauen *werden*, um Frauen zu sein. Dieser Gedanke ist zum Leitmotiv großer Teile der Geschlechterforschung geworden. Er
entstammt aber gleichermaßen den politischen Bewegungen der Moderne, insbesondere den feministischen.

Die zweite Welle der Frauenbewegung hat maßgeblich zur De-Ontologisierung der Geschlechterdifferenz beigetragen. Zunächst, insofern sie als Reflexivierung der sozialen Wirklichkeit verstanden werden muss, indem das allgemeine Prinzip der ‚selbst gemachten Geschichte und Gesellschaft‘ (frei nach Marx)
auf spezifische Fragen der Geschlechtlichkeit gemünzt und radikalisiert wurde.
Des Weiteren war die Neue Frauenbewegung, waren die praxeologischen Femi-
nismen der Ausgangspunkt und Motor für die analytisch-wissenschaftlichen In-
fragestellungen geschlechtlicher Ontologien.

In Bezug auf Geschlecht sind die von Feministinnen angestoßenen Reflexi-
vierungen kaum zu überschätzen. Das Recht auf ein „Stück eigenes Leben", wie
Beck-Gernsheim in Bezug auf geschlechtlich relevante Reflexivierungs- und Individualisierungsprozesse bündig formulierte (Beck-Gernsheim 1983), tangiert
dabei nicht nur die Berufswahl, die Entscheidung über das eigene Geld oder die
Form der Partnerschaft. Sie betrifft auch und womöglich gerade das Recht auf
den ‚eigenen Körper‘, das Recht über die eigene ‚Natur‘ nachzudenken und diese für sich zu beanspruchen, über sie zu verfügen. Die ‚Natur‘ des kleinen Unter-
schieds hatte empirisch zu oft und zu systematisch für Exklusionen und Abwer-
tungen qua Geschlecht hergehalten und wurde deshalb zum Hauptangriffspunkt
politischer Praxis. Körperbezogene Modi, die die Erkenntnis zum Ausdruck zu
bringen, dass das Private politisch sei, gehörten zu den sichtbarsten und nachhaltigsten Reflexivierungsstrategien der Zweiten Frauenbewegung. Körperlich
wurde – etwa bei Demonstrationen – die Grenze zwischen öffentlich und privat
überschritten, körperlich wurde Widerstand gegen Medikalisierung und Pathologisierung gelebt (etwa in der Frauengesundheitsbewegung), körperlich wurde die

---

8   Wenn auch in höchst problematischer Weise im Rahmen einer existenzialistischen, selbst binär
    kodierten und darin auch wieder ontologisierenden Philosophie, die Immanenz und Transzen-
    denz als vergeschlechtlichte Modi apriorisch festsetzt. Vgl. zur kritischen Auseinandersetzung
    die Beiträge in Simons 1995.

ebenso bürgerliche wie marxistische Trennung von Produktion und Reproduktion thematisiert (z. B. in den ,Lohn für Hausarbeit' Kampagnen), der immanent politische und herrschaftsgebundene Charakter von Begehren wurde in Selbsterfahrungsgruppen körperlich spürbar, körperlich war auch und insbesondere das Thema der Gewalt und ihre Sexualisierung: „Fast alle Forderungen der Frauenbewegung konzentrierten sich auf Körperliches", so Barbara Duden (2005: 505) in einer rückblickenden Bilanz. Dass der Körper in den Mittelpunkt feministischer Praxen rückte, konnte nur durch die theoretische und praxeologische Ent-Naturalisierung des selbigen geschehen. Der Körper wurde zu einer Ressource, zu etwas, dessen man sich bedienen konnte: ,Mein Bauch *gehört* mir'. Damit impliziert der Slogan ein autonomes Subjekt, hier vor allem jenseits von als patriarchal verstandenem Expertenwissen (Juristen, Mediziner usw.), ganz im Sinne Kants im Übrigen. Autonomie ist das Leitmotiv der zweiten Frauenbewegung, das zeithistorisch hegemoniale Subjekt-Paradigma. Selbstermächtigung qua Körper ist die Praxis. Der Körper, der wiederum als Rohstoff, als Objekt politisiert wird, ist im feministischen Kontext zudem Ausgangspunkt neuer und neuartiger ,Normalitäts'-Vorstellungen. Aktionen der Zweiten Frauenbewegung zielten darauf ab, von den gelebten Erfahrungen, von der faktischen Vielfalt und Komplexität sowie der nicht normierbaren Einzigartigkeit konkreter Frauenkörper auszugehen: ,All women are beautiful' war ein oft getragenes Plakat bei feministischen Demonstrationen in den USA. So spielt in den feministischen Bewegungen die Kritik an Schönheitsnormen und der Normierung von Frauenkörpern in den Medien eine zentrale Rolle. Dabei war die Sichtbarkeit qua Körper Dreh- und Angelpunkt des Politischen; die öffentliche Sichtbarmachung ,normaler' Körper war zentral, Sichtbarmachung war – und ist weiterhin – die Arena politischer Auseinandersetzungen um Deutungshoheit. Ihre (wenn auch durch die Distanz zum Politischen gebrochene) Spiegelung findet dies in den Legion gewordenen Studien der Frauen- und dann Geschlechterforschung zur Herstellung von Normalität, in der Analyse von Normalis*ierung* also, u. a. qua Sozialisation, Disziplinierung und Interaktion.[9]

Zunächst bleibt als Fazit festzuhalten: Beides, wissenschaftlich-theoretische und praxisbezogene Deplausibilisierungen des ,natürlichen' Geschlechtskörpers konvergieren hinsichtlich der Destabilisierung – Prekarisierung – der ehemals ontisch verstanden Natur. Vielmehr wird angenommen, dass vielfältige Naturalisierungs- und Normalisierungsprozesse erst den Körper immer vorläufig hervorbringen, der angeblich dem Sozialen voraus geht. Beide Stränge der Entnaturalisierung fließen allerdings auch auf geradezu unheimliche Weise zusammen

---

9   Für eine ausführlichere Version dieser Zusammenhänge vgl. auch Villa 2008b.

in gegenwärtigen Phänomenen wie der beachtlichen Zunahme und Normalisierung der so genannten Schönheitschirurgie. Denn praxeologisch-politische wie akademische Entnaturalisierungen konvergieren im Dispositiv der Autonomie und intensivieren dies durch die Umkehrung der Kausalität zwischen Körper und Selbst: Das (mündige, befreite, reflexive) Selbst soll bestimmen, welchen Körper es hat (besser: haben kann, darf, soll). Dies impliziert auch eine gewisse ‚Rohstoffisierung' des Körpers (vgl. Villa 2013): Der Körper wird zu einer Ressource, derer man sich im Dienste der autonomen Subjektivierung bedienen kann – und zunehmend wohl auch soll. Diese Implikation ermöglicht es nicht nur, sondern zwingt dazu, gegenwärtige somatische Praxen wie die zunehmende Popularisierung der so genannten Schönheitschirurgie jenseits nostalgischer Romantisierungen (‚früher war das alles entspannter'), jenseits moralischer Zuschreibungen (‚die sind halt alle verblendet') und auch jenseits enthusiasmierter Naivität (‚ich würde sofort ne OP machen, wenn ich das Geld hätte – ist doch mein Körper') ernst zu nehmen. Wie angekündigt, gilt mein Interesse dabei weniger den individuellen Motiven oder Biographien einzelner Patient_innen,[10] es gilt auch weniger der Ökonomisierung der Medizin und ihrer Entgrenzung. Vielmehr geht es mir um ein Verständnis biopolitischer somatischer Praxen wie z. B. der kosmetischen Chirurgie als Symptom konsequenter Modernisierung (im oben skizzierten Sinne) und als Versuch konkreter Menschen in und durch konkrete somatische Praxen der Selbstoptimierung Handlungssicherheit in prekären Zeiten herzustellen. Dies soll nachfolgend weiter am konkreten Beispiel der kosmetischen Chirurgie diskutiert werden.

Normalisierung der Schönheitschirurgie?[11]

Laut einer aktuellen Studie der International Society of Aesthetic Plastic Surgery (ISAPS 2010) wurden im Jahr 2009 in den 25 führenden Ländern auf dem Gebiet kosmetischer Chirurgie insgesamt ca. 8,5 Millionen chirurgische und ca. 8,7 Millionen nicht-chirurgische kosmetische Verfahren von ca. 31.000 zertifizierten und derzeit praktizierenden Fachärzt_innen der plastischen Chirurgie durchgeführt, davon über 500.000 in Deutschland. Damit liegt Deutschland im Vergleich der ab-

---

10 Vgl. hierzu etwa Davis 1995 und 2003, zahlreiche Beiträge in Heyes/Jones 2009 und Pitts 2003 sowie Pitts-Taylor 2007: 158-186.

11 Nachfolgende Ausführungen, insbes. zu den Daten basieren wesentlich auf Recherchen von Anna-Katharina Meßmer. Ihr sei an dieser Stelle für eine produktive inhaltliche Kooperation besonders gedankt, die in einem im Herbst 2012 von der DFG bewilligten Forschungsprojekt zur ‚Schönheitschirurgie als Neukodierung der Geschlechterdifferenz' gemündet ist. Dieses empirische Projekt greift einige Themen dieses Beitrags auf; es beginnt im März 2013.

soluten Zahlen weltweit auf dem achten Platz, in relativen Zahlen – bezogen auf die Eingriffe pro Kopf – auf dem elften. Realiter dürfte die Anzahl der kosmetischen Eingriffe deutlich über den Zahlen der ISAPS liegen, denn in Deutschland ist es für jede_n approbierte_n Arzt/Ärztin möglich, unter dem Titel ‚Schönheitschirurg_in‘, ‚ästhetische_r Chirurg_n‘ oder ‚kosmetische_r Chirurg_n‘ zu praktizieren. Zudem haben in den vergangenen Jahren mit einem Wachstum von 50 % (vgl. GÄCD 2010) vor allem die nicht-chirurgischen Verfahren zur Behandlung ästhetischer Körperaspekte, z. B. mit Hyaluronsäure oder Botolinumtoxin, stark zugenommen. Auch international sind die quantitativen Zahlen im soziologischen Sinne relevant: Die American Society of Plastic Surgeons (ASPS) z. B., die in ihrer Erhebung auch Prozeduren von anderen Fachärzt_innen berücksichtigt, gibt für das Jahr 2009 insgesamt 12 Millionen Eingriffen in den USA an (ASPS 2010). Trotz ihrer notorischen Unzuverlässigkeit – es gibt weder national für Deutschland noch international verbandsunabhängige Erfassungen und auch keinerlei Meldepflichten in diesem Bereich – lassen sich die vorliegenden Daten als ein Richt- und Schätzwert heranziehen. Alle Zahlen verweisen erstens auf einen kontinuierlichen und beachtlichen Anstieg der Eingriffe bzw. Behandlungen, zweitens auf die (weltweit) geschlechtsspezifische Dimension des Phänomens (vgl. Heyes/Jones 2009: 3f. und die dort zitierte Literatur; ASPS 2010): Kosmetische bzw. ästhetische Chirurgie wird (noch?) zu über 80 % von Frauen in Anspruch genommen, auch wenn die Zahl der männlichen Patienten/Klienten deutlich zuzunehmen scheint.

Jenseits von Quantifizierungsversuchen lassen sich – global sowie je spezifisch regional – für die letzten zwei Dekaden wesentliche gesellschaftliche und kulturelle Veränderungen im Kontext der so genannten ‚Schönheitschirurgie‘ beobachten: Die lebensweltliche Thematisierung und individuelle Akzeptanz chirurgischer Eingriffe im Dienste der Ästhetik hat sich derart gewandelt, dass von einer Normalisierung durchaus gesprochen werden kann. So lehnen laut einer Umfrage der Zeitschrift ‚Gehirn und Geist‘ im Jahr 2011 (nur noch) 15-16 % der in Deutschland Befragten eine ‚Schönheitsoperation‘ kategorisch ab. Vor allem unter dem Aspekt des Leidensdrucks werden kosmetische Eingriffe zunehmend legitim: Über die Hälfte aller Befragten sieht Schönheitsoperationen als gerechtfertigt an, wenn sie – auch und gerade psychisches – Leiden mindern. Für ein weiteres Drittel ‚steht es grundsätzlich jedem frei, sich operieren zu lassen‘. Ebenso viele Befragte begründeten ihre Ablehnung schönheitschirurgischer Maßnahmen lediglich mit dem Hinweis, dass sie ihnen zu kostspielig seien (Borkenhagen 2011: 34). Zu der hier angedeuteten Enttabuisierung hat ohne Zweifel auch beigetragen, dass das Thema Schönheits-OP seit Jahren medial vielfach thematisiert wird: Waren die 1980er und 1990er Jahre noch von Talkshowdiskussionen und weiteren Formaten geprägt, in denen die Schönheits-OP wesentlich skandalisiert wurde, so sind die gegenwärtigen Medienformate von deutlich stärkeren Normalisierungstendenzen geprägt. Zunächst also ist festzuhalten, dass die Schönheitschirurgie quantitativ deutlich zunimmt, und dass sie sich auch in einem qualitativen Sinne, d. h. auf der Ebene gesellschaftlicher Semantiken und subjektiver Deutungen zunehmend normalisiert.

Ich möchte nachfolgend – kurz – die medial inszenierte Rohstoffisierung des Körpers im Dienste der selbstermächtigenden Autonomie nachzeichnen, auch um den darin wirksamen Modus der Optimierung nachvollziehbar zu machen: Derzeit werden kosmetische Operationen als eine von vielen möglichen Formen der Körpermanipulationen inszeniert, die letztlich alle – ob ‚styling' beim Friseur, neue Kleidung, Zahnbleaching oder eine Schönheits-OP – der gouvernementalen Optimierung eines „unternehmerischen Selbst" (Bröckling 2007) dienen (vgl. Elliott 2011; Heller 2007; McGee 2008; Villa 2008 und die darin enthaltenen Beiträge). Während die soziologische Großthese (an die auch ich anknüpfe) vom „unternehmerischen Selbst" (Bröckling), dessen Mantra die „permanente Selbstverbesserung" (Bröckling 2007: 283) ist, geschlechtsneutral formuliert ist, lässt sich an den Medien das Gegenteil ablesen: Sämtliche Medienformate, die die kosmetische Chirurgie inszenieren, kreisen auffällig oft um die „Wiederherstellung einer verlorenen Geschlechtsidentität" (Strick 2008: 201ff.).

So können wir heute im Privatsender RTL 2 ein Format wie „Extrem schön – endlich ein neues Leben" sehen (http://www.rtl2.de/27127.html), über das kaum berichtet wird. Im Frühjahr 2008 lief, an der Einschaltquote gemessen relativ erfolglos, „Spieglein, Spieglein..." (VOX), ebenfalls ohne dass dies weiter für größeres Aufsehen sorgte. Dabei ist gerade letztgenannte Sendung weitaus dramatischer als vorgängige Formate wie ‚The Swan – endlich schön' (2004):[12] Diese nämlich stellt chirurgische Eingriffe etwa zur Brustvergrößerung oder zur Entfernung einer ‚Fettschürze' dramaturgisch und rhetorisch gleich mit dem ‚Styling' beim (Star-)Friseur oder der ‚Auffrischung' von Brustwarzen durch eine mittelfristig haltbare Hautbehandlung mit Farbpigmenten:

> „Das 60-minütige Format beschreibt die Ängste, Wünsche und Hoffnungen, lässt kritische Stimmen zu und dokumentiert den manchmal einfachen, oft aber auch recht schmerzhaften Weg zu einem besseren Lebensgefühl. Kosmetiker, Diätberater, Stylisten und Chirurgen kommen zu Wort und beschreiben, wie sie die Wünsche ihrer Klienten professionell umsetzen" (http://www.vox.de, zugegriffen am 15.5.2008; inzwischen offline).

---

12 Zur Auseinandersetzung mit ‚The Swan – endlich schön' vgl. vielfache Beiträge in Villa 2008.

Ob Kosmetiker oder Chirurg – sie alle arbeiten, *gleichermaßen*, am Wohlbefinden ihrer Klienten. Die kosmetische Chirurgie wird hier auf einem Nebeneinander von Optionen positioniert, und mutiert damit zu einer Wellness-Dienstleistung, die vergleichbar ist zu vielen anderen, längst alltäglichen somatischen Praxen wie Diät, Kosmetik usw. Darin liegt auch ihre Anschlussfähigkeit an gegenwärtigen Diskurs des managerialen Subjekts. Denn das ,bessere Lebensgefühl', das den Kunden in ihrem post-operativen, d. h. neu gestylten Leben versprochen wird, ist in der Sendung immer aufs Engste gekoppelt mit Inklusions- und Anerkennungsdimensionen: Arbeit, Erfolg, vor allem aber ein intelligibles Geschlecht. Dieses Geschlechtssubjekt braucht – das ist in der Sendung nicht anders, sondern lediglich plakativer inszeniert als in unser aller Alltag – einen beständig zu optimierenden Körper. Mehr noch, der Lebenserfolg wird praxeologisch verkörpert anhand des erfolgreichen, beständigen *Tunings* des Körpers.[13]

Dies war in der bereits erwähnten Sendung „The Swan" deutlich angelegt. Maßstab für die Bewertung der einzelnen Kandidatinnen bei den Zuschauer_innen, den Expert_innen sowie den einschlägigen Foren zur Sendung war deren Ernsthaftigkeit bei der Arbeit an sich selbst. Authentische Ernsthaftigkeit bei der Arbeit am Selbst wurde in der Sendung performativ zugleich inszeniert wie durch Leid/en erzeugt. Leiden steht dabei für Selbstüberwindung, für Arbeit an der Grenze, für die Verwandlung des Menschen in einen zu bearbeitenden Rohstoff. Es sollte bei ,The Swan' nie nur darum gehen, sich ein bisschen „unters Messer zu legen", wie es auch Zuschauer_innen im entsprechenden Internet-Forum formulieren. Vielmehr sollen Silke, Helena, Tatjana und die anderen noch hässlichen Entleins vorführen – und zwar im wörtlichen Schweiße ihres Angesichts –, dass sie am jeweiligen Selbst arbeiteten. Dasselbe lässt sich derzeit bei Heidi Klums Suche nach dem Top-Model verfolgen, wo ja nicht die Schönheit eine zentrale Rolle spielt, sondern die beständige Annahme von sachlogisch kaum nachvollziehbaren Herausforderungen – den ,challenges'. Alles entscheidend ist also die offensiv zur Schau gestellte Optimierung des Körpers als Ausdruck einer beständigen Subjektivierung im Paradigma des ,unternehmerischen Selbst'.

In denjenigen Formaten, die dezidiert somatische Selbstveränderungen inszenieren, orientiert sich diese Subjektivierung wesentlich an Normen eines intel-

---

13 Und auch hier lässt sich die Fortführung bzw. Konvergenz ehemals konstruktivistischen Fachwissens der Soziologie einerseits mit nunmehr bewusst vollzogenen Alltagspraxen andererseits beobachten: Hatte Goffman (2003) noch deskriptiv und in aufklärender Absicht vom ,impression management' des dramaturgisch handelnden Alltagsmenschen gesprochen, so ist dieses ,impression management' im Alltag thematisch geworden – als eine problematische Herausforderung, die in expertisierten und unübersichtlichen Kontexten höchst individualisiert vollzogen werden muss. Dazu passt wohl auch, dass Amazon das Buch von Goffman in der Kategorie ,Ratgeber' führt.

ligiblen Geschlechts. Dieses ist nicht (mehr) als natürliche, ontologische Körpertatsache kodiert, sondern als beständige performative Körperbearbeitung. Um es bündig und alltagssprachlich zu sagen: Nur wer sich den richtigen Körper macht ist eine normale Frau. *Normalisierung* ist der narrative Dreh- und Angelpunkt in Formaten wie ‚The Swan' oder ‚endlich schön'. Dabei evozieren diese Formate jedoch nicht eine Normalität, die an der irreduziblen Vielfalt geschlechtlicher Körper ansetzt. Vielmehr geht es um die Verkörperung spezifischer, dabei aber phantasmatischer Geschlechtsnormen. Die Teilnehmenden solcher Formate sollen nicht die werden, die sie bereits sind – sondern zu denen, die sie werden wollen sollen: „Katja und Daniela leiden beide unter ähnlichen Problemen. Fettpölsterchen, kleine Brüste und wenig Selbstbewusstsein haben sie gemeinsam. Aber auch den unbedingten Willen zur Veränderung!" hieß es in der Darstellung von Episode 9 von ‚The Swan' auf der Pro7-Webseite. Die semantische Koppelung von Fett, ‚kleinen Brüsten' und dem Mangel an Selbstbewusstsein deutet schon an, wohin die Transformation des Selbst qua Körper gehen soll: den Normen einer Norm-Frau zu entsprechen.

Interessant und womöglich irritierend ist, dass in allen solchen Formaten – von ‚The Swan' über ‚endlich schön' bis zu Heidi Klum – die vorgängigen emanzipatorischen Diskurse der Selbstermächtigung eingebaut sind, allerdings ihrer sozialen Einbettung entkleidet. Setz(t)en Frauenbewegung und Geschlechterforschung auf ein Normalitätskonzept, welches von der realen und irreduziblen Vielfalt der weiblichen Körper als Maßstab von Normalität ausging und die Suche nach dem eigenen Körper in kollektive (Projekt-)Zusammenhänge ansiedelte, so setzt die Logik der plastischen Chirurgie an einer imaginären, ideologischen Norm an, die individuelle Subjekte möglichst autonom mimetisch erreichen sollen. Statistische Maße wie BMI, WHR und recht obskure Fitnesskennzahlen, Anweisungen der ‚Expert_innen' und die Wünsche der Akteurinnen ergeben zusammen eine normative Melange, an denen sich die realen Körper der realen Frauen zu messen haben. Dabei ist „[d]ie Norm ein Maß und Mittel, um einen allgemeinen Standard hervorzubringen", so Butler. Ein Beispiel für die Norm zu werden, so Butler weiter, „heißt von einer abstrakten Allgemeinheit subjektiviert zu werden" (Butler 2004: 53). Diese ‚abstrakte Allgemeinheit' materialisiert sich häufig in Statistiken und technologisch messbaren Werten. Und ist deshalb ein gutes Beispiel für gegenwärtige Formen der ‚Biopolitik', wiederum im Sinne Foucaults (vgl. Lemke 2007).

Optimierung als Handlungssicherheit: Optimierte Körper in prekären Zeiten[14]

Diese quantifizierende, statistische Logik zeigt sich derzeit am deutlichsten in einer neu entstehenden Szene, die unter dem Titel ‚QS – Quantified Self' firmiert:

> „Quantified Self, die Vermessung des eigenen Selbst, beschäftigt sich mit der analytischen Selbstbeobachtung. Ob Gesundheitswerte wie Gewicht oder Blutdruck, die emotionale Verfassung oder die persönlichen Finanzströme, immer geht es darum den betrachteten Bereich möglichst genau zu erfassen und durch Analyse besser verstehen zu lernen" (http://qsdeutschland.de/info/).

Unter dem Label ‚QS' vernetzen sich in digitaler und analoger Weise Menschen, um sich über ihre Messergebnisse auszutauschen sowie diese zu optimieren. Möglicherweise sind diese Menschen besonders gewissenhafte Gesundheits-, also Risikobewusste, die ihr Leben anhand ihrer Körper selbst in die Hand nehmen, indem sie es nach rationalen Prinzipien beobachten, um auf der Grundlage möglichst objektiver Daten besonders rational handeln zu können. Dies entspräche jedenfalls dem Selbstverständnis und dem Heilsversprechen dieser neuen Szene: Daten als Wissen und die ‚Vermessung des eigenen Selbst' als Selbsterkenntnis sollen Sicherheit und Immunisierung gegenüber den Kontingenzen und lebensweltlichen Unsicherheiten des (post-)modernen Lebens bieten. Das ist das Pfund, mit dem diese Szene ebenso wuchert wie die Schönheitschirurgie oder jene Casting-Shows, die das Supermodel oder den Superdiätkönig suchen. All diese Formate rücken zwar den Körper ins Rampenlicht, doch geht es dabei nicht um bloße Äußerlichkeiten. Vielmehr geht es um die Verkörperung sozialer Anerkennungsnormen wie Flexibilität, Mobilität, Selbstmanagement. In diesem Sinne wäre die Anerkennung von Körpern, auch der Geschlechtskörper nicht mehr gerahmt als Verkörperung einer ontologischen Natur, sondern als Willen zur sichtbaren Körperarbeit. Wer diesen Willen nicht verkörpert, gilt zunehmend, so ließe sich warnend sagen, als nicht inklusionsfähig.

Die in der Moderne angelegte Loslösung von Personen aus ehemals ständisch gegebenen und religiös begründeten Strukturen und die zunehmende Pluralisierung von biographischen Optionen, der ihrerseits nur durch Reflexivierung beizukommen ist, mag im Lichte der Empirie als allzu hoffnungsvolle soziologische Diagnose erscheinen (Beck u. a. 1996). Vielfache neue Herrschafts- und Ungleichheitsformen begleiten diese Prozesse. Doch stellen Modernisierungsprozesse als Zunahme von Reflexivierung und Pluralisierung eine triftige, wenn auch idealtypische Beschreibung dar. Sie sind allerdings nicht nur ein Freiheitsgewinn,

---

14 Nachfolgende Formulierungen sind z. T. bereits publiziert in Villa 2012.

der alle Personen gleichermaßen autonom(er) macht und der begleitet wäre von der gänzlichen Auflösung verbindlicher sozialer Werte. Im Gegenteil: Die Modernisierung ist begleitet von der ambivalenten Notwendigkeit, sich im sozialen Gefüge zu verorten, und dieses Gefüge ist mitnichten normativ neutral. Die Zumutung moderner Individualität besteht darin, sich ständig selber in der sozialen Welt positionieren zu müssen. Hierfür ist der Körper ein probates Mittel, da er im Alltag unsere sichtbarste ‚Visitenkarte' darstellt. Dies trifft auch in Kontexten zu, die vordergründig und in ihrer Selbstbeschreibung vom Körper gänzlich absehen, wie beispielsweise professionelle Organisationen oder Bürokratien. Auch im professionellen Handeln ist der Körper ein wesentliches Mittel zur Inszenierung von (z. B. beruflichen) Hierarchien. Historisch relativ neu ist auch die zunehmende Reflexivierung des Körpers als gesellschaftlicher common sense, als thematisch gewordenes Problem. Nicht zuletzt die von verschiedenen sozialen Bewegungen ausgelösten Reflexivierungsschübe – hier allen voran die Frauenbewegungen – haben dazu beigetragen, dass die gewissermaßen immer schon gegebene Körperarbeit zu einer be- und gewussten Dimension der individuellen menschlichen Biographie wird. Insofern wir zu (post- oder reflexiv) modernen Biographiebastlern (Hitzler/Honer 1994) geworden sind, betreiben wir auch zunehmend bewusst Körperbastelei.

Auch wenn man der Individualisierungsdiagnose skeptisch gegenübersteht, so ist doch beobachtbar, dass der Körper in der Moderne gleichermaßen zu einem Werkzeug und zum Material von zunehmend bewussten Selbstgestaltungspraxen geworden ist und dass dieser Prozess sich in den letzten Jahren noch deutlich intensiviert hat. Neu ist nun, dass in post-disziplinären, auf Selbstregierung angelegten gesellschaftlichen Konstellationen, die im Anschluss an Foucault (2004) als ‚Gouvernementalität' bezeichnet werden können, körperliche Praxis immer weniger durch gewissermaßen externe Machtdisziplinen gerahmt, sondern zunehmend als Selbstsorge und individuelle Wahl kodiert wird. Es sind nicht mehr medizinische oder andere Experten, die autoritativ-disziplinierende Vorgaben formulieren, wie mit dem Körper umzugehen sei. Vordergründig: anything goes. Tatsächlich aber sollten wir schon selber wissen, was wir können *sollen*. Derzeit ist die im Prinzip endlose Optimierung des Körpers durch den im Prinzip endlosen individuellen Willen zur Überwindung der eigenen Imperfektion das Mantra der Körperarbeit. Das „unternehmerische Selbst" (Bröckling 2007) ist immer auf der Suche nach der Optimierung seines Potenzials, und die Anweisung der Coaches, Trainer und Expertinnen besteht lediglich darin, nur ja auf das ‚Limit' zu achten, das es konstant im Schweiße des Angesichts zu überschreiten gilt.

Dies findet statt vor dem Hintergrund einer sich gesellschaftlich durchsetzenden Prekarisierung der stabilen gesellschaftlichen und ökonomischen Verhältnissen seit den ca. 1960er Jahren (vgl. Castel/Dörre 2009). Auch wenn die Prekarisierung freilich vor allem das so genannte Normalarbeitsverhältnis in Deutschland und die so genannte Normalbiographie ‚der (Nachkriegs-)Deutschen' betrifft, und damit die empirischen Erwerbs- und Lebensverhältnisse von Frauen, von anderen strukturell auf dem Arbeitsmarkt benachteiligten Gruppen wie Migrant_innen systematisch übersieht, und auch wenn selbstverständlich große Teile des globalen Südens damit nicht berücksichtigt werden, so trifft die Diagnose für die bundesdeutsche Gegenwart zu: Biographien sind heute kaum noch planbar, Prekarisierungsprozesse laufen quer zu allen Schichten und Milieus, der Fall von W2 nach Hartz IV ist keine exotische Ausnahme, das vorläufige Projektarbeiten und die damit einhergehende Entgrenzung des Lebens sind normal geworden. Entsprechend groß sind derzeit die (Abstiegs-)Sorgen der Menschen, insbesondere der Mittelschichten in Deutschland, Ängste vor sozialer Verletzbarkeit werden auch hierzulande drängender – im globalen Maßstab sind sie es schon lange. So erstaunt es nicht, dass, wo Bildungstitel oder berufliche Erfahrung in ihrem Wert ungewiss werden, die Verkörperung bestimmter Normen zunehmend wichtig wird. Körperlich muss dabei keine spezifische Qualifikation inszeniert werden: Einem trainierten Körper sieht man den Willen zur Disziplin, Mobilität, Flexibilität und Autonomie an. Das ist die Hauptsache für aus guten Gründen prekär gewordene Körper in prekären Zeiten.

Literatur

ASPS – American Society of Plastic Surgeons (2010): 2010 Report of the 2009 Statistics. National Clearinghouse of Plastic Surgery Statistics. http://www.plasticsurgery.org/News-and-Resources/2009-Statistics.html. Zugegriffen am 31.08.2011

Beck-Gernsheim, Elisabeth (1983): Vom „Dasein für andere" zum Anspruch auf ein Stück „eigenes Leben". Individualisierungsprozesse im weiblichen Lebenszusammenhang. In: Soziale Welt 34, Heft 3. 307-340.

Beck, Ulrich/Beck-Gernsheim, Elisabeth (Hrsg.) (1994): Riskante Freiheiten. Frankfurt/M.: Suhrkamp

Beck, Ulrich/Giddens, Anthony/Lash, Scott (1996): Reflexive Modernisierung. Eine Kontroverse. Frankfurt/M.: Suhrkamp

Becker, Ruth/Kortendiek, Beate (Hrsg.) (2004): Handbuch Frauen- und Geschlechterforschung. Theorie, Methoden, Empirie, Wiesbaden: VS Verlag für Sozialwissenschaften

Berger, Alfred/Hierner, Robert (Hrsg.) (2002): Plastische Chirurgie. Band 1: Grundlagen, Prinzipien, Techniken. Berlin: VS Springer

Borkenhagen, Ada (2011): Der Natur nachgeholfen. In: Gehirn & Geist, Heft 1-2. 30-36

Boston Women's Health Collective (Hrsg.) (2011): Our Bodies, Ourselves. New York: Simon & Schuster

Bröckling, Ulrich (2007): Das unternehmerische Selbst. Soziologie einer Subjektivierungsform. Frankfurt/M.: Suhrkamp

Bührmann, Andrea/Schneider, Werner (2008): Vom Diskurs zum Dispositiv. Eine Einführung in die Dispositivanalyse. Bielefeld: transcript

butch-femme Forum (2012): http://www.butch-femme.de/forum/viewtopic.php?f=4&t=1358&start=20. Zugegriffen am 18.02.2013

Butler, Judith (1991): Das Unbehagen der Geschlechter. Frankfurt/M.: Suhrkamp

Butler, Judith (2004): Gender-Regulierungen. In: Helduser (2004): 44-57

Castel, Robert/Dörre, Klaus (Hrsg.) (2009): Prekarität, Abstieg, Ausgrenzung. Die soziale Frage am Beginn des 21. Jahrhunderts. Frankfurt/M.: Campus

Davis, Kathy (1995): Reshaping the Female Body. The Dilemma of Cosmetic Surgery. New York: Routledge

Davis, Kathy (2003): Dubious Equalities and Embodied Differences. Cultural Studies on Cosmetic Surgery. Lanham, MD: Rowman & Littlefield

Davis, Kathy (2007): The Making of Our Bodies, Ourselves: How feminism travels across borders. Durham, NC: Duke University Press

De Beauvoir, Simone (1961): Das andere Geschlecht. Sitte und Sexus der Frau. München/Zürich: Droemersche Verlagsanstalt

Duden, Barbara (2004): Frauen-„Körper": Erfahrung und Diskurs (1970-2004). In: Becker/Kortendiek (2004): 504-518

Elliott, Anthony (2011): ‚I want to look like that!' Cosmetic Surgery and Celebrity Culture. In: Cultural Sociology. December 2011, Heft 5. 463-477

Foucault, Michel (1978): Dispositive der Macht. Über Sexualität, Wissen und Wahrheit. Berlin: Merve

Foucault, Michael (1993): Der Gebrauch der Lüste. Sexualität und Wahrheit. Band 2. Frankfurt/M.: Suhrkamp

Foucault, Michael (2004): Geschichte der Gouvernementalität. Frankfurt/M.: Suhrkamp

GÄCD – Gesellschaft für Ästhetische Chirurgie Deutschland e. V. (2010): Pressemitteilung „Neue Statistik zeigt: 50 Prozent mehr Faltenbehandlungen – Tendenz insgesamt steigend". http://www.gacd.de/presse/pressemappe-2010/pressetext/#statistik. Zugegriffen am 31.08.2011

Gerhard, Ute (1999a): Atempause. Feminismus als demokratisches Projekt. Frankfurt/M.: Fischer

Gerhard, Ute (1999b): Die ‚langen Wellen' der Frauenbewegung. Traditionslinien und unerledigte Anliegen. In: Gerhard (1999a): 12-38

Goffman, Erving (2003): Wir alle spielen Theater. Die Selbstdarstellung im Alltag. München: Piper

Helduser, Urte u. a. (Hrsg.) (2004): under construction? Konstruktivistische Perspektiven in feministischer Theorie und Forschungspraxis. Frankfurt/M.: Campus

Heller, Dana (Hrsg.) (2007): Make Over Television. Realities Remodelled. London: Tauris

Heyes, Cressida J./Jones, Meredith (Hrsg.) (2009): Cosmetic Surgery. A Feminist Primer. London: Ashgate

Hitzler, Ronald/Honer, Anne (1994): Bastelexistenz. In: Beck/Beck-Gernsheim (1994): 307-315

ISAPS – International Society of Aesthetic Plastic Surgery (2010): ISAPS Biennial Global Survey. International Survey on Aesthetic/Cosmetic Procedures Performed in 2009. http://www.isaps.org/stats.php. Zugegriffen am 31.08.2011

John, René/Rückert-John, Jana/Esposito, Elena (Hrsg.) (2013): Ontologien der Moderne. Wiesbaden: VS Springer

Kettner, Matthias (Hrsg.) (2009): Wunscherfüllende Medizin. Ärztliche Behandlung im Dienst von Selbstverwirklichung und Lebensplanung. Frankfurt/M.: Campus

Lemke, Thomas (2007): Biopolitik. Hamburg: Junius

Lenz, Ilse (2008): Die Neue Frauenbewegung in Deutschland. Abschied vom kleinen Unterschied. Wiesbaden: VS Springer

Maasen, Sabine (2008): Bio-ästhetische Gouvernementalität. Schönheitschirurgie als Biopolitik. In: Villa (2008): 99-118

McGee, Micki (2008): Self-Help, Inc. Makeover Culture in American Life. New York: OUP

Pitts, Victoria L. (2003): In The Flesh. The Cultural Politics of Body Modification. New York: Palgrave McMillan

Pitts-Taylor, Victoria (2007): Surgery Junkies. Wellness and Pathology in Cosmetic Culture. New Brunswick: Rutgers University Press

Planck, Max (1897): Die akademische Frau. Gutachten hervorragender Universitätsprofessoren, Frauenlehrer und Schriftsteller über die Befähigung der Frau zum wissenschaftlichen Studium und Berufe. http://www.archive.org/stream/dieakademischef02kircgoog#page/n6/mode/2up. Zugegriffen am 18.02.2013

Simons, Margaret (Hrsg.) (1995): Feminist Interpretations of Simone de Beauvoir. PA: Pennsylvania State University Press

Strick, Simon (2008): Vorher Nachher. Anmerkungen zur Erzählbarkeit des kosmetischen Selbst. In: Villa (2008): 199-217

Thomas, Hans (2002): Ethische Aspekte. In: Berger/Hierner (2002): 37-46

Viehöver, Willy/Wehling, Peter (Hrsg.) (2011): Entgrenzung der Medizin. Von der Heilkunst zur Verbesserung des Menschen? Bielefeld: transcript

Villa, Paula-Irene (Hrsg.) (2008a): schön normal. Manipulationen des Körpers als Technologien des Selbst. Bielefeld: transcript

Villa, Paula-Irene (2008b): Einleitung. Wider die Rede vom Äußerlichen. In: Villa (2008a): 7-20

Villa, Paula-Irene (2008c): Habe den Mut, Dich Deines Körpers zu bedienen! Thesen zur Körperarbeit in der Gegenwart zwischen Selbstermächtigung und Selbstunterwerfung. In: Villa (2008a): 245-272

Villa, Paula-Irene (2012): Die Vermessung des Selbst. Einsichten in zeitgenössische Formen der Körperarbeit. In: AVISO. Zeitschrift für Wissenschaft und Kunst in Bayern. Heft 3/2012. 14-19

Villa, Paula-Irene (2013): Rohstoffisierung. Zur De-Ontologisierung des Geschlechtskörpers. In: John u. a. (2013): 225-240

Virchow, Rudolf (1848): Ueber die pueperalen Krankheiten. In: Verhandlungen der Gesellschaft für Geburtshilfe in Berlin (3) 1848, 151-196

Wolf, Naomi (2002): The Beauty Myth. New York: W. Morrow

Selbstführung und Selbstinszenierung.
Der ‚Trainingsraum' als gouvernementales Strafarrangement

Ludwig A. Pongratz

1. Ein Störfall

Vor etwa fünf Jahren suchte mich eine Gymnasiallehrerin in meiner Supervisionspraxis auf, die sich durch das störende Verhalten eines ihrer Schüler – nennen wir ihn: Bastian – völlig irritiert fühlte. Bastian war etwa 14 Jahre alt; sein Verhalten charakterisierte die Lehrerin so: Er sei unaufmerksam, lenke seine Banknachbarn ab, störe immer wieder den Unterricht, verliere die Kontrolle. Die Versuche der Lehrerin, Bastian Grenzen zu setzen, hatten die Eltern auf den Plan gerufen; diese wiederum beschwerten sich über sie bei der Schulleitung; so hatte sich der Konflikt schnell hoch geschaukelt.

Die Klientin hatte sich für Bastians Verhalten ein nahe liegendes, wenngleich problematisches Erklärungsmuster zurechtgelegt: Bastian sei ‚ein ADS-Kind'. Im Laufe der ersten Supervisionssitzungen konzentrierten wir unseren Blick zunächst auf den Jungen und überlegten, was seinem Verhalten zu Grunde liegen könnte. Es kamen dabei allerlei Ursachen bzw. Rahmenbedingungen zur Sprache: die Eltern und ihr problematischer Erziehungsstil; die Klassenkameraden, zu denen Bastian nur schwer Kontakt fand; die Leistungsansprüche der Schule (und der Lehrerin), denen Bastian mit ziemlich wechselndem Erfolg gerecht (bzw. nicht gerecht) wurde usw. Je differenzierter allerdings die Klientin das Bild des Schülers zeichnete, desto deutlicher trat die Ambivalenz seines Verhaltens hervor: Er störte nicht nur den Unterricht, er suchte zugleich die Anerkennung seiner Klassenkameraden; vor allem aber suchte er die Nähe seiner Klassenlehrerin. Immer wieder, so erzählte die Klientin, tauchte er während der Pausen in der Schülerbibliothek auf, für die sie als Lehrerin zuständig war, fragte nach Büchern, verwickelte sie in Gespräche. Kein Zweifel: dieser Junge wollte ‚etwas' von ihr. Und so forderte er sie ständig zur Ansprache heraus – wenngleich in der paradoxen Form der Störung.

Umgekehrt entdeckte die Lehrerin im Verlaufe des Supervisionsprozesses bei sich selbst eine andere uneingestandene Seite ihres Verhältnisses zu Bastian:

Sie fände ihn ‚eigentlich ganz aufgeweckt, gewitzt – wenn auch etwas frech', wie sie in einer der Sitzungen einräumte. Bastian habe eine schnelle Auffassungsgabe, er sei forsch und zielstrebig, aber eben auch ‚schwierig'. So, wie sie diesen Jungen beschrieb, ging von ihm offensichtlich eine gewisse Attraktivität aus. Allmählich kam die Klientin ihrer eigenen ambivalenten Gefühlslage auf die Schliche. Sie entdeckte die eigenen biografischen Anteile, die sie zu einer rigiden Abwehr des Schülers veranlassten: etwa dass sie in ihrem Studium und späteren Berufsleben eine große Selbstdisziplin an den Tag legen musste; oder dass ihr Bruder, wie sie erzählte, auf die ‚schiefe Bahn' geraten und gescheitert sei. Für sie selbst, so betonte sie, sei eins besonders wichtig: das Gefühl von Sicherheit und Kontrolle.

So finden wir nicht nur bei Bastian, sondern auch bei seiner Lehrerin eine verwirrende emotionale Gemengelage aus Sympathie und Abwehr, Sorge und Empörung, die sich nicht zuletzt in ihrem täglichen Kleinkrieg mit Schülern wie Bastian niederschlug. Die zentralen Themen, um die sich die ersten Supervisionssitzungen drehten, handelten von Schutz, Sicherheit, Ordnung, Kontrolle und Angst. Auf die Frage, was ihr im Unterricht besonders wichtig sei, antwortete sie anfangs: in der Klasse müsse eine gewisse Ordnung aufrechterhalten werden und Schüler müssten davor geschützt werden, wenn andere diese Ordnung auszuhebeln versuchten. Im Originalton: ‚Bei meinen Schülern geht es um Schutz und Ordnung'.

Dass damit zugleich das zentrale Thema ihrer eigenen Beziehungsgestaltung angesprochen war, war ihr zunächst nicht bewusst. Ich bin mir allerdings ziemlich sicher, dass diese Klientin gar nicht erst einen Supervisionsprozess begonnen hätte, wenn an ihrer Schule das Trainingsraum-Konzept bereits üblich gewesen wäre. Denn dieses Konzept bedient ausdrücklich das Bedürfnis von Schutz und Ordnung und macht es zum zentralen Angelpunkt seiner Argumentation. Damit verschiebt sich unsere Aufmerksamkeitsrichtung vom konkreten Fall zur konzeptionellen Ebene.

2. Das Trainingsraum-Konzept

Um die konzeptionelle Grundfigur zu erfassen, kann man recht gut auf die systematische Darstellung von Bründel und Simon (2003) zurückgreifen.[1] Sie skizzieren die Trainingsraum-Methode mit Hilfe der fiktiven Rede eines Schulleiters, der die Eltern seiner Schüler über die Einführung des Konzepts an seiner Schule folgendermaßen informiert:

---

1   Eine einführende Darstellung findet sich auch bei Balke/Hogenkamp 2000.

„Regeln sind sehr wichtig für das Zusammenleben, das wissen Sie, liebe Eltern, sehr genau. (...) Die Grundregeln unserer Schule lauten:

1. Jeder Schüler, jede Schülerin hat das Recht auf einen guten Unterricht und die Pflicht, diesen störungsfrei zu ermöglichen.

2. Jeder Lehrer, jede Lehrerin hat das Recht auf einen störungsfreien Unterricht und die Pflicht, diesen gut zu gestalten.

3. Rechte und Pflichten von Lehrern und Schülern müssen gewahrt, respektiert und erfüllt werden. (...)

Kinder müssen, um sich wohl fühlen zu können, das Gefühl haben, dass wir Lehrer uns um sie kümmern und ihnen helfen, die Regeln einzuhalten. Im Klassenraum sieht das so aus:

Der Lehrer stellt dem störenden Schüler maximal fünf Fragen. Ganz wichtig bei diesem Vorgehen ist, dass der Schüler die Wahl hat, sich zu entscheiden. Er kann sein Störverhalten ändern, und erst wenn er dies nicht will und/oder nicht tut, dann kommt sein Verhalten der Entscheidung gleich, den Klassenraum zu verlassen" (ebd.: 114ff.).

Schülerinnen und Schüler, die den Klassenraum verlassen müssen, gehen in einen anderen Raum, wo „sie mit Hilfe eines dafür ausgebildeten Lehrers oder einer Lehrerin über ihr Verhalten nachdenken und einen Plan [‚Rückkehr-Plan‘ genannt; L. P.] erstellen können, wie sie es schaffen, nicht mehr zu stören. Dieser Raum wird Trainingsraum genannt. (...)

Es kann vorkommen, dass Kinder sich weigern, in den Trainingsraum zu gehen. In diesem Fall schicken wir das Kind nach Hause und bitten Sie, unmittelbar am nächsten Tag mit Ihrem Kind zu einem Gespräch in die Schule zu kommen. Ihr Kind darf so lange nicht am Schulunterricht teilnehmen, bis wir das Gespräch mit Ihnen geführt haben" (ebd.: 115f.).

Soweit die Erläuterungen für betroffene Eltern. Der Grundtenor dieser Rede verspricht eine ‚gute‘ Schule. ‚Gut‘ ist sie dann, wenn in ihr Respekt und Ordnung, Transparenz und Fairness herrschen. Wer wollte das bestreiten? Dennoch bleiben Zweifel, ob das, was gut gemeint ist, auch entsprechend zu Buche schlägt. Denn die hier propagierte Ordnungsvorstellung von Schule führt – mehr oder weniger deutlich – ein Marktmodell des Unterrichtsprozesses im Schlepptau: Lehrer erscheinen als ‚Anbieter‘ von Lerngelegenheiten; Schüler werden entsprechend als ‚Kunden‘ begriffen, die diese Angebote annehmen oder ablehnen können. Getreu der konstruktivistischen Prämisse, jeder entwerfe nur seine eigene Welt („Realität ist ein subjektives Konstrukt" (ebd.: 21)), kann kein Lehrer dafür verantwortlich gemacht werden, wenn Schülerinnen oder Schüler sein Lernangebot ablehnen. Dies kann man durchaus als Entlastungsstrategie lesen: „Lehrerinnen und Lehrer", schreiben Bründel/Simon, „können (...) nur ihre eigenen Ziele erreichen. Ob die Schüler und Schülerinnen ihren Wünschen entsprechen, was sie vom Lehrerangebot annehmen oder ablehnen, liegt einzig in deren Verantwortung" (ebd.: 41). Diesem Entlastungsangebot lässt sich ein ‚Belastungsgebot‘ zur Seite stellen: „Die Verantwortung für das eigene Tun liegt beim Schüler selbst" (ebd.: 45). Das gilt auch dann, wenn der Unterricht langweilig und frustrierend ist, denn auch dann stünden den Schülern immer noch andere Handlungsmöglichkeiten offen. „Sie müssen nicht zwingend stören" (ebd.: 47).

Damit ist klar, wo der Hebel anzusetzen ist: bei den Schülern selbst. Sie sollen die Spielregeln eines reibungslosen – man könnten auch sagen: ‚marktkonformen' – Verhaltens lernen. Störungen aber bringen die Austauschprozesse im Unterricht durcheinander. Um sie in Ordnung zu bringen, müssen Schüler vor eine Wahl gestellt werden: ob sie den Regeln folgen wollen oder nicht. Der Entscheidungsprozess verläuft mit apodiktischer Strenge an Hand von fünf Fragen, die jede Lehrerin und jeder Lehrer im Fall von Unterrichtsstörungen in ritualisierter Form immer wieder durchgeht:

> „1. ‚Was machst du?'
>
> 2. ‚Wie lautet die Regel?'
>
> 3. ‚Was geschieht, wenn du gegen die Regel verstößt?'
>
> 4. ‚Wofür entscheidest du dich?'
>
> 5. ‚Wenn du wieder störst, was passiert dann?'" (ebd.: 51)

Mit diesem Frage-Ritual wird das den eigenen Nutzen kalkulierende, rational entscheidende Subjekt angerufen. Wer der ersten Anrufung nicht folgt, ist beim zweiten Mal draußen. Der Ausschluss vom Austausch von Lernangeboten und -nachfragen erfolgt ohne Schimpf und Schande, eher sachlich und cool. Der Störer hat eine Entscheidung gefällt und diese Entscheidung ist zu respektieren. Sie lautet: ‚Ich bin draußen!' Er hat sich selbst ausgeschlossen. Das suggeriert jedenfalls die Logik des Programms.

Was aber geschieht nun im Trainingsraum? Die Methode sieht dafür einen minutiösen Ablauf in vierzehn Schritten vor:

> „1. Anklopfen und Eintreten
>
> 2. Begrüßung
>
> 3. Übergabe des ‚Laufzettels' (den der Lehrer dem aus der Klasse gewiesenen Schüler mit Informationen zu seinem Störverhalten mit auf den Weg gegeben hat; L.P.)
>
> 4. Schüler/in setzt sich auf einen freien Platz (je nach Situation)
>
> 5. Schüler/in signalisiert Gesprächsbereitschaft
>
> 6. Schüler/in schildert seine/ihre Sicht der Störung (erste Störung, zweite Störung)
>
> 7. Absichten/ Hintergründe erforschen
>
> 8. Absicht vom Verhalten trennen
>
> 9. Regelverstoß benennen
>
> 10. Ideen für das zukünftige Verhalten sammeln lassen

11. Plan schreiben lassen

12. Absprachen treffen über das Einholen der Hausaufgaben und Nacharbeiten des Versäumten

13. Plan kopieren

14. Verabschiedung" (ebd.: 61).

Besonders wichtig sind in diesem Ablauf die Schritte 7 bis 10, vor allem das Trennen von Absicht und Verhalten. Denn sanktioniert wird in erster Linie das Störverhalten, nicht die Absicht. „Sehr oft", schreiben die Verfechter des Konzepts, „ist die Absicht der störenden Schüler im Unterricht nämlich durchaus honorig, nur das Verhalten, mit dem Schüler versuchen, ihre Absicht in die Tat umzusetzen, ist häufig unangebracht und störend" (ebd.: 67). Das lösungsorientierte Vorgehen konzentriert sich daher darauf, eine Selbstmodifikation durch die Entwicklung einer alternativen Verhaltensvorstellung zu erreichen. Anders als bei traditionellen Programmen zur Verhaltensmodifikation wird hier die (Selbst-)Wahrnehmung der Schüler angesprochen. Die Verhaltenssteuerung erfolgt über die Kontrolle der (Selbst-)Wahrnehmungen bzw. der gewünschten zukünftigen Wahrnehmungen.

3. Der Schüler als ‚Selbst-Unternehmer'

Hinter dem Trainingsraum-Konzept stecken also theoretische Annahmen, die sich in Kürze so zusammenfassen lassen: Es geht u. a. davon aus, dass unser Handeln immer Wunscherfüllung sei (also dann in Gang gesetzt wird, wenn sich eine Diskrepanz zwischen dem, was wir wahrnehmen, und dem, was wir wahrnehmen möchten, auftut). Zudem wird unterstellt, dass unser Verhalten in erster Linie von unserer subjektiven Wahrnehmung abhängig sei (und die Kontrolle und Steuerung der Wahrnehmung daher umgekehrt eine individuelle Verhaltenssteuerung ermögliche). Im Verein mit theoretischen Versatzstücken des mehr oder weniger radikalen Konstruktivismus (der die Vorstellung propagiert, unser Leben sei das, wozu unser Denken es mache), der Rational-Choice-Theorie (die davon ausgeht, alles Handeln sei eine letztlich eigennützige Wahl zwischen mehr oder weniger attraktiven Alternativen) und einigen Anleihen beim Neurolinguistischen Programmieren (das mit autosuggestiven Techniken operiert) transportiert die Trainingsraum-Methode Psychotechniken in den Bereich der Schule, die sich auch im Feld der Unternehmensführung etabliert haben. Diese Anleihen geschehen nicht ohne Grund. Denn die – zumeist indirekt thematisierte – Zielperspektive des gesamten Transformationsprozesses läuft darauf zu, den Schüler als eine Art ‚Selbst-Unternehmer' zu begreifen (zumindest ihn in dieser Form anzusprechen, damit er auf lange Sicht sich selbst so begreifen lernt). Auf diese Weise transpor-

tiert das Trainingsraum-Konzept gouvernementale Kontroll- und Führungsformen in den Raum der Schule.

Erwartet wird von den Schülern ein bestimmtes Selbstverhältnis, um ihrer
Rolle im Unterrichtsalltag gerecht zu werden. Das Unterrichtsgeschehen erscheint
als Inszenierung, bei der beide – Lehrer wie Schüler – ihren eigenen Part spielen.
Der Trainingsraum setzt dabei auf eine besondere, neuartige Form der Selbstinszenierung: Schüler sollen sich als ‚unternehmerisches Selbst' (vgl. Bröckling
2007) in Szene setzen. Möglich ist das allerdings nur, wenn man – wie im Symbolischen Interaktionismus üblich – die Differenzen zwischen Individuum und
Rolle unterstreicht. Der Anspruch, sich als ‚unternehmerisches Selbst' zu begreifen, impliziert einen strategischen Umgang mit der eigenen Rolle. Das bean-
spruchte strategische Selbstverhältnis aber verfängt sich unversehens in den theoretischen Fallstricken des Interaktionismus. Sein Dilemma besteht darin, dass
er dem Individuum letztendlich keinen Ort mehr zuweisen kann. Es verflüchtigt
sich in einem permanenten Wechsel von Rollen und Masken: „Dieses Ich als Differenz der Masken bildet keinen Ort – weder einen natürlichen noch einen durch
Vernunft ausgezeichneten: Es kann allenfalls als grundloser Grund des Wechsels
angenommen werden" (Schäfer 2012: 101). Damit aber wird die Zurechenbarkeit
von Handlungen prekär. Anstelle eines ‚Täters hinter dem Tun' wäre eher von einer ‚Leerstelle' auszugehen. Oder anders: „Aus dieser Perspektive betrachtet ist
das ‚Ich des Maskenträgers' immer ein imaginäres Ich: Die soziale Identität (…)
findet ihre Einheit nur durch die Identifikation mit einem imaginären Bild (…).
Hinter dieser Identifikation steckt die Differenz, die Zerrissenheit des Subjekts,
die sich nur in der (sozial erwarteten und akzeptierten) Verkennung als Einheit
vorstellen kann" (ebd.: 102).

Es ist diese Zerrissenheit des Subjekts, die die Pädagogik permanent aufstört
und daran hindert, im beanspruchten Ideal des souveränen ‚Selbst-Unternehmers'
zur Ruhe zu kommen. Stattdessen erweist sich das ‚unternehmerische Selbst' als
Fiktion, die einen unmöglichen Anspruch mittransportiert: nämlich die Differenz
im Subjekt schließen zu können. Erst diese „Verkennung erlaubt die normative Erwartung einer Selbstführung, die gerade dadurch ruinös werden kann, dass (das
Individuum) zum legitimen Adressaten ‚unmöglicher' Erwartungen wird" (ebd.:
97). Dass diese Erwartungen unmöglich sind, bestätigt jede Unterrichtsstörung
aufs Neue. Die Schüler fallen immer wieder aus der ihnen zugedachten Rolle
und müssen hinsichtlich ihrer Dispositionen entsprechend ‚nachjustiert' werden.
Der erwarteten Selbstinszenierung der Schüler als ‚Selbst-Unternehmer' korrespondiert der codierte Blick der Lehrenden: Sie nehmen Abweichungen vor allem als Abweichungen vom Standardmodell des sich selbst managenden, ‚kom-

petenten Lerners' wahr (vgl. Rabenstein/Reh 2008: 169). Entsprechend rücken notorische Unruhe und Unaufmerksamkeit in den Fokus der Lehrenden (wie die vorschnelle Etikettierung von Bastian als ‚ADS-Kind' im eingangs geschilderten Fall zeigt). Rabenstein und Reh machen darauf aufmerksam, dass beim vorausgesetzten Normalitätsmodell des ‚selbst-unternehmerischen Schülers' der unterrichtspraktische Umgang mit ‚Störern' paradoxe Konsequenzen hervorruft: „Diese Kinder bedürfen der besonders intensiven, individuellen Betreuung und Zuwendung, auch einer individualisierten Beurteilungssituation, wie sie nur in geöffnetem Unterricht möglich ist, der sie aber gleichzeitig immer in besonderer Weise überfordert, weil sie ständig Entscheidungen treffen und Handlungspläne erstellen und genau das tun müssen, was ihnen so schwer fällt: anfangen und bei der Stange bleiben!" (ebd.: 177) Also müssen sie unablässig dazu aufgefordert werden, an sich selbst zu arbeiten und ‚Rückkehrpläne' zu entwickeln, um zur Normalität zurückkehren zu können.

4. Die Führung der Selbst-Führung

In der wachsenden Akzeptanz und Einrichtung von Trainingsräumen spiegelt sich ein grundlegender Umbruch gesellschaftlicher Führungstechniken: von (harten oder sanften) Disziplinarformen hin zu neuen Formen der ‚Gouvernementalität'. Gouvernementale Kontrollformen setzen auf ‚Subjektivierungspraktiken', Praktiken also, die sich der Individuen bemächtigen, indem sie sie zu permanenter Selbstprüfung, Selbstartikulation, Selbstdechiffrierung und Selbstoptimierung anstacheln (vgl. Pongratz 2005: 28ff.). In ihrem Umfeld entsteht eine eigene Reform-Rhetorik, die darauf abzielt, neuartige ‚Selbsttechnologien' zu propagieren. Das Besondere dieser ‚Selbsttechnologien' besteht darin, dass sie an politische Regierungsziele angekoppelt werden können. Im Rahmen gouvernementaler Strategien signalisieren Selbstbestimmung, Selbstregulierung, Selbstmanagement und Verantwortung also nicht einfach „die Grenze des Regierungshandelns, sondern sie sind selbst ein Instrument und Vehikel, um das Verhältnis der Subjekte zu sich selbst und zu den anderen zu verändern" (Lemke/Krasmann/Bröckling 2000: 30).

Um dieses Selbst-Verhältnis erzeugen und systematisch variieren zu können, braucht man ein eigens darauf abgestimmtes Instrumentarium. Der Trainingsraum liefert dazu das passende Setting. Selbstverständlich versteht sich die Trainingsraum-Methode nicht im traditionellen Sinn als ‚Strafform'. Denn es geht um eine ausgeklügelte Kontrolltechnik, die Unterrichtstörungen ausschließen soll. Der Trainingsraum organisiert in spezifischer Weise die Führung der Selbst-Führung von Schülern. Allerdings ist eine gezielte Einflussnahme auf das Selbstverhältnis von Individuen kein ausschließliches Charakteristikum gouvernementaler Führungstechniken. Schäfer verweist darauf, dass bereits ältere Disziplinarformen – etwa die ,sanfte' panoptische Kontrolle (vgl. Foucault 1976: 251ff.) – „auf eine Übersetzung in ein Selbstverhältnis" (Schäfer 2012: 78) abzielten. Gleichwohl wird mit dem Übergang zu gouvernementalen Führungsformen ein Wandel der Kontrollstrategien offensichtlich: Panoptische Kontrollformen nutzten und verstärkten eine politische Technologie, die darauf abzweckte, unablässig Sicht- und Sagbarkeiten zu produzieren. Dabei fungierten das soziale Milieu, die Klasse, die Gruppe, das Team usw. als multiples Auge, das jeden jederzeit sieht und zum Sprechen bewegen kann. Diese Kontrolltechnik aber geriet in dem Moment in eine Krise, als (in der zweiten Hälfte des 20. Jahrhunderts) die traditionellen Milieus zu zerfallen begannen und die Kohäsionskraft sozialer Verbände nachließ (vgl. Deleuze 1993a).

Seitdem besetzen zunehmend individualisierte Kontrollverfahren das Feld. Sie zielen darauf ab, jeden zu seinem eigenen Aufseher, ,Intrapreneur' oder Selbstmanager zu machen – und zwar bevor noch äußere Kontrollen zur Wirkung gelangt sind. Entsprechend wird den Menschen nahe gelegt, beständig auf sich selbst zu schauen, zum eigenen Spiegel (oder auch: ,Beichtspiegel') zu werden. Der vervielfachte, permanente, panoptische Blick der anderen wandert gewissermaßen nach innen; die Individuen werden nun zu ihrem eigenen Beobachter, Kontrolleur, Lernmanager. Mit dieser Wendung nach innen wird der Zugriff auf die Individuen – wenngleich in der widersprüchlichen Figur „freiwilliger Selbstkontrolle" (vgl. Pongratz 2004) – immer unausweichlicher. Heydorn erkannte bereits früh, wie tief sich solche Widerspruchslagen in die Individuen eingraben. „Alle Probleme werden nun in den Menschen selber zurück verlegt. Damit beginnt ein neuer Kampf, ein Kampf im Dunkel, in dem der Bildung eine entscheidende Rolle zufällt" (Heydorn 2004: 284). Ihre Aufgabe bestünde darin, allen Versuchungen zur ,Schließung' des Subjekts (wie auch des sozialen Feldes) zu widerstehen, die Möglichkeiten subjektiven Widerstands auszuloten. Heydorn rechnet mit einem agonalen, widersprüchlichen Kräfteverhältnis, das innerhalb des Sozialen wie auch in den Individuen am Werk ist. Die Möglichkeitsräume der Bildung sind immer auch „Arenen der Auseinandersetzung" (Schäfer 2011: 79). Wer sie still stellen oder schließen möchte, mag zwar einen ,überparteilichen' Standpunkt reklamieren. Doch gibt es diesen ortlosen Ort nicht: „Eine mögliche Schließung (…) kann immer nur von einem partikularen Standpunkt aus versprochen, aber nicht eingelöst werden" (ebd.: 82). Umgekehrt bedeutet das, dass jedes in Anspruch genommene ,überparteiliche' Schlichtungsverfahren seine Legitimation letztlich nicht ausweisen kann.

5. Der Kontraktualismus

Das gilt auch für die Schlichtung von Streitigkeiten mittels Vertrag. Verträge stabilisieren auf ihre Weise die Fiktion der Freiheit und Gleichheit der Vertragspartner. Diese Fiktion wird unterrichtspraktisch angesichts so genannter ‚Rückkehrpläne‘ flagrant. Der Rückkehrplan, der im Trainingsraum erstellt werden soll, unterstellt die Möglichkeit der ‚Schließung‘, der ‚Heilung‘ der Unterrichtsstörung bzw. – allgemein gesprochen – der Versöhnung von Sozialität und Individuum. Um diese Möglichkeit zu demonstrieren, greift er auf das ‚klassische‘ Instrument bürgerlicher Herrschaft zurück: den Kontrakt. Er wird zur allgegenwärtigen ‚Schließungsfigur‘ der neuen ‚unternehmerischen Schule‘. Alle schließen mit allen Vereinbarungen: Schulleitungen mit Eltern, Lehrer mit Schülern, Eltern mit Kindern und Lehrer mit Schulleitungen. Handeln bedeutet in dieser Perspektive vor allem: aushandeln. Der Kontraktualismus (vgl. Dzierzbicka 2005), das Regime des Vertrags, bildet ein Kernstück der Trainingsraum-Methode. Mündigkeit ist definiert als Vertragsfähigkeit. „Die hegemoniale Macht des neuen Kontraktualismus zeigt sich nicht zuletzt daran, dass die Kompetenz, Vereinbarungen zu treffen und sie vor allem einzuhalten, in nahezu allen Lehrplänen als Erziehungsziel verankert und das pädagogische Personal geschult ist, entsprechende Lerngelegenheiten zu schaffen" (Bröckling 2007: 145). Über die Einhaltung der Verträge wacht der Lehrer. Ihm wird als Einzigem eine Doppelfunktion zugestanden: Er ist nicht nur Anbieter auf dem Markt von Lerngelegenheiten, sondern hat zugleich die Funktion der ‚Regulierungsbehörde‘. Er achtet darauf, dass die neuen sozialen Verkehrsregeln auch eingehalten werden. In dieser Funktion ist er unangreifbar. Es obliegt seiner Entscheidung, einen Schüler aus der Klasse zu schicken oder ihn zurückkehren zu lassen – auch wenn das theoretische Modell ständig suggeriert, dies liege allein im Ermessen des betroffenen Schülers. Es gibt auch keine Möglichkeit, das gesamte Arrangement in Frage zu stellen. Verfechter des Programms erklären definitiv: Über die (drei) Grundregeln des Konzepts „kann nicht abgestimmt werden, da es keine Alternative dazu gibt" (Balke/Hogenkamp 2000: 82).

An dieser dogmatischen Setzung wird die Kehrseite des Kontraktualismus erkennbar. Der Form nach handelt es sich bei der Übereinkunft, auf die sich Lehrer und Schüler bei der Rückkehr aus dem Trainingsraum verständigen, um gleiche Vertragspartner. Faktisch aber ist der Lehrer mit einer ungleich größeren Macht ausgestattet, über die es nichts zu verhandeln gibt.[2] Die formale Gleichheit der Kontraktparteien dient dem gegenteiligen Zweck: Sie „verfestigt und legitimiert

---

2 Der Fall, dass Schüler einen Lehrer in den Trainingsraum schicken, ist schlicht nicht vorgesehen und würde das Konzept aus den Angeln heben.

ihre soziale Ungleichheit" (Bröckling 2007: 148). Gerade darin liegt die ideologische Funktion des Kontrakts; er suggeriert die Versöhnung des umkämpften sozialen Raums qua Vertragsschluss, während der unversöhnte Kampf weitergeht.

6. Im Trainingsraum

Dass der Kampf weitergeht, wird mit jeder neuen Unterrichtstunde und jeder neuen Unterrichtsstörung offensichtlich. Daher wenden wir zum Abschluss unserer Überlegungen den Blick noch einmal auf die Unterrichtspraxis zurück: Der ,schmuddelige' Unterrichtsalltag erweist sich auf weite Strecken als Kampf um Situationsdefinitionen, um die Frage also, wer hier eigentlich das Sagen hat. Entsprechend bringen alltagstheoretische Analysen von Unterricht (vgl. Thiemann 1985) die unzähligen Taktiken und Finten, die Vorteile und Verlegenheiten ans Licht, mit denen die Akteure Unterrichtssituationen für sich zu entscheiden suchen. Die Widerstände und Kommunikationsblockaden können im tagtäglichen Kleinkrieg dermaßen anwachsen, dass die Funktionsfähigkeit von Schulen insgesamt in Frage steht. Angesichts des permanenten Kleinkriegs bewirken Kontrakte, die im Trainingsraum entworfen werden (um anschließend vom Lehrer ratifiziert zu werden), allenfalls einen kurzfristigen ,Waffenstillstand'. Kurzfristig ist er, weil er nicht halten kann, was er verspricht. Das zumindest wäre die nahe liegende Hypothese. Aber es gibt dazu so gut wie keine einschlägigen empirischen Befunde, die präzise nachvollziehen, was genau im Trainingsraum geschieht. Zwar wurde 2004 eine quantitative Erhebung an 87 Schulen in Nordrhein-Westfalen durchgeführt, auf die Trainingsraum-Protagonisten gern verweisen (vgl. Balz 2004); sie bestätigt, was auf der Hand liegt: dass sich z. B. 99,8 % der Lehrer durch das Programm entlastet sehen und 77,9 % der nicht störenden Schüler wünschen, dass der Trainingsraum besser geöffnet als geschlossen sei. Über die Akzeptanz und Wirkung auf Seiten der in den Trainingsraum verwiesenen Schüler aber erfahren wir nichts. Lediglich bei Sieglinde Jornitz (2005) finden wir eine subtile Interpretation von zwei – interessanterweise ganz unterschiedlichen – Fällen. Beim Versuch, die Wirkungen des Trainingsraum-Konzepts abzuschätzen, bleiben daher Spekulation und soziale Imagination unsere hilfreichen Begleiter.

Angenommen, die Supervisandin, von der ich eingangs berichtete, hätte ihren ,Problemfall' Bastian in den Trainingsraum geschickt. Wie hätte sich das abgespielt? Zunächst hätte sie für Bastian einen ,Laufzettel' ausfüllen müssen, auf dem sein Störverhalten vermerkt ist. Dieser Zettel könnte etwa so aufgebaut sein, wie es Jornitz im von ihr dokumentierten Fall beschreibt (vgl. ebd.: 99ff.):

Am Kopf des Blatts findet sich der Name des betreffenden Schülers eingetragen; darunter steht folgender Text:

‚Ich schicke den Schüler/die Schülerin in den Trainingsraum, weil

1. Der Schüler/die Schülerin unterbrach mehrmals den Unterricht durch störende Gespräche mit dem Nachbarn. (Daneben befindet sich ein Feld zum ankreuzen.)

2. Der Schüler/die Schülerin stört den Unterricht durch wiederholte Zwischenrufe. (Daneben befindet sich wiederum ein Feld zum ankreuzen.)

3. Andere Störungen: (Hier sind vier Zeilen für frei formulierte Einträge vorgesehen)‘

Darunter werden schließlich der Name der Lehrerin, Datum, Raum und Uhrzeit festgehalten.

Nehmen wir an, Bastians Lehrerin hätte sich mit dem Ankreuzen von Punkt 2 (‚Der Schüler/die Schülerin stört den Unterricht durch wiederholte Zwischenrufe‘) begnügt. Vielleicht hätte sie in den freien Zeilen zusätzlich vermerkt: ‚Er bestreitet sein Störverhalten, gibt Widerworte und wird laut.‘ Was immer sich auf dem Zettel findet, mit diesen Informationen erscheint Bastian im Trainingsraum. Was soll die dort anwesende Lehrperson damit anfangen? Versteht sie, worum es geht? Versteht Bastian eigentlich, worum es ihm geht? Vermutlich nur zum Teil. Der Konflikt, den er mit seiner Lehrerin ausficht, erinnert an die bekannte Eisberg-Metapher: ein Drittel ist den Beteiligten bewusst, zwei Drittel aber liegen ‚unter Wasser‘ und sind noch gar nicht recht begriffen. Was helfen angesichts dessen die acht Fragen des Fragebogens, die (im von Jornitz dokumentierten Fall) den Rückkehrplan anleiten sollen? (vgl. ebd.: 107f.)

Auf der vorderen Seite steht:

‚Beantworte nun folgende Fragen. Konzentriere dich, sei ehrlich und schreibe verständlich. Die Trainingsraumleiterin hilft dir dabei, wenn Du möchtest.

1. Wie kam es dazu, dass du in den Trainingsraum gehen musstest?

2. Was hast du getan, dass es dazu kommen konnte?

3. Gegen welche Regel hast du verstoßen?

4. Bist du bereit, eine Lösung für das Problem zu finden?‘ (Bei dieser Frage hat der Schüler lediglich die Möglichkeit, ‚ja‘ oder ‚nein‘ anzukreuzen.)

Auf der Rückseite finden sich spezielle Fragen zum ‚Rückkehrplan‘:

5. Was kannst du tun, um dein Ziel zu erreichen und zukünftig in der Klasse zu bleiben? Wie kannst du es stattdessen machen? (Für die Antwort werden fünf Leerzeilen gelassen.)

6. Wen fragst du nach dem versäumten Unterrichtsstoff und Hausaufgaben?

7. Wem zeigst du den Plan?

8. Wann?‘

Danach bekommt das ganze ‚Brief und Siegel‘, indem der Schüler und der Trainingsraumleiter unterschreiben.

Wer diesen Fragen folgt, wird zunächst also dazu genötigt, die von der Lehrerin vorgenommene Schuldzuweisung anzuerkennen. Danach wird er aufgefordert, seine Selbst-Transformation zu planen. Auf sich allein gestellt, wird Bastian damit kaum zurechtkommen. Jornitz charakterisiert daher das gesamte Verfahren als ‚pädagogische Fiktion': „Entweder nimmt der Schüler den Anspruch ernst, dann muss er an ihm scheitern; oder aber er will die konkrete Aufgabe bewältigen, dann muss er dem Verfahren geben, was es von ihm haben will: schriftlich formulierte Konformität" (ebd.: 109f.). Der Anspruch, die Selbst-Führung von Schülern anzuleiten, wird schlicht unterboten; was übrig bleibt, ist nicht viel mehr als Selbstbezichtigung. Es lassen sich recht unterschiedliche Strategien ausmachen, wie ‚Störer' damit umgehen. Lehrende berichten davon, dass der Verweis in den Trainings-Raum ebenso Protest wie demonstrative Coolness auslösen kann, dass er bisweilen regelrecht provoziert und einkalkuliert wird, dass er als Gegen-Inszenierung dienen kann, dass seine Wirkung mehr oder weniger unberechenbar bleibt.

Diese Problematik ist aufmerksamen Pädagogen natürlich nicht entgangen. So gibt es inzwischen eine Vielzahl von Angeboten, die Trainingsraumleitern dabei helfen sollen, ihre Beratungskompetenz zu verbessern. Der Trainingsraum soll zu guter letzt das bloße Selbst-Management überbieten und zu einem Ort der Selbst-Reflexion werden. Nehmen wir also an, Bastian beginnt mit dem Trainingsraumleiter ein Gespräch. Dieser bemüht sich, dessen Motive und Absichten zu erfassen, um – der Idee des Trainingsraums gemäß – die Absichten vom Verhalten zu trennen. Vielleicht wird ihm dabei klar, dass ein besonderes Motiv von Bastians Störverhalten darin besteht, endlich ‚gesehen' und anerkannt zu werden – und dass seine Lehrerin (aus Ratlosigkeit oder um sich selbst zu schützen) diese Anerkennung verweigert und sich stattdessen auf einen Machtkampf einlässt. Was läge in diesem Fall näher als der Schluss, „dass die Störung ein Konflikt ist, der nicht im Trainingsraum gelöst werden kann, sondern nur im Gespräch unter den Beteiligten. Das aber heißt wiederum", so folgert Jornitz, „dass der Vorfall (...) dorthin zurückkehren muss, wo er begann: ins Klassenzimmer" (ebd.: 115). Von dort aber sollte er ja gerade – so das Entlastungsversprechen – ferngehalten werden.

Dass das Trainingsraum-Konzept letztlich mehr verspricht, als seine Praxis einlösen kann, dass es also hinter seine eigenen Ansprüche zurückfällt, ist nicht allein der mangelhaften Praxis geschuldet. Es zeigt sich vielmehr, dass die implizite Subjektivierungslogik – das zu Grunde liegende Modell des ökonomisch kalkulierenden, rational wählenden, erfolgsorientierten und solipsistischen Subjekts – von den Schülern nicht bruchlos realisiert werden kann. Der Vertragsbruch, das Misslingen der Einigung, kann als grundsätzlicher Hinweis darauf gelesen werden, dass der Riss zwischen imaginierter Autonomie und sozialer Identität, der das Subjekt konstituiert, nicht geschlossen werden kann. Die Aufgabe kritischer Pädagogik bestünde daher darin, „ die ‚Realität' mit dem zu konfrontieren, was in ihr nicht aufgeht: das Wahrscheinlich-Reale mit dem Unmöglichen, das Identische mit dem Nichtidentischen" (Schäfer 2012: 33).

Literatur

Balz, Hans-Jürgen (2004): Evaluation des Trainingsraumprogramms an nordrhein-westfälischen Schulen (Sek. I). Bochum (Quelle: http://www.trainingsraum.de/Schulausw_Trainingsraum_42.pdf; Zugriff: 19.02.2013)

Balke, Stefan/Hogenkamp, André (2000): Drei Regeln reichen aus. Soziales Verhalten kann trainiert werden. In: Meier u. a. (2000): 82-85

Bilstein, Johannes/Ecarius, Jutta (Hrsg.) (2008): Standardisierung – Kanonisierung. Erziehungswissenschaftliche Reflexionen. Wiesbaden: VS-Verlag

Bröckling, Ulrich/Krasmann, Susanne/Lemke, Thomas (Hrsg.) (2000): Gouvernementalität der Gegenwart. Frankfurt/M.: Suhrkamp

Bröckling, Ulrich (2007): Das unternehmerische Selbst. Soziologie einer Subjektivierungsform. Frankfurt/M.: Suhrkamp

Bründel, Heidrun/ Simon, Erika (2003): Die Trainingsraum-Methode. Weinheim/Basel: Beltz

Deleuze, Gilles (1993a): Postskriptum über die Kontrollgesellschaften. In: Deleuze (1993b): 254-262

Deleuze, Gilles (1993b): Unterhandlungen 1972-1990. Frankfurt/M.: Suhrkamp

Dzierzbicka, Agnieszka (2005): Vereinbaren statt anordnen. Neoliberale Gouvernementalität macht Schule. Wien: Löcker

Foucault, Michel (1976): Überwachen und Strafen. Die Geburt des Gefängnisses. Frankfurt/M.: Suhrkamp

Heydorn, Heinz-Joachim (2004): Werke. Band 3. Studienausgabe. Über den Widerspruch von Bildung und Herrschaft (hrsg. von Irmgard Heydorn u. a.). Wetzlar: Büchse der Pandora

Hafeneger, Benno (Hrsg.) (2005): Subjektdiagnosen. Schwalbach/Ts.: Wochenschau Verlag

Jornitz, Sieglinde (2005): Der Trainingsraum: Unterrichtsstörung als Bumerang. In: Pädagogische Korrespondenz 33. 98-117

Lemke, Thomas/Krasmann, Susanne/Bröckling, Ulrich (2000): Gouvernementalität, Neoliberalismus und Selbsttechnologien. Eine Einleitung. In: Bröckling/Krasmann/Lemke (2000): 7-40

Meier, Richard u. a. (Hrsg.) (2000): Üben und Wiederholen. Sinn schaffen, Können entwickeln. Friedrich Jahresheft. Seelze: Friedrich

Pongratz, Ludwig A. (2004): Freiwillige Selbstkontrolle. In: Ricken/Rieger-Ladich (2004): 243-260

Pongratz, Ludwig A. (2005): Subjektivität und Gouvernementalität. In: Hafeneger (2005): 25-38

Rabenstein, Kerstin/Reh, Sabine (2008): Die pädagogische Normalisierung der ‚selbstständigen Schülerin' und die Pathologisierung der ‚Unaufmerksamen'. Eine diskursanalytische Skizze. In: Bilstein/Ecarius (2008): 159-180

Ricken, Norbert/Rieger-Ladich, Markus (Hrsg.) (2004): Michel Foucault: Pädagogische Lektüren. Wiesbaden: VS-Verlag

Schäfer, Alfred (2011): Das Versprechen der Bildung. Paderborn: Schöningh

Schäfer, Alfred (2012): Das Pädagogische und die Pädagogik. Annäherungen an eine Differenz. Paderborn: Schöningh

Thiemann, Friedrich (1985): Schulszenen. Vom Herrschen und vom Leiden. Frankfurt/M.: Suhrkamp

Wir wollen nur das Beste…
Das Thema ‚Schulwahl' im Kontext pädagogischer Ratgeber[1]

Jens Oliver Krüger

1. Einleitung

> „Die Göttings (…) haben es sich nicht leicht gemacht, die passende Schule für ihre Tochter Johanna zu finden. Vier Grundschulen haben sie sich angesehen, immer mit denselben Fragen: Wie riecht es hier? Wie sehen die Klassenzimmer aus, wie der Schulhof? Wie reden die Lehrer mit den Kindern? Und: Werden die Kinder überhaupt wahrgenommen oder nur die Eltern umworben?" (ZEIT Schulführer 2011/12: 8)

Gegenwärtig wird das Thema ‚elterliche Schulwahl' kontrovers diskutiert.[2] Bestimmte Eltern konfrontieren sich mit der Herausforderung, *die* ‚richtige', ‚passende' oder ‚beste' Schule für ihr Kind zu finden.[3] Die Kriterien für die Identifikation einer solchen Schule erscheinen dabei unklar und umstritten. In dem Maße, wie die fraglose Akzeptanz staatlicher Schulzuweisungen ihre Selbstverständlichkeit verliert (vgl. van Ackeren 2006), werden Wahloptionen diskutabel. Und im gleichen Maße, in dem verschiedene Wahloptionen miteinander konkurrieren, werden elterliche Entscheidungen für oder gegen bestimmte Schulen begründungspflichtig. Das herausgehobene Beispiel der Göttings, die es sich bei ihrer Entscheidung „nicht leicht gemacht haben", konfrontiert Eltern dabei implizit mit der Frage, wie leicht sie es sich selbst mit dem Thema Schulwahl machen,

---

1   Die vorliegende Studie entstand im Kontext des DFG-geförderten Projekts „Exzellenz im Primarbereich. Die ‚Beste Schule' als Gegenstand der Aushandlung im Entscheidungsdiskurs der Eltern" (Projektleitung: Prof. Dr. Georg Breidenstein) am Zentrum für Schul- und Bildungsforschung der Martin-Luther-Universität Halle-Wittenberg. Ich danke Georg Breidenstein, Sandra Koch, Anna Roch, Christiane Thompson und Katrin Zaborowski für wertvolle Anregungen.
2   Solche Diskussionen werden u. a. in verschiedenen Zeitungsartikeln reflektiert: Vgl. z. B. http://www.berliner-zeitung.de/berlin/stadtbild-die-qual-der-schulwahl,10809148,20989372.html (05.12.2012).
3   Dass nicht alle Eltern in gleicher Weise am Schulwahldiskurs partizipieren und dass sich das Interesse am Thema ‚Schulwahl' milieuabhängig strukturiert, wird u. a. in den Arbeiten von Carol Vincent und Stephen Ball hervorgehoben (vgl. Vincent/Ball 2007). Insofern eine solche Milieuzugehörigkeit selbst diskursiv verfasst ist, ließe sich umgekehrt fragen, wie sich eine Milieuzugehörigkeit z. B. (auch) im Kontext einer Teilnahme am Schulwahldiskurs konstituiert.

denn – und so lautet der Titel des Beitrags, in dem das Beispiel der Göttings auftaucht – „es steht viel auf dem Spiel" (ZEIT Schulführer 2011/12: 8).

Im Spannungsfeld zwischen der Notwendigkeit, in Sachen ‚Schulwahl' eine
Entscheidung zu treffen und der Schwierigkeit, eben dies zu tun, erleben pädagogische Ratgeber zu diesem Thema eine anhaltende Konjunktur. Das zeigt sich
nicht nur in der Anzahl entsprechender Publikationen, sondern auch in der Di-
versifikation von Publikationsformaten, die sich jeweils durch unterschiedliche
„mediale Eigenlogiken" auszeichnen (Sarasin u. a. 2010: 25). Hier werden neue
Märkte erschlossen (Maasen 2011: 8). So machen nicht nur Onlineforen, sondern
z. B. auch ‚illustrierte Familienzeitschriften' dem ‚Ratgeberbuch' zunehmend
Konkurrenz (vgl. Messerli 2010: 42). Im Kontext von ‚Line Extensions' etablier-
ter Marken (SPIEGEL, STERN, GEO, ZEIT oder FOCUS) erschienen zwischen
2009 und 2012 Spezialhefte zum Gegenstand. Unlängst hat die Stiftung Waren-
test das Thema für sich entdeckt (test.de, Special Einschulung 2011) und die Zeitschrift ÖKO-TEST widmet der Schulwahl im Kontext eines Spezialhefts „Erziehung" gesonderte Aufmerksamkeit (vgl. ÖKO-TEST Spezial Familie 2012: 132).

Auch an Angeboten im ‚klassischen' Buchformat herrscht kein Mangel: „Die
beste Schule für mein Kind" – auf dem deutschen Buchmarkt konkurrieren nicht
weniger als vier unterschiedliche Publikationen mit dieser Überschrift (Stern Ratgeber Bildung 2010, Kowalczyk/Ottich 2003, Bönsch 1994, Endres 1999). Hinzu
kommen ähnliche Titel wie „Welche Schule ist die beste für mein Kind?" (Mannhaupt 1998), „Die richtige Schule für mein Kind" (Herfurth-Uber 2003), „Für jedes Kind die richtige Schule" (Brammen/Struck 1998) und viele andere mehr. Interessierte Leserinnen und Leser haben die ‚Qual der Wahl'.

Es greift zu kurz, aus der engagierten, ratgeberischen Bearbeitung des Themas ‚Schulwahl' pauschal Rückschlüsse auf einen vorhandenen Beratungsbedarf
in dieser Angelegenheit zu ziehen. Zwar kommt große Nachfrage ggf. „als Indiz
für große Ratlosigkeit" (Berg 1991: 713) in Betracht.[4] Eine solche These ließe allerdings den Umstand außer Acht, dass Ratgeber ihre eigene Notwendigkeit auch
selbst performativ hervorbringen (Oelkers 1995: 224). Im Kontext einer solchen
Hervorbringung gewinnt die Bearbeitung des Themas ‚Schulwahl' in Ratgebern
eine spezifische Signatur, die im Folgenden näher untersucht werden soll. Welches ratgeberische Wissen zur Schulwahl wird hier hervorgebracht?

---

4   Die Rezeption von Ratgebern wird im vorliegenden Zusammenhang nicht in den Blick genom-
     men, obwohl sich dazu in den Elterninterviews, die im Kontext des Projektzusammenhanges
     („Exzellenz im Primarbereich") geführt wurden, Anhaltspunkte finden. Der vorliegende
     Text fokussiert ausschließlich die Eigenlogiken des Formates ‚Ratgeber'. Zur Rezeption von
     Ratgebern vgl. Keller 2008, Lüders 1994b.

Mit einer solchen Fragestellung schließt die vorliegende Untersuchung zum einen an verschiedene Forschungen zur Schulwahl an – ein Thema, das, an internationale Debatten anknüpfend (vgl. u.a. Walford 2006, Vincent/Ball 2006, Forsey u.a. 2008), in der deutschsprachigen Erziehungswissenschaft in jüngster Zeit verstärkte Beachtung erfährt (vgl. u.a. Knötig 2010, Kraul 2012, Suter 2013, Trumpa 2010).

Zum anderen entwirft der vorliegende Artikel eine spezifische Perspektive auf das Genre pädagogischer Ratgeber. Im Kontext des gegenwartsdiagnostischen Befunds einer Ubiquität von Beratungsangeboten aktualisiert sich wiederkehrend ein „Optimierungsmotiv" (Maasen 2011: 20). Demnach leben wir in einer Zeit der Beratung: An allem lässt sich arbeiten, ohne mit der Optimierbarkeit je an ein Ende zu kommen. In einer gouvernementalitätstheoretischen Perspektive fungiert Beratung als prominente „Selbst- und Fremdführungstechnologie" (ebd.: 9). Wenn pädagogische Ratgeber nicht lediglich in einem Antwortverhältnis zu bestehenden Handlungszwängen in den Blick geraten, dann muss danach gefragt werden, wie Schulwahl im Kontext von Ratgebern als spezifischer Möglichkeitsraum entworfen wird.

In einem ersten Schritt wird die Untersuchungsperspektive der vorliegenden Studie in Abgrenzung zu anderen Auseinandersetzungen mit dem Ratgebergenre geschärft. In einem zweiten Schritt werden daraufhin Einzelergebnisse einer diskursanalytischen Annäherung an pädagogische Ratgeber zur Schulwahl vorgestellt. In einem dritten Schritt wird schließlich – ausgehend von den Analyseresultaten – danach gefragt, welcher Möglichkeitsraum sich in der ratgeberischen Wissensproduktion erschließt.

2. Pädagogische Ratgeber

Das literarische Genre ‚Ratgeber' lässt sich keinesfalls so klar identifizieren, wie dies die Selbstdeklaration auf diversen Buchtiteln nahe legt (vgl. Lüders 1994b). Was einen Ratgeber zu einem Ratgeber macht, erscheint nicht zuletzt im Kontext der erziehungswissenschaftlichen Rezeption dieses Genres alles andere als eindeutig. Die Beschäftigung mit pädagogischen Ratgebern lässt sich als Teil einer umfassenderen Auseinandersetzung mit dem Phänomen der Beratung konzipieren. Als Begriff von „mittlerer Reichweite" aber mit „hoher strategischer Funktion" (Bröckling u.a. 2004: 10) lässt sich Beratung auf Basis sehr heterogener Ansätze in den Blick nehmen. Mit unterschiedlicher Akzentsetzung wird dabei immer wieder der Anspruch einer praktischen Verwertbarkeit von Beratungswissen reflektiert. Als „eine Form pädagogischen Handelns" (Dewe 2010: 133) charakterisiere Beratung „sowohl die Schaffung von Wissen als auch dessen Anwendung" (ebd.: 141). Es gehe weniger um „Wissen im Allgemeinen" als um „verwendbares Wissen" (Höffer-Mehlmer 2001: 155).[5] Rudolf Helmstetter spricht von einer „Aufarbeitung von Wissensbeständen in pragmatischer Absicht" (Helmstetter 2010: 59). Peter Fuchs sieht Beratung aus systemtheoretischer Perspektive durch „die Einheit der Unterscheidung von Rat und Tat" (Fuchs 2010: 271) gekennzeichnet. Erst „durch die Abkopplung des Rates von der Tat" (Duttweiler 2010: 289) entstünde Raum, um Handlungsoptionen zu reflektieren. Die Reflektion von Handlungsoptionen setzt die Konfrontation mit Wahlmöglichkeiten voraus. Boris Traue spricht – die Funktion von Beratung betreffend – von einem „Optionalisierungsdispositiv": Hier werde „das Verhältnis zwischen Individuen und ihrer sozialen Welt als Verhältnis von Möglichkeiten beschreibbar" (Traue 2010: 284). Diese Funktion korrespondiere mit einem allgemeinen „Orientierungsbedarf", der aus der Anforderung resultiere, „sich fortwährend als freies Subjekt zu imaginieren" (ebd.: 292). Ausgehend von diesem gouvernementalitätstheoretischen Befund analysiert Traue Beratung als „Psycho-Technik" – eine Einschätzung die sich mit einer Überlegung Ulrich Bröcklings in Verbindung bringen ließe, wonach „die gegenwärtige Ökonomisierung des Sozialen den Einzelnen keine andere Wahl lässt, als fortwährend zu wählen, zwischen Alternativen freilich, die sie sich nicht ausgesucht haben" (Bröckling 2007: 12). Sowohl der Fokus auf praktische Verwertbarkeit wie die Ansteuerung eines Möglichkeitsraumes für Selbstimaginationen begünstigen eine Teleologie, die auf eine ‚Optimierung des Selbst' zielt. Ratgeberliteratur lässt sich als Ort perspektivieren, an dem „spezifisch auf Selbststeuerung ausgerichtete Angebote formuliert werden" (Sarasin u. a. 2010: 11). Im Kontext von Rat-gebenden Publikationen können Individuen nach „Anleitungen für ihr Leben" (ebd.) fragen. Mitunter werben Ratgeber dabei explizit mit Versprechen auf „Machbarkeit, Optimierbarkeit [und, JOK] Effizienzsteigerung" (Helmstetter 2010: 59).

Im Gegensatz zur ausufernden Fülle an pädagogischen Ratgebern, ist die erziehungswissenschaftliche Auseinandersetzung mit dieser Literatur lange relativ überschaubar geblieben. So stellt Jürgen Oelkers 1995 fest: „Sekundärliteratur *über* Ratgeber gibt es fast nicht" (Oelkers 1995: 225, Hervorh. i. O.). Elternratgeber werden als „unerforschtes Gebiet" (Lüders 1994b: 163) der Erziehungswissenschaft bezeichnet. Gegebenenfalls attestiert man der akademischen Pädagogik sogar „Desinteresse" und „Ignoranz" gegenüber ‚ratgebenden' Pub-

---

5   Höffer-Mehlmer spricht diesbezüglich von dem Versprechen auf eine Übersetzbarkeit: „Dem Leser wird (...) versprochen, dass ihm wissenschaftliche Erkenntnisse gewissermaßen ins Allgemeinverständliche übersetzt werden" (Höffer-Mehlmer 2001: 157).

likationen (Hopfner 2001: 80). Die Schärfe dieser Diagnosen lässt sich nicht nur unter Berücksichtigung aktuellerer Publikationen zum Thema relativieren (vgl. u. a. Thompson 2013, Keller 2008, Höffer-Mehlmer 2001), sie steht vor allem in hartem Kontrast zur herausgehobenen Bedeutung, die man der Beschäftigung mit Ratgeberliteratur in den erziehungswissenschaftlichen Bearbeitungen, die sich auffinden lassen, zugesteht.

Die erziehungswissenschaftliche Beschäftigung mit Ratgeberliteratur hat sich lange Zeit vornehmlich an der Sicherung und Verunsicherung dualistischer Unterscheidungen zwischen Theorie und Praxis bzw. Wissenschaft und Populärkultur abgearbeitet. So stellt Christa Berg schon 1991 fest, dass das Thema geeignet sei „in die Abgründe des Theorie-Praxis-Verhältnisses der Pädagogik zu blicken" (Berg 1991: 709). „Rat geben" werde nicht selten als „Laienpädagogik" (ebd.: 712) oder als „‚mindere‘ Reflexionsstufe" konzipiert (ebd.), während „das systematisch ambitionierte Nachdenken über Erziehung (...) in der Sorge, als Rezeptologie mißverstanden zu werden, den konkreten Erziehungsratschlag (...) nicht mehr" (ebd.) riskiere. Mit einer Trennung zwischen wissenschaftlicher und „populärer" pädagogischer Literatur rechnet auch Christian Lüders (vgl. Lüders 1994a), der danach fragt, wie es Ratgebern gelänge, ihre Aussagen vor Verunsicherungen zu schützen, mit denen sich die akademische Pädagogik mitunter offensiver konfrontiere. Jürgen Oelkers konzipiert die von Berg angesprochene Praxis des Rat-Gebens allgemeiner als spezifischen Modus pädagogischer Kommunikation: „*Ohne* sie wäre Erziehung in irgendeinem praktischen Sinne kaum noch möglich" (Oelkers 1995: VII, Hervorh. i. O.).[6] Ratgeber erzeugten dabei selbstreferenziell ihre eigene Notwendigkeit (ebd.: 224).[7] Johanna Hopfner beschreibt das Verhältnis zwischen Ratgeberliteratur und erziehungswissenschaftlicher Reflexion als „angespannt und prekär" (Hopfner 2001: 74) und plädiert für die versöhnende Perspektive einer „pragmatische[n] Pädagogik" (ebd.: 86). Diese wisse um die Gefahr des konkreten Erziehungsratschlags, während sie gleichzeitig die Bedürfnisse der Praktiker ernst nehme. Erziehungswissenschaftlern solle es darauf ankommen, „die Praxis aus der wissenschaftlichen Perspektive über den besonderen Charakter pädagogischer Kausalität aufzuklären" (ebd.: 82). Damit wird die Differenz im pädagogischen Wissen – den Auseinandersetzungen von

---

6 Oelkers untersucht daher nicht nur Ratgeber, sondern interessiert sich ebenso für Werbeanzeigen und Beratungsangebote, die Erziehungswissen in einer eindimensionalen Orientierung am Guten unproblematisch halten. In dieser Perspektive würde vermutlich auch der Diskurs in Weblogs als Quelle für die Analyse einer solchen pädagogischen Kommunikation in Frage kommen.

7 Carol Vincent und Stephen Ball stellen für Rat-gebende Publikationen im englischen Sprachraum ähnliches fest: „These Magazines both respond to and stimulate parents' sense of responsibility for the child" (Vincent/Ball 2007: 1065).

Berg, Lüders und Oelkers zuwiderlaufend – letztlich wieder vereindeutigt, indem lineare Transferleistungen pädagogischen Wissens von *der* Theorie an *die* Praxis in Betracht gezogen werden. Diesbezüglich äußert man sich andernorts kritisch. So heben Heiner Drerup und Edwin Keiner hervor, dass die pädagogische Wissensorganisation einer Abstützung durch die Wissenschaft häufig gar nicht mehr bedürfe:

> „Solche Prozesse lassen (...) die bisher unterstellte Logik weitgehend linearer Wissenstransfers von einem System zu einem anderen, z. B. von ‚Theorie' zu ‚Praxis', im hohem Maße fraglich werden, und dies auch und gerade dann, wenn ‚Informationsmanagement' als neue Form einer ‚Wissenspraxis' scheinbar ‚dazwischen' tritt" (Drerup/Keiner 1999: 8).

Nicht die Populärkultur, sondern eher die pädagogische Wissenschaft werde sich selbst zum Problem.[8] Das ist um so eher der Fall, wenn behauptet wird, die Pädagogik sei „eo ipso" oder „genuin" populär (Kraft 1999: 65).[9]

Die bis hierher referierten und nur kursorisch gegeneinander profilierten Ansätze zusammenfassend lässt sich feststellen, dass die Konturen pädagogischen Wissens – nicht nur Ratgeber betreffend – auf verschiedenen Ebenen unscharf erscheinen: ‚populär', ‚wissenschaftlich', ‚praxisorientiert', ‚theoretisch', ‚beratungsrelevant' – all diese Sortierungen pädagogischen Wissens stehen in einem unausgeglichenen Verhältnis zu einer immer wieder aktualisierten ‚Ungewissheit', die den Status dessen, was hier als ‚Wissen' bezeichnet wird, jeder Zeit zu irritieren und zu verunsichern vermag.

Im erziehungswissenschaftlichen Diskurs hat das Thema ‚Ungewissheit' im letzten Jahrzehnt verstärkte Aufmerksamkeit erhalten. Werner Helsper, Reinhard Hörster und Jochen Kade sprechen diesbezüglich von einer „Öffnung des erziehungswissenschaftlichen Blicks" (Helsper u. a. 2003: 8). Anstatt Ungewissheit lediglich als Übergangsstadium auf dem Weg zu einer favorisierten Gewissheit in Betracht zu ziehen, wird vorgeschlagen, pädagogische Vergewisserungen im „Spannungsfeld von Wissen und Nichtwissen, Gewissheiten und Ungewissheiten, Sicherheiten und Unsicherheiten" (Helsper/Hörster/Kade 2003: 19) zu analysieren.

Einen solchen Akzentwechsel nimmt auch die nachfolgende diskursanalytische Untersuchung für sich in Anspruch. Anstatt – wie es in der erziehungswissenschaftlichen Auseinandersetzung mit pädagogischer Ratgeberliteratur häufig

---

8   Anders als dies die Überschrift „die Trivialisierung pädagogischen Wissens" nahe legt, wird ähnliches auch in einem Aufsatz von Heinz-Hermann Krüger, Jutta Ecarius und Hans-Jürgen von Wensierski reflektiert, wenn dort ausgehend von der Diagnose einer „Entmonopolisierung von Wissenschaft" ein reflexiver Bezug von Wissenschaft auf Wissenschaft angesprochen wird (vgl. Krüger/Ecarius/von Wensierski 1989: 201).

9   Diese These führt bei Kraft allerdings zu dem keinesfalls alternativlos erscheinenden Vorschlag, die Didaktik als identitätsverbürgendes Kerngeschäft der Pädagogik zu identifizieren.

vorkommt – von einer möglichen Aufspaltung pädagogischen Wissens entlang der Differenzen ‚Theorie und Praxis' oder ‚Wissenschaft und Populärkultur' auszugehen, sollen Aussagen, denen in Ratgebern Bedeutung zugeschrieben wird, in ihrer Positivität analysiert und einander – unabhängig von Autor und Kontext – im Interesse an diskursiven Regelmäßigkeiten gegenübergestellt werden. So lässt sich Abstand zu Perspektiven gewinnen, die Ratgeber immer schon als seicht (Berg 1991: 710, Hopfner 2001: 73), minderwertig, unreflektiert (Berg 1991: 712), illusionär (Oelkers 1995: 221) oder gefährlich stilisieren (wodurch implizit das skeptisch zu beurteilende Bild einer höherwertigen, reflektierteren, wirklichkeitsorientierteren und weniger gefährlichen Wissenschaft in Aussicht gestellt wird).

Indem gefragt wird, welches Wissen im Kontext von pädagogischen Ratgebern überhaupt hervorgebracht wird, und welche Produktivität es ermöglicht, situiert sich die vorliegende Untersuchung eher in einer Linie mit diskurstheoretischen Ansätzen wie dem von Boris Traue, der nach „Problematisierungsformen" von Ratgebern fragt (vgl. Traue 2010: 12) oder wie dem von Christiane Thompson, die dafür plädiert „nicht das ‚Qualitätsproblem' von Ratgeberwissen, sondern seine Logiken und Strategien, die verhandelten Gegenstände mit einer pädagogischen Valenz auszustatten" (Thompson 2012b: 13), in den Mittelpunkt zu rücken.

3. Analyse

Das Angebot pädagogischer Ratgeber erscheint unübersichtlich. Christa Berg geht von „jährlich zwischen 40 und 60 Neuerscheinungen" (Berg 1991: 713) aus; Christian Lüders nimmt an, „dass seit 1986 im Durchschnitt jede Woche mehr als ein Elternratgeber zu Fragen der Erziehung auf dem Büchermarkt erscheint" (vgl. Lüders 1994b: 173).[10] Der Ton dieser Publikationen ist informell. Lüders spricht von „dialogisch-argumentativ angelegte[n] Erörterungen" (Lüders 1994a: 153). Im Leseeindruck ergebe sich häufig „ein buntes und keineswegs homogenes Mosaik" (ebd.: 155). Ratgeber können normativ, aber auch skeptisch distanziert urteilen. Immer dort, wo es darum geht, praktisch wirksame Handlungsanweisungen zu formulieren, kommt es schnell zu Vereinseitigungen. Roland Reichenbach spricht vom „Kitsch der *praktischen Ratschläge*" (Reichenbach 2003: 782, Hervorh. i. O.). Ratgeber können frei in der Auswahl von Bezugsquellen agieren. Unterschiedliche wissenschaftliche ‚Disziplinen' werden als Bezugshorizonte institutionalisiert: Pädagogik, Philosophie, Historie, Psychologie, Neurobiologie, Theologie oder Medizin kommen zu Wort. Messerli bemerkt eine Art „Bricolagetechnik"

---

10 Beide Aussagen beziehen sich exklusiv auf den deutschen Buchmarkt.

(Messerli 2010: 48). Pressetexte, Statistiken, Politikerzitate, Romanfragmente oder die Bibel – dies und Weiteres wird von Ratgebern ggf. in eine mehr oder minder harmonische textuelle Koexistenz übersetzt. Eine diskursanalytische Beschäfti-gung mit Ratgebern bekommt es mit komplexen Materialien zu tun.

Um die Art des diskursanalytischen Zugangs zu diesen Materialien zu prä-zisieren, sollen der Analyse kurz einige allgemeine Bemerkungen zum Vorge-hen vorangestellt werden. Im Kontext verschiedener diskursanalytischer Studi-en, die in der Erziehungswissenschaft vorliegen (vgl. u. a. Wrana 2006, Langer 2008, Jergus 2011, Krüger 2011, Schäfer 2011, Thompson 2013), wird wiederkeh-rend ein „methodologische[s] Ringen um Diskursanalyse" (Feustel 2010: 83) zum Thema, das seinen Ausgang von einem Mangel an methodischer Konkretisierung und standardisierbarer Operationalisierungspraxis nimmt.[11] Diesem Mangel – der „Unbestimmtheit des Methodischen" – lässt sich durchaus „ein positive[r] Sinn" zusprechen (Thompson 2012: 233), denn er fordert u. a. eine ständige Reflexion der Referenzialität von Untersuchungsgegenstand und Methodologie heraus. In der vorliegenden Untersuchung fungieren diskurstheoretische Perspektivierun-gen vor diesem Hintergrund als „dynamische Matrix" (Krüger 2011: 98) bzw. als „theoretisches Framework" (Wrana/Langer 2007: 8). Die folgende Analyse stützt sich auf die Untersuchung von 15 Ratgebern zum Thema ‚Schulwahl'.[12] Es geht nicht um eine summierende, inhaltliche Zusammenfassung dieser Schriften. Statt-dessen sollen über diese 15 Texte hinweg drei *rhetorische Motive* herausgegrif-fen werden, die wiederkehrend und in unterschiedlicher Funktion zur Sprache kommen.[13] Der Motivbegriff ist dabei nicht im Sinne eines Plans, eines hinter-

---

11   Robert Feustel deutet dieses Ringen dahingehend, dass wiederkehrend diskutiert werde, „die an Foucault geschulte Diskursanalyse endlich in den Hafen der empirischen Sozialforschung einlaufen zu lassen" (Feustel 2010: 82). Vor dem Hintergrund, dass Diskursanalyse bereits als ein „Hauptbegriff Qualitativer Sozialforschung" gehandelt wird (vgl. Bohnsack u. a. 2006) bleibt, an Feustels Überlegungen anschließend, weniger zu fragen ob, sondern viel mehr wie das geschieht.

12   Bönsch 1994, Brammen/Struck 1998, Endres 1999, Gemke 2009, Gürtler 1992, Herfurth-Uber 2003, Hertlein 2007, Klein/Träbert 2009, Korte 2011, Mannhaupt 1998, Noack 2003, Porsche 2009, Schaller 2009, STERN Ratgeber Bildung 2010, ZEIT Schulführer 2011/12.

13   Der Ansatz einer Motivanalyse besitzt Ähnlichkeit zu der Untersuchung von diskursiven Figuren (vgl. u. a. Wrana 2006, Jergus 2011, Jergus/Koch/Thompson 2013, Jergus/Krüger/ Schenk 2012) insofern sie auf die Rhetorizität einer „im Text lokalisierbare[n] Figuration von Elementen" (Wrana 2006: 139) zielt. Die Rede vom „Ernst des Lebens" wird z.B. als ein rhetorisches Motiv behandelt, das im Kontext einer Diskursanalyse – wie gezeigt werden soll – einen figürlichen Status entwickeln kann, wenn es als Ort einer unabgeschlossenen, offenen und daher produktiven Auseinandersetzung im Schulwahldiskurs markiert wird. Von einer Motivanalyse ist die Rede, insofern Motive nicht notwendig Figuren sind, sondern erst anlässlich der spezifischen Leistung einer Diskursanalyse als solche kenntlich gemacht werden.

gründigen Beweggrundes oder einer psychischen Disposition zu verstehen, sondern zunächst ganz profan im Sinne eines Sujets, das im Kontext einer bestimmten Textualität wiederholt wird und in bestimmter Regelmäßigkeit Erwähnung findet. Motive schwimmen an der Oberfläche des Textes und werden dem analytischen Zugriff – dem Anspruch nach – ‚lediglich' im Zuge einer ‚immanenten Beschreibung' zugänglich. Die fehlende Verankerung in einem hinter- oder untergründigen Sinnhorizont, lenkt den Blick auf die diskursive Beweglichkeit der Motive und nicht zuletzt auf die Frage „mit Hilfe welcher (heterologischer) Unterscheidungen im Rahmen eines Diskurses Sinn überhaupt erst hervorgebracht wird" (Schäfer 2011: 115). Von rhetorischen Motiven ist die Rede, insofern sich mit der Rhetorizität eine „an der Wirkmächtigkeit und Effektivität der Rede interessierte Perspektive" (Jergus 2011: 68) verbindet. Im Folgenden werden nacheinander drei solcher rhetorischen Motive in den Blick genommen, die in Ratgebern zur Schulwahl in großer Regelmäßigkeit, aber mit unterschiedlicher Bedeutung, Funktion und Konsequenz zum Thema werden: Der „Ernst des Lebens", „Wege" und „Passungen". Diese Auswahl ist kontingent, insofern sie sich durch die Analyse weiterer Motive ergänzen ließe. Sie ist indessen keinesfalls beliebig, da solche Motive ausgewählt werden, die für die Bearbeitung des Themas ‚Schulwahl' in Ratgebern – wie zu zeigen sein wird – eine performative Kraft besitzen. Es wird die These vertreten, dass die genannten Motive die Wirklichkeit des Gegenstandes ‚Schulwahl' im Kontext von Ratgebern in spezifischer Art und Weise konstituieren.

3.1 Der Ernst des Lebens

Ratgeber zeigen traditionell wenig Zurückhaltung im Gebrauch pathetischer Formeln. Der „Ernst des Lebens" ist so eine Formel, die nicht nur in den Argumentationen zahlreicher Ratgeber auftaucht, sondern gelegentlich sogar den Weg auf die Buchdeckel Rat-gebender Publikationen findet: „Schule. Ernst des Lebens?" (Gürtler 1992) oder „Und jetzt der Ernst des Lebens?" (Hertlein 2007). Formelhaft bleibt diese Wendung, insofern sie schulbezogen ist und in der Alltagssprache eine große Konventionalität besitzt: Es ist eben der *„berühmte ‚Ernst des Lebens'"* (Brammen/Struck 1998: 55, Hervorh. JOK), dessen Bekanntheit beim Leser vorausgesetzt und mit dessen Beginn die Schulzeit assoziiert wird:

„Mit der Schulpflicht beginnt für die Kinder der sogenannte Ernst des Lebens" (Bönsch 1994: 9).

„Hier ist er, der Ernst des Lebens, der die Grundschule schon spürbar ergreift" (Brammen/ Struck 1998: 28).

Wann genau ‚es ernst wird', erscheint allerdings nicht immer ganz eindeutig. Während üblicherweise behauptet wird, dass der ‚Ernst des Lebens' mit dem ersten Schulkontakt beginne, stellt man andernorts fest, dass es erst „nach der Grundschule (…) richtig ernst" (Noack 2003) werde.[14] Die Rede vom „Ernst des Lebens" umschreibt hier wie dort das Ereignis eines Übergangs. Die Bedeutung solcher Übergänge wird in der Diskussion ihrer Ernsthaftigkeit verhandelbar.

Zum Ersten eignet sich die Formel zur Dramatisierung: Wenn der „Ernst des Lebens" tatsächlich mit der Schule beginnt oder zumindest zunimmt – es wird eben plötzlich „*richtig* ernst" (Noack 2003, Hervorh. JOK) –, dann können Ratgeber ihre Funktion dahingehend auslegen, dass sie Eltern auf diesen „Ernst der Lage" vorbereiten. Eltern werden gewarnt, z. B. die Bedeutung der Schulwahl nicht zu unterschätzen. Zum Zweiten eignet sich die Formel zur Relativierung: Der „Ernst des Lebens" wird dann als Redewendung markiert, die eine unnötige Angst oder Bedrohung erzeugt. Der ‚Ernst' gewinnt eine problematische Konnotation, was sich z. B. in Überlegungen zur Funktion von Schultüten dokumentiert:

> „Der ursprüngliche Sinn, von elterlicher Seite den mit der Einschulung beginnenden *Ernst des Lebens* ‚versüßen' bzw. durch kleine Überraschungen erleichtern zu wollen, hat bis heute seine Gültigkeit behalten" (Kellermann 2008: 69, Hervorh. i. O.).

Dem Ernst fehlt die Süße. Ohne die zur Einschulung überreichte Zuckertüte schmeckt er bitter. Es ist eben der ‚bittere Ernst'. Dieser bittere Ernst erscheint in vielen Ratgebern nunmehr als das eigentliche Problem: Kinder sollen „den sogenannten ‚Ernst des Lebens' kennenlernen. Doch genau dieser Ernst ist es, der das Lernen schwierig macht, denn Lernen soll eigentlich Freude bereiten" (Schaller 2009: 23). Es wird vor der „unausgesprochene[n] Andeutung" gewarnt, dass nun „Schluss mit lustig" (Gemke 2009: 23) sei. Die Warnung vor dem ‚Ernst des Lebens' wird als aggressive Drohgebärde gewertet, vor der nunmehr selbst gewarnt werden soll.[15] Man trifft die Feststellung:

---

14 John Dewey schreibt, dass mit dem „Ernst des Lebens" („the serious business of life") zu seiner Zeit vor allem jene Lebensphase assoziiert wurde, die nach dem Ende der Schulzeit beginnt (vgl. Dewey 2000: 81).

15 Wie sich aus Warnungen vor einer den ‚Ernst des Lebens' betreffenden Warnung ein ganzes pädagogisches Programm deduzieren lässt, zeigt die folgende Textpassage sehr anschaulich: „‚Wenn du jetzt in die Schule kommst, dann beginnt *auch für dich* der Ernst des Lebens!' So oder ähnlich haben es sicher schon zahllose Kinder hören müssen, bevor sie eingeschult wurden. Aber lassen wir diesen Satz doch mal ein wenig auf uns wirken. ‚…beginnt auch für dich der Ernst des Lebens' – hört man da nicht ein wenig Genugtuung heraus? ‚Schließlich habe ich diesen ‚Ernst' ja auch durchstehen müssen, jetzt bist du dran', könnte der unbewusste Gedanke im Hinterkopf lauten. Manchmal erlebe ich, dass Eltern diese Formel (in bester erzieherischer Absicht) als Drohung einsetzen nach dem Motto: ‚Pass nur auf, wenn du in die Schule kommst…' Das klingt wie die Drohung mit dem Knecht Ruprecht, der am Nikolaus-

„Die Formel von Schule als ‚Ernst des Lebens' ist (...) ein alter Zopf der abgeschnitten gehört" (Klein/Träbert 2009: 67).[16]

Doch die omnipräsente Kritik an der Redewendung ‚Ernst des Lebens' ist nicht mit einer Infragestellung der Ernsthaftigkeit von ‚Schule' und ‚Schulwahl' identisch. Die Kritik zielt mehr auf die Bitterkeit des Ernstes als auf den Ernst selbst. In Anlehnung an erziehungswissenschaftliche Kommentare ließe sich feststellen, dass die Kritik am pädagogischen Ernst den Ernst der Pädagogik i. d. R. keineswegs in Frage stellt (vgl. Krüger 2011: 148).[17] Für Eltern, die sich für das Thema ‚Schulwahl' interessieren, bleibt die Frage „Wie ernst, wie wichtig ist sie denn nun, die Schule?" (Gürtler 1992: 140) also weiterhin virulent. Ratgeber können diesbezüglich allenfalls mit der Empfehlung aufwarten, das Thema Schulwahl zwar ernst, aber nicht *zu* ernst zu nehmen. Schließlich könne man es mit dem Ernst auch übertreiben. Möglicherweise gäbe es außerschulische Manifestationspunkte (Elternhaus, Wohnumgebung), die für einen ‚eigentlichen Ernst des Lebens' letztlich eine höhere Relevanz besitzen (was die Wendung freilich in anderem Kontext einsetzt).

In der Notwendigkeit einer Relativierung schulischen Ernstes dokumentiert sich letztlich, dass der Ernst der Lage weiterhin nicht unterschätzt werden darf. Dieser Ernst der Lage wird performativ nicht zuletzt durch die Publikation und den Kauf von Ratgebern zum Thema unterstrichen. Schließlich steht immer auch die Ernsthaftigkeit der Ratgeber und ihrer Ratschläge auf dem Spiel. In den untersuchten Ratgebern geht es gerade nicht um die Frage, ob mit der Schule der Ernst des Lebens beginnt. Es ist die Ernsthaftigkeit dieser Frage selbst, die zum Gegenstand der Auseinandersetzungen mit dem Thema Schulwahl avanciert. Sie bleibt offen und umstritten und fordert ständig neue diskursive Verständigungen heraus. In den Worten des Kulturwissenschaftlers Dirk Baecker lässt sich sagen,

---

abend die bösen Kinder in einen Sack steckt und mitnimmt, oder wie die mit der Nachteule, die (so drohte meine Mutter mir, als ich klein war) die Kinder holt, die abends nicht artig sind. Das Prinzip des Drohens zählt man heutzutage zur ‚schwarzen Pädagogik', die im 19. und bis zur Mitte des 20. Jahrhunderts ihre Blütezeit hatte. Sie arbeitete mit Angst und harten (auch körperlichen) Strafen und wollte damit die Kinder gefügig, ‚folgsam' machen. Das grundlegende Erziehungsmittel in demokratischen Gesellschaften besteht jedoch darin, Einsicht zu erzeugen" (Klein/Träbert 2009: 65, Hervorh. i. O.).

16   Die Warnung vor der Redewendung „Ernst des Lebens" wird von Ratschlägen flankiert: „Falls Sie das gerade hören, dann mischen Sie sich ruhig ein: ‚Ja, Louisa darf jetzt ganz ernsthaft und bestimmt auch mit Spaß lesen und schreiben lernen! Toll, was?" (Gemke 2009: 23)

17   In der Erziehungswissenschaft finden sich zahlreiche kritische Auseinandersetzungen mit dem pädagogischen Ernst. So beschreibt Jürgen Oelkers den „pädagogische[n] Ernst" als „eine Moralkarikatur, die selbst nur moralisch sein kann" (Oelkers 1995: 28). Und Heinz-Elmar Tenorth mahnt gar eine „Rettung der Pädagogik vor der Ernsthaftigkeit" (Tenorth 2001: 451) an.

dass sich der „Ernst der pädagogischen Kommunikation" – dort wo er sich als ‚Ernst des Lebens' geriert – gerade nicht mehr ernst nehmen lässt. Ernst werde es nunmehr auf andere Weise: „Der Ernst wird aufgerüstet zum ‚Problembewußtsein' und bleibt nur so kommunizierbar" (Baecker 2000: 400). Baeckers Überlegungen weiterführend und in Hinblick auf das Thema Schulwahl konkretisierend lässt sich sagen, dass der Ernst als ‚Problembewusstsein' einerseits die Unabschließbarkeit und Offenheit von Verständigungen zum Thema Schulwahl garantiert, während er gleichzeitig die *Notwendigkeit* bedingt, an solchen Verständigungen beständig weiterzuarbeiten.

3.2 Viele Wege

Schulwahl wird in Ratgebern weniger als singulärer Moment, sondern vor allem als Prozess behandelt. Ratgeber konzipieren sich selbst als Moment einer solchen Prozessualität. Sie werben mit dem Angebot, durch ratgeberische Interventionen den ‚Weg' zu einer Entscheidung zu erleichtern. Gleichzeitig wird darauf hingewiesen, dass ‚auf dem Weg' zu Schulwahlentscheidungen viel Dynamik existiert:

> „Das Bildungssystem [ist] im Aufbruch, und die Eltern fragen sich, wohin die Reise eigentlich geht. Sie hören von neuen Trends, sie lesen Meldungen, wonach es deutschen Schülern an sozialer Kompetenz mangelt und kleine Egozentriker ihren Lehrern das Leben schwer machen. Sie erfahren, dass detailliertes Fachwissen in der Schule der Zukunft immer wichtiger wird und dass es jetzt darum geht, in Zusammenhängen zu denken und Lerntechniken zu beherrschen. Wo lernt man das? fragen sich die Eltern und beginnen, sich zu informieren. Das ist der Zeitpunkt, wo die Verwirrung komplett wird, denn spätestens nun wird klar: Viele Wege führen zum Ziel: Wenngleich nach PISA die große Schelte über Deutschland hereingebrochen ist, bringt unser Bildungssystem für den Einzelnen immer noch große Chancen, denn es ist in seiner Vielfalt kaum zu überbieten" (Herfurth-Uber 2003: 8f.).

Ein Ziel – viele Wege. Auch wenn nicht gesagt wird, um welches konkrete Ziel es sich eigentlich handelt, wird deutlich, dass es nicht nur viele Wege gibt, sondern dass diese Wege selbst beweglich sind: Das Bildungssystem ist mit unklarem Ziel „im Aufbruch" und verschiedenste ‚Meldungen' addieren sich auf Elternseite zu großer Verunsicherung bzw. einer komplettierten „Verwirrung". Trotzdem soll es sie weiterhin geben: die zielführenden Wege und großen Chancen.

   In Ratgebern werden Orientierungsdefizite von Ratsuchenden in unterschiedlicher Art und Weise angesprochen. Für die ‚vielen Wege', von denen im oben genannten Zitat die Rede ist, findet sich in zwei Ratgebern (Endres 1999, Brammen/Struck 1998) das Bild eines eigentümlichen Wegweisers.

Abbildung 1 und 2: Visualisierungen des Wegweisermotivs nach Brammen/
Struck (1998: 11, links) und Endres (1999: Cover,
rechts)

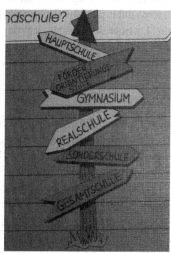

Die Wegweiser, die auf diesen Bildern zu sehen sind, zeigen zahlreiche Ziele an.
Deren Anordnung erscheint kontingent. Im Nebeneinander von „Montessori",
„Waldorf", „Freie Schulen", „Konfessionell", „Hauptschule", „techn. Gymnasi-
um", „Internate", „Sprache", „staatl. Schulen" (Brammen/Struck 1998) artikuliert
sich keine Präferenz. So entsteht ein ironischer Effekt. Die Wegweiser verweigern, was sie versprechen. Als Sinnbild für Orientierung stehen sie für Orien-
tierungslosigkeit und Kontingenz. Die Eltern verharren mit ihrem Kind dementsprechend *vor* dem Schilderchaos und wissen nicht wohin.

Die ironischen Wegweiser lassen sich als Metapher für ratgeberische Auseinandersetzungen mit dem Thema ‚Schulwahl' verstehen. In der Konfrontation
mit verschiedenen Schulen wie in der Auseinandersetzung mit unterschiedlichen
Schultypen lassen Ratgeber i. d. R. keine Präferenz erkennen, d. h. sie wiederholen
vor allem das Nebeneinander der vielfältigen Optionen. In ihrem Anspruch für
Orientierung zu sorgen, weisen Ratgeber primär den Weg zu weiteren Wegwei-
sern. Sie proklamieren damit letztlich ein Wissen, welches sie bereits voraussetzen:

„Wir alle wissen, dass der richtige Weg nicht immer leicht zu finden ist" (Porsche 2009: 10).

‚Wir alle' – zur Vergemeinschaftung des Ratgebers mit seinen AdressatInnen dient ein Wissen um Schwierigkeiten bei der Identifikation des richtigen Weges. Solange dieser Weg nicht gefunden ist, findet die Schulwahl kein Ende. Der ‚Weg' steht dabei sowohl für den elterlichen Schulwahlprozess als auch für die Bildungskarriere des Kindes. Vor dem Hintergrund dieser doppelten Codierung bleiben Eltern wie Kinder ‚unterwegs' – befinden sich also immer schon auf einem Weg, der erst noch gefunden werden muss.

3.3 Passungen

Der Wunsch, eine ‚gute', ‚richtige' oder ‚beste Schule' zu finden, wird in vielen Ratgebern mit der Suche nach einer ‚passenden Schule' gleichgesetzt. Auf dem Cover des ZEIT-Schulführers 2011/2012 wird die Abbildung eines Kindergesichts mit der Frage kommentiert: „Welche Schule passt zu mir?" Und ein Ratgeber mit dem Titel „Schulkompass. So finden Sie die richtige Schule für Ihr Kind" formuliert für sich selbst und seine AdressatInnen die Aufgabe:

> „Wir müssen die richtige Passung von Kind und Schule finden" (Porsche 2009: 19).

Die Passung, von der hier wie auch andernorts die Rede ist, entwirft ein komplexes relationales Verhältnis. Häufig scheint es dabei weniger um eine einzelne Passung zu gehen als um ein ganzes Passungsgeflecht:

> „Die richtige Schule zu finden ist eine der Säulen für den Schulerfolg Ihres Kindes. Sie muss zu Ihrer Familie und Ihrem Kind passen, aber das Kind muss auch zu der Schule passen" (Korte 2011: 262).

Im Kontext des Themas ‚Schulwahl' können ganz unterschiedliche Passungen thematisiert werden: Die Schule muss zum Kind passen und das Kind zur Schule. Wenn das Ganze dann auch noch den Eltern bzw. der Familie ‚passt', ist sie möglicherweise gefunden: ‚die richtige Schule'. *Die* Passung, die in Ratgebern zur Schulwahl häufig thematisiert wird, lässt sich auch als *Passung verschiedener Passungen* verstehen. Unterschiede dokumentieren sich in der Akzentuierung solcher Passungsverhältnisse. In Ratgebern werden unterschiedliche Passungen relationiert. Es geht um Passungen zwischen „Kindern" und „System" (Herfurth-Uber 2003: 8), zwischen „Schule" und „Kind" (Klein/Träbert 2009:

13),[18] zwischen „Schüler" und „Unterricht" (ebd.: 17)[19] oder zwischen „Kind" und „Lehrer" (ebd.: 18).[20]

Die Thematisierung von Passungen im Kontext elterlicher Schulwahl erscheinen in zweierlei Hinsicht limitiert. Zum Ersten ruft die Thematisierung von Passungen eine spezifische Kasuistik auf den Plan. Häufig geht es um Einzelfälle, als deren zentraler Referenzpunkt die kindliche Individualität verankert wird. Dabei ist auffällig, dass eine defizitäre Passung nicht als Aufgabe ausformuliert wird. Nirgends geht es um einen Prozess der ‚Anpassung'. ‚Passungen', die in Ratgebern angesprochen werden, sind entweder vorhanden oder eben nicht. Die Feststellung „es passt nicht" führt somit nicht zur Arbeit an der Statik der Verhältnisse, sondern zur Abwendung von diesen Verhältnissen: Es kommt zur Suche nach einer anderen, ‚besten Schule für mein Kind'. Das ‚angepasste Kind' ist im Kontext der Thematisierung von Schulwahlentscheidungen in den untersuchten Ratgebern keine Adresse.

Zum zweiten wird mit der ‚Passung' eine ästhetische Kategorie konsultiert.[21] Es geht um die „*Kunst* (...) das individuell Passende zu finden" (Herfurth-Uber 2003: 10, Hervorh. JOK). Die Feststellung von Defiziten in Passungsverhältnissen bedarf keiner detaillierteren Begründung: Die Entscheidung, ob ‚es passt' oder nicht, kann auf einer Ahnung, einem Geschmack, einem Gefühl beruhen und lässt sich dementsprechend zwar schwer verifizieren aber auch nicht in Frage stellen. Je enger der Spielraum von ‚Passungen' dimensioniert wird, desto limitierter werden allerdings die Optionen bei der Schulwahl. Der Philosoph Werner Stegmaier bemerkt:

> „Dass etwas zueinander passt, hat kein Kriterium außer dem, dass es eben passt. Sobald aber etwas passt, wird es selbst zum Kriterium der Selektion alles weiteren. Was nicht zu Anhaltspunkten passt, die untereinander gut zusammenpassen, lässt man ‚passieren' und passt stattdessen auf die auf und die ab, die zu den schon passenden ebenfalls passen" (Stegmaier 2008: 258f.).

---

18 „Die Angebote der Schule, diese Art zu lehren bzw. zu lernen, passt vielleicht nicht zu diesem Kind" (Klein/Träbert 2009: 13).

19 „Schüler einer Klasse sind individuell extrem unterschiedlich, was soziale Kompetenzen, kognitive Fähigkeiten, motorische und sprachliche Entwicklung, Intelligenz und vieles andere angeht. Selbst ein sehr differenziert und sensibel angelegter Unterricht kann da kaum für jedes Kind passen" (Klein/Träbert 2009: 17). Die Diagnose einer „Konjunktur" des Begriffes „Heterogenität" in aktuellen erziehungswissenschaftlichen Auseinandersetzungen nimmt ihren Ausgang nicht selten von ähnlichen Diagnosen (vgl. Jergus/Krüger/Schenk 2012).

20 „Es kann auch sein, dass Kind und Lehrer einfach nicht zueinander passen, z. B. was das Temperament angeht, oder der Schüler benötigt mehr emotionale Zuwendung, als der Erwachsene bieten kann" (Klein/Träbert 2009: 18).

21 „Die Evidenz, die ‚Ersichtlichkeit', das ‚Einleuchten' von Passungen, ist in der Kunst eine ästhetische, und so kann man auch evidente Passungen von Anhaltspunkten in der alltäglichen Orientierung ästhetische nennen" (Stegmaier 2008: 259).

Im Kontext von Schulwahlentscheidungen sind Passungen ein zentrales Kriterium. Der Anspruch von Ratgebern, signifikante Anhaltspunkte bereitzustellen, bricht sich häufig an der Allgemeinheit von Ratschlägen, die in einem unausgeglichenen Verhältnis zur Pluralität individueller Einzelfälle stehen. Diesbezüglich wird die Thematisierung von Passungen in Ratgebern zur Arena, in der sich Schulwahlentscheidungen flexibel verhandeln lassen. Offenheit und Unabgeschlossenheit, die für das Prozessieren einer ‚Wahl‘ konstitutiv sind, werden dabei beständig mitproduziert.

4. Im Prozess der ‚Vergewisserung‘

Die oben analysierten Motive stehen jeweils für die Notwendigkeit *und* die Unmöglichkeit, im Schulwahldiskurs abzuschließend zu einer Antwort zu kommen. Im Kontext der rezipierten Aussagen zum „Ernst des Lebens" wird die Bedeutsamkeit von Entscheidungen verhandelt. Die Auseinandersetzung mit den „vielen Wegen" verweist auf die fehlende Standardisierbarkeit von Entscheidungen. Im Kontext der diskursiven Bearbeitung von „Passungen" kann schließlich die Individualisierung von Entscheidungen zum Thema werden.

Die Herausforderung zu entscheiden, wie ernst der „Ernst des Lebens" genommen werden muss, welche „Passungen" als relevant gesetzt werden oder für welche „Wege" man sich schließlich entscheidet, wird – das ist die Pointe vieler Ratgeber – letztlich an die Eltern zurückdelegiert. Die Antwort auf die Frage danach, welches „die richtige Schule für mein Kind" ist, mündet in einer Akzentverschiebung: ‚Die *richtige Schule* für mein Kind‘ ist ‚die richtige Schule für *mein Kind*‘.[22]

Ausgehend von diesem Befund liegt es nahe, weniger das Wissen selbst, als den Modus der Wissensproduktion zu hinterfragen, der in den analysierten Ratgebern zur Verhandlung kommt. Dass die Absicht ‚Rat zu geben‘ und das Bedürfnis ‚Rat zu erhalten‘ in irgendeiner Weise miteinander korrespondieren bzw. reziprok aufeinander bezogen sind, wird vielfach vorausgesetzt. In solchen Voraussetzungen interferieren ganz unterschiedliche Orientierungen miteinander: Die Annahme, dass ein Beratungsbedürfnis dem Beratungsangebot vorausgeht, wird von der Überlegung durchkreuzt, dass das Beratungsangebot ggf. selbst Be-

---

22 Die vermeintlich nicht-wissenden Eltern werden nicht selten nachträglich als eigentlich Wissende adressiert: „Wie die Merkmale einer Schule zu ihrem Kind passen, können Sie selbst am besten beurteilen. (…) Es kommt immer darauf an, welche Prioritäten Sie für Ihr Kind setzen" (Brammen/Struck 1998: 61). Andernorts heißt es „Vertrauen Sie auf Ihre Entscheidung" (Porsche 2009: 51) oder es erfolgt der Appell: „Vertrauen Sie Ihrem Bauchgefühl" (Porsche 2009: 47). „Unserem Instinkt dürfen wir Vertrauen schenken" (ebd.).

ratungsbedürfnisse weckt, anstatt diese zu befriedigen (vgl. Oelkers 1995: 224, Hopfner 2001: 77). Unabhängig davon, ob ein Beratungsbedarf tatsächlich besteht oder nicht, müssen Ratgeber eine spezielle Beratungsbedürftigkeit voraussetzen, um sich selbstreferenziell eine Legitimationsgrundlage zu verschaffen. Der prekäre Zustand eines gesellschaftlich feststellbaren Nicht-Wissens rechtfertigt dann die schriftstellerische Intervention, beratend Angebote zu formulieren. Vor diesem Hintergrund müssen Ratgeber auch ihr Zielpublikum in irgendeiner Form als ratsuchend, nicht-wissend, uninformiert oder orientierungsbedürftig adressieren. Es geht darum, eine Hierarchie zu etablieren, die eine bestimmte Form des Sprechens legitimiert. Dieses Sprechen ist auf einen Wissensvorsprung angewiesen, mit dem sich der oder die Sprechende ermächtigt, die Wissensdefizite eines Zielpublikums aufklärerisch zu kompensieren. Die Hervorbringung von Wissen zum Thema ‚Schulwahl' ist nicht unabhängig von der Frage nach der Legitimation dieses Wissens. Wie kann Wissen in Ratgebern Geltung zugesprochen werden?

> „Rat geben – wer beansprucht dies zu können? Wem will man Rat angedeihen lassen? Zu wessen Nutzen? Zu welchen Zwecken? Mit welcher Legitimation?" (Berg 1991: 709)

„Rat geben" bleibt – selbst wenn man die Praktiken, die unter diesem Label zu Aufführung kommen, als ‚Formulierung von Angeboten' inszeniert – eine schwierige, weil stets mit dem Vorwurf des Paternalismus konfrontierbare Angelegenheit. Hier wird *für* einen *Anderen* gesprochen. In den analysierten Schulwahlratgebern wird diese Perspektive mitunter ganz explizit zum Programm:

> „Stellvertretend für Sie werde ich mir (...) meinen Kopf darüber zerbrechen, welche Konsequenzen bei Ihrer Schullaufbahnentscheidung unter verschiedenen Bedingungen zu erwarten sind" (Mannhaupt 1998: 85).

Plakativ wird dieses ‚aus der Perspektive des Anderen für diesen sprechen' auch in den Titeln der eingangs genannten Publikationen. Es heißt z.B. nicht verallgemeinernd „Die beste Schule für Kinder", sondern „Die beste Schule für *mein* Kind". Mit dem Kind, das hier angesprochen wird, ist i.d.R. nicht das Kind der jeweiligen Autorinnen oder Autoren gemeint (bei den analysierten Ratgebern handelt es sich nicht um Erfahrungsberichte – auch wenn Erfahrungsberichte Teil dieser Ratgeber werden können), sondern gemeint ist das Kind der Leserinnen und Leser. Damit entwerfen die Titel bereits eine spezifische Perspektivität, deren impliziter Paternalismus allerdings nicht notwendig zum Problem werden muss. So beschreibt Stefanie Duttweiler die Ratsuche aus Sicht der Ratsuchenden als „ambivalente Angelegenheit" (Duttweiler 2004: 23). Die Suche nach Rat ließe sich als Ermöglichung und Negation von Selbstbestimmung gleichzeitig verstehen. Unter Verhältnissen, in denen „Optimierungsbedarf (...) so normal [ist] wie die Normalität optimierungsbedürftig" (ebd.), geriete „Selbstklientelisierung" zunehmend zur „sozialen Schlüsselkompetenz" (ebd.).

Trotzdem müssen Zustände des Nicht-Wissens in Ratgebern sensibel bearbeitet werden. Die analysierten Ratgeber dürfen das Nicht-Wissen ihrer Adressaten nicht schlicht und nüchtern konstatieren, sondern suchen sich dazu in irgendeiner Form anerkennend zu verhalten. Stets muss es darum gehen, die Sorgen und Nöte potentieller Adressaten ernst zu nehmen, anzuerkennen und wertzuschätzen. Ungewissheit wird dabei weniger als individuelle Befindlichkeit, sondern als Kennzeichen einer sozialen Situation konzipiert. Es geht um eine Situation, in der identifizierte Wissensbestände bereits im Akt ihrer Identifikation auch zur Disposition stehen. Das bedeutet allerdings, dass Ratgeber potentiell von einer Ungewissheit affiziert sind, an deren Kompensation sie zu arbeiten beanspruchen. Gerade die verunklarte Differenz zwischen ‚Wissen' und ‚Nicht-Wissen' scheint als konstitutive Bedingung für Akte erfolgreichen Rat-Gebens in Frage zu kommen. Ratgeber scheinen ganz allgemein auf Themen angewiesen, die hinreichend offen, hinreichend komplex und hinreichend unentschieden sind, um ratgeberische Interventionen herauszufordern. Damit verändert aber auch das Rat-Geben selbst seinen Charakter. Es geht dann weniger um die transitive Variante eines „jemanden Beraten[s]" als um ein „sich Beraten" (Dewe 2001: 132) im reflexiven Sinne. Es geht um eine Beratung, die konstitutiv auf die Möglichkeit angewiesen ist, dass die oben angesprochene Hierarchisierung von Wissensverhältnissen permanent auf dem Spiel steht.

Die Offenheit und Komplexität, die anhand der oben analysierten Motive herausgearbeitet wurde, kann zu der These führen, dass das Medium des Rates (im reflexiven, prozessualen und unabgeschlossenen Sinne eines ‚sich Beratens') sehr geeignet ist, um sich über ein Thema wie ‚Schulwahl' zu verständigen. Angesichts der Schwierigkeit, die Wahl der ‚besten Schule' auf eine sichere, legitimatorische Grundlage zu stellen, stehen Ratgeber nicht zuletzt für die Markierung dieser Schwierigkeit. Die eingangs zitierte Feststellung, dass es sich die Göttings bei der Schulwahl „nicht leicht gemacht haben", lässt sich als angemessene Antwort auf eine Situation verstehen, in der es fortgesetzt ‚nicht leicht' *ist und bleibt*, die ‚beste Schule' für das eigene Kind zu identifizieren. Der Meidung von Leichtigkeit kommt dabei ein eigener Wert im Schulwahldiskurs zu. Im Kontrast zu dem Versprechen vieler Ratgeber Entscheidungsfindungen zu erleichtern, lässt sich die spezifische Leistung von Ratgebern auch so perspektivieren, dass sie unabhängig vom Erfolg bei der Suche nach einer ‚besten Schule' dazu anleiten, es sich im Prozess dieser Suche gerade nicht zu leicht zu machen.

Literatur

Ackeren, Isabell van (2006): Freie Wahl der Grundschule? Zur Aufhebung fester Schulbezirke und deren Folgen. In: Die Deutsche Schule 98 (3). 301-310

Baecker, Dirk (2000): Ernste Kommunikation. In: Bohrer (2000): 709-734

Bänziger, Peter-Paul/Duttweiler, Stefanie/Sarasin, Philipp/Wellmann, Annika (Hrsg.) (2010): Fragen Sie Dr. Sex! Ratgeberkommunikation und die mediale Konstruktion des Sexuellen. Frankfurt/M.: Suhrkamp

Berg, Christa (1991): ,Rat geben'. Ein Dilemma pädagogischer Praxis und Wirkungsgeschichte. In: Zeitschrift für Pädagogik 37 (5). 709-734

Bönsch, Manfred (1994): Die beste Schule für mein Kind. Was Eltern wissen sollten, wenn sie sich auf dem ,Schulmarkt' umsehen. Freiburg/Basel/Wien: Herder

Bohnsack/Marotzki/Meuser (Hrsg.) (2006): Hauptbegriffe Qualitativer Sozialforschung. 2. Auflage. Opladen/Farmington Hills: Barbara Budrich

Bohrer, Karl Heinz (Hrsg.) (2000): Sprachen der Ironie – Sprachen des Ernstes. Frankfurt/M.: Suhrkamp

Brammen, Cornelia/Struck, Peter (1998): Für jedes Kind die richtige Schule. Berlin: Ullstein.

Bröckling, Ulrich (2007): Das unternehmerische Selbst: Soziologie einer Subjektivierungsform. Frankfurt/M.: Suhrkamp

Bröckling, Ulrich/Krasmann, Susanne/Lemke, Thomas (Hrsg.) (2004): Glossar der Gegenwart. Frankfurt/M.: Suhrkamp

Budde, Jürgen (Hrsg.) (2012): Unscharfe Einsätze – (Re-)Produktion von Heterogenität im schulischen Feld. Wiesbaden: VS (Ms.)

Bühler, Patrick/Bühler, Thomas/Osterwalder, Fritz (Hrsg.) (2013, i. E.): Zur Inszenierung pädagogischer Erlöserfiguren. Bern: Haupt

Burzan, Nicole/Berger, Peter A. (Hrsg.) (2010): Dynamiken (in) der gesellschaftlichen Mitte. Wiesbaden: VS

Dewe, Bernd (2010): Beratung. In: Krüger/Helsper (2010): 131-142

Dewey, John (2000): Demokratie und Erziehung. Eine Einleitung in die philosophische Pädagogik. Weinheim/Basel: Beltz

Drerup, Heiner/Keiner, Edwin (1999): Einleitung. In: Dies. (1999): 7-12

Drerup, Heiner/Keiner, Edwin (Hrsg.) (1999): Popularisierung wissenschaftlichen Wissens in pädagogischen Feldern. Weinheim: Beltz.

Duttweiler, Stefanie (2004): Beratung. In: Bröckling/Krasmann/Lemke (2004): 23-29

Duttweiler, Stefanie (2010): Vom Leserbrief zum virtuellen Rat. Ausgestaltung und Effekt massenmedialer Beratungsangebote. In: Bänziger/Duttweiler/Sarasin/Wellmann (2010): 283-316

Endres, Wolfgang (1999): Die beste Schule für mein Kind. Was kommt nach der Grundschule. Weinheim: Beltz

Faulstich, Peter/Wiesner, Gisela/Wittpoth, Jürgen (Hrsg.) (2001): Wissen und Lernen, didaktisches Handeln und Institutionalisierung. Dokumentation der Jahrestagung 2000 der Sektion Erwachsenenbildung der Deutschen Gesellschaft für Erziehungswissenschaft. Bielefeld: Bertelsmann

Feustel, Robert (2010): ,Off the Record'. Diskursanalyse als die Kraft des Unmöglichen. In: Feustel/Schochow (2010): 81-98

Feustel, Robert/Schochow, Maximilian (Hrsg.) (2010): Zwischen Sprachspiel und Methode. Perspektiven der Diskursanalyse. Bielefeld: transcript

Forsey, Martin/Davies, Scott/Walford, Geoffrey (2008): The Globalisation of School Choice? Oxford: Symposium Books

Foucault, Michel (1981): Archäologie des Wissens. Frankfurt/M.: Suhrkamp

Fuchs, Peter (2010): Liebe, Sex und Beratung. Essayistische Überlegungen zu einem seltsamen Symbioten. In: Bänziger/Duttweiler/Sarasin/Wellmann (2010): 262-282

Gemke, Roswitha (2009): Schule ist schön: Anregungen und Tipps für eine gute Schulzeit. Stuttgart: Kreuz

Gürtler, Helga (1992): Schule. Ernst des Lebens? Ravensburg: Ravensburger

Helmstetter, Rudolf (2010): Der stumme Doctor. Zur Genealogie der modernen Sexualität aus dem Geist der Beratung. In: Bänziger/Duttweiler/Sarasin/Wellmann (2010): 58-93

Helsper, Werner/Hörster, Reinhard/Kade, Jochen (Hrsg.) (2003): Ungewissheit. Pädagogische Felder im Modernisierungsprozess. Weilerswist: Velbrück

Herfurth-Uber, Beate (2003): Die richtige Schule für mein Kind. So gelingt der Start ins Leben. München: Knaur

Hertlein, Gabriele (2007): Und jetzt der Ernst des Lebens? Praxishilfen für den gelungenen Übergang Kindergarten – Schule. Kissing: Weka

Heyting, Frieda/Tenorth, Heinz-Elmar (Hrsg.) (1994): Pädagogik und Pluralismus. Deutsche und niederländische Erfahrungen im Umgang mit Pluralität in Erziehung und Erziehungswissenschaft. Weinheim: Deutscher Studien Verlag

Höffer-Mehlmer (2001): Didaktik des Ratschlags: Zur Methodologie und Typologie von Ratgeber-Büchern. In: Faulstich/Wiesner/Wittpoth (2001): 155-164

Hopfner, Johanna (2001): Wie populär ist pädagogisches Wissen? Zum Verhältnis von Ratgebern und Wissenschaft. In: Neue Sammlung 41 (1). 73-88

Jergus, Kerstin (2011): Liebe ist... Artikulationen der Unbestimmtheit im Sprechen über Liebe. Eine Diskursanalyse. Bielefeld: transcript

Jergus, Kerstin/Koch, Sandra/Thompson, Christiane (2013, i. E.): Darf ich dich beobachten? Zur ,pädagogischen Stellung' von Beobachtung in der Frühpädagogik. In: Zeitschrift für Pädagogik 59. Ms.

Jergus, Kerstin/Krüger, Jens Oliver/Schenk, Sabrina (2012): Heterogenität als Leitbild – Heterogenität in Leitbildern? In: Budde (2012): Ms.

Keller, Nicole (2008): Pädagogische Ratgeber in Buchform – Leserschaft eines Erziehungsmediums. Bern: Peter Lang

Kellermann, Ingrid (2008): Vom Kind zum Schulkind. Die rituelle Gestaltung der Schulanfangsphase. Eine ethnographische Studie. Opladen: Budrich UniPress

Klein, Jochen/Träbert, Detlef (2009): Wenn es mit dem Lernen nicht klappt: Schluss mit Schulproblemen und Familienstress. Weinheim: Beltz

Knötig, Nora (2010): Bildung im Spannungsfeld von Individualisierung und sozialer Distinktion. In: Burzan/Berger (2010): 331-354

König, Eckard/Zedler, Peter (Hrsg.) (1989): Rezeption und Verwendung erziehungswissenschaftlichen Wissens in Handlungs- und Entscheidungsfeldern, Deutscher Studienverlag: Weinheim

Korte, Martin (2011): Wie Kinder heute lernen: Was die Wissenschaft über das kindliche Gehirn weiß – Das Handbuch für den Schulerfolg. München: Goldmann

Kowalczyk, Walter/Ottich, Klaus (2003): Die beste Schule für mein Kind: Entscheidungshilfen für die Wahl der weiterführenden Schule. Berlin: Cornelsen

Kraft, Volker (1999): Über die Schwierigkeit der Pädagogik, nicht populär zu sein. In: Drerup/Keiner (1999): 65-71

Krüger, Heinz-Hermann/Ecarius, Jutta/von Wensierski, Hans-Jürgen (1989): Die Trivialisierung pädagogischen Wissens. Zum Wechselverhältnis von öffentlichem und wissenschaftlichem pädagogischen Wissen am Beispiel der Jugendzeitschrift Bravo. In: König/Zedler (1989): 185-203

Krüger, Heinz-Hermann/Helsper, Werner (Hrsg.) (2010): Einführung in Grundbegriffe und Grundfragen der Erziehungswissenschaft. Opladen: Barbara Budrich

Krüger, Heinz-Hermann/Rauschenbach, Thomas (Hrsg.) (1994): Erziehungswissenschaft. Die Disziplin am Beginn einer neuen Epoche. Weinheim/München: Juventa

Krüger, Jens Oliver (2011): Pädagogische Ironie – Ironische Pädagogik. Diskursanalytische Untersuchungen. Paderborn: Ferdinand Schöningh

Langer, Antje (2008): Disziplinieren und entspannen. Körper in der Schule – eine diskursanalytische Ethnographie. Bielefeld: transcript

Lüders, Christian (1994a): Elternratgeber oder: Die Schwierigkeit, unter pluralistischen Bedingungen einen Rat zu geben. In: Heyting/Tenorth (1994): 149-158

Lüders, Christian (1994b): Pädagogisches Wissen für Eltern. Erziehungswissenschaftliche Gehversuche in einem unwegsamen Gelände. In: Krüger/Rauschenbach (1994): 163-184

Maasen, Sabine (2011): Das beratene Selbst. Zur Genealogie der Therapeutisierung in den ‚langen‘ Siebzigern: Eine Perspektivierung. In: Maasen/Elbersfeld/Eitler/Tändler (2011): 7-34

Maasen, Sabine/Elbersfeld, Jens/Eitler, Pascal/Tändler, Maik (Hrsg.) (2011): Das beratene Selbst. Zur Genealogie der Therapeutisierung in den ‚langen‘ Siebzigern. Bielefeld: transcript

Mannhaupt, Gerd (1998): Welche Schule ist die beste für mein Kind? Psychologische Hilfestellungen zur Schullaufbahn. Lippstadt: Verlag für Psychologie und Lebenshilfe

Messerli, Alfred (2010): Zur Geschichte der Medien des Rates. In: Bänziger/Duttweiler/Sarasin/Wellmann (2010): 30-57

Noack, Marleen (2003): Nach der Grundschule wird es richtig ernst: Eltern helfen, die neue Schule zu meistern. Weinheim/Basel/Berlin: Beltz

ÖKO-TEST Spezial Familie (2012)

Oelkers, Jürgen (1995): Pädagogische Ratgeber. Erziehungswissen in populären Medien. Frankfurt/M.: Diesterweg

Porsche, Susanne (2009): Schulkompass. So finden Sie die richtige Schule für Ihr Kind. Der Elternratgeber von Susanne Porsche. Gütersloh: Gütersloher Verlagshaus

Reichenbach, Roland (2003): Pädagogischer Kitsch. In: Zeitschrift für Pädagogik 49 (6). 775-789

Sarasin, Philipp/Bänziger, Peter-Paul/Duttweiler, Stefanie/Wellmann, Annika (2010): Lesen, Schreiben, Zeigen. In: Bänziger/Duttweiler/Sarasin/Wellmann (2010): 9-29

Schäfer, Alfred (2011): Irritierende Fremdheit: Bildungsforschung als Diskursanalyse. Paderborn: Ferdinand Schöningh

Schäfer, Alfred/Thompson, Christiane (Hrsg.) (2009): Autorität. Paderborn: Ferdinand Schöningh

Schäfer, Alfred/Thompson, Christiane (2009): Autorität – eine Einführung. In: Dies. (2009): 7-36

Schaller, Christina (2009): Eltern und Kind ein starkes Team: So schaffen Sie die besten Voraussetzungen für Schulerfolg. München: Kösel-Verlag

Siebholz, Susanne/Schneider, Edina/Busse, Susann/Sandring, Sabine/Schippling, Anne (Hrsg.) (2012): Prozesse sozialer Ungleichheit. Bildung im Diskurs. Wiesbaden: VS

Stegmaier, Werner (2008): Philosophie der Orientierung. Berlin: De Gruyter

STERN Ratgeber Bildung (2010)

Suter, Peter (2013): Determinanten der Schulwahl. Elterliche Motive für oder gegen Privatschulen. Wiesbaden: Springer VS

Tenorth, Heinz-Elmar (2001): Zynismus – oder das letzte Wort der Pädagogik. In: Zeitschrift für Pädagogik 47 (4). 439-453

Thompson, Christiane (2012): Zum Ordnungsproblem in Diskursen. In: Siebholz/Schneider/Busse/ Sandring/Schippling (2012): 229-242

Thompson, Christiane (2013): Im Namen der Autorität. Spielarten der Selbstinszenierung in pädagogischen Ratgebern. In: Bühler/Bühler/Osterwalder (2013, i.E.): Ms.

Traue, Boris (2010): Das Subjekt der Beratung. Zur Soziologie einer Psycho-Technik. Bielefeld: transcript

Trumpa, Silke (2010): Elternperspektiven – Rekonstruktionen an einer Freien Schule. Opladen: Barbara Budrich

Vincent, Carol/Ball, Stephen J. (2006): Childcare, Choice and Social Practice. Middle-class parents and their children. London/New York: Routledge

Vincent, Carol/Ball, Stephen J. (2007): ‚Making Up' The Middle-Class Child: Families, Activities and Class Dispositions. In: Sociology 41 (4). 1061-1077

Walford, Geoffrey (2006): Markets and equity in Education. London/New York: continuum

Wrana, Daniel (2006): Das Subjekt schreiben. Subjektivierung und reflexive Praktiken in der Weiterbildung – Eine Diskursanalyse. Baltmannsweiler: Schneider

Wrana, Daniel/Langer, Antje (2007): An den Rändern der Diskurse. Jenseits der Unterscheidung diskursiver und nicht-diskursiver Praktiken. In: Forum Qualitative Sozialforschung/Forum: Qualitative Social Research 8 (2). Art. 20

ZEIT Schulführer (2011/12)

Wie das Kind geschrieben wird.
Lerngeschichten als Inszenierungspraxis in Kindertageseinrichtungen

Sandra Koch / Gesine Nebe

> *„Herr Palomar denkt: Jede Übersetzung verlangt nach einer weiteren Übersetzung und so fort. (...) er weiß: Nie könnte er das Bedürfnis in sich ersticken, zu übersetzen, überzugehen aus einer Sprache in eine andere, von konkreten Figuren zu abstrakten Worten, von abstrakten Symbolen zu konkreten Erfahrungen, wieder und wieder ein Netz von Analogien zu knüpfen. Nicht zu interpretieren ist unmöglich, genauso unmöglich wie sich am Denken zu hindern."*
>
> Italo Calvino (2000: 114f.)

Im Feld der Frühpädagogik lassen sich seit ca. 15 Jahren umfassende Transformationsprozesse beobachten, die sowohl den strukturellen Ausbau der Kindertagesbetreuung und die Qualifizierung der im Feld tätigen Fachkräfte umfassen als auch weitreichende Veränderungen konzeptioneller und programmatischer Art mit sich bringen. Letzteres lässt sich exemplarisch an den seit Beginn der 2000er Jahre in allen Bundesländern eingeführten Bildungsplänen bzw. -programmen ablesen. In diesen Programmen, die als verbindliche bildungspolitische Steuerungselemente geltend gemacht werden, haben wiederum das Beobachten und Dokumentieren kindlichen Tuns einen besonderen Stellenwert erhalten: zum einen als Ausgangspunkt des pädagogischen Handelns der Fachkräfte und zum anderen als Teil des pädagogischen Handelns selbst. So formuliert etwa das Bildungsprogramm Sachsen-Anhalts:

> „Wenn wir Bildung wesentlich als Aktivität der Kinder begreifen, verändert sich die Rolle der professionellen Erzieherinnen, ihnen stellt sich die Aufgabe der systematischen Beobachtung jedes Mädchens und jedes Jungen. Nur aus der Analyse ihrer Beobachtungen, einer Auswertung, die professionelle Erzieherinnen und Erzieher individuell und im Team leisten müssen, können sie wiederum ihr Handeln ableiten, das auf die ‚Bildungsbewegungen' (Laewen) jedes Kindes antwortet." (Ministerium für Gesundheit und Soziales Sachsen-Anhalt 2004: 16).

Regelmäßige und gezielte Beobachtungen erlangten insofern in allen frühpädagogischen Curricula mit der Bezugnahme auf ‚Bildung' eine erhöhte Relevanz[1]: Das

---

1   Diese Bezugnahme auf Bildung findet sich dabei auf Länderebene in den Curricula bzw. Bildungs-Programmen für Kindertagesstätten sowie in Positionspapieren des Bundesjugendkuratoriums (2002, 2004), die die Tageseinrichtungen für Kinder als Bildungsorte versteht

Beobachten wird bspw. qualifiziert als „eines der wichtigsten Werkzeuge (...) der Erzieherinnen und Erzieher" (Senatsverwaltung für Bildung, Jugend und Sport Berlin 2004: 37), als „Grundlage für eine zielgerichtete Bildungsarbeit" (Ministerium für Schule, Jugend und Kinder des Landes Nordrhein-Westfalen 2003: 7, Hervorh. S.K./G.N.). Des Weiteren wird es als „zentrale Aufgabe der pädagogischen Fachkräfte und ein unerlässliches Instrument der Bildungsbegleitung von Kindern" (Niedersächsisches Kultusministerium 2005: 39, Hervorh. S.K./G.N.) gefasst. Dadurch wird das pädagogisch-professionelle Handeln durch Curricula nunmehr als eines qualifiziert, das erst – und im Grunde ausschließlich – auf der Basis von eben solchen systematischen Beobachtungen, deren Dokumentation, Analyse und Interpretation, die Erzieherinnen und Erzieher *individuell und im Team leisten müssen,* seine Gültigkeit und Legitimität erlangen kann.

Aus diesen Entwicklungen resultiert *erstens* eine nie dagewesene Verbindlichkeit von Beobachtungen und Dokumentationen[2]. Neu daran ist *zweitens* auch, dass mit der Einführung dieser Verfahren Erzieherinnen[3] zu einer ‚Schreibarbeit' aufgefordert sind – dass also mit diesen Entwicklungen der Einzug einer spezifischen Schriftlichkeit oder Schriftkultur[4] in die (pädagogische) Praxis in Kindertageseinrichtungen etabliert wird, wie sie zuvor nicht existierte. Zudem lässt sich *drittens* die aktuelle Relevanz der Aufgabe von systematischer Beobachtung im Feld der Frühpädagogik an einer mittlerweile kaum zu überschauenden Anzahl von fachwissenschaftlichen Verständigungen und an der zunehmenden Fach- und Ratgeberliteratur ablesen, die unter Titeln wie z. B. „Kita-Pädagogik als Blickschule" (Hebenstreit-Müller 2012; Hebenstreit-Müller/Mohn 2007) „Bildung sichtbar machen" (Gewerkschaft Erziehung und Wissenschaft 2009) oder

---

und beschreibt, in fachpolitischen Qualitätsoffensiven zur frühkindlichen Bildung und nicht zuletzt in fachwissenschaftlichen Aussagen oder auch bildungspolitischen Äußerungen wie etwa „Bildung von Anfang an", „Bildung beginnt im Kindergarten" oder der „Kindergarten als erste Stufe des Bildungssystems".

2   Die Topoi Beobachtung und Dokumentation werden im frühpädagogischen Diskurs i. d. R. zusammengeschlossen. Im Folgenden geht es uns vorrangig um das Dokumentieren, also um die aus den Beobachtungen resultierenden Dokumentationen und Dokumente; dennoch werden wir ‚Beobachtung und Dokumentation' als Fachterminus des Feldes verwenden.

3   Die Begriffe ‚Erzieherin' und ‚pädagogische Fachkraft' verwenden wir in diesem Aufsatz synonym. Zudem wurde mit dem Ziel der besseren Lesbarkeit des Textes von uns jeweils nur entweder die männliche oder weibliche Form von personenbezogenen Hauptwörtern gewählt. Wenn also im Folgenden vorrangig von ‚der Erzieherin'/‚den Erzieherinnen' die Rede sein wird, impliziert dies keinesfalls eine Benachteiligung des jeweils anderen Geschlechts.

4   In pädagogischen Fachzeitschriften lassen sich neue Themensetzungen finden, die als Werkstätten oder Ratgeber Hilfe zum Umgang mit der auferlegten Aufgabe, sich mit Texten an Eltern oder Öffentlichkeit wenden zu müssen, anbieten. Als Beispiel hierfür kann eine Reihe von Beiträgen von Müller (2009a, b, c) genannt werden, die in „Kindergarten heute" unter dem Titel „Keine Angst vor dem leeren Blatt" erschienen.

als „Handbuch Beobachtungsverfahren in Kindertageseinrichtungen" (Beudels u. a. 2012) angeboten werden.

Diese Eindrücke zusammenfassend lässt sich u. E. zweierlei feststellen: Zum Ersten ist das Feld der Frühpädagogik mit vielfältigen und tiefgreifenden Veränderungen konfrontiert. Zum Zweiten hat der Begriff ‚Bildung' in den Auseinandersetzungen in diesem Feld an Prominenz gewonnen, so dass zugleich den zwei anderen Begriffen der traditionellen Trias der Aufgabenbestimmung von Kindertageseinrichtungen – Betreuung und Erziehung – eine schwindende Bedeutung zukommt.[5]

Im Rahmen unserer einleitenden Überlegungen legen wir nachfolgend den Fokus auf Beobachtung und Dokumentation als Praxis der Konstituierung des Kindes. Diese Praxis ist u. E. nicht zu trennen von Prozessen seiner Inszenierung: In unterschiedlichen Schritten und Verfahren wird das Kind jeweils anders inszeniert. Unser Interesse zielt demnach auf den Konstituierungsprozess selbst. Dafür werden wir zunächst eines der Verfahren der Beobachtung und Dokumentation, das der „Bildungs- und Lerngeschichten" (im Folgenden BuLG) vorstellen (1). Im Anschluss daran greifen wir auf einige Gedankengänge von Bruno Latour zurück, um den Blick auf die Erzeugung, Übersetzung und Zirkulation von (Beobachtungs-)wissen über das Kind richten zu können (2). In einem dritten Schritt werden wir das Konzept der Inskription von Latour für unsere Überlegungen fruchtbar machen und auf den Herstellungsprozess einer „Bildungs- und Lerngeschichte" beziehen (3), um schließlich unsere Fragen nach der Konstitution eines ‚Kindes der Frühpädagogik' zu bearbeiten (4). Enden werden wir mit einigen sich anschließenden Fragen (5).

---

5 vgl. zum Verhältnis von Bildung, Betreuung und Erziehung für Kindertageseinrichtungen die Ausführungen von Honig (2009b). Dass ‚Bildung' unzählige Anschlussstellen bereithält und gerade dadurch seine begriffliche Schärfe einbüßt, wird erziehungswissenschaftlich breit diskutiert (vgl. u. a.: Lenzen 1997, Tenorth 1997, Ehrenspeck/Rustemeyer 1996, Ricken 2006, Jergus/Thompson 2011).

1. Bildungs- und Lerngeschichten – ein Verfahren zur Beobachtung und Dokumentation in Kindertagesstätten[6]

In den Bildungsplänen der Länder werden sogenannte ‚offene‘[7] oder auch ‚prozessorientierte‘ Beobachtungs- und Dokumentationsverfahren favorisiert (vgl. u. a. Leu 2006). Nunmehr stehen verschiedene Verfahren zur Auswahl, die für die pädagogische Praxis in Kindertagesstätten entwickelt bzw. adaptiert wurden; dazu gehört ein Verfahren, das kurz „Schemata" genannt wird (Hebenstreit-Müller/ Kühnel 2004), das Verfahren „Themen der Kinder" (vgl. Laewen/Andres 2002a, b, Andres/Laewen 2011) wie auch das Verfahren „Bildungs- und Lerngeschichten" (Leu u. a. 2007).

Die Besonderheit aller Verfahren, einschließlich der BuLG, liegt darin, dass der gesamte Prozess von der Beobachtung eines Kindes bis hin zur Formulierung einer Lerngeschichte die Herstellung schriftlicher Dokumente *durch die Erzieherin* vorsieht. Der Punkt, um den herum das ‚Verstehen- und Erkennen-Wollen‘ kindlichen Tuns durch die pädagogische Fachkraft kreist, ist ‚das Kind‘ und sein individueller Bildungsprozess: Beobachtungen und Dokumentationen sollen auf seine ‚Bildungsbewegungen‘ (vgl. Laewen/Andres 2002a, b) und auf seinen „individuelle[n] Entwicklungsprozess(…)" (Thüringer Ministerium für Bildung, Wissenschaft und Kultur 2008: 159) fokussieren und „Kinder transparent (…) machen" (ebd.). Beate Andres (2002) fasst diese neue Aufgabenbestimmung oder Aufgabenerweiterung für das arbeitende Personal in Kindertageseinrichtungen wie folgt zusammen: Erzieherinnen haben sich nunmehr als „Forschende und nicht als Wissende zu definieren" (107).

---

6   Bei den „Bildungs- und Lerngeschichten" (wie auch bei den anderen Verfahren zur Beobachtung und Dokumentation) handelt es sich um elaborierte Handlungskonzepte für die Praxis. Es liegt uns fern, durch die Einnahme unserer theoretischen Perspektive und Analyse eine Bewertung der Anwendung in der Praxis vorzunehmen oder deren Sinnhaftigkeit für die frühpädagogische Praxis in Frage zu stellen.

7   Diese postulierte ‚Offenheit‘ bezieht sich dabei vor allen Dingen auf die nicht durch anamnestisch-diagnostisch vorgegebene Fragen gerichtete Aufmerksamkeit beim Beobachten. Das Beobachten selbst wird dabei als ein Prozess der unstrukturierten und unvoreingenommenen Wahrnehmung von Situationen formuliert. Diese Offenheit soll einen ‚ungerichteten Blick‘ ermöglichen. Dadurch kann potenziell jede Situation, jedes Tun des Kindes thematisch werden. Mit anderen Worten: Die Offenheit der Verfahren ermöglicht es dem Fachpersonal unter dem Vorzeichen ‚Bildungsprozesse zu beobachten und zu dokumentieren‘, alles das zu thematisieren, was dem Topos des ‚aktiven Kindes‘ gerecht wird. Die Verfahren heben dabei die Möglichkeit des Entdeckens von Neuem und Unbekanntem, nicht Erwartetem oder Erwartbarem hervor. Aktuelle Auseinandersetzung dazu finden sich bei Cloos/Schulz (2011a) sowie Schäfer/Staege (2010).

Dem Beobachten und Dokumentieren kindlichen Tuns werden im fachinternen und politischen Diskurs sehr verschiedene Funktionen[8] zugewiesen: So soll sie etwa für die pädagogische Fachkraft als professionelles Erkenntniswerkzeug dienen, dem Kind den Bildungsweg veranschaulichen und Transparenz für Eltern und Öffentlichkeit schaffen, um die Qualität pädagogischer Arbeit zu sichern. Gerd E. Schäfer formuliert als Antwort auf die Frage „Wozu brauchen wir Dokumentationen?", dass diese ein „professionelle[s] Werkzeug der Erzieherin, um ihre Arbeit zu überdenken und um daraus neue Vorschläge zu entwickeln", dass sie ein „externes Gedächtnis für die Kinder", „eine Piazza" oder ein „Schaufenster, in dem die Arbeitsergebnisse der Kinder anderen Kindern und den Erwachsenen/Eltern gezeigt werden" seien (Schäfer 2005b: 176f.).

Unsere Überlegungen konzentrieren sich auf nur eines der oben genannten prozessorientierten Verfahren der Beobachtung und Dokumentation: die „Bildungs- und Lerngeschichten". Im Rahmen des Modell-Projektes „Bildungs- und Lerngeschichten" am Deutschen Jugendinstitut (2004-2007) wurde ein „Verfahren zur Beobachtung und Dokumentation der kindlichen Aktivitäten und Bildungsprozesse" (Leu u. a. 2007: 28) entwickelt. Das Verfahren versteht sich als ein „Beitrag zur Realisierung des Bildungsauftrags von Kindertageseinrichtungen" (ebd.: 11).[9]

Wie ist nun dieses Verfahren konkret aufgebaut? Insgesamt umfasst das Instrument vier als „Bögen" bezeichnete Papiere. Die ersten zwei Bögen dienen der Beobachtung, wobei auf der ersten Seite – dem ‚Beobachtungsbogen' – eine Beobachtung eines Kindes notiert sowie einige Eckdaten (Name und Alter des Kindes, Uhrzeit, BeobachterIn) festgehalten werden sollen. Der zweite Bogen – zur Analyse der so genannten ‚Lerndispositionen' – dient der Analyse des erstellten Beobachtungsprotokolls und fragt zudem nach Bildungsbereichen und Lernfeldern, die in der Beobachtung auftauchen. Der dritte Bogen – ‚Bogen Kollegialer Austausch' – umfasst zwei Schritte des Ausfüllens: Zuerst soll der Teamaustausch anhand der folgenden Fragen notiert werden: „Zeigt sich ein roter Faden über mehrere Beobachtungen?"; „Welche Beobachtungen gibt es darüber hinaus?" und „Was finden wir bemerkenswert?" Damit können in einem zweiten Schritt Ideen für die nächsten pädagogischen Schritte gesammelt werden. Der vierte und

---

8   Dokumentationen, eingeführt in einer solchen Weise, verweisen auf eine Vielfältigkeit der Funktionen von Beobachtungen. Diese Mehrstelligkeit stellen auch Jergus/Koch/Thompson (2013, i. E.) in ihren Analysen zu Figuren von Beobachtung als pädagogischer Tätigkeit heraus.
9   Das Verfahren BuLG ist eine Adaption des Konzeptes der von Margaret Carr (2001) als Form des „assessment in early childhood settings" in Neuseeland entwickelten „Learning Stories". Diese sind „Grundlage und Ausgangspunkt" der BuLG (Leu u. a. 2007: 20).

letzte Bogen[10] ist ein nahezu leeres Blatt, auf dem sich lediglich die Überschrift „Lerngeschichte" befindet.

Den Dreh- und Angelpunkt in diesem Verfahren stellt das Konzept der ‚Lerndispositionen' dar: An ihm orientieren sich sowohl die Analyse und Auswertung der Beobachtungen als auch die Förderung der Bildungs- und Lernprozesse von Kindern. Lerndispositionen werden gefasst als „grundlegende Lern- und Bildungsprozesse und bilden ein Fundament für lebenslanges Lernen" (Leu u. a. 2007: 49)[11]. Damit deutet sich bereits an, dass Beobachtung und Dokumentation in Kindertagesstätten als eine Technologie des Sichtbarmachens betrachtet werden können. Für uns ist interessant, dass das Kind, über das im Rahmen des Verfahrens verhandelt und gesprochen wird, als ein bestimmtes Kind im Akt des Dokumentierens und Sichtbarmachens inszeniert und konstituiert wird.

Im Falle der BuLG wird davon ausgegangen, dass sich kindliches Tun in die verschiedenen Lerndispositionen übersetzen lässt. Im Rahmen anderer Verfahren würde kindliches Tun über *Schemata* (vgl. Hebenstreit-Müller/Kühnel 2004) oder *Themen der Kinder* (vgl. Laewen/Andres 2002a, b, Andres/Laewen 2011) beschreibbar werden. Die dahinter liegende Annahme aber, dass sich so etwas wie ein ‚Lerndispositionen-Kind' überhaupt erkennen und beschreiben lasse, wird gerade dadurch *zur Wahrheit gebracht*, dass ein Instrument zum Erkennen und Beschreiben des ‚Lerndispositionen-Kindes' entwickelt und angewandt wird. Bruno Latour zitierend lässt sich also zugespitzt formulieren: Man muss eben „(...) nicht nur das Phänomen erfinden, sondern auch das Instrument, um es sichtbar zu machen (...)" (Latour 2006: 283).

2. Von der Flüchtigkeit zur Festschreibung – Das Inskriptionskonzept nach Bruno Latour

Um die Erzeugung, Übersetzung, Zirkulation sowie Inszenierung von Wissen im Rahmen der Anwendung von Verfahren zum Beobachten und Dokumentieren kindlichen Tuns in den Blick zu nehmen, greifen wir im Folgenden auf Gedanken von Bruno Latour zurück, der als zentraler Vertreter der Akteur-Netzwerk-

---

10 Dieser letzte Bogen für das Verfassen einer Lerngeschichte (LG) ist eine Besonderheit dieses Verfahrens. Die LG wird vorrangig für das Kind verfasst. Darin ist eine Differenz zu anderen prozessorientierten Verfahren zu sehen, die nicht ein extra angelegtes Dokument für das Kind vorsehen.

11 Lerndispositionen werden im Anschluss an Carr (2001) definiert als „Fundus oder Repertoire an Lernstrategien und Motivation, mit dessen Hilfe ein lernender Mensch Lerngelegenheiten wahrnimmt, sie erkennt, auswählt, beantwortet oder herstellt und den er aufgrund seiner Lernbemühungen fortwährend erweitert" (Leu u. a. 2007: 49).

Theorie – kurz ANT – gilt. Im Zentrum der ANT steht eine Re-Konzeptualisie-
rung des Sozialen, die eine symmetrische Beziehung von menschlichen Subjekten
und nicht-menschlichen Objekten annimmt und eine Dezentrierung des Hand-
lungsbegriffs vornimmt (vgl. Weingart 2003). Den Dingen wird eine „Quasi-
Handlungskompetenz" (ebd.: 76) zugesprochen, worin sich eine Abkehr von herkömmlichen soziologischen Programmen äußert, die „Soziales durch Soziales
(…) erklären" (ebd.: 72).

Im Rahmen seiner wissenschaftlichen Auseinandersetzung befasste sich
Latour insbesondere mit der Produktion von Wissen und der Entstehung von
Wissenssystemen. Weingart (2003) bezeichnet als „Kernstück der ANT (…) die
Übersetzungen, d. h. die Überführung, von zunächst unverbundenen Elemen-
ten/Ressourcen" in unterschiedliche Interessenzusammenhänge (ebd.: 72). Um
in Netzwerken präsent und wirksam sein zu können, muss Wissen also immer
übersetzt werden. Die besondere Leistung der ANT liegt nach Weingart darin,
die Hervorbringung (wissenschaftlichen) Wissens als eine Konstruktionsleistung
aufzudecken und den Konstruktions*prozess* nachvollziehbar zu machen. *Konstruktion* ist dabei zu verstehen als die Konstituierung eines bestimmten Gegenstandes in einer bestimmten Weise, die auch anders möglich wäre. Zudem ist diese
Konstruktionsleistung hier mehrstellig: Sie bezieht sich auf die Konstruktion des
Untersuchungsgegenstandes selbst (vgl. ebd.: 68), auf die Instrumente der Wissensproduktion sowie auf die Strategien der Zusammenstellung und Darstellung
des Wissens. Vor diesem Hintergrund und besonders aufgrund seiner empirisie-
renden Qualität bietet sich das von Latour entwickelte Konzept der Inskription
und deren Elemente ‚Übersetzung', ‚Verbündete', ‚Kaskade', ‚Präsentierbarkeit',
‚Mobilität' und ‚Staging' für die von uns vorzunehmende Analyse besonders an.

Als Inskription fasst Latour „all jene Transformationen, durch die eine Einheit in einem Zeichen, einem Archiv, einem Dokument, einem Papier, einer Spur
materialisiert wird" (Latour 2002a: 375). In diesem Sinne verstehen wir Dokumentationen über kindliches Tun als Transformationen von *Einheiten* desselben
in Texte, Papiere und Fotos. Ein solcher Blick auf dieses Phänomen verspricht
Aufschluss darüber, welche weiteren Transformationen die *Einheit ‚kindliches
Tun in einem komplexen sozialen Geschehen'* durchläuft.

Bevor wir Texte bzw. Dokumente, die von einer Erzieherin im Rahmen der
Anwendung des Beobachtungs- und Dokumentationsverfahrens BuLG erstellt
wurden, gleichsam durch das Prisma des Inskriptionskonzeptes betrachten, werden wir zunächst in der gebotenen Kürze Latours theoretischen Ansatz skizzieren: Als zentrales Beispiel zur Illustration seines Inskriptionsbegriffes dient La-

tour eine Erzählung über den französischen Weltumsegler La Pérouse, der im Auftrag Louis XVI. die ostasiatischen Nebenmeere kartographierte:

> „Eines Tages trifft er bei seiner Landung auf Sakhalin (...) auf Chinesen und versucht, von ihnen zu erfahren, ob Sakhalin eine Insel oder eine Halbinsel ist. Zu seiner großen Überraschung verstehen die Chinesen Geographie recht gut. Ein älterer Mann steht auf und zeichnet eine Karte der Insel in den Sand im Maßstab und mit den Details, die La Pérouse braucht. Ein Jüngerer sieht, dass die ansteigende Flut die Karte bald auslöschen wird und nimmt eines von La Pérouses Notizbüchern, um die Karte noch einmal mit einem Bleistift zu zeichnen" (Latour 2006: 264f.).

Für Latour illustriert dieses Beispiel vor allem die Aspekte „Mobilität", „Unveränderlichkeit" und „Zweidimensionalität" (ebd.: 285), die zentral für Inskriptionen sind. Er führt aus, dass erst dadurch, dass das Wissen des Chinesen um die Beschaffenheit seiner Insel, in eine zweidimensionale Karte in La Pérouses Notizbuch überführt wird: das Wissen also *mobil* wird. Nach Latour ist es notwendig, dass flüchtiges Wissen (dessen Spuren im Sand mit der nächsten Flut verwischen würden) in solche Zeichen, Symbole und Kategorien sowie in ein Format übersetzt werden, welches den Transport in die französische Heimat zuallererst ermöglicht. Denn: „Der Chinese braucht keine Aufzeichnungen zu machen, weil er so viele Landkarten erzeugen kann wie er will, da er auf dieser Insel geboren, und dazu bestimmt ist, hier zu sterben" (ebd.: 265).

La Pérouse dagegen „durchquert alle diese Orte, um etwas nach Versailles mit zurückzunehmen, wo viele Leute erwarten, dass seine Karte bestimmt, wer in dem Punkt, ob Sakhalin eine Insel ist oder nicht, Recht hat und wer nicht; wem dieser oder jener Teil der Welt gehört und entlang welcher Routen das nächste Schiff segeln soll. Ohne diesen besonderen Trajektor wäre Le Pérouses ausschließliches Interesse an Spuren und Inskriptionen unmöglich zu verstehen (...)" (ebd.).

Abstrahiert von dem Beispiel lässt sich nun festhalten, dass nach Latour das Wesen von Inskriptionen darin besteht, dass komplexe Phänomene durch „Schreibarbeit" (ebd.: 285), d. h. durch das Notieren auf Papier *festgeschrieben* und *festgehalten* werden. Die Phänomene selbst sind zwar unbeweglich (vgl. ebd.), das Wissen um diese Phänomene aber wird durch Inskriptionen *mobilisiert*. Zugleich zeichnen sich Inskriptionen dadurch aus, dass sie (und damit das entsprechende Wissen über ein bestimmtes Phänomen) – einmal mobil gemacht – wenn sie sich bewegen bzw. bewegt werden, nicht oder nicht mehr ohne Weiteres *veränderbar* sind. Es wird laut Latour alles für ihre Unveränderlichkeit getan (vgl. ebd.).

Latour führt weiter aus, dass die ‚Dinge' „aber in der Lage sein [müssen], die Rückreise zu überstehen, ohne Schaden zu nehmen. Weitere Erfordernisse: die gesammelten und verlagerten Dinge müssen alle gleichzeitig denen präsentierbar sein, die man überzeugen will und die nicht fortgegangen sind. Kurz: man muss Objekte erfinden, die mobil, aber auch unveränderlich, präsentierbar, lesbar und miteinander kombinierbar sind" (ebd.: 266).

Das Interesse daran, Dinge in eine präsentierbare Form zu bringen, sie also zu visualisieren (vgl. ebd.: 265ff.), resultiert nach Latour daraus, dass Inskriptionen zu dem Zweck erschaffen werden, mit ihnen „Verbündete" zu finden und zu überzeugen: Mit Hilfe von „immer mehr treuen Verbündeten wird (...) langsam Objektivität errichtet" (ebd.: 285), d.h. die Geltungskraft eines bestimmten Wissens um ein Phänomen wird erhöht (vgl. hierzu insbesondere Latour 2004). Inskriptionen werden insofern zum Zweck der Gewinnung Verbündeter inszeniert – oder in den Worten Latours gesprochen – on *stage* gebracht (vgl. Latour 2006: 283). Es werden, so Latour, also Fakten produziert (ebd.: 279), die ein „Ort sammelt" und sie auf „synoptische Weise" präsentiert (ebd.). Darüber hinaus ist eine Inskription „*nicht* die Inskription per se, sondern die *Kaskade* immer simplifizierterer Inskriptionen (...)" (ebd.). Um die *Dinge* und Phänomene für potenzielle Verbündete (leichter) fassbar und mithin überzeugender zu machen, werden sie in der „Praxis des Inskribierens" (ebd.: 262) vereinfacht und ihre Komplexität reduziert („simplifiziert", vgl. ebd.: 281). Zugleich, und dies ist besonders interessant, stehen die einzelnen mobilen und unveränderlichen Elemente in einer Kaskade oder einer Kette von Simplifizierungen in einem Verweisungszusammenhang, einer „zirkulierende[n] Referenz" (Latour 2002b). Diagramme, Abschlussberichte und andere Texte, die am Ende einer solchen Kette oder Kaskade stehen, sind demnach nur überzeugend und glaubwürdig, insofern sie auf vorhergehende Materialisierungen der Bearbeitung eines Phänomens verweisen können. Die Zirkulation von Wissen in oder über Kaskaden ist es also, die es gestattet, „eine unglaubwürdige Aussage in eine glaubwürdige zu verwandeln" (ebd.: 282).

Der Begriff der Kaskade, den Latour vorrangig als Simplifizierung von Inskriptionen erläutert, weil er s.E. als analytisches Moment „nicht hoch genug geschätzt werden" (ebd.) kann, bleibt in seinen Schriften dennoch relativ unscharf. Daher greifen wir auf wortgeschichtliche Aspekte zurück, um ihn im weiteren Verlauf analytisch fruchtbar und anschaulich zu machen. Etymologisch geht der Begriff der Kaskade auf *casicare* (lat.) zurück und dient als Begriff der Gartenbaukunst und Kunsthistorie zur Bezeichnung eines in Form von Stufen künstlich angelegten und architektonisch gestalteten Wasserfalls. In einer Kaskade fließt Wasser von einem Becken in das nächste und in immer weitere Becken. Diese Wasserbecken sind von unterschiedlicher Größe und als Wasser*spiel* angeordnet. Das Fließen des Wassers soll dem Betrachter ein ästhetisches Erlebnis bereiten. Das Wechselspiel von Fließen und Stillstand des Wassers in verschieden großen und unterschiedlich gestalteten Bassins dramatisiert und inszeniert die Bewegung des Wassers (vgl. Zech 2010: 33). Der Charme dieser Metapher liegt für uns nun darin, dass das Wasser in einer Kaskade, eben nicht linear durch einen geraden Kanal *geschleust* wird oder über einen Trichter oder Filter von einem Becken in das andere geführt wird, sondern beständig über Stufen fließt, sich in Becken sammelt, über Beckenränder hinaustritt, sich mischt, und sich über verschiedene Zuflüsse in immer neuen und anderen Becken sammelt. Zudem kann Wasser auch von außen – etwa als Regen – in die Kaskade gelangen, es kann den Aggregatzustand ändern (verdunsten oder gefrieren).

3. Die Black Box öffnen oder: wie die Inskription ‚Sophie‘ entsteht

> *„Eine einfache Art, die Wichtigkeit von Inskriptionen zu verdeutlichen, besteht darin, darüber nachzudenken, wie wenig wir zu überzeugen in der Lage sind, wenn man uns die graphische Darstellung nimmt."*
>
> Bruno Latour (2006: 276f.)

In diesem Abschnitt werden wir nun anhand von Latours Inskriptionskonzept eine analytische Sichtung der Dokumente unternehmen, die im Rahmen der Anwendung des Verfahrens BuLG entstanden. Im Folgenden werden wir die Transformationen und Translationen nachzeichnen und illustrieren, die als Wissen über ein etwa drei Jahre altes Kind (Sophie) im Rahmen des Verfahrens BuLG von einer Erzieherin (Mira) produziert wurden. Wir werden in einer analytischen Perspektive, die durch die Erzieherin Mira erstellten Dokumente (Fotos, Protokoll, Texte) durch das Prisma des Inskriptionskonzeptes betrachten. Wir öffnen also nun im Latour'schen Sinne die ‚Black Box‘, die zwischen der komplexen sozialen Situation, in die das Kind Sophie[12] und die beobachtende Erzieherin Mira involviert sind, und der Lerngeschichte, durch die ‚Sophie‘ zur Sichtbarkeit gebracht und inszeniert wird.

---

12 Die beiden hier verwendeten Namen Mira (Erzieherin) und Sophie (Kind) wurden anonymisiert.

3.1 Beobachtungsbogen ‚Sophie‘[13]

Die Erzieherin Mira dokumentierte handschriftlich (siehe Abb. 1) zwei Beobachtungen des Kindes auf jeweils zwei Seiten. In weiten Teilen verbleibt der Text auf einer beschreibenden Ebene, veranschaulicht durch Anteile wörtlicher Rede von Kind und Erzieherin. Die Notizen auf den Beobachtungsbögen sind zum Teil in Stichworten verfasst oder vereinzelt auch in ganzen Sätzen geschrieben. Dieser Wechsel vollzieht sich über die gesamten vier Seiten der zwei Beobachtungsbögen. Ausschnitthaft konzentriert sich die Beschreibung auf Details der beobachtbaren Aktivitäten des Kindes, z. B. wird über eine halbe A4-Seite die Handhaltung des Kindes beim Schneiden mit einer Schere sehr genau beschrieben und eng verknüpft mit Beschreibungen seiner Mimik. Zur Veranschaulichung soll an dieser Stelle aus den Beobachtungsdokumenten zitiert werden:

„Haare offen, beugt sich nach vorn, nimmt die Schere, dreht das Handgelenk (Daumen n. unten) beginnt zu schneiden. Linke dreht sorgsam das Papier, Rechte schneidet. Zunge zwischen den Zähnen, Haare fallen ins Gesicht – sie schneidet unbeirrt weiter" (1. Beobachtung).

„Holt Schere & Kleber. Setzt sich neben mich. Zupft am Ärmel ‚I au‘. Ich gebe ihr die Vorlagen. ‚Miha, mein Schehe!‘ & zeigt mir ihre Schere. Dann fängt sie an, zu schneiden. Haare offen im Gesicht. Scherenhaltung Daumen nach unten, beugt sich vor, offener Mund, große Augen. Linke dreht das Papier bei schwierigen Ecken immer in der offenen Schere"[14] (2. Beobachtung).

In den Beobachtungsdokumenten gibt es nicht nur Passagen, in denen das Kind und sein Tun sichtbar gemacht werden; vielmehr wird auch die Erzieherin in ihrer Eingebundenheit in das Geschehen selbst sichtbar. Dies wird mit denselben stilistischen Mitteln wie der Verwendung von wörtlicher Rede („Ja, komm, setz dich zu uns – da ist ein Stuhl frei") und auch von Beschreibungen der eigenen Gesten, Handlungen („Ich nicke – Ja, auf die Fensterbank") oder ihrer Positionierung im Raum („Sitze mit 3 Mädchen in der Bauecke") erreicht. Außerdem fügt die Erzieherin in der Erstellung der Dokumente zu den Beobachtungen auch die sich ihr stellenden Fragen ein („Warum schneidet sie mit gekippten Gelenk? (…) Muss sie

---

13 An dieser Stelle möchten wir uns ausdrücklich bei den Erzieherinnen einer Kindertageseinrichtung in M. dafür bedanken, dass sie uns diese Lerngeschichte vertrauensvoll zur Verfügung gestellt haben. Außerdem ist es uns ein wichtiges Anliegen, zu betonen, dass es uns in keiner Weise darum geht, die Lerngeschichte in ihrer Qualität, gemessen an der Programmatik des Verfahrens der Bildungs- und Lerngeschichten zu beurteilen. Die Lerngeschichte dient uns ausschließlich als ein empirisches Datum, an dem wir zu zeigen versuchen, wie (sich) Kinder und pädagogische Fachkräfte durch Beobachtungsverfahren konstituieren bzw. konstituiert werden.

14 Originalzitat aus dem Dokument der Erzieherin, sie stellt die wörtliche Rede des Kindes in dessen Lautsprache dar. Das Kind spricht Namen und andere Wörter stark vereinfacht: „i au" = ich auch, Miha = Mira, Schehe = Schere etc.

Abbildung 1: Beobachtungsbogen (Bogen 1, S. 1)

die Schere anders halten, Wer entscheidet, was richtig & falsch ist?") und berichtet: „Probiere Schneidearbeiten – auch ganz feine & kurvige". Sie schlussfolgert: „Meiner Meinung [nach] gibt es kein Argument gegen die Technik."

Es wird deutlich, dass es sich in der Gesamtheit der Dokumente und Materialisierungen um die Darstellung eines Ausschnitts eines sozialen Geschehens handelt. Mira hält aus ihrer Perspektive, aus ihrem Blick heraus etwas Bestimmtes – von ihr Ausgewähltes – fest und anderes bleibt außerhalb ihres Blicks. Um diesen Ausschnitt für die Beobachtung auszuwählen, musste sie die soziale Si-

tuation überblicken bzw. übersehen. In Bezug auf diesen Aspekt der ‚Übersicht'
und ‚Auswahl' von Fakten spricht Latour von einem „wunderbaren Widerspruch"
(Latour 2002: 51) der in dem „Wort ‚Übersicht' genau die beiden Bedeutungen
dieser Beherrschung, durch den Blick [fasst], da es gleichzeitig bedeutet etwas zu
überblicken und etwas zu übersehen, d. h. zu ignorieren" (ebd.).

Mit diesen zwei Beobachtungen werden die ersten Inskriptionen von Sophie
hervorgebracht. Kindliches Tun wird aus einer komplexen Situation heraus in Beschreibungen, Attribuierungen und Begriffe übersetzt. Das produzierte Wissen
lässt sich dabei auf zwei verschiedenen Ebenen erkennen: Die Erzieherin beschreibt
einerseits das schneidende Kind (Körperlichkeit, Gestik, Mimik und Handhaltung) und andererseits attribuiert sie dieses Kind zugleich als ein „sorgsam" und
„unbeirrt" schneidendes. Dieses erstmalige Aufschreiben eines bestimmten Wissens über Sophie lässt sich in den Begriffen Latours als das Mobilisieren, das In-
Zweidimensionalität-bringen und die Präsentierbarmachung von Wissen fassen.
Dieser erste Schritt ist es, der alles weitere Besprechen, Verhandeln und Adressieren von Sophie in dieser Form und damit die Gewinnung von Verbündeten
(Kolleginnen/Eltern/Sophie) *überhaupt erst ermöglicht.* Damit sind die erstellten Dokumente – die Beobachtungsbögen – die ersten zwei Verbündeten in Latours Sinne, in denen sich der Blick von Mira auf das Kind Sophie materialisiert.

3.2 Lerndispositionsbogen Sophie

Der Bogen zur Analyse der Beobachtungen nach Lerndispositionen wurde von
der Erzieherin anders als vom Verfahren vorgesehen (eine Lerndispositionen-
Analyse pro Beobachtung) insgesamt nur einmal für beide Beobachtungen bearbeitet. Das Dokument besteht aus einer handschriftlich verfassten A4-Seite.
Zu jeder der fünf Lerndispositionen wurden in knapper Form Stichworte formuliert, die jeweils mit Ausschnitten aus den Beobachtungen illustriert wurden. So
wird beispielsweise die Lerndisposition „Standhalten bei Herausforderungen und
Schwierigkeiten" wie folgt untersetzt:

> „Es ist keine Ablageschale mehr da – Nimmt aber Alternativvorschlag zur Ablage an. Kon-
> zentriertes Arbeiten – Haare im Gesicht werden nicht beachtet. Dreht die Zunge im Mund –
> macht weiter & schneidet mehrere Werkstücke" (Bogen Lerndispositionen).

Als Analyse der Beobachtung unter dem Aspekt Lerndisposition „Engagement"
notiert Mira: „Sucht Blickkontakt. Spricht Erzieherin an: ‚I au basten' ‚Miiha i
au', Holt Schere, Sprache (Sophie spricht noch wenig und versteht wenig deutsch)"
(Bogen Lerndispositionen).

Zwei Aspekte lassen sich an diesen Ausschnitten herausarbeiten: Zum Ersten findet mit diesem neuen Bogen ein weiterer Übersetzungsprozess statt. Das Beobachtungswissen wird mit dem Konzept der Lerndispositionen analysiert. Dieses analytische Wissen stellt ein Konzentrat aus dem gewonnenen Beobachtungswissen dar, wie sich besonders gut an der Lerndisposition ‚Standhalten' zeigt: Das Tun des Kindes firmiert nun nicht mehr nur als ein (wie auch immer attribuiertes) Schneiden, sondern es wird übersetzt in *konzentriertes Arbeiten*. Die Übersetzung bringt darüber hinaus *Simplifizierungen* mit sich, wie Latour sie für Inskriptionen beschreibt. Die insgesamt vier Seiten der Beobachtungsnotizen werden über den Analyseschritt in einer Weise reduziert und *konzentriert*, die es ermöglicht, das Wissen schließlich *simplifiziert* auf nur einer A4-Seite darzustellen.

Zum Zweiten lässt sich das Bild der Kaskade in folgender Weise auf das Material beziehen: Wie bereits dargelegt ist an dieser Metapher besonders interessant, dass Wissen sich nicht nur an einer Stelle oder in einem Becken konzentrieren kann – wie hier im Bogen der Lerndispositionen –, sondern dass es gleichsam über die gesamte Kaskade fluide gehalten wird und sich in unterschiedlichen *Becken* (Bögen) sammelt, verteilt und zeigt. Schon in diesem zweiten Verfahrensschritt der BuLG zeigt sich die Formierbarkeit des Wissens über Sophie. Darüber hinaus wird das Wissen über Sophie auch aus unterschiedlichen *Quellen* und *Zuflüssen* (in der Kaskade) *erweitert*. Dies deutet sich insbesondere darin an, dass die Aussage „*Sophie spricht noch wenig und versteht wenig deutsch*" ausschließlich in dem Bogen ‚Lerndispositionen' enthalten ist und weder davor noch an späterer Stelle wieder aufgegriffen wird. Dies bezieht sich auch auf andere Inskriptionen: Manche Wissensfragmente tauchen an mehreren Stellen auf, andere verlieren sich im Verlauf der Kaskade völlig.

3.3 Bogen zum kollegialen Austausch über das Lernen von Sophie

In diesem Dokument, bestehend aus zwei handschriftlich verfassten A4-Seiten, wird zu Beginn festgehalten, welcher Teilnehmerkreis der Teamsitzung beiwohnt. Das Dokument erscheint insgesamt als ein Ergebnisprotokoll der Teamsitzung, in der das Lernen von Sophie thematisiert wird. Der Text folgt einer bestimmten Dramaturgie entlang der Abfolge von 1. Beschreibung des Kindes, 2. Diskussion, 3. Eigenes Experiment, 4. Reflexionsfragen, 5. Gesprächsergebnis.

Sophie wird *erstens* als ein Kind aufgerufen, das in der Lage ist, sich auf verschiedene Weise die notwendigen Ressourcen für eine selbstgewählte Tätigkeit zu beschaffen. Der Punkt „sich selber Material beschaffen" wird im Protokoll dreifach differenziert: „a) zusammen suchen, b) fragen bei Erzieher, c) setzt sich zu bastelnden Kindern dazu". *Zweitens* werden im Text unter dem Stichwort

‚Diskussion' die Fragen danach gestellt, ob „diese Scherenhaltung zu korrigieren" sei oder ob sich „so etwas mit der Zeit" *gebe*. „Gespräche mit Leiter aus dem Friseurhandwerk! Ergebnis: Schere wird zu 80 % so wie bei Sophie benutzt". *Drittens* werden die eigenen Schneidearbeiten in den Horizont „Eigenes Experiment" gestellt. Die bereits im Beobachtungsbogen dokumentierte Schlussfolgerung, dass die Handhaltung des Kindes keiner Korrektur bedarf, wird wort- und argumentreich unterfüttert, indem Vorteile herausgestellt werden, wie z. B. „durch Kippen des Handgelenks kann ein Schnittradius von über 200° ausgeführt werden[,] ohne dass die linke Hand das Blatt weiterdrehen muss". *Viertens* wird die eigene Praxis, z. B. bezüglich der Ausstattung von Räumen befragt: „Geschnitten wird fast auf Brusthöhe! Erwachsene schauen dagegen von ‚oben' auf die Schneidelinie! Kinder von ‚vorne' – Ist daher die Linie für Sophie mit der Scherenhaltung besser zu sehen?" Im Abschnitt ‚Reflexionsfragen' wird die Frage „Was finden wir bemerkenswert?" dann wie folgt beantwortet:

> „Bemerkenswert ist die Ausdauer (1-2h) pro Tag und Einheit. Sie beendet alle Werkstücke. Bleibt dran! Nimmt Hilfe an! Läßt sich zeigen, wie Dinge leichter geschnitten werden können. Orientiert sich am Schaustück. Behält den Überblick auch bei Bildern mit vielen Teilen (Huhn/Feuerwehr). Hat ein Auge fürs Detail. Positioniert Teile richtig (Augen, Füße...)" (Dokument ‚Kollegialer Austausch').

Insgesamt werden vier Aspekte als Gesprächsergebnis festgehalten: Erstens sei es nicht notwendig, die Scherenhaltung des Kindes zu korrigieren. Besonders betont wird, dass auch andere Kinder darauf, „dass so geschnitten werden darf", hinzuweisen seien, „wenn Sophie von anderen korrigiert wird! Oder ‚gelacht werden sollte'". Zweitens solle beobachtet werden, „ob Sophie auf Dauer so weiter schneidet". Drittens müsse die „Koordination der linken Hand (...) durch andere Spiele (Scooter, Klatschspiele, Singspiele, Überkreuzübungen)" unterstützt werden. Viertens bedürfe es bezüglich des Schneidens „keine[r] extra Übungen", sondern nur des Freiraums „zum selber machen".

Nach unserer Analyse ist zweierlei an dieser Inskription von besonderem Interesse. Die Beobachtungsbögen erweisen sich erneut selbst als *Verbündete*, wie sie zugleich einen Verfahrensschritt markieren, der darauf *abzielt*, weitere *Verbündete* zu gewinnen. Die beiden vorher erschaffenen ‚Verbündeten aus Papier' (Dokumente Beobachtungsbogen und Bogen Lerndispositionen) werden hier *on stage* gebracht, also in einer bestimmten Weise vor anderen Personen inszeniert. Das heißt, in diesem *Setting* werden die Beobachtungen und die ersten Analysen der *einzelnen Erzieherin* in der Gruppe der ErzieherInnen zur Diskussion gestellt. Die bis dahin zusammengestellten Fakten bzw. das zur Verfügung stehende Wissen über Sophie erlangt also im Setting des Austausches der Erzieherinnen eine andere Qualität. Das Wissen erhält eine soziale Funktion.

Überdies wird in dieser Inskription etwas erzeugt, das wir als (reflexiv-)pädagogisches Wissen bezeichnen: Indem Fragen an Sophies Scherenhaltung wie auch nach der Förderung ihrer Scherenhaltung mit der linken Hand bzw. der Notwendigkeit zu deren Korrektur gestellt werden, erzeugen die Erzieherinnen ein Wissen, welches das Wissen über Sophie ins Verhältnis zu ihrem pädagogischen Handeln setzt. Dies verdeutlicht nochmals die soziale Funktion des hervorgebrachten Wissens, da die Erzieherinnen sich selbst und die anderen Kinder in ein – *über das Wissen vermitteltes* – Verhältnis zu Sophie setzen.

Schließlich inskribiert das Dokument ‚Bogen kollegialer Austausch' ein Wissen von singulärer pädagogischer Relevanz: mit der Betonung der bemerkenswerten Eigenständigkeit und Ausdauer des Kindes oder der unkonventionellen Art des Schneidens des Kindes. Das kindliche Tun wird als ein besonders kreatives, effektives und produktives dargestellt. Durch die Bezugnahme auf einen Experten (Friseur-Meister) erhält diese Art des Schneidens eine besondere Weihe und Autorisierung. Außerdem wird das eigene Experiment der Erzieherin ausführlich dargestellt, und es werden darin nochmals die Aspekte der Produktivität und Effektivität dieser ungewöhnlichen Art des Schneidens hervorgehoben. Schließlich weist das Protokoll aus, dass Sophie alle „Bastelangebote erfolgreich beendet" – und führt damit die Produkte selbst als Bestätigung an.

3.4 Lerngeschichte ‚Sophie'

Dieses Dokument besteht aus zwei am PC verfassten A4-Seiten (siehe Abb. 2), versehen mit insgesamt acht Fotos. Die Lerngeschichte ist in der Form eines Briefes verfasst, in dem in der Anrede das Kind und seine Eltern adressiert werden. Den Einstieg zur Lerngeschichte bildet die fragend formulierte Setzung „Sophie, du bastelst richtig gerne, stimmt das?". In Briefform wird dem Kind ein Bild seiner selbst präsentiert, welches es als ein in Bastelarbeiten vertieftes und engagiertes Kind zeigt und inszeniert. Den Text der Lerngeschichte bestimmen Fragen, die das Kind adressieren, durch die das Kind als Rezipient aufgefordert wird, in die Geschichte einzusteigen: „Hast du das gemerkt?" Und: „Weißt Du noch, was das alles war?" Dem Kind werden Beschreibungen seines Tuns dargeboten, um mit der Feststellung, „(...) das hast du toll gelernt" zu schließen.

Ausgehend von dieser Thematisierung des Lernens des Kindes präsentiert sich die Erzieherin selbst als Lernende: „Und ich habe auch was gelernt von dir. Soll ich dir erzählen was?". Eine ganze Reihe von Aspekten werden nachfolgend aufgezählt: Die Erzieherin berichtet von ihrer Irritation über die Handhaltung des

Abbildung 2: Lerngeschichte (S. 1)

Liebe ███, Liebe Eltern!

███, du bastelst zurzeit richtig gerne, stimmt das?

Immer wenn ich mich morgens in den Bastelraum setze kommst du recht bald dazu.

Dann schaust du dir genau an was die anderen Kinder gerade tun.

Letztens haben wir Feuerwehrautos ausgeschnitten.

Du standest am Basteltisch und sagtest: „ ███, i au Feuerauto!"

Ich deutete auf den freien Platz neben mir und sagte: Na, dann komm"

Flink hast du dir noch eine Schere aus dem Materialwagen und einen

Klebestift aus der STOP Schublade geholt. Ich staune dass du dich

schon so gut auskennst. Dann hast du dich gesetzt und mich am Ärmel

gezupft & noch mal bestätigt „ I au!"

Nun bekamst du deine Vorlagen zum Ausschneiden. Mit leuchtenden

Augen, offenen Mund, wild im Gesicht hängenden Haaren hast du

geschnitten und geschnitten. Nichts konnte dich vom schneiden

ablenken auch nicht die lauten großen Jungs die neben dir gesessen haben.

Wenn eine Ecke wirklich schwer zu schneiden war, hast du deine Zunge im Mund gerollt und

zwischen die Zähne geschoben. Hast du das gemerkt? Schau mal auf das Foto, kannst du

sehen was gerade dein Mund macht?

Mit viel Geduld und Geschick hast du begonnen das Blatt in der offenen Schere zu drehen

bis du endlich die engen Kurven schneiden konntest.

Du hast solange auf dein Feuerwehrauto geschaut und geschnitten bis es fertig ausgeschnitten

war. Dann hast du mit fröhlichen Augen und fragendem Gesicht das fertige Teil

hochgehalten und „███" gerufen bis ich geschaut habe und dir zugenickt habe.

In der letzten Zeit hast du schon viele Sachen gebastelt. Weißt du noch was es alles war?

Ich habe ein paar Fotos, schau mal:

Kindes beim Schneiden mit der Schere, von ihrer Überraschung über die Qualität der Ergebnisse und von ihren Erkenntnissen ausgehend von ihrem eigenen Experiment mit derselben Handhaltung sowie davon, dass ihr ein Friseur als Experte für die Handhabung von Scheren die Auskunft gab, dass Friseure auch und gerade mit der von Sophie eingenommenen Handhaltung schneiden würden. Die Lerngeschichte findet ihren Abschluss mit der Wendung: „[W]ir Erzieher [haben] überlegt, dich so schneiden zu lassen, wie du es gerade tust, denn du machst das sehr gut. Dein Lachen und deine Freude zeigen mir wie viel Spaß du dabei hast. Ich bin gespannt – ob du in Zukunft die Schere weiter so hältst." Augenfällig ist an diesem Dokument die Art der Präsentation: Es wurde am PC geschrieben und mit einer Vielzahl von Fotos versehen. Im Sinne von Latour wird die Inskription über Sophie damit weiteren potentiellen Verbündeten (z. B. Eltern, Öffentlichkeit – vgl. Müller 2009a, b, c) *präsentierbar* gemacht. Der Aspekt (der Notwendigkeit) der Präsentierbarkeit einer Inskription im Sinne von Latour zeigt sich insbesondere darin, dass die Lerngeschichte durch die Erzieherin dramaturgisch gestaltet wird: Als *Geschichte* muss sie den Lesern/Zuhörern in einer Weise zugänglich, nachvollziehbar und plausibel gemacht werden. Von der Erzieherin verlangt das Schreiben einer Lerngeschichte, dass dieses ‚geschriebene Bild des Kindes' den Rezeptionsgewohnheiten der Adressaten angepasst wird, d. h. für das Kind als Bilderbuch und für die Eltern als illustrierende Geschichte über das Lernen des Kindes gestaltet wird.

In der Lerngeschichte – als letzte Inskription in der Kaskade von Inskriptionen – kann u. E. mit Latour (2006) der *Ort* der Sammlung und Präsentation des Wissens über Sophie gesehen werden: Die Lerngeschichte als Textdokument *draws things together*, d. h. an diesem zweidimensionalen Ort wird ein besonderes Wissen über das Kind Sophie *zusammengezogen* und damit das Kind Sophie erneut *gezeichnet*. Dies ist erkennbar an Äußerungen wie der folgenden: „Mit leuchtenden Augen, offenem Mund, wild im Gesicht hängenden Haaren hast du geschnitten und geschnitten. (…) Wenn eine Ecke wirklich schwer zu schneiden war, hast Du deine Zunge im Mund gerollt und zwischen die Zähne geschoben. Hast du das gemerkt? Schau mal auf das Foto, kannst du sehen, was gerade dein Mund macht?"

Zum einen finden sich hier neue Attribute wie „leuchtend" und „wild"; zum anderen wird die Anstrengung des Kindes verdeutlicht („geschnitten und geschnitten"). Darüber hinaus wird Sophie nicht nur durch die besonderen Beschreibungen inszeniert, sondern auch durch die Ansprache („Hast du das gemerkt") in die Inszenierung ihrer selbst einbezogen. Sophie ist aufgefordert, sich mit ihrem durch Mira dokumentierten Tun in ein Verhältnis zu sich selbst zu setzen. Die Inszenierung des kreativen, aktiven, kompetenten Kindes wird noch dadurch verstärkt, dass die Erzieherin von ihrem eigenen Lernprozess erzählt: „Und ich habe auch was gelernt von dir. Soll ich dir erzählen was? (…) Ich habe gelernt, dass wenn ich die Schere wie du halte ich nicht so oft das Blatt beim Ausschneiden drehen muss." Die Erzieherin als Lernende bezieht sich also in diese Erzählung ein. Dies tut sie in einer Weise, in der die Beschreibungen ihres eigenen Handelns den Hintergrund bilden, vor dem das Tun des Kindes zwangsläufig besonders positiv, besonders kreativ und besonders erfolgreich erscheint. Wir können mit Latour (2006) diese Selbstthematisierung der Erzieherin als einen „(...) Kniff, um den Kontrast zu erhöhen, eine einfache Vorrichtung, um den Hintergrund zu vermindern oder eine weitere Kolorierungsprozedur" (ebd.: 282) fassen, die bei Gleichbleiben aller anderen Dinge genügen, um „eine unglaubwürdige Aussage in eine glaubwürdige zu verwandeln" (ebd.). Nach unserem Verständnis wird hier durch die Beschreibung der vom Kind lernenden Erzieherin die Glaubwürdigkeit des Bildes – eines ausgesprochen kreativen und in jeder Hinsicht positiv attribuierten Kindes – erhöht und plausibilisiert.

4. Das ‚Auge bewehren': Beobachtung und Dokumentation als Inskriptionsinstrumente in der Frühpädagogik

> *„Die meisten komplexen Phänomene in der Welt werden niemals anders als durch das ‚bewehrte' Auge der Inskriptionsmittel gesehen"*
>
> Bruno Latour (2006: 282).

In den wenigen wissenschaftlichen Auseinandersetzungen zur frühpädagogischen Praxis der Beobachtung und Dokumentation überwiegen bislang professionstheoretische, praxisanalytische und performativitätstheoretische Perspektiven. Zum Gegenstand der Forschung werden vor allem die Vollzugslogiken der Praxis und zumeist damit auch eine handlungszentrierte Perspektive. Diese Vollzugslogiken zu befragen, erscheint uns genauso wichtig, wie die Frage nach den Übersetzungs-, Inszenierungs- und Konstitutionsprozessen, die damit einhergehen. Wir hingegen haben versucht zu zeigen, welche Potenziale in einer Analyse liegen, die besonders die Handlungsmächtigkeit der Dinge und deren Fähigkeit, Wissen in Bewegung zu setzen und zu halten, fokussiert.

Abschließend wollen wir danach fragen: Wer ist Sophie? Dies ist keine banale Frage; denn die Analyse der oben angeführten Dokumente zeigt, dass ‚Sophie' *jeweils anders* gezeichnet wird. Im besten Wortsinne Latours wird die Inskription ‚Sophie' *zusammen gezogen* (‚*drawn together*') – über mehrere Orte und unterschiedliche Bilder hinweg. Das, was Sophie *ist*, oder als was sie *erscheint*, ist nicht die reale Person *sophie*, sondern ist konstruiert, ist die Inskription *SOPHIE*. Was aber sieht man von der Person *sophie*, wenn sie mit dem bewehrten Auge der Inskriptionsmittel an verschiedenen Stellen (in der Kaskade, in der Schrittigkeit des Verfahrens) jeweils unterschiedlich als *SOPHIE* gezeichnet, erzeugt und inszeniert wird?

Damit wird zugleich die Frage nach dem *Verhältnis von realer Person sophie und der Inskription SOPHIE* aufgeworfen. Im Lichte der Inszenierung in den

BuLG scheint das, was als *unterstellte reale Person sophie* gefasst werden kann, zu verschwinden. Nach unserer Auffassung ist bei der Verwendung des Begriffs von Inszenierung, der eine Analyse der Wissensformationen intendiert, ein Rückfragen *hinter* die Inszenierung problematisch, da Wissen unabhängig von seinem Gehalt immer in eine Form gebracht werden muss, damit es aufgegriffen werden kann. Genau darin besteht unser Zugriff auf die BuLG, der die frühpädagogischen Debatten um diesen bislang vollkommen ausgeblendeten Aspekt erweitert. Dies ist insofern notwendig, da mit der Etablierung von offenen Beobachtungs- und Dokumentationsverfahren als Instrumente des Erkennens und Verstehens der Bildungsprozesse von Kindern davon ausgegangen wird, dass *SOPHIE* als reale Person *sophie* erkannt werden kann und verstehbar wird. Hierdurch wird *sophie* für pädagogische Ansinnen und Prozesse bearbeitbar gemacht und als Adressatin frühpädagogischer Bemühungen überhaupt erst hergestellt.

So lässt sich begründet vermuten, dass das den Beobachtungsverfahren zugrunde liegende Anliegen darin besteht, ein Wissen über Kinder aus der Flüchtigkeit des Blicks der Erzieherin in ein sich bildendes Kind *zu übersetzen*. Damit sind Verfahren der Beobachtung und Dokumentation u. E. als Technologien der Sichtbarmachung dieses ‚Kindes der Frühpädagogik' zu verstehen. Zugleich bieten solche Technologien die Instrumente dafür, komplexe soziale Zusammenhänge überhaupt erst in ein *pädagogisch bearbeitbares und zu bearbeitendes* Phänomen – eben dieses ‚Kind der Frühpädagogik' – zu übersetzen.

In den Verfahren wird, wie wir zeigen konnten, vielfältiges Wissen erzeugt. Latour nun stellt das Werkzeug dafür zur Verfügung, den Blick auf diese Prozesse der Erzeugung und der Zirkulation von Wissen zu richten. Das Verfahren in seiner ihm immanenten Logik geht davon aus, dass Wissen produziert und in besonderer Weise kanalisiert werden kann, d. h. dass das Wissen der einzelnen Verfahrensschritte letztlich in eine Lerngeschichte *mündet*. Eine solche Logik aber lässt sich mit dem Begriff der Kaskade irritieren: Wissen wird im Sinne der Inskriptionsprozesse eben nicht ‚geschleust' oder ‚gefiltert', sondern es zirkuliert in unberechenbarer, wenigstens nicht zielgerichteter Weise. Das Wissen über ein Kind kann sich, wie die Analyse zeigte, aus den verschiedensten Quellen und Zuflüssen generieren.

Genau dieser Gedanke ist es, den wir faszinierend finden, und zwar insofern als er die Fragen danach, was sich in der Black Box zwischen sozialem Phänomen und der Inskription ‚ereignet', in besonderer Weise zu stellen ermöglicht. Mit diesem Gedanken treten die Fragen nach der Optimierung eines Verstehen- und Erkennen-Wollens (und die damit verbundene Grundannahme des Verstehen-und-Erkennen-Könnens) kindlichen Tuns durch die Erzieherin in den Hintergrund zugunsten eines Blicks auf die Konstituierungsprozesse des so hervorgebrachten Kindes.

Wir kehren abschließend zu der eingangs zitierten Frage des Frühpädagogen Gerd E. Schäfer „Wozu brauchen wir Dokumentationen?" (2005b: 176) zurück. Sowohl Latours Forschung als auch die Verständigungen im Feld der Frühpädagogik kreisen unter anderem um die Frage danach, welchen Stellenwert, welche Funktion oder welche Bedeutung Dokumentationen zugesprochen und welche Effekte durch sie hervorgerufen werden. Unabhängig von den Antworten darauf ist hier die Beobachtung interessant, dass die Beantwortung der Frage sowohl in professionell-konzeptionellen Texten der Frühpädagogik als auch in den Bildungsplänen u. ä. ein zentrales Anliegen zu sein scheint: Mit der verbindlichen Einführung der Aufgabe der Dokumentation kindlichen Tuns, an die sich Ideen von Sicherstellung der Qualität pädagogisch-professionellen Handelns knüpfen, wird die Suche nach Antworten darauf, *wozu* dokumentiert werden muss, anscheinend unausweichlich. Wenn Schäfer in der Beantwortung dieser Frage also davon spricht, Dokumentationen seien eine „Piazza", „ein externes Gedächtnis für die Kinder" oder ein „Schaufenster" (Schäfer 2005b: 176f.), so zeigen sich daran in eindrücklicher Weise die Versuche des Feldes, Dokumentationen mit Sinn auszustatten. Überdies deutet es – auf einer analytischen Ebene – darauf hin, dass diese Dokumentationen mit den Begriffen Latours als Inskriptionen zu denken sind. So könnte man beispielsweise darüber nachdenken, inwiefern eine ‚Piazza' dem Ort, an dem Wissen über das Kind verhandelt wird, nach Latour: dem ‚Setting' entspricht. Latour spricht auch davon, dass die „Macht der Inskriptionen" in der „sonderbare[n] Tendenz liegt, das Geschriebene zu privilegieren" (Latour 2006: 293). Genau diese Macht der Inskriptionen lässt sich im Feld der Frühpädagogik derzeit beobachten, wenn diese Formen der Dokumentation kindlichen Tuns favorisiert und verbindlich eingeführt und evaluiert werden. Die Rolle, die Inskriptionen hier spielen, ist nicht hoch genug einzuschätzen; denn sie verschaffen den „einzigartigen Vorteil" (ebd.: 276), das ‚Kind der Frühpädagogik' sichtbar zu machen und zeigen zu können. Schließlich liegen in den erstellten Dokumenten Beweise für seine Existenz vor. Es scheint derzeit kaum möglich zu sein, kindliches Tun anders einzuschätzen als ein auf ‚Bildung' ausgerichtetes Tun.

Auffällig an der von uns analysierten Lerngeschichte ist, dass – und wie – die Eigentätigkeit des Kindes Sophie ins Zentrum der Überlegungen, Diskussionen und Entscheidungen gestellt wird. Schon in der Aussage des eingangs zitierten Abschnitts des sachsen-anhaltinischen Bildungsprogramms (2004), dass „Bildung (...) als Aktivität der Kinder" zu begreifen sei (ebd.: 16) und das Handeln der Erzieherinnen nur auf der Grundlage der Analyse von Beobachtungen

„auf die ‚Bildungsbewegungen' jedes Kindes" antworten kann (ebd.), zeigt sich die Besonderheit des ‚Kindes der Frühpädagogik': Es ist dies immer ein ‚zu bearbeitendes' Kind. *Dass* das Kind bearbeitet werden *muss* und bearbeitet werden *kann*, steht außer Frage; d. h. nicht *ob*, sondern nur *wie* das Kind für das pädagogische Fachpersonal verhandelbar und bearbeitbar wird, steht zur Diskussion. Wenn *jegliche* Aktivität der Kinder als Bildung ausgewiesen wird, so stellt sich auch in *jeder* Beobachtung die Frage, welches pädagogische Handeln dem Anspruch der als notwendig vorausgesetzten pädagogischen Bildungsbegleitung am ehesten gerecht wird.

Im Anschluss an die hier von uns eingenommene Perspektive – den Blick auf die Inskriptionspraxis zu richten – wäre nun weitergehend spannend, das Verhältnis von Besonderung eines einzelnen inskribierten Geschehens und der darauf basierenden pädagogischen Planung zur Gesamtheit des sozialen Geschehens in Kindertagesstätten zu klären. Des Weiteren wäre es interessant und aufschlussreich, den Fragen von Narrativität und Bildlichkeit in den durch BuLG erzeugten Texten nachzugehen.

Abschließend bleibt festzuhalten, dass unsere Ergebnisse an bestehende Diskussionen anschließen, die im sozial- und erziehungswissenschaftlichen Diskurs über die Institutionalisierung von Kindheit geführt werden (Zeiher 2009, Kelle 2010, Honig 1999, 2009a, Cloos/Schulz 2011a, Bollig 2011). In Bezug auf diesen Diskurs könnte nun gefragt werden, inwiefern eben solche ‚offenen' Beobachtungs- und Dokumentationspraktiken zur Institutionalisierung der frühen Kindheit beitragen. Es wäre zu untersuchen, inwiefern die Verfahren als Teil all jener sozialen „Prozesse, Diskurse, und rechtlicher, zeitlicher und räumlicher Strukturen, die (…) das Leben der Kinder formen" (Zeiher 2009: 105), firmieren: *Wie* werden Kinder durch diese Verfahren in institutionellen Settings der Frühpädagogik „zugänglich" gemacht, *wie* wird ihre pädagogische Fremdheit vermessen und wird damit die Fremdheit letztlich aufgehoben? Alfred Schäfer befasst sich eingehend mit der Bearbeitung der „grundlegenden pädagogischen Paradoxie", welche darin liegt, „die Fremdheit des Kindes" einerseits zu konstatieren und sie andererseits „aufzuheben und ihr gerade durch ihre Negation gerecht" (Schäfer 2007b: 8) werden zu müssen. Die sich im Anschluss daran stellende Frage wäre dann: Widmen sich womöglich alle diese Verfahren der Bearbeitung der grundlegenden pädagogischen Paradoxie: dem Erkennen des nichterkennbaren, des fremden Kindes (vgl. Schäfer 2007b) und müssen demzufolge Beobachtungs- und Dokumentationsverfahren im Feld der Frühpädagogik als „Entparadoxierungsstrategien" (ebd.: 12) gefasst und untersucht werden?

Literatur

Andres, Beate (2002): Beobachtung und fachlicher Diskurs. In: Laewen/Andres (2002a): 100-108

Andres, Beate/Laewen, Hans-Joachim (2011): Das infans-Konzept der Frühpädagogik – Zur Umsetzung des Bildungsauftrags von Kindertagesstätten. Weimar: Verlag das Netz

Belliger, Andréa/Krieger, David J. (Hrsg.) (2006): ANThology. Ein einführendes Handbuch zur ANT. Bielefeld: transcript

Beudels, Wolfgang/Haderlein, Ralf/Herzog, Sylvia (2012): Handbuch Beobachtungsverfahren in Kindertageseinrichtungen. Dortmund: Verlag Modernes Lernen

Bollig, Sabine (2011): Notizen machen, Bögen ausfüllen, Geschichten schreiben. Analytische Perspektiven auf die materialen Praktiken der bildungsbezogenen Beobachtung von Kindern im Elementarbereich. In: Cloos/Schulz (2011): 33-48

Bollig, Sabine/Schulz, Marc (2012): Die Aufführung des Beobachtens. Eine praxisanalytische Skizze zu den Praktiken des Beobachtens in Kindertageseinrichtungen. In: Hebenstreit-Müller/Müller (2012): 89-103

Bundesjugendkuratorium (2002): Bildung ist mehr als Schule. Leipziger Thesen zur aktuellen bildungspolitischen Debatte. Gemeinsame Erklärung des Bundesjugendkuratoriums, der Sachverständigenkommission des Elften Kinder- und Jugendberichts und der Arbeitsgemeinschaft für Jugendhilfe. URL:http://www.bundesjugendkuratorium.de/pdf/19992002/bjk_2002_bildung_ist_mehr_als_schule_2002.pdf

Bundesjugendkuratorium (2004): Bildung fängt vor der Schule an! Zur Förderung von Kin-dern unter sechs Jahren. Positionspapier des Bundesjugendkuratoriums. URL: http://www.bundesjugendkuratorium.de/pdf/20022005/bjk_2004_bildung_faengt_vor_der_schule_an.pdf

Carr, Margaret (2001): Assessment in Early Childhood Settings. Learning Stories. London: Sage

Carr, Margaret/Lee, Wendy (2012): Learning Stories. Constructing Learner Identities in Early Education. L.A. London: Sage

Calvino, Italo (2000): Herr Palomar. München: dtv

Cloos, Peter/Schulz, Marc (Hrsg.) (2011a): Kindliches Tun beobachten und dokumentieren. Perspektiven auf die Bildungsbegleitung in Kindertageseinrichtungen. Weinheim: Juventa

Cloos, Peter/Schulz, Marc (2011b): Kindliche Bildungsprozesse beobachten. Ethnografie einer professionellen Praxis in Kindertageseinrichtungen. In: Neue Praxis, Heft 2. 125-143

Combe, Arno/Helsper, Werner (Hrsg.) (1996): Pädagogische Professionalität. Frankfurt/M.: Suhrkamp

Ehrenspeck, Yvonne/Rustemeyer, Dirk (1996): Bestimmt unbestimmt. In: Combe/Helsper (1996): 368-390

Fried, Lilian/Roux, Susanna (Hrsg.) (2006): Pädagogik der frühen Kindheit. Handbuch und Nachschlagewerk. Berlin: Cornelsen Scriptor

Gewerkschaft Erziehung und Wissenschaft (Hrsg.) (2009): Bildung sichtbar machen. Von der Dokumentation zum Bildungsbuch. Weimar: Verlag das Netz

Hebenstreit-Müller, Sabine/Müller, Burkhard (Hrsg.) (2012): Beobachtungen in der Frühpädagogik. Praxis – Forschung – Kamera. Weimar: Verlag das Netz

Hebenstreit-Müller, Sabine (2012): Kita-Pädagogik als Blickschule: Wie eine forschende Haltung entsteht. Pestalozzi-Fröbel-Haus. Berlin (DVD)

Hebenstreit-Müller, Sabine/Kühnel, Barbara (2004): Kinderbeobachtung in Kitas. Erfahrungen und Methoden im ersten Early Excellence Centre in Berlin. Berlin: Dohrmann Verlag

Hebenstreit-Müller, Sabine/Mohn, Bina-Elisabeth (2007): Kindern auf der Spur. Kita-Pädagogik als Blickschule. Kameraethnografische Studien. Göttingen: IWF Wissen und Medien (DVD)

Honig, Michael-Sebastian (1999): Entwurf einer Theorie der Kindheit. Frankfurt/M.: Suhrkamp

Honig, Michael-Sebastian (Hrsg.) (2009a): Ordnungen der Kindheit. Problemstellungen und Perspektiven der Kindheitsforschung. Weinheim: Juventa

Honig, Michael-Sebastian (2009b): Betreuung, Erziehung und Bildung in früher Kindheit aus der Perspektive der Kindheitsforschung. In: Willems (2009): 1315-1323

Honig, Michael-Sebastian (2010a): Beobachtung (früh-)pädagogischer Felder. In: Schäfer/Staege (2010): 91-101

Honig, Michael-Sebastian (2010b): Auf dem Weg einer Theorie betreuter Kindheit. In: Wittmann/ Rauschenbach/Leu (2010): 181-197

Jergus, Kerstin/Koch, Sandra/Thompson, Christiane (2013, i.E.): Darf ich dich beobachten? Zur ‚pädagogischen Stellung‘ von Beobachtung in der Frühpädagogik. In: Zeitschrift für Pädagogik 59. Ms.

Jergus, Kerstin/Thompson, Christiane (2011): Die Politik der Bildung – eine theoretische und empirische Analyse. In: Reichenbach/Koller/Ricken (2011): 103-123

Kelle, Helga (Hrsg.) (2010): Kinder unter Beobachtung: Kulturanalytische Studien zur pädiatrischen Entwicklungsdiagnostik. Opladen: Barbara Budrich

Laewen, Hans-Joachim/Andres, Beate (Hrsg.) (2002a): Forscher, Künstler, Konstrukteure. Werkstattbuch zum Bildungsauftrag in Kindertagesstätten. Weinheim: Beltz

Laewen, Hans-Joachim/Andres, Beate (2002b): Bildung und Erziehung in der frühen Kindheit. Bausteine zum Bildungsauftrag von Kindertageseinrichtungen. Weinheim: Beltz

Latour, Bruno (2002a): Die Hoffnung der Pandora. Untersuchungen zur Wirklichkeit der Wissenschaft. Frankfurt/M.: Suhrkamp

Latour, Bruno (2002b): Zirkulierende Referenz. Bodenstichproben aus dem Urwald des Amazonas. In: Latour (2002a): 36-95

Latour, Bruno (2004): Von ‚Tatsachen‘ zu ‚Sachverhalten‘: Wie sollen die neuen kollektiven Experimente protokolliert werden? In: Schmidgen/Geimer/Dierig (2004): 17-36

Latour, Bruno (2006): Drawing Things Together: Die Macht der unveränderlich mobilen Elemente. In: Belliger/Krieger (2006): 259-307

Latour, Bruno (2007): Eine neue Soziologie für eine neue Gesellschaft. Einführung in die Akteur-Netzwerk-Theorie. Frankfurt/M.: Suhrkamp

Latour, Bruno (2011): The more manipulations, the better... URL: http://bruno-latour.fr/sites/default/files/P-158-WOOLGAR-IMAGE.pdf (24.2.2012)

Lenzen, Dieter (1997): Lösen die Begriffe Selbstorganisation, Autopoiesis und Emergenz den Bildungsbegriff ab? In: Zeitschrift für Pädagogik, 43. Heft 6. 949- 967

Leu, Hans Rudolf (2006). Beobachtung in der Praxis. In: Fried/Roux (2006): 232-243

Leu, Hans Rudolf/Flämig, Katja/Frankenstein, Yvonne/Koch, Sandra/Pack, Irene/Schneider, Kornelia/Schweiger, Martina (2007): Bildungs- und Lerngeschichten. Bildungsprozesse in früher Kindheit beobachten, dokumentieren und unterstützen. Weimar: Verlag das Netz

Ministerium für Schule, Jugend und Kinder des Landes Nordrhein-Westfalen (2003): Bildungsvereinbarung NRW. Fundament stärken und erfolgreich starten. Düsseldorf: Ministerium für Schule, Jugend und Kinder

Ministerium für Gesundheit und Soziales Sachsen-Anhalt (2004): Bildung: Elementar – Programm für Bildung in Tageseinrichtungen für Kinder in Sachsen-Anhalt. Magdeburg: Ministerium für Gesundheit und Soziales Sachsen-Anhalt

Müller, Sebastian (2009a): Keine Angst vor dem leeren Blatt. Schreibwerkstatt Teil 1: Pädagogische Fachkräfte brauchen verschiedene Textsorten für verschiedene Adressaten. In: Kindergarten Heute. Heft 1. 24-27

Müller, Sebastian (2009b): Keine Angst vor dem leeren Blatt. Schreibwerkstatt Teil 2: Beobachtungen kreativ festhalten. In: Kindergarten Heute. Heft 2. 24-26

Müller, Sebastian (2009c): Keine Angst vor dem leeren Blatt. Schreibwerkstatt Teil 3: Schreiben für Eltern. In: Kindergarten Heute. Heft 3. 37-39

Niedersächsisches Kultusministerium (Hrsg.) (2005): Orientierungsplan für Bildung und Erziehung im Elementarbereich niedersächsischer Tageseinrichtungen für Kinder. URL: http://www.mk.niedersachsen.de/portal/live.php?navigation_id=25428&article_id=86998&_psmand=8

Reichenbach, Roland/Koller, Hans-Christoph/Ricken, Norbert (Hrsg.) (2011): Erkenntnispolitik und die Konstruktion pädagogischer Wirklichkeiten. Paderborn: Schöningh

Ricken, Norbert (2006): Die Ordnung der Bildung. Beiträge zu einer Genealogie der Bildung. Wiesbaden: VS

Schäfer, Alfred (Hrsg.) (2007a): Kindliche Fremdheit und pädagogische Gerechtigkeit. Paderborn: Schöningh

Schäfer, Alfred (2007b): Einleitung: Kindliche Fremdheit und pädagogische Gerechtigkeit. In: Schäfer (2007a): 7-24

Schäfer, Gerd E. (Hrsg.) (2005a): Bildung beginnt mit der Geburt. Ein offener Bildungsplan für Kindertageseinrichtungen in NRW. Weinheim: Beltz

Schäfer, Gerd E. (2005b): Beobachten und Dokumentieren. In: Schäfer (2005a): 164-178

Schäfer, Gerd E./Staege, Roswitha (Hrsg.) (2010): Frühkindliche Lernprozesse verstehen. Ethnographische und phänomenologische Beiträge zur Bildungsforschung. München: Juventa

Schmidgen, Henning/Geimer, Peter/Dierig, Sven (Hrsg.) (2004): Kultur im Experiment. Berlin: Kadmos

Senatsverwaltung für Bildung, Jugend und Sport Berlin (2004): Berliner Bildungsprogramm für die Bildung, Erziehung und Betreuung von Kindern in Tageseinrichtungen bis zu ihrem Schuleintritt. Berlin: Verlag das Netz

Tenorth, Heinz-Elmar (1997): „Bildung" – Thematisierungsformen und Bedeutung in der Erziehungswissenschaft. In: Zeitschrift für Pädagogik 43, Heft 6. 969-984

Thüringer Ministerium für Bildung, Wissenschaft und Kultur (2008): Thüringer Bildungsplan für Kinder bis 10 Jahre. Weimar: Verlag das Netz

Weingart, Peter (2003): Wissenschaftssoziologie. Bielefeld: transcript

Wittmann, Svendy/Rauschenbach, Thomas/Leu, Hans Rudolf (Hrsg.) (2010): Kinder in Deutschland. Eine Bilanz empirischer Studien. München: Juventa

Zech, Heike Juliane (2010): Kaskaden in der deutschen Gartenkunst des 18. Jahrhunderts. Vom architektonischen Brunnen zum naturimitierenden Wasserfall. Berlin: LIT Verlag

Zeiher, Helga (2009): Ambivalenzen und Widersprüche der Institutionalisierung von Kindheit. In: Honig (2009a): 103-126

Inszenierung und Studentsein

Angela Höller / Kristin Scholz / Sabrina Schröder / Pauline Starke

1. Einleitung

‚Make love‘ lautet der Titel eines vor Kurzem veröffentlichen Aufklärungsbuches, das vor allem aufgrund seiner Fotografien und dem damit verbunden Anspruch – „Wir wollen Sex zeigen, wie er wirklich ist. Diese Bilder sind nicht inszeniert, sie zeigen etwas von der Nähe und Intimität zwischen zwei Menschen" (Henning/Bremer-Olszewski 2012: 2) – für Aufsehen in der Medienwelt sorgte. Neben vermutlich zahlreichen anderen Möglichkeiten dieses Buch unter einer pädagogischen Perspektive zu problematisieren, interessiert im Folgenden ausschließlich der Verweis auf eine explizit nicht-inszenierte Darstellungsweise. Diese markiert ein bestimmtes Verständnis von Inszenierung, das mit den Kategorien *Sein* und *Schein* operierend für sich beansprucht, die Wirklichkeit erfassen oder zeigen zu können – sie zu repräsentieren. Solcherlei identifikatorische Positionierungen der Abbildung einer vorgängigen Wirklichkeit unterschlagen, dass es stets (eines Mediums) des Ausdrucks bedarf – sei dies wie im eben genannten Beispiel eine Fotografie oder auch die Sprache[1] – mittels dessen Wirklichkeit *als Wirklichkeit* erst einmal gezeigt, benannt oder ausgewiesen wird.

Als Vermittelndes verbindet und trennt das *Medium,* es bringt zur Erscheinung und verstellt zugleich. Erst über das Medium der Sprache konstituieren sich jene Instanzen, durch die sich und mit denen wir unsere Selbst- und Weltverhältnisse strukturieren. Das, was als Welt oder Wirklichkeit erscheint, wird in Ausdrucksformen wie z. B. der Rede hervorgebracht, indem die Rede wechselseitig (sprachlich) dargeboten wird. Daraus resultiert im Vergleich zu der oben genannten Perspektive eine Verschiebung, die den Aufführungscharakter, die situative Darstellung dessen, was als Wirklichkeit ausgewiesen wird, betont. Sie gründet sich somit ausschließlich im *Vollzug*: im Reden, Erkennen, Verstehen usw. Da-

---

[1] Allgemein wird hierbei davon ausgegangen, dass der Wirklichkeit nicht von sich aus Bedeutung zukommt. Vielmehr bedarf es dazu sozialer Praxen. Diese können in mannigfaltiger Form auftreten: u. a. als Geste, Text, Sprache, Film, Fotografie, Handlungen.

mit scheint es unmöglich, Anfang und Ende der Inszenierung zu markieren – das Sein vom Schein zu trennen.

Andreas Hetzel, der sich in seinem Buch „Die Wirksamkeit der Rede" (2011a) vornehmlich auf die antike Rhetorik bezieht, und das eben ausgeführte Verständnis sprachphilosophisch betrachtet, schreibt hierzu: „Zwischen *Sein* und *Schein* lässt sich hier ebenso wenig trennen wie zwischen *res* und *verbum*, beide Begriffspaare bilden differentielle Einheiten" (Hetzel 2011a: 329, Hervorh. i. O.),[2] die er als Teil der Rede, so könnte man anschließen, durch zwei Dimensionen charakterisiert: *Negativität* und *Performativität*. Mit der Wendung vom Sein zum praktischen Vollzug eröffnet sich ein Raum, der, bezogen auf die Sprache, über die Ebene der Sinnerzeugung oder des Sinnverständnisses hinausweist. Es zeigt sich etwas im oder durch das Sprechen, das sich dem „Verstehen[.] verweigert" (Mersch o. J.: 2) und auf diese Weise die Frage der Wirksamkeit der Sprache betont.

Mit der Verlagerung auf die *Wirksamkeit* ist nun eine Perspektive eröffnet, in der dem Inszenierungsbegriff eine spezifische und eine von der ‚Sein-Schein-Differenzierung' unterschiedene Bedeutung zukommt. Genau jene Bewegung nachzuzeichnen, die es erlaubt, den Inszenierungsbegriff fernab einer ‚Sein-Schein-Bestimmung' zu entwickeln, soll Inhalt des theoretischen Teils dieser Arbeit sein. Angesprochen ist hiermit eine sprachphilosophisch-pragmatische Perspektive, deren systematische Annahmen und theoretische Implikationen zunächst anhand der Argumentation Hetzels expliziert werden. Diese bildet im Folgenden den Rahmen, innerhalb dessen in einem zweiten Schritt versucht wird, einen *Begriff von Inszenierung* zu entwickeln – einen, der es erlaubt zu beschreiben, wie etwas als notwendig hervorgebracht und gleichzeitig in seiner Hervorbringung unausweichlich von seinem eigenen Scheitern begleitet wird.

Neben dem theoretisch-systematischen Anliegen, das uns antrieb und eine genauere Betrachtung des Inszenierungsbegriffs forderte, ist es uns ebenso wichtig, nicht auf dieser Ebene zu verweilen. Es stellt gleichzeitig die Vorarbeit dazu dar, sich einem konkreten Material zu nähern – in unserem Fall einem Text aus der Online-Ausgabe des Spiegels im Februar 2010 von Klaus Werle (2010a),[3] der ‚das Studentsein' thematisiert und den Titel „Studenten im Optimierungswahn. Karriere, Karriere, Knick" trägt. Analysiert wird demgemäß, unter welchen rhe-

---

2   Diesem Verständnis von Wirklichkeit widmet Hetzel (2011a: 326-339) ein ganzes Kapitel: „Die Positivierung des Scheins". In der Kontrastierung des Sprachverständnisses Platons mit dem der Sophisten stellt er heraus, dass Schein nur so lange existiert, wie es das Sein an sich gibt, ein Reich der Ideen, des Göttlichen und Wahren. Doch auch dieses muss zur Erscheinung gebracht werden, was die Sophisten zu der Annahme führte, es sei nicht sinnvoll wäre, von einem Sein hinter jedem Schein auszugehen (vgl. Hetzel 2011b: 47f.).

3   Siehe dazu ebenso Werle (2010b: 78-102) unter „Generation Lebenslauf. Wie das Studium zur Zertifikatemaschine wurde".

torischen Bemühungen hier eine bestimmte Wirklichkeit erzeugt wird. Eine Wirklichkeit, die Sachverhalte als notwendige oder ‚natürliche' erscheinen lässt. Damit ist noch nichts darüber ausgesagt, welcher Status diesen rhetorischen Wirklichkeitserzeugungen praktisch zukommt: Wie sich *Subjekte* zu der im Text hervorgebrachten *Wirklichkeit* konkret verhalten, bleibt offen. Es gilt also, gerade auf jener rhetorischen Ebene des Textes zu verweilen, ohne Diskurse oder Dispositive mit ihren machttheoretischen Implikationen zu rekonstruieren, obwohl dies an anderer Stelle ein lohnendes Projekt darstellen würde. Unser Anliegen ist bescheidener und begnügt sich damit, einen anderen Blick auf das eröffnen zu können, was gesellschaftliche Wirklichkeit heißt, nämlich einen, der in der Lage ist, ihren scheinbar natürlichen Charakter zu prüfen und auf ihre Ambivalenzen, Heterogenitäten und Kontingenzen aufmerksam zu machen.

2. Theoretischer Hintergrund

Nähert man sich dem Begriff von Inszenierung, so wird ersichtlich, dass dieser auf unterschiedliche Weise in Anschlag gebracht wird. Bei Wikipedia[4] finden sich folgende Definitionsversuche:

Das Wort ‚Inszenierung' leitet sich von dem griechischen Begriff σκηνή (skene): zu Deutsch „Zelt" her und beschreibt 1. die mediale Inszenierung von Wirklichkeit: „Massenmediale Präsentationen wie Berichterstattung, Übertragungen von politischen oder kulturellen Ereignissen, Sport etc. bedingen eine gestaltende Inszenierung. Auswahl, Einsatz der Technik, Darstellungsweise, Kommentare und Wertungen lassen beim Rezipienten ein Bild entstehen, das vielfach als „inszenierte Wirklichkeit" beschrieben wird. Die Medienkritik sieht darin eine Verfälschung der Wirklichkeit. 2. Als Selbstinszenierung gefasst „nimmt jemand eine bewusste Pose vor Zuschauern oder der Kamera ein oder übt (allgemeine) Kontrolle über das Bild aus, das sich von ihm gemacht wird." 3. Beschreibt Inszenierung im Bereich der darstellenden Kunst das Einrichten und die öffentliche Zurschaustellung eines Werkes oder einer Sache. Etwas zu inszenieren bedeutet hier, gemäß der Vorstellung von August Lewald im 19. Jahrhundert „ein Werk vollständig zur Anschauung bringen, um durch äußere Mittel die Intention des Dichters zu ergänzen und die Wirkung des Werkes zu verstärken."

Deutlich wird hierdurch, dass Inszenierung hauptsächlich drei Formen der Verwendung aufweist: Erstens beschreibt sie das Sprechen über eine mediale Inszenierung von Wirklichkeit, die mit der In-Beziehung-Setzung von verfälschter

---

4 Siehe http://de.wikipedia.org/wiki/Inszenierung (Zugriff: 29.11.2012)

und ‚wirklicher Wirklichkeit' durch Massenmedien operiert. Zweitens stellt sie eine Form der öffentlichen Selbstdarstellung dar, z. B. Politikreden und drittens – diesmal in theaterwissenschaftlicher Konzeptualisierung – ein bewusstes In-Szene-Setzen eines bestimmten Bühnenstücks. Für alle drei Formen der Verwendung ist der Status von Wirklichkeit ein wichtiger Referenzpunkt, der es ermöglicht, eine Identifizierung von Wirklichem und Unwirklichem, Sein und Schein, absichtsvollen und absichtslosen Handlungen vorzunehmen – eine Identifizierung, die dem Subjekt als Kompetenz zugerechnet wird. Im Folgenden werden eben jene beiden Referenzpunkte (Wirklichkeits- und Subjektvorstellung) kurz ausgeführt, um diesen eine andere Konzeption entgegensetzen zu können. Im Fokus des Interesses steht daraufhin, welche Konsequenzen dies für eine (Neu-)Bestimmung von Inszenierung hat.

Wirklichkeit, wie sie in den oben genannten Definitionsversuchen gefasst wird, gilt dort als objektiver Bezugspunkt von Erkenntnis. Aus solch einer Position ist die soziale und materielle Welt an sich gegeben und kann von einem sich selbst transparenten Subjekt systematisch erschlossen werden. Das heißt, in dieser Perspektive ist es zunächst unproblematisch, zwischen Schein und Sein, Wahrheit und Lüge, echt und künstlich, glaubwürdig und unglaubwürdig zu differenzieren. Das Subjekt ist befähigt, sich der objektiven Welt zu ermächtigen: einer Welt, in der Problemlösungen grundsätzlich möglich sind. In anderen theoretischen Fassungen von Wirklichkeit erhält diese einen weniger bestimmten Charakter, der eben jene Identifikationen in Frage stellt. Eine solche Problematisierung des Wirklichkeitsverständnisses findet bspw. vor dem Hintergrund der Hinzunahme der sprachlichen Vermittlung von Wirklichkeit statt. Diese Perspektive kann im weitesten Sinne dem so genannten *linguistic turn* zugeordnet werden und beinhaltet „eine Umstellung aller zentralen Fragen [Erkenntnisfragen] auf solche *der Sprache* und *des Sprachgebrauchs*" (Hetzel 2011a: 15, Hervorh. A.H./K.S./S.Sch./P.S.). Gesetzt wird in einer solchen Perspektive eine doppelte Wirklichkeit: Auf der einen Seite gibt es eine Wirklichkeit, die unabhängig jeglicher subjektiven Aneignung existiert, auf der anderen Seite wird diese immer (via Sprache) konstruiert. Aussagen können in dieser Perspektive als wahr ausgewiesen werden, wenn sie mit den Dingen der Wirklichkeit übereinstimmen – also ‚objektive' und ‚subjektive' Wirklichkeit miteinander korrespondieren: „Ein Satz besagt nur das, was an ihm verifizierbar ist. Daher kann ein Satz, wenn er überhaupt etwas besagt, nur eine empirische Tatsache besagen" (Carnap, zit. nach: Hetzel 2011a: 16). Im Zentrum einer solchen Betrachtung stehen nicht Aussagen über die Realität, sondern eine für solche Realitätsaussagen angemessene Sprache, d. h. in dieser Perspektive avanciert die Sprache zum Instrument der Erkenntnis. Von diesem Verständnis noch einmal zu differenzieren ist der Zugang Hetzels (2011a), der jenes radikalisiert. Er richtet sich nicht lediglich gegen Vorstellungen, die Aussagen über die Dinge an sich, sondern auch gegen solche, die Aussagen über die Bedingungen der Möglichkeit von Erkenntnis treffen können. Er fokussiert nicht Sprache als System, sondern Rede als eine Form der Praxis, „die sich nicht darin erschöpft, den Bereich des Theoretischen zu stabilisieren, noch auch den Anspruch erhebt, den Grund allen Seins zu verkörpern" (ebd.: 17). Als Praxis ist die Rede Selbstzweck und somit grundlos. Diese Vorstellung leitet Hetzel systematisch aus der rhetorischen Strömung der Antike her, indem er die Aktualität der klassischen Rhetorik in Bezug auf die moderne Sprachphilosophie nach Wittgenstein und Austin hervorhebt (vgl. ebd.: 39). Zugleich übt er mit seinen Ausarbeitungen zur klassischen Redekunst eine dezidierte Kritik an einer handlungstheoretisch ausgerichteten Sprachpragmatik, die Sprache zum unproblematischen Erkenntnisobjekt macht und sie dadurch ihres welterzeugenden Charakters beraubt. Vor diesem Hintergrund zeigt sich auch die Tragweite der Differenzierung zwischen Sprache und Rede, welche eine vierfache Objektivierung von Sprache sichtbar macht[5].

Der antiken Rhetorik sei nach Hetzel eine solche Auffassung, welche über einen Sprachbegriff, der als allgemeines Prinzip der Repräsentation von Welt fungiert und so auf ein objektivierendes Wirklichkeits- sowie ein neuzeitliches Subjektverständnis verweist, nicht bekannt gewesen. Sie bezieht sich auf *Rede als Praxis* und nicht auf Sprache als identitäres Konzept (vgl. ebd.: 12ff.). Als Praxis verweist die Rede auf ihre Ereignishaftigkeit und Grundlosigkeit. Gleichzeitig findet damit eine Betonung der Wirksamkeit der Rede statt und somit eine Problematisierung des Konzeptes von Sprache, die dieses „zu dislozieren, (…) von subjektphilosophischen, transzendentalistischen und essentialistischen Annahmen zu befreien" (ebd.: 13) versucht. Mit dieser Fassung von Rede kann in einem anderen Maße auf die Aspekte von Adressierung, Situationalität und Wirksamkeit hingewiesen werden (vgl. Hetzel 2011b: 46).[6] Demnach schließen, so Hetzel, die modernen Konzepte von Performativität und Negativität in systematischer Hin-

---

5   Nach Hetzel wird Sprache aufgrund von vier fehlgeleiteten Annahmen bei beiden verobjektiviert: Sprache könne vergegenständlicht werden, da ein außersprachlicher Standpunkt möglich sei. Des Weiteren gelte Sprache als Handlungsinstrument eines intentionalen Subjekts. Außerdem bestehe die Möglichkeit der Angabe von transzendentalen Geltungsbedingungen von Sprache und die vierte Annahme beruht auf einer „Verkennung des Performativen" (Hetzel 2011a: 61, 54-72).

6   Bei diesen Bestimmungen von Rede kann es sich im Wesentlichen nur um brüchige, kontingente und unvollständige handeln, da es, nach Hetzel, nie darum gehen kann, „Sprache vollständig im Sinne eines explizit gemachten Erkenntnisgegenstandes zu verstehen oder gar zu klären; es kann nur darum gehen, vereinseitigende Erklärungen abzuweisen" (Hetzel 2011a: 71).

sicht an eben jenes problematisierende Verständnis von Rede an. Im Fortgang des Artikels werden diese ausbuchstabiert.

2.1 Negativität und Performativität der Rede

Hetzel fasst Rede weder begründungslogisch noch repräsentationalistisch, vielmehr geht er davon aus, dass sie nie das bezeichnet, was sie zu bezeichnen angetreten ist und sich systematisch verfehlt. Die *Negativität* der Rede beschreibt genau diese Grundlosigkeit. Das Verfehlen zeigt sich, so Hetzel, in der die Rede kennzeichnenden Form des Überschusses sowie in ihrem medialen Charakter. Stets scheint die Rede auf ihre Grundlosigkeit zu verweisen, bzw. zeigt sich die Grundlosigkeit in ihr. Dabei sind die beiden Formen (Überschuss/medialer Charakter) keine voneinander zu trennenden Aspekte, vielmehr verweisen sie stets in paradoxer Weise aufeinander: „Beide Seiten beziehen sich aufeinander nur in ihrem Unterschiedensein" (Hetzel 2011a: 10f.) und tangieren sich folglich in ihrer Differenz.

Der *mediale Charakter* der Rede zeigt sich gemäß Hetzel darin, dass es durch das Sprechen nur einen vermittelten und keinen unmittelbaren Zugang zu den Gegenständen gibt. „Ein reines Denken vor oder jenseits dieser Vermittlungsbewegung wäre demgegenüber eine Denkunmöglichkeit" (ebd.: 44). Hierin gründet sich die Produktivität solcher sprachlichen Einsätze, als unabwendbare und permanente Hervorbringung. So kann auch das, was Wirklichkeit heißt, nicht in Absolutheit sprachlich gefasst werden (vgl. ebd.: 45) bzw. kann jede Form der Verabsolutierung als eine durch die Rede selbst hervorgebrachte charakterisiert werden. Dies ist eine Perspektive, die in poststrukturalistischen Theorien auf den Aspekt der Macht verweist und zwar in seiner doppelten Funktion als Schließungsversuch wie auch, bedingt durch die grundsätzliche Verfehlung jeder Fixierung, auf ihre generative Produktivität.

Dass wir über die Bedeutungen, also den Sinn von Welt, Handeln usw. verhandeln und wir dabei beständig scheitern, zeigt Rede als eine von einem *Überschuss* geprägte an. Gleichzeitig stellt dieser Überschuss die Voraussetzung dazu dar, von ‚Objekten der Welt' reden zu können, da der „Vollzug der Rede überhaupt erst die unterschiedenen Instanzen des Sprechers und seines Adressaten sowie des Denkens und der Welt" (ebd.: 44) setzt. Beispielsweise ist mit jedem Sprechen von einem ‚Ich' verwiesen auf einen Anderen (Du, Ihr, Wir usw.), auf ein Verhältnis. Dieses Sprechen repräsentiert nicht einfach gegebene Beziehungen zwischen z. B. ‚Ich' und ‚Du', sondern diese werden erst selbst im Sprechen eröffnet (vgl. ebd.: 70).

Das, was Rede heißt oder bedeutet, bleibt also auf verschiedenste Weise prekär und gerade darin konstitutiv für alle Selbst- und Weltverhältnisse, die mit ihr und durch sie entworfen werden. So können diese mit verschiedenen Denkfiguren in ihrem Problematischsein ausgewiesen werden. Beispielsweise wäre die Identifizierung eines Sprechens nur möglich, wenn es etwas außerhalb des Sprechens gibt, von dem her Sprechen als Sprechen ausgewiesen werden kann. Gleichzeitig lässt sich dies wiederum nur in der Rede selbst fassen. Daraus ergibt sich ein sich permanent problematisch werdender Zugang zu Wirklichkeit. Fasst man die oben aufgezeigte Sichtweise (Sein/Schein) vor dem Hintergrund dieser Überlegungen, so würde sich ein Bild ergeben, in dem sich ein Sprechen über die Welt erübrigt: alles wäre für jeden das, was es ist – wir wären im (göttlichen) Paradies, oder wie Žižek in Bezug auf Kant resümiert: in einem (göttlichen/satanischen) Marionettentheater, in dem alle nach den Einsätzen des ‚Großen Spielers/Schöpfers‘ gestikulieren und zu „leblosen Puppen"(Žižek 2001: 38) werden.[7] Entgegen einer solchen, für einige vielleicht reizvollen, für andere erschreckenden Vorstellung, betont die Perspektive Hetzels (2011a: 68) durch das Konzept der Negativität das dekonstituierende und konstituierende Moment der Rede selbst. Eben dies zeigt sich auch in den ‚Ausprägungen‘ der Rede, die einerseits sequenziell sind, indem sie beständig auf das ihr Vorausgehende und ihr Folgende verweisen, um in ‚Bewegung‘ bleiben zu können (vgl. ebd.: 52). Andererseits und synchron dazu, erscheint das Gesagte unter der Bedingung von Singularität. Hetzel markiert damit (diesmal anders zentriert) die unendliche Verweisstruktur des Sprechens, deren gleichzeitige Relationalität und Differenzialität.[8] So funktioniert z. B. das, was als ‚wirkliche Wirklichkeit‘ bezeichnet wird, allein in Abgrenzung zu einem Unwirklichen, Scheinbaren, Trügerischen usw. Diese Differenz ist keine substan-

---

7   Hierzu lässt Žižek wenig später Kant selbst sprechen: „Aber, statt des Streits, den jetzt die moralische Gesinnung mit der Neigung zu führen hat, in welchem, nach einigen Niederlagen, doch allmählich moralische Stärke der Seele zu erwerben ist, würden Gott und Ewigkeit, mit ihrer furchtbaren Majestät, uns unablässig vor Augen liegen, (...) so würden die mehresten gesetzmäßigen Handlungen aus Furcht, nur wenige aus Hoffnung und gar keine aus Pflicht geschehen, ein moralischer Wert der Handlungen aber, worauf doch allein der Wert der Person und selbst der der Welt in den Augen der höchsten Weisheit ankommt, würde gar nicht existieren. Das Verhalten der Menschen, so lange ihre Natur, wie sie jetzt ist, bliebe, würde also in einem bloßen Mechanismus verwandelt werden, wo, wie im Marionettenspiel, alle gut gestikulieren, aber in den Figuren doch kein Leben anzutreffen sein würde" (Kant, zit. nach: Žižek 2001: 38).

8   In einer zeichentheoretischen Konzeptualisierung fasst Derrida dies in seiner ‚Grammatologie‘. Hier macht er u. a. deutlich, dass nicht nur die Referenz eines Zeichens zur Disposition steht, sondern auch der Status des Zeichens selbst, da dieses immer an Voraussetzungen geknüpft ist, die nicht in der Äußerung selbst liegen (vgl. Derrida 1983: 17f.).

zielle, sondern vielmehr eine sprachlich erzeugte und beständig mangelhaft bleibende, die ausschließlich strategisch[9] verwendet werden kann.

Durch diese Unbestimmtheit gewinnt die *Performativität* der Rede bei Hetzel ihren konstitutiven Charakter. Rede gründet sich nicht in einem vorgängigen Grund, sondern ist selbst Wirkung ihrer eigenen Praxis, ihres eigenen Tuns. Performativität beschreibt das Zusammenfallen des Vollzugs des Sprechens mit der Wirksamkeit der Rede. Bedeutung erhält demzufolge das Gesprochene dadurch, dass es vollzogen wird, dass gesprochen wird. Wirksamkeit lässt sich nicht der Sprache als Eigenschaft zuschreiben, stattdessen entsteht diese immer wieder im Sprechen selbst. Sprechen erhält im jeweiligen Äußerungsereignis seine Relevanz, da es an den Raum und die Zeit seines Erscheinens gebunden ist. Die Rede ‚erhält' ihre Wirksamkeit als ein ‚Antworten' auf das Ereignis in der Situation bzw. auf die Unvollständigkeit der Situation selbst (vgl. Hetzel 2011b: 63, 69). Dass etwas als bedeutungsvoll gilt, gründet sich also im Erscheinen bzw. im Darstellen und nicht im Wort selbst (vgl. Hetzel 2011a: 36, 67).[10] Rede ist, so könnte man zusammenfassen, „von vornherein temporalisiert, sie existiert nicht außerhalb ihrer Produktion, ihrer performativen Hervorbringung, eine Produktion, die immer ein Moment der Neuproduktion enthält" (Moebius/Reckwitz 2008a: 17).[11] Dies stellt genau einen Einsatzpunkt dar, von dem her ebenso Fragen der Möglichkeit von Subversion gestellt werden und im Spannungsfeld von radikaler Unmöglichkeit (vgl. Žižek 2001)[12] und genereller Möglichkeit eine denkbare Beantwortung (vgl.

---

9   Es geht dabei nicht um einen intentional gesteuerten Prozess, bei dem die Folgen des Handelns planend vorweggenommen werden, sondern um ein komplexes Feld von Relationierungen, das eine Unterscheidung zwischen Ursache und Wirkung unmöglich macht. Obwohl weder eindeutig ist, was das Tun ausmacht, noch was die Folgen des Handelns sind, wird versucht, sich dieses komplexe Feld von Relationierungen anzueignen, indem versucht wird, es zu antizipieren. Insofern könnte man von einer Art gebrochenen Intentionalität sprechen, die durch eine doppelte Kontingenz gekennzeichnet ist: zum einen durch das, was antizipiert wird, zum anderen durch die Folgen der Antizipation.

10   „Das Wort erhält die Situation in ihrer ontologischen Unvollständigkeit, es hält sie im Werden. Es ließe sich mit einem Derridaschen Begriff auch als ‚Aufschub' der Behebung des Mangels bezeichnen. Die Rede antwortet auf ein Nichtwissen, eine Nichtfestgestelltheit des Seins, die sie zu kompensieren sucht und gleichzeitig kontinuiert" (Hetzel 2011b: 63).

11   Im Originaltext von Moebius und Reckwitz bezieht sich die Aussage auf „kulturelle Strukturen".

12   So schreibt Žižek (2001: 361ff.): „Wir haben es nur dann mir einem authentischen Akt zu tun, wenn das Subjekt eine Geste wagt, die nicht länger durch den ‚großen Anderen' ‚verdeckt' wird. (…) Einerseits überschätzt sie [Butler] das subversive Potenzial, das mit den Stören des Funktionierens des großen Anderen durch Praktiken der performative Umgestaltung/ Verschiebung verbunden ist: Derlei Praktiken unterstützen letztendlich, was sie unterlaufen wollen, (…). Andererseits jedoch lässt Butler die radikale Geste der gründlichen Neustrukturierung der hegemonialen symbolischen Ordnung in ihrer Gesamtheit nicht zu".

Butler 1991)[13] finden können. Doch was bedeutet das vorstellig gemachte Wirklich-keitsverständnis übertragen auf den Begriff der Inszenierung und des Subjekts?

2.2 Subjektverständnis

Rede als ein Verhältnis zwischen Wirksamkeit und Grundlosigkeit zu formulie-ren, hat systematische Auswirkungen auf das Subjektverständnis. Das Subjekt verliert seine Souveränität an die Sprache, wie auch die Sprache ihre Kraft an das Subjekt verliert (vgl. Hetzel 2011b: 69). „In einer gewissen Hinsicht *ist* Rede nichts anderes als die sich verkörpernde Abwesenheit des Grundes im Subjekt, im Sozialen und in der Welt" (Hetzel 2011a: 10).

   Durch die Wendung hin zur sprachlichen Erzeugung von Wirklichkeit ge-langt das, was Subjekt heißt, in eine Schlüsselposition. In ihm kreuzen sich jene paradoxalen Strukturen als Subjekt der Rede, denn die Rede steht nicht für sich, sondern bedarf eines/r (immer schon implizit mitgedachten) Sprechers/in. In ei-ner via Rede konstituierten Welt oder Wirklichkeit ist demnach auch das Subjekt eines, das durch sie erst hervorgebracht wird und als solches walten auch in ihm und durch es ‚die Kräfte' der Negativität und Performativität. So kann auch Het-zel in Rekurs auf Buber sagen, „dass das Geheimnis der Sprachwerdung und das der Menschwerdung eins sind" (ebd.: 385). In dieser Perspektive kann das Subjekt nur als ein dezentriertes gedacht werden – fernab der Vorstellung eines „rationa-len und sich selbst transparenten Agenten" als „homogene Einheit seiner Positio-nen" oder als „Grund oder Ursprung der Gesellschaft" (Laclau/Mouffe 2006: 145).

   Auch in Bezug auf das Subjekt gilt also die schon oben ausgeführte Absa-ge an jegliche Form des Essentialismus. Alles was ‚ist', muss zur Erscheinung gebracht werden. „Der Mensch wird zum Subjekt, weil er sich zu dem erst ma-chen muss, was er schon ist, weil er das Leben führen muss, welches er lebt" (Plessner, zit. nach: Bröckling 2007: 19). Dieses verweist auch auf die Situatio-nalität, Ereignishaftigkeit, Negativität, Performativität der sprachlichen Hervor-bringung des Subjekts. Das Sprechen des Subjektes, das nie ganz sein Eigenes ist, subjektiviert es, unterwirft es einer Ordnung und lässt es zugleich mit dieser Ordnung brechen, weil in der Rede immer etwas enthalten ist, was nicht in ihr aufgeht. Unterwerfung und Ermächtigung bilden so eine sich wechselseitig kon-stituierende differentielle Einheit, die zur Folge hat, dass das Subjekt, so Bröck-ling (2007: 22), nur im „Gerundivum" existiert, das Subjekt also immer nur im Werden ist und nie im Sein.

---

13   So schreibt Butler bspw.: „diese Illusion [eine Sexualität außerhalb der Macht] schiebt nur die gegenwärtige konkrete Aufgabe auf, die subversiven Möglichkeiten von Sexualität und Identität im Rahmen der Macht selbst neu zu überdenken" (vgl. Butler 1991: 57).

Eine Perspektive, welche den Vollzug und damit die Wirkung der Rede in den Mittelpunkt der Betrachtung stellt, ist maßgeblich durch die Anerkennung von anderen und durch andere bestimmt. Hetzel schreibt hierzu in Bezug auf die antike Tragödie: „Wer jemand jeweils ist, hängt davon ab, was über ihn (...) gesagt wurde und was er selbst sagt. Das Subjekt konstituiert sich in einem Feld von Anrufungen, Adressierungen und Appellen über Akte des Verzeihens, Versprechens, des zu- oder abgesprochenen Vertrauens" (Hetzel 2011a: 29). Durch die Abhängigkeit von der Anerkennung des anderen, setzt sich das Subjekt mit jeder Artikulation neu aufs Spiel, wobei diese gleichwohl aufgrund der Verweisstruktur der Rede (vgl. 2.1) ebenfalls Rahmen vorgibt, in denen ein Subjekt zum anerkannten Subjekt werden kann. Diese Rahmen stiften, so Butler (2007: 34), „den Schauplatz der Anerkennung; sie legen fest, wer als Subjekt der Anerkennung in Frage kommt, und sie bieten Normen für den Akt der Anerkennung selbst".

Hier zeigt sich eine doppelte Unbestimmtheit: Auf der einen Seite verfügen die Subjekte nicht (vollständig) darüber, was sie zum Ausdruck bringen und auf der anderen Seite bleibt auch immer arbiträr, ob das zum Ausdruck Gebrachte auf die Anerkennung des Anderen stößt oder davon ausgeschlossen bleibt. In jener konstitutiven Differenz zwischen Aussage und Ausgesagtem vollzieht sich der Prozess der Subjektivierung als einer, der keinen Anfang und kein Ende kennt, sondern das Subjekt zu immer neuen Darstellungen des Undarstellbaren nötigt. Was das Subjekt ist, bedarf also der ‚In-Szene-Setzung', gerade weil der Ausdruck immer scheitert. Hieran schließt sich im Folgenden auch die Entwicklung eines Inszenierungsbegriffs an, der die Notwendigkeit der Darstellung und deren konstitutives Scheitern zu beschreiben erlaubt und die Angewiesenheit der Subjekte auf diesen Prozess zeigt.

2.3 Inszenierung

Vor dem Hintergrund der bisherigen Ausführungen ergibt sich nun ein eigentümliches Bild von dem, was Inszenierung heißen kann: Jede Hervorbringungsbewegung bedarf einer Inszenierung, und zwar insofern der Gegenstand der Inszenierung ein Ungreifbarer, Unbestimmter ist.

Bemüht man daraufhin die oben angeführten Definitionsversuche, so könnte man sagen, dass im Rahmen dieses Verständnisses von Inszenierung jeder Akt zugleich Schein und Wirklichkeit ist, Selbstausdruck wie Formlosigkeit, bewusstes In-Szene-Setzen wie unbewusster Akt. Es existiert also nicht nur kein Kriterium, welches das eine oder andere als solches zu identifizieren in der Lage wäre, vielmehr (und hierin gründet sich die Produktivität des Inszenierungskonzeptes) beruht die Differenz selbst auf einer kontingenten Hervorbringung. Es herrscht eine konstitutive Differenz zwischen Inszenierung und Inszeniertem. Hierzu Dieter Mersch: „Der Akt einer Inszenierung verweigert sich ebenso seiner Inszenierbarkeit wie die Konstruktion ihrer Konstruierbarkeit. Anders ausgedrückt: Nicht alles an Inszenierungen oder Konstruktionen ist beherrschbar: Ihre Existenzsetzung markiert ihre unwiderrufliche Grenze. Daher gehört zur Performativität ihre *Undarstellbarkeit*, ihre – wie sich auch sagen lässt – *Unverfügbarkeit*; *sie hat den Charakter eines Ereignens*" (Mersch 2005: 44; Hervorh. i. O.). Mit dem Inszenierungsbegriff wird also über die Konzepte der Negativität und Performativität auf die fundamentale Kontingenz jeglicher Selbst- und Weltverhältnisse verwiesen, die, weil letztlich grundlos/nicht fassbar, auch immer hätten anders sein können. Der Umstand, dass diese aber eben in einer bestimmten Form auftreten, lässt Fragen ins Zentrum der Betrachtung rücken, die die Art und Weise sowie Funktion, wie etwas hervorgebracht wird, fokussieren. Und zwar in einem spezifischen Sinn: denn einerseits wird durch die Hervorbringung deren Kontingenz verdeckt und andererseits wird sie (die Kontingenz) durch die Hervorbringung auch beständig zur Erscheinung gebracht. Wie dies geschieht, kann Gegenstand einer Analyse werden. Damit sei noch nichts darüber ausgesagt, welche Form der Wirkmächtigkeit den wechselseitig hervorgebrachten Selbst- und Weltverhältnissen zukommt[14]. Sich daran anknüpfende Fragen sind selbstredend von Bedeutung und schließen sich direkt an die eben beschriebene Analyseperspektive an. So sei hier noch einmal resümierend betont, dass der Inszenierungsbegriff seine Produktivität daraus erhält, dass mit ihm ein theoretischer Umgang mit einer *doppelten Unbestimmtheit* möglich wird, ein Umgang, der weitere Fragekomplexe generiert, auch wenn sie an dieser Stelle keine weitere Erörterung erfahren. Es gibt gegenwärtig zahlreiche Konzepte, die solcherlei Unbestimmtheiten, sei es durch die Betrachtung von ‚Brüchen', ‚Wechselseitigkeiten', ‚Alterität' usw. aufrufen und ins Zentrum ihrer Betrachtungen stellen. Das, was nun über den Inszenierungsbegriff möglich wird, ist eine Versammlung unterschiedlicher Problematisierungen – wobei der Begriff der Versammlung den Charakter des losen Verbundes, die möglichen unterschiedlichen Gewichtungen und so die Variabilität des Konzeptes, je nach zu betrachtendem Gegenstand, betont. So sind gleichsam macht-, subjektivierungs- oder anerkennungstheoretische Fragestellungen mit einer solchen Perspektive verbunden.

Entgegen denkbarer Positionen, welche jene Verfasstheit als etwas Defizitäres zu begreifen trachten, richtet sich unser Verständnis auf die *Chancen einer*

---

14 Eine beeindruckende Bearbeitung dieser Frage findet sich bspw. bei Elena Esposito (2004). Sie zeigt am Phänomen der Mode, wie kontingente Erscheinungen als feste Bezugspunkte dienen können, und dies gerade im Wissen um ihre Kontingenz vollzogen wird.

solchen Perspektive, in welcher durch den Umstand des ‚Nicht-Feststellbaren' verschiedenste Problematisierungen möglich werden. Zusätzlich, und hier zeigt sich
wiederum die Produktivität dieses Konzeptes, können Materialitäten, Körper, Performances oder der Raum, in dem und durch den etwas zur Erscheinung gebracht
wird, ebenfalls zum Gegenstand der Betrachtung werden. Gewählt wurde zwar
ein sprachphilosophischer Zugang zur Herleitung, doch weist der Inszenierungsbegriff über einen solchen hinaus, indem er ebenso andere Darstellungsformen/
-bedingungen mit einschließt. Ein Vorgehen, das theoretische Annahmen an einem Material expliziert, schließt sich hier aus. Vielmehr kommt dem zu analysie-
renden Material eine gewisse Eigenständigkeit zu, die sich dadurch zeigt, dass es
selbst spezifische Problematisierungen hervorbringt. Gleichzeitig ist hiermit zugleich ein *politischer Einsatz* markiert, der über Problematisierungen und Unbestimmtheiten die Möglichkeit anderer Positionen/Positionierungen oder mit Hetzel
die Rhetorizität des Sozialen betont. Im Rahmen dieses Artikels ist es nicht möglich alle eben genannten Dimensionen zu bearbeiten. Deshalb beschränkt sich die
Analyse im Folgenden auf die im Text sprachlich hervorgebrachten Gegenstände.

3. Analyse

Im Folgenden dient nun jene Perspektive, wie sie an den entwickelten Begriff von
Inszenierung geknüpft ist, als *heuristischer Rahmen* für die Analyse eines konkreten Materials. Mit der Öffnung, die mit der Perspektive einhergeht, so sei hier
noch einmal betont, können mannigfaltige Materialien analysiert werden, denn
alle bringen als solche etwas und so auch spezifische Problematisierungen in Erscheinung. So zentrierte sich unser Interesse um die Frage, was es heißt, Student
zu sein.[15] Hierzu wählten wir einen Text von Klaus Werle, der 2010 in der On-
lineausgabe des Spiegels veröffentlicht wurde. Über das Inszenierungskonzept
fassen wir den Text als eine Form der Darstellungspraxis, die das, was Studentsein bedeutet, auf eine spezifische Weise zur Erscheinung bringt. Wichtig dabei
ist die Betonung, dass dies nur eine neben zahlreichen anderen Darstellungsmög-
lichkeiten ist, welche jedoch, durch das Festschreiben in Form eines Textes und
dem Raum der Veröffentlichung, eine gewisse Autorisierung erfährt.[16] Die Be-

---

15 Ein Problem, mit dem die Autorinnen, da allesamt selbst Studierende der Erziehungswissen-
    schaft, seit geraumer Zeit und immer wieder aufs Neue konfrontiert sind, und das im Chaos
    der Umstrukturierungen und Zielsetzungen im Zuge des Bolognaprozesses in den Augen der
    Autorinnen an Brisanz gewann.
16 Damit sei nur kurz angesprochen, dass mit dem Text ein spezifisches Medium der Wirklich-
    keitshervorbringung gegeben ist, indem die Rede eine gewisse Feststellung erlangt. Autorität
    meint hier vorerst nicht mehr, als dass damit ein gewisser Deutungsanspruch einhergeht.

dingungen des Erscheinens, ebenso wie mögliche Formen der Subjektivierung, die damit einhergehen, zu untersuchen, würde jedoch den Rahmen dieser Arbeit überschreiten. So wird im Folgenden ausschließlich darauf fokussiert, unter Verwendung welcher rhetorischen Bemühungen hier eine bestimmte Wirklichkeit als eine Notwendige hervorgebracht wird.[17]

3.1 Vorstellung des Materials

Der hier ausgewählte Text „Studenten im Optimierungswahn. Karriere, Karriere, Knick" von Klaus Werle (2010a)[18] stellt Studenten als Einheit in ein Verhältnis zu sich selbst, das von Aufstiegsmomenten und Optimierung gekennzeichnet ist. Es geht um den „Jetzt-Student[en]". Im vordergründigen Interesse steht Anna-Lena, ein gewissermaßen empirisches Beispiel, das stellvertretend für den „Student[en] 2.0" steht. Sie wird beschrieben als strebsame, nur mit den besten Noten ausgestattete Bewerberin um einen Master-Platz. Werle legt den Blick eines distanzierten Beobachters auf sie, der all ihre Fehler erkennt: Sie wird dargestellt als zu perfekt. Alles läuft „nach Plan", sie will ihr Leben „nicht verbummeln". Interessant ist, dass Werle gleichzeitig über Anna-Lena spricht, diese aber auch selbst sprechen lässt. Dabei verfährt Anna-Lena in derselben Logik wie Werle: Sie generalisiert die Studenten: „Wir sind schon eine ichbezogene Generation" – d. i. eine Generation, die von „kühlen Blick[en]", von „Nüchtern[heit] bis zur Selbstaufgabe" und „Ultra-Pragmati[smus]" geprägt ist. All dies tun sie für die „Suche nach der besten Ausbildungsrendite", für ihre „employability". Was sie dabei bekommen, ist „passgenaues" Wissen. Das Bemerkenswerte daran ist, dass dies als selbst gewollte Entscheidung hervorgebracht wird und es nicht etwa an der universitären Struktur liegt. Damit verfolgen sie ein Ziel, was sie dem Begehren des Marktes zuschreiben – die Passgenauigkeit für Unternehmen. Werle hingegen stellt das „eigentliche Ziel" heraus, nämlich „herauszuragen aus der Masse". So hat Anna-Lena auch keine Idee davon, was sie selbst will, weil sie sich immer an den Erwartungen der anderen orientiert hat. Dies ist der Grund dafür, dass sie und all

---

17 Vor dem entfalteten Hintergrund der Negativität und Performativität der Rede, der eine Festlegung von Bedeutung aus jeglicher Richtung verunmöglicht, wird dem machttheoretischen Aspekt in dieser Analyse insofern Rechnung getragen, dass mit der Rekonstruktion von Schließungsbemühungen (bzw. im Text hervorgebrachten Notwendigkeiten) die Effekte dieser Bemühungen betrachtet werden (und zwar immer in ihrer Produktivität bzw. doppelten Funktion: vgl. 2.1).

18 Die folgenden Zitate beziehen sich alle, sofern nicht anders gekennzeichnet, auf den angegebenen Text von Klaus Werle. An dieser Stelle soll weiterhin darauf aufmerksam gemacht werden, dass wir in der Sprache von Klaus Werle verbleiben und hier nur von Studenten, statt von Studierenden oder StudentInnen sprechen.

die anderen 70 Kommilitonen während eines Bewerbungsverfahrens in einer Firma kläglich scheitert – hier sind originelle Ideen gefragt, die keiner der Bewerber entwickeln kann. Werle konstatiert deshalb, dass es „der Welt von morgen" an Menschen mit „Köpfchen und Neugier" mangelt und eben nicht an den angepassten „Anna-Lenas", die verlernt haben, selbst zu denken und einer Perfektionismusfalle unterliegen, statt einzigartig und kreativ zu sein.

3.2 Bezüge

Zunächst scheint es Werle vor allem um *Studenten* zu gehen, die im Zusammenhang mit Optimierung bzw. Optimierungswahn betrachtet werden. Das Beispiel, auf welches er mehrmals ausgiebig eingeht, beschreibt die Studentin Anna-Lena sowie ihre Bewerbung um einen Master-Platz an der Zeppelin University. Anna-Lena wird jedoch nicht nur als spezifische Studentin antizipiert: „Anna-Lena ist eine Vertreterin der Generation Lebenslauf". Als Gemeinsamkeiten dieser Generation werden der „Optimierungswahn" und ihre „Perfektionierungsstrategie[n]" ausgewiesen. Diese werden nun zwar auch mit der „Bologna-Reform" oder „Bachelor-Strukturen" in Verbindung gebracht, allerdings wird der Grund für ein solches Streben nach Optimierung anderswo verortet: „Die Bologna-Reform ist nur die Infrastruktur. Der eigentliche Mentalitätswandel fand in den Köpfen statt". Es wird hier eine Veränderung in der Art des Studierens – und damit auch des ‚Studentseins' – beschrieben, die zwar von einer bestimmten Struktur (dem Bachelor- und Mastersystem) zunächst begünstigt scheint, die jedoch vor allem eine Veränderung ist, die die Studenten selbst wünschen und unterstützen: „An der Grundidee eines schnelleren und effizienteren Studiums, den Blick auf die Wirtschaft gerichtet, rütteln nur wenige Studenten".

Angesprochen ist damit ein weiterer Bezugspunkt, der hier scheinbar von den Studenten selbst einbezogen wird: *Wirtschaft* als Beschäftigungsfähigkeit. Das Studium dient damit vornehmlich als „Eintrittskarte in den Arbeitsmarkt" und wird zum Teil der Karriere. Für dieses Ziel des Studierens kann sich der Student nun souverän entscheiden und sich entsprechend formen: „Die möglichen Konsequenzen der Wahl von Studienfach, Uni und Praktika sind ihnen gnadenlos bewusst." Zusätzlich zu diesen Bezugspunkten (Student und Wirtschaft) ist interessant, dass *Sein* und *Schein* oder *Wirklichkeit* und *Wahn* in dem Text als etwas voneinander zu Unterscheidendes dargestellt werden. Diesem Aspekt folgend werden nun solcherlei Gegensätzlichkeiten, die im Text als relevante aufgerufen werden, untersucht.

3.3 Studententypen

Geht man davon aus, „dass sich alles Wissen darstellen muss" (Hetzel 2011a: 50),
dann kann sich auch das Wissen um Optimierung als ein Immer-besser-Werden
darstellen. Da es keinen letzten Grund gibt für eine bestimmte Füllung (oder Definition) des Werdens, muss diese immer wieder als notwendige begründet werden, indem auf unterschiedliche Bezugspunkte rekurriert wird. Im Text werden
so zwei gegensätzliche Studententypen dargestellt und ein ganz bestimmter Studententypus als notwendiger erzeugt – und zwar über die Verabschiedung des
anderen ihm Gegensätzlichen. Im Folgenden wird untersucht, wie diese Privile-
gierung entsteht und zwar, indem neben den bereits genannten Bezügen an dieser Stelle Verweise auf die textimmanenten Gegensätze erfolgen.

Auf der einen Seite steht ein Student der ‚neuen Generation'. Er zeichnet sich
aus durch genaue Karriereideale, er agiert „straff", „stur" und „strategisch", schier
alles wird „planbar", „perfektionierbar", „verbiegbar". Die Veränderung geht dabei vom Studenten selbst aus, welcher diese zudem kontrollieren kann und muss.
Er weiß um die Erwartungen, erfüllt diese und übertrifft sie – wodurch „der Auf-
stieg garantiert" scheint. Der Bezug zu Anna-Lena, die diesem Typus zugeordnet
wird, wird an der Stelle besonders relevant, an der ihr Körper als Projektionsflä-
che für ihr Verhalten am Markt dient: „Ballett ist ihr Hobby, bei dem der Körper
mit eiserner Disziplin in wunderschöne, irgendwie unnatürliche Verrenkungen
gezwungen wird. Vielleicht kein Zufall, dass Anna-Lena sich dafür entschieden
hat." Wie ihr Sport ist auch das Studentenleben: es geht um unnatürliche Verrenkungen und Künstlichkeit, es kommt zum „lost in perfection". Die „Verrenkungen" werden damit als nur scheinbar richtige Optimierung identifiziert, weil sie
auf etwas reagieren, was der Markt nur „scheinbar" fordert – nämlich „passgenau ausgebildete Absolventen". Demgegenüber steht eine ‚Wirklichkeit', die, nach
Werle, vom Markt selbst autorisiert wird und entgegen der von Anna-Lena gelebten Künstlichkeit eher eine Authentizität proklamiert: „Attraktivität auf dem
Arbeitsmarkt hat weniger mit Qualifikation zu tun als mit Identität und Selbstbewusstsein. Eine schlechte Nachricht für Anna-Lena. Und für alle, die auf die
Blaupause des perfekten Studiums vertrauen."

Ein solcher Studententypus, also einer, der nicht in die „Perfektionismusfalle" tappt, besticht demgegenüber „mit individuell Besonderem statt mit Main-
stream-Wissen". Dieser Student verfügt über die reflexive Auseinandersetzung
mit sich selbst und seinen verborgen liegenden Fähigkeiten. Sie machen ihn
von anderen unterscheidbar, weshalb er zu einer Einzigartigkeit gelangen kann.
Solch einem Studenten werden entsprechend folgende Fähigkeiten zugeschrie-

ben: „Neugier", „Selbstbewusstsein", „Identität", „Kreativität", ein „sich Zeit lassen", „selbst denken".

Interessant ist an dieser Stelle, dass die Studententypen als sich ausschließende aufgerufen und gegeneinander profiliert werden. Man könnte hierbei von einem *Studenten der Optimierung* und einem *Studenten der Einzigartigkeit* sprechen, wobei der positiv besetzte Typus stets der der Einzigartigkeit ist und entsprechend versucht wird, dem Typus der Optimierung seine ‚Existenzberechtigung' abzusprechen. Auf welche Weise eine solche Entgegensetzung rhetorisch erzeugt wird, soll im Folgenden in einem Zweischritt aufgezeigt werden.

a. *Wahn versus Wirklichkeit:* Aus dem Dualismus der Studententypen folgt nun auch, dass der eine Typus als authentischer dargestellt wird, welcher in einer ‚richtigen' und produktiven Weise auf sich selbst zugreifen und sich als kreativer Student entwickeln kann. Nun ist es interessant, dass dieser Bezug auf sich selbst als gewissermaßen ‚gesunder' angeführt wird, im Gegensatz zum sich ‚pathologisch' und wahnhaft verhaltenden Optimierungsstudenten. Immer wieder werden von Werle Bezüge angestellt, die das ‚Normale' vom ‚Wahnhaften' zu unterscheiden trachten. Dabei ist interessanterweise aber nicht der Wahn als ein möglicherweise in Richtung Kreativität und Besonderheit verlaufendes Moment der Selbstverfügung zu verstehen, sondern der Wahn gilt als übersteigerter Modus der Optimierung. Allein in der Überschrift „Studenten im Optimierungswahn" wird etwas Entfremdetes, Irrationales und auch das Moment der Übersteigerung angezeigt. In diesem Zusammenhang fallen weitere Beschreibungen auf, die mit dem Phänomen des Wahns zusammengehen: So muss der Uni-Präsident im o. g. Beispiel zu den Studenten im Optimierungswahn sprechen wie zu „Zweijährigen", weil diese selbst nicht nachdenken können, sondern stets nach den Antworten suchen, die der Präsident hören will. Der wahnhafte Student wird als Gegensatz zu dem Kreativen, mit „Köpfchen und Neugier" ausgestatteten, beschrieben. Als Steigerung dieser wahnhaften Einstellung steht die Frage nach der Identität: „Wer bin ich"? Diese Frage kann von einem sich im Wahn befindenden Studenten nicht beantwortet werden. Und auch die Frage danach, „was sie selbst will", kann Anna-Lena nicht beantworten. Der Bezug, der im Text angestellt wird, ist folgender: ein sich optimierender Student ist ein ‚Kranker': er weiß weder seine Fähigkeiten in einer richtigen Weise zu entwickeln, noch weiß er um sich selbst. Außerdem wird der Wahn zum Garant für einen Blick, der nur ‚Schein' statt ‚Wirklichkeit' sieht: Die Optimierer laufen so einem Ideal hinterher, das sie selbst erschaffen haben (die Passgenauigkeit), statt zu wissen oder antizipieren zu können, was ‚wirklich' von ihnen verlangt wird, was das „eigentliche Ziel" ist. Der Wahn entsteht dabei aus der Optimierung selbst bzw. es entsteht der Eindruck, der Student ‚verliert' seine Identität im Prozess der Optimierung, der von „Selbstaufgabe" geprägt ist. Er verwechselt Einzigartigkeit mit Passgenauigkeit und verfällt in dem Streben nach Anpassung dem Wahn.

b. *Exemplifizierung und Empirie:* Im Text werden die Bezüge stets in gewisser Beweisführung dargestellt. Zum einen wird Anna-Lena als Beispiel herangezogen, um ganz konkrete Verweise anstellen zu können und anhand ihres Agierens die Dinge sichtbar zu machen. Auf der anderen Seite erscheint das Beispiel Anna-Lena immer im Kontext eines verallgemeinerbaren Phänomens: Sie steht stellvertretend für eine ganze Generation. Alles, was man an ihrem Verhalten veranschaulichen kann, lässt sich auch auf *den Studenten* – als Typus – übertragen. So kann mit Beispielen von Anna-Lena angezeigt werden, was Werle für die gesamte Generation proklamiert. Das konkrete Beispiel des Auftretens Anna-Lenas und anderer Bewerber in einer Firma dient gewissermaßen als Evidenz für die Beschränktheit der Perspektive der Optimierer, die nicht mehr selbst denken können: Niemand kommt auf eine originelle Idee und der Präsident der Uni stellt dies auch deutlich heraus, indem er „um Fassung ringt" und die Studenten infantilisiert. Mit diesem konkreten Beispiel wird der andere, kreativ-einzigartige Studententypus, als Ideal neben „die Anna-Lenas" gestellt und als wünschenswert durchgesetzt. Weiterhin erfolgen solche Beweise in Bezug auf wissenschaftliche Auseinandersetzungen mit der „Shell-Studie", die Werle als Ausgangspunkt nimmt. Er zitiert entsprechend die sich optimierenden Studenten als „Ego-Taktiker" und überspitzt dies weiterhin mit seinen eigenen Worten: „‚Zielorientiert' nennt die Studie das – und untertreibt noch. Es sind Ultra-Pragmatiker, die knallharte Kosten-Nutzen-Rechnungen aufstellen auf dem Weg nach oben".

3.4 Markt und Erfolg

Eine weitere Strategie, um den einen gegen den anderen Studententypus zu privilegieren ist, die Verknüpfung zwischen Markt und Erfolg als ganz bestimmte auszuweisen: Erfolg wird entsprechend zu etwas, was als anerkannt für das Handeln am Markt gilt. Voraussetzung hierfür ist interessanterweise die Illusion, dass man darum wisse, was am Markt benötigt wird und wie die Optimierung in Richtung Erfolgsversprechung verlaufen könne. Diese illusionäre Antizipation wird aber nur bei einem Studententypus als Illusion sichtbar gemacht: so weiß der Optimierer nur „scheinbar" um das Begehren des Marktes, indem er sich passgenau nach dessen Vorstellungen formt. Der Kreative hingegen weiß ‚wirklich' um das Begehren, indem er genau das nicht macht, was der Markt nur scheinbar verlangt: nämlich die Anpassung. Er bleibt kreativ und erfüllt damit gleichzeitig die Voraussetzungen, die auf dem Markt als erfolgversprechend erscheinen. Die kreative Selbstverwirklichung fällt somit mit dem zusammen, was der Markt benötigt. Das ‚Benötigte' wird damit identifizierbar als Einzigartigkeit und Kreativität. Das Streben nach Perfektion erscheint vor diesem Hintergrund als ‚falsche' Möglichkeit, sich als einzigartig hervorzubringen: „Einzigartigkeit, seriell produziert, wird uniform". Deutlich wird hier, dass Erfolg nicht nur etwas vom Markt Verlangtes ist, sondern gleichsam unproblematisch mit der eigenen „Identität" zusammenfällt bzw. erscheint dieses Zusammenfallen wünschenswert. Mit dem Verweis auf die Möglichkeit eines solchen Erfolges wird nun erstens vorausgesetzt, dass das, was am Markt benötigt wird, identifiziert werden kann. Zweitens wird damit die unproblematische Übereinstimmung von Authentizität und wirtschaftlicher Brauchbarkeit vorausgesetzt.

4. Fazit

Unsere anfänglichen Überlegungen kreisten um ‚Inszenierung' und damit um Hervorbringung und Dramatisierung von Wirklichkeit. Verbunden damit ist die Unmöglichkeit der Trennung von Sein und Schein. Wirklichkeit wurde daher nicht ‚an sich', als ein identifizierbares ‚Ist', sondern als ein ereignishaftes Werden betrachtet. Mit einer solchen Perspektive wird ein Material als Inszenierung einer bestimmten Wirklichkeit betrachtbar, wodurch es in gewissem Sinne eigenständig bleibt. Eigenständig und ereignishaft ist nun eine Darstellung, indem sie eine bestimmte Wirklichkeit erst hervorbringt, anstatt etwas Authentisches sein zu wollen oder zu wiederholen. Wirklichkeit wird performativ hervorgebracht, befindet sich im Werden, verändert sich, wird wirkmächtig. Verbunden damit wurde auf Negativität eingegangen. Diese verweist auf das ständige Scheitern einer Darstellung. Die Darstellung scheitert in dem Sinne, dass sie nicht das trifft, was sie bezeichnen wollte. Gleichzeitig ist jedoch diese Unmöglichkeit, etwas zu treffen, die Voraussetzung dafür, dass etwas dargestellt und verändert werden kann.

Werles Artikel wurde nun vor diesem Hintergrund als Material für die Analyse interessant, da beobachtet werden konnte, wie bestimmte Möglichkeiten und Unmöglichkeiten als notwendige hervorgebracht werden. Nachdem nun einige Einsatzpunkte, Bezüge und Abgrenzungen am Material herausgearbeitet wurden, nachdem also nicht das *Was* der Inszenierung betrachtet wurde, sondern das *Wie*, kann die Perspektive noch einmal verdeutlicht werden: Vor dem Hintergrund der

Annahme, dass hier Möglichkeiten als Notwendigkeiten allererst hervorgebracht werden müssen und dadurch gleichzeitig andere Möglichkeiten zu Unmöglichkeiten degradiert werden, sollen nun solcherlei Festschreibungsbewegungen erneut betrachtet und so als Schließungen problematisiert werden. Vor dem Hintergrund ihrer Differenzen, Relationalitäten oder Äquivalenzen werden diese noch einmal in Frage gestellt.

a. *Student, Markt, Optimierung, Erfolg, Authentizität:* Zunächst ist es interessant, dass im Material unterschiedlichste Bereiche aufeinander bezogen und dadurch in einen Zusammenhang gebracht werden. So werden hier ‚Studenten', ‚Markt', ‚Optimierung', ‚Erfolg' und ‚Authentizität' in Verbindung gebracht. Um vom Studentsein sprechen zu können, scheint es notwendig, sich auf Markt und Authentizität zu beziehen. Diese zunächst nur mögliche Verknüpfung wird so als relevante dargestellt.

b. *Sein/Schein:* Des Weiteren wurde in Bezug auf das Material eine Trennbarkeit von Sein und Schein herausgearbeitet. Indem die Möglichkeit einer solchen Trennung veranschlagt wird, können die oben genannten Verknüpfungen bewertet werden – i. S. einer Bestimmung von ‚wahrem' oder ‚richtigem' Erfolg' und damit einhergehend die Abgrenzung von einem nur ‚scheinbaren' Erfolg'. Und auch andere Annahmen werden, wie o. g., immer wieder auf Grundlage dieser – strategischen – Unterscheidung von Sein und Schein gegenübergestellt.

c. *Studententypen:* Es ist hier ein Subjekt vorausgesetzt, welches erstens als für sich selbst identifizierbar aufgerufen wird. Authentizität wird dadurch möglich und als Einzigartigkeit des Subjekts aufgerufen. Zweitens wird die Möglichkeit der eigenen Formung vorausgesetzt. Ein Subjekt kann dann erkennen, was es ist und es kann dieses ‚Ich' verändern. Es wird damit ein unproblematisches Selbstverhältnis veranschlagt, ein transzendentales Subjekt, welches sich und sein Werden erkennen und steuern kann.

Zu einem wahren Sein wird nun das Studentsein, wenn es diese Authentizität trifft. Unterschieden werden kann dies von einem Wahn, mit dem das Nicht-Erkennen der eigenen Authentizität und Einzigartigkeit als krankhaft oder realitätsfern beschrieben wird (und gleichzeitig im Material noch als Wahn identifiziert werden kann).

d. *Markt:* Identifiziert werden kann nun auch der Markt, der hier alternativlos als Rahmung aufgerufen wird, die vom Subjekt zwar nicht beeinflussbar scheint, die aber Bedingungen für den Erfolg festlegt. Diese Bedingungen können nun scheinbar unproblematisch erkannt und darüber hinaus auch erfüllt werden.

e. *Erfolg:* Erfolg wird dadurch zu einer unproblematischen Übereinstimmung des vom Markt Verlangten und der Einzigartigkeit des Individuums. Denn was der Markt verlangt, wird hier mit Begriffen wie „Kreativität" „unorthodox" oder „Authentizität" gefasst. Diese vom Markt verlangte Authentizität wird dabei gleichgesetzt mit der wirklichen Einzigartigkeit des Subjekts. Erfolg verspricht dann paradoxerweise die Gleichzeitigkeit von wahrer Authentizität und die Anpassung an den Markt. Authentisch werden dann diejenigen, welche am Markt wirklich erfolgreich sind; erfolgreich ist ein Subjekt dann, wenn es authentisch ist. Das Zusammenfallen dieser beiden Ebenen wird dadurch als Wirklichkeit hervorgebracht, als wahrer Weg zum Erfolg.

Die Inszenierung einer solchen möglichen Verknüpfung wird zu einer notwendigen, indem Authentizität nur noch über den Erfolg am Markt als ‚wahre Authentizität' beschrieben werden kann und umgekehrt auch Erfolg nur dann in diesem Zusammenfallen wahr wird. Von einer Gegensätzlichkeit von Authentizität und Marktlogik auszugehen, wird als wahnhaft aufgerufen. Wahn steht dann auch im Gegensatz zu Kreativität und kann so unmöglich zu einem ‚wahren Erfolg' führen. Zu einem Wahn wird dann ebenfalls das Nicht-Erkennen der eigenen Einzigartigkeit.

Deutlich wurde in diesem Material die Hervorbringung bestimmter Möglichkeiten als Notwendigkeiten. Eine solche Inszenierung wird erst vor dem Hintergrund essentiell, dass eine Wirklichkeit nicht gefasst werden kann, sondern eben nur über die Eröffnung – und damit gleichzeitig Setzung – von Möglichkeiten ‚wirklich' wird und sich verändert. Da nun mit jeder Eröffnung von Möglichkeiten auch Schließungen verbunden sind, konnten diese hier noch einmal problematisiert werden – nicht als etwas, was keine Wirklichkeit trifft, sondern als etwas, was andere mögliche Wirklichkeiten ausschließt.

Literatur

Berndt, Frauke/Brecht, Christoph (Hrsg.) (2005): Aktualität des Symbols. Freiburg i.Br.: Rombach

Bröckling, Ulrich (2007): Das unternehmerische Selbst. Soziologie einer Subjektivierungsform. Frankfurt/M.: Suhrkamp

Butler, Judith (1991): Das Unbehagen der Geschlechter. Frankfurt/M.: Suhrkamp

Butler, Judith (2007): Kritik der ethischen Gewalt. Frankfurt/M.: Suhrkamp

Derrida, Jacques (1983): Grammatologie. Frankfurt/M.: Suhrkamp

Esposito, Elena (2004): Die Verbindlichkeit des Vorübergehenden: Paradoxien der Mode. Frankfurt/M.: Suhrkamp

Henning, Ann-Marlene/Bremer-Olszewski, Tina (2012): Make Love: Ein Aufklärungsbuch. Berlin: Rogner & Bernhard

Hetzel, Andreas (2011a): Die Wirksamkeit der Rede. Zur Aktualität klassischer Rhetorik für die moderne Sprachphilosophie. Bielefeld: transcript

Hetzel, Andreas (2011b): Zwischen guten Gründen und bloßen Meinungen. Konflikte um das Wissen in der klassischen Antike. In: Schäfer/Thompson (2011): 35-75

Laclau, Ernesto/Mouffe, Chantal (2006): Hegemonie und radikale Demokratie: Zur Dekonstruktion des Marxismus (1985). Wien: Passagen

Mersch, Dieter (o. J.): Performativität und Ereignis. Überlegung zur Revision des Performanz-Konzeptes. (Quelle: http://www.dieter-mersch.de/download/mersch.performativitaet.und.ereignis.pdf; Zugriff: 27.07.2012)

Mersch, Dieter (2005): Paradoxien der Verkörperung. Zu einer negativen Semiotik des Symbolischen. In: Berndt/Brecht (2005): 33-52

Moebius, Stephan/Andreas, Reckwitz (2008a): Einleitung. Poststrukturalismus und Sozialwissenschaften. Eine Standortbestimmung. In: Moebius/Reckwitz (2008b): 7-26

Moebius, Stephan/Andreas, Reckwitz (Hrsg.) (2008b): Poststrukturalistische Sozialwissenschaften. Frankfurt/M.: Suhrkamp

Schäfer, Alfred/Thompson, Christiane (Hrsg.) (2011): Wissen. Paderborn: Schöningh

Werle, Klaus (2010a): Studenten im Optimierungswahn. Karriere, Karriere, Knick (Quelle: http://www.spiegel.de/unispiegel/jobundberuf/studenten-im-optimierungswahn-karriere-karriere-knick-a-675629.html; Zugriff: 21.01.2013)

Werle, Klaus (2010b): Die Perfektionierer. Warum der Optimierungswahn uns schadet – und wer wirklich davon profitiert. Frankfurt/M.: Campus.

Žižek, Slavoj (2001): Die Tücke des Subjekts. Frankfurt/M.: Suhrkamp

III

Optimierungen des Selbst in Inszenierungen von Behinderungen

Sarah-Marie Puhr / Kirsten Puhr

„Trotz meines Handicaps stehe ich mit beiden Beinen ... ähm, ... sitze ich mit beiden Pobacken fest im Leben ;)" (Croissant 2012b: 1).

Dieses Zitat findet sich auf der Homepage ‚kleincrossi'. Der Autor Robert Crois-
sant versteht seine Homepage explizit als eine Möglichkeit, aus seinem Leben als
‚Querschnittsgelähmter' zu berichten und „anderen zu zeigen (...) wie man das
Beste daraus machen kann" (Croissant 2012a: 1). Der hier vorliegende Text stellt
eine andere Lesart zur Diskussion.[1] Vor dem Hintergrund sozial konstituierter
‚Normalitäten' von ‚Behinderungen' und ‚Nicht-Behinderungen' fragen wir nach
Inszenierungen, mit denen sich ein differentes Text-Ich in Auseinandersetzung
mit ‚normierenden Differenzsetzungen' konstituiert.

Darstellungen der Homepage ‚kleincrossi' lesen wir als Inszenierungen ‚körperlicher Behinderung', in denen ‚Optimierungen des Selbst' als Antworten eines
Text-Ichs auf die Aufgabe erscheinen, sein Leben/sich selbst zu verwirklichen.
Diese Lesart der ‚kleincrossi'-Texte verdankt sich zum einen einer (behinder-
ten-)pädagogischen Positionierung, die ‚Behinderung' als relationalen Begriff
der Bedingtheit und unabschließbaren Differenz menschlicher Selbst- und Weltverhältnisse versteht (vgl. Stinkes 2010) und zum anderen dem Verständnis von
‚Selbstinszenierung' und ‚Rollenspiel' in der Philosophischen Anthropologie Helmuth Plessners, die wir als Folie für die Lektüre der ‚kleincrossi'-Texte aufrufen.

1. Einleitung

Dieser Essay liest die Darstellungen des ‚kleincrossi' in den zitierten Texten als
Positionierungen eines Selbst, das mit dem Anspruch der Abgrenzung gegen Identitätszuschreibungen ‚Querschnittsgelähmter' lernen muss, sich zu sich selbst, zu

---

[1]   Wir danken Robert Croissant für sein Einverständnis, Texte seiner Homepage in der vorliegenden Weise zitieren und diskutieren zu dürfen.

anderen und anderem zu verhalten (vgl. Stinkes 2010: 116). Dabei gehen wir mit Helmuth Plessner davon aus, dass dem Menschen auferlegt ist, sein Leben in seiner Bedingtheit zu führen, wie er aber sein Leben und damit sich selbst verwirklicht, ist seine Aufgabe (vgl. Plessner 1983c: 398).

Die Inszenierungen von ‚körperlicher Behinderung' in den ‚kleincrossi'-Texten verstehen wir als Abgrenzungen zu Vorstellungen des „‚defizitären' Körpers (…) als unhinterfragter Ausgangspunkt des Phänomens ‚körperliche Behinderung'" (Gugutzer/Schneider 2007: 32) und zu ‚Behinderungen' als „Gegenstand und Adressat einer präventiv, therapeutisch oder rehabilitativ orientierten Praxis" (ebd.: 34). Der Beitrag fragt so nach ‚Optimierungen des Selbst' in möglichen Antworten auf die Aufgabe, welche sich den Menschen in der Unbestimmtheit ihrer Existenz stellt, mit Blick auf ‚Behinderungen als leibliche Erfahrungen' (vgl. Weisser 2005: 77). In Referenz auf Helmuth Plessners Philosophische Anthropologie nehmen wir unseren Ausgangspunkt in der These, dass die konstitutive Notwendigkeit sich selbst zur Erscheinung zu bringen, immer schon als Spiel der Selbst-Inszenierung(en) verstanden werden kann. In diesem Essay lesen wir (Selbst-)Darstellungen des ‚kleincrossi', der sich den Lesenden der Internetpräsentation in der Rolle als „Querschnittsgelähmter" (Croissant 2012a: 1) und in Abgrenzung dazu vorstellt, als ‚Optimierungen des Selbst', als Verschiebungen des Verhältnisses von ‚Angewiesen-Sein' und ‚Selbstbestimmung'.

Die Suche nach ‚Optimierungen des Selbst' in Inszenierungen von ‚körperlichen Behinderungen' stößt uns auf Orientierungen an ‚Körpernormen' und auf Infrage-Stellungen dieser gleichermaßen. „Erst die normierende Differenzsetzung zwischen so genannten normalen und abweichenden, anormalen Körpern (…), die in ein Bewertungsverhältnis zu den jeweils herrschenden Normalitäten – dem ‚Normkörper' – gebracht werden, konstituiert seine vermeintliche biophysische Gegebenheit" (Gugutzer/Schneider 2007: 31f.). Dennoch erscheint der Körper als „die ‚gnadenlose Topie', die mir als immer schon gegebene Voraussetzung sowie als unvermeidliche Folge meines Tuns mein eigenes Selbst erfahrbar macht, spürbar werden lässt" (ebd.).

‚Optimierungen des Selbst' verstehen wir im Folgenden nicht als Angleichungen an ein ‚Ideal' oder als Weisen der ‚Verbesserung' des Selbst in Anbetracht ‚herrschender Normalitäten'. Die aufgerufenen ‚Optimierungsfiguren' lesen wir als mögliche Antworten auf die Aufgabe, das Leben zu führen, mit Verweis auf Alfred Schäfer, als Positionierungen in Auseinandersetzung mit normalisierenden Identitätszumutungen. „Gegen die identitäre Zumutung der anderen kann eine andere idealtypisch-normalisierende soziale Identität ins Feld geführt werden. (…) Als was die Subjekte sich definieren oder mit Macht definiert werden, das sind sie – solange sie sich nicht anders definieren oder definiert werden" (Schäfer 2012: 83). ‚Normierende Differenzsetzungen' stellen wir in den Inszenierungen, die wir als ‚Optimierungen des Selbst' lesen, als verschiebbar vor. Dabei erscheint ‚körperliche Behinderung' im Sinne einer leiblichen Erfahrung als eine Bedingung ‚aktiver Lebensgestaltung' und als eine das ‚Selbst bedingende Unvollständigkeit' (vgl. Plessner 1983b: 321). In dieser Lesart heben sich sozial konstituierte ‚Normalitäten' von ‚Behinderungen' und ‚Nicht-Behinderungen' nicht auf. Auch im Fragen nach differenten ‚Möglichkeiten, sich anders zu positionieren als unter der Perspektive Behinderung' (vgl. Hetzel 2007: 51), verschafft sich die Perspektive ‚Behinderung' Geltung.

2. ‚Versprechen der Bildung'[2]

Aktuelle Pädagogiken, die ‚Behinderung' als pädagogisches Problem konstituieren (vgl. Waldschmidt/Schneider 2007b: 9), legitimieren sich über Optimierungen der Lern- und Lebenssituationen von Menschen, die ihnen als behindert gelten und der Unterstützungsleistungen ‚für konkrete Möglichkeiten, anders leben zu können' (vgl. Stinkes 2010: 121). Verknüpft mit Fragen von Leistungen und Sondermaßnahmen inszenieren sie ‚Behinderungen' als leibliche Erfahrungen gesellschaftlich bedingter Beeinträchtigungen (vgl. Weisser 2005: 77), mit dem Anspruch ‚selbstbestimmter Teilhabe'.

Wir wollen uns leiten lassen vom Versprechen der „Bildung in der (Behinderten-)Pädagogik anhand der These eines endlichen, leiblichen, konkret-geschichtlichen Subjekts (…), das sich nicht nur zu sich selbst, sondern auch zu anderen und anderem stets verhalten lernen muss" (Stinkes 2010: 116). Ursula Stinkes widerspricht mit dieser These dem „bildungstheoretisch-anthropologischen Kontext des Bildungsbegriffes" Karl-Ernst Ackermanns (2010: 239). Vor dem Hintergrund der Figur der ‚Unbestimmtheit' referiert er auf das Konzept der ‚Selbstbestimmung', darauf „dass der Mensch dazu bestimmt ist, sich selbst zu bestimmen. Die Gegenfigur zur allgemeinen Selbstbestimmung in diesem Sinne ist (…) die ‚Unbestimmtheit' bzw. ‚Nichtbestimmung'" (ebd.). Ursula Stinkes (2010: 117ff.)

---

2 Die folgenden Überlegungen wurden durch die Lesart von Pädagogik angeregt, die Ralf Mayer, Christiane Thompson und Michael Wimmer im Abstract zur Tagung „Inszenierung und Optimierung des Selbst" mit Bezug auf „gegenwärtige Technologien des Selbst" als ambivalente „Praktiken der Ermächtigung und Bemächtigung, Entfaltung und Verfehlung des Selbst, der Disziplinierung und Kontrolle, der Zumutung, Verantwortung und Initiative" (Mayer u. a. 2011) positionieren: „Es ist diese Ambivalenz, welche die Pädagogik – neuzeitlich gesehen die technologische Antwort auf die prinzipielle Unbestimmtheit des Menschen – von Anfang an im ‚Versprechen der Bildung' fasste" (ebd.).

entfaltet gegen das Konzept der ‚Selbstbestimmung', auch mit Bezug auf die ‚Unbestimmtheit' des Menschen, im Anschluss an Helmuth Plessner, zum einen ‚Behinderung' als relationalen Begriff, in dem das Verhältnis des Menschen zu sich und zu seiner Welt als bedingtes zu lesen wäre und kennzeichnet zum anderen das menschliche Selbstverhältnis als „Verhältnis einer unabschließbaren Differenz oder Fremdheit" (ebd.: 119). Das Verhältnis des Menschen zu sich und seiner Welt als ‚bedingtes' zu lesen, impliziert ebenso wenig ‚soziale Determination' (vgl. Schäfer 2012: 70) wie das Aufgehen in sozialen Rollen. „Das Individuum als ein Verhältnis zu bestimmen, bedeutet, es als bloßen Effekt einer sozialen Determination auszuschließen und ihm als zugleich sozialem einen Ort jenseits des Sozialen zuzuweisen" (ebd.).

3. Zum Verhältnis des Menschen zu sich und seiner Welt

Für ein mögliches Verständnis der Individualität des Menschen als zugleich soziale, ohne ein Aufgehen in sozialen Rollen, berufen wir uns auf Helmuth Plessner. Er geht davon aus, dass sich der Mensch als individueller, unersetzlicher Einzelner nur über den (Um-)Weg der Rolle zur Erscheinung bringen und damit verwirklichen kann. „Durch die Rolle (…) hat der moderne Mensch seinen Status, stellt er etwas dar. Er ist für sich und für andere etwas, er ist ‚wer'. Dieses fundamentale Doppelgängertum braucht der Einzelne, um sich in der Leistungsgesellschaft zurechtzufinden" (Plessner 1985: 231). Denn das, was das Selbst des Einzelnen ausmacht, ihn einzigartig und bedeutend macht, nämlich seine unendliche Potentialität und das Erleben davon, kann sich nur als Verweisungszusammenhang im Rollenspiel und damit konstitutiv in der Selbst-Inszenierung als eine bestimmte Figur realisieren. „Immer ist der Mensch in seiner Verdoppelung zu einer erfahrbaren Rollenfigur erst er selbst. Auch alles das, worin er seine Eigentlichkeit sieht, ist nur seine Rolle, die er vor sich selber und anderen spielt" (ebd.: 238).

Helmuth Plessner beschreibt die spezifisch menschliche Seinsweise als jene der exzentrischen Positionalität. „Der Mensch als das lebendige Ding, das in die Mitte seiner Existenz gestellt ist, weiß[3] diese Mitte, erlebt sie und ist darum über sie hinaus" (Plessner 1975: 291). Immer schon aus seiner Mitte heraus und damit zu sich in Distanz gesetzt, verwirklicht sich menschliche Existenz nicht (als) unmittelbar(e). Nach Helmuth Plessner ist mit dem „Charakter des Außersich-

---

3   Das ‚Wissen' der Mitte lässt sich als ein immer schon in Distanz gesetztes Selbstverhältnis fassen. Wenn Helmuth Plessner hier explizit von einem ‚Wissen' spricht, so gründet dies in seinem Verständnis der exzentrischen Positionalität des Menschen, durch welches jegliche (scheinbare) Unmittelbarkeit als eine vermittelte zu verstehen ist.

seins" (ebd.: 293) untrennbar ein Zwang zur Freiheit verbunden. Fern der Gründung in einer wie auch immer gearteten Determiniertheit, erlebt sich der einzelne Mensch als unendliche Potentialität. Als dieser ‚Ungrund' (vgl. Plessner 2003: 62) von unbestimmten Möglichkeiten muss der Mensch seine Existenz selbst in die Hand nehmen und sich als einzelner, individueller, unersetzbarer verwirklichen, ohne dass er sich auf ein vorgegebenes Zu-Verwirklichendes berufen kann. „Der Mensch lebt nur, indem er ein Leben führt. (...) Er muss tun, um zu sein" (ebd.: 310, 317). Das Wie dieser Realisation ist, der (Un-)Bestimmtheit des Menschen als unendliche Potentialität entsprechend, offen. Der Mensch muss den Weg der Individuation beschreiten, d. h. er muss seine je eigene Weise der Realisation seiner Existenz/seines Selbst verwirklichen. „Er ist nur, wozu er sich macht und versteht" (Plessner 1976: 204).

Die unhintergehbare Aufgabe, sich selbst/die eigene Existenz zu verwirklichen, führt die Notwendigkeit, für sich und andere sichtbar zu sein, mit sich. Denn nur über das Gesehenwerden in der (Erscheinungs-)Welt wird dem Einzelnen Beachtung und damit Bedeutung zuteil, welche so elementar als Verbürgung für sein Wirklichsein in dieser Welt fungieren kann. Als unendliche Potentialität (un-)bestimmt kann der Mensch nur erscheinen, wenn er sich eine bestimmte Form gibt, wenn er aus seinem unausschöpflichen Möglichkeitscharakter in einer bestimmten, im Moment des Erscheinens fixierten, Gestalt in die (Erscheinungs-) Welt heraus-/hineintritt. „Er ist für sich und andere etwas, er ist ‚wer'" (ebd.: 202). Gründend in der mit der exzentrischen Positionalität gegebenen Abständigkeit zu sich, ‚weiß' der Mensch jedoch um seine konstitutive (Un-)Bestimmtheit als unendliche Potentialität, ohne über dieses Wissen verfügen zu können. Und nach Helmuth Plessner ist es gerade dieses, was den Menschen erst individualisiert und einzigartig macht. Auf diesem Hintergrund/Ungrund stellt sich jede Verwirklichung in einer bestimmten erscheinenden Gestalt/Form als „Verkümmerung und Erstarrung" (Plessner 2003: 65) dar.

Der Einzelne vollzieht im Sich-zur-Erscheinung-bringen eine Gratwanderung. Er bringt sich derart zur Darstellung, dass er sich in einer erscheinenden Gestalt, einer Identität,[4] verwirklicht, dabei aber eine Art Verweis auf das ‚Mehr-als' der unendlichen Potentialität erhalten bleibt. Dieses ‚Mehr-Als' charakterisiert das menschliche Selbstverhältnis als ‚Verhältnis einer unabschließbaren Differenz' (vgl. oben).

---

4   „Seine Identität, die Rede von einem Ich, impliziert immer schon ein Absehen von jener Differenz, die das redende Ich konstituiert. Nur in der Verkennung dessen, was es tut, wenn es sich als ‚ich' situiert, kann es an die eigene Identität glauben. Ein solches ‚Ich' ist weder im Sozialen zu situieren noch kann es jenseits des Sozialen benannt werden" (Schäfer 2012: 74).

Nach Helmuth Plessner gibt sich der Einzelne mit der Selbst-Darstellung in den Rollen eine erscheinende Form. Das ‚Rollenspiel' kennzeichnet das Verhältnis des Menschen zu sich und zu seiner Welt als ‚bedingtes' (vgl. oben). Über den „Rollenplan" (Plessner 1976: 198), also eine Art von der Gesellschaft vorgegebener bzw. als solcher vom Einzelnen vorgestellter Entwurf, verallgemeinert und verobjektiviert er sich und tritt so im öffentlichen Leben als Jemand in Erscheinung. Rollen-Entwürfe stellen Normen dar, in denen sich ‚Ansprüche eigener Lebensführung' an Maßstäben ‚sozial vorgegebener Lebensweisen' (vgl. Eichler 2010: 311) orientieren, „ohne dass sich (...) Lebensführung aus ihnen ableiten ließe" (ebd.: 303).[5]

Mit der scheinbaren Einheit von Rollen erscheint der Einzelne als diese bestimmte Gestalt und da er als solche sichtbar und beachtbar ist, kommt ihm darüber Bedeutung und Geltung zu. „Durch die Rolle (...) hat der moderne Mensch seinen Status, stellt er etwas dar. Er ist für sich und andere etwas, er ist ‚wer'" (ebd.: 202). Diese Selbst-Inszenierung in Gestalt der Rollen, als die Darstellung eines Bildes ohne Original, trägt zugleich den Verweis auf eben diese inszenierte Bildhaftigkeit. Die Kennzeichnung der Rolle als Rolle sichert dem Einzelnen, dass das Erleben der unausschöpflichen Potentialität seiner selbst mitgetragen wird. „[D]er Mensch, der einzelne ist nie ganz das, was er ‚ist'" (Plessner 1976: 200). Als je bestimmte Rollenfigur ist der Mensch „doch immer ‚mehr' als das, eine Möglichkeit, die sich in solchen Daseinsweisen nicht erschöpft und darin nicht aufgeht" (ebd.: 201).

Spricht Helmuth Plessner von der (Un-)Bestimmtheit des Menschen als unendliche Potentialität und dem Selbstverhältnis zu diesem Ungrundcharakter als das, was den Menschen erst individualisiert, so wird deutlich, dass es jenseits einer „Utopie des unverbildeten, natürlichen Menschen" (ebd.: 59) die Rollenfigur ist, welche einen Verweisungscharakter als ein ‚dahinterliegendes, individuelles, unersetzbares Gesicht' stiftet und dieses damit erst konstituiert.[6] Der Mensch ist „ein Wesen, das sich nie einholt, weil es sich verkörpern muss. Entäußerung be-

---

5   Mit Verweis auf Uta Eichler lesen wir Helmuth Plessners ‚Rollenspiel' nicht als „ein harmonisches Bild des Sozialen" (Schäfer 2012: 98). Indem die ‚Erwartungen des einen die Pflichten des anderen definieren' (ebd.) wäre nicht zugleich die Berechtigung der Erwartungen und die Selbstverständlichkeit der Pflichten gesetzt. „[D]ie Verbindlichkeit der Norm [ist] insofern sie auf Gründe zurückgeführt wird, nicht schon gesichert" (Eichler 2010: 312).

6   „Ohne diese Objektivierung in den Masken wäre ein Selbstverhältnis dieses nichtobjektivierbaren Ich nicht möglich. In den Masken ist das Selbstverhältnis aber wiederum nur als Verkennung möglich. Dieses Ich als Differenz der Masken bildet keinen Ort [...]. Nur in den Masken hat es seine Wirklichkeit, die andererseits aber gerade nicht seine Wirklichkeit ist, sondern die Verkennung seiner Wirklichkeit. Genau in dieser Konstellation des unmöglichen Selbstverhältnisses sah Plessner die ‚anthropologische Wahrheit' der Rollentheorie" (Schäfer 2012: 101).

deutet keine Entfremdung seiner selbst, sondern (...) die Chance, ganz er selbst zu sein" (ebd.: 69). So wird jedes Sich-zur-Erscheinung-Bringen verstanden als Selbst-Inszenierung.

Die These der unhintergehbaren Notwendigkeit sich als Erscheinender zur Darstellung bringen zu müssen und damit in das Spiel der Inszenierungen immer schon verstrickt zu sein, schließt nach Helmuth Plessner auch die Leib-Körper-Problematik ein. Mit der menschlichen Seinsweise der exzentrischen Positionalität, dem Gesetztsein aus seiner Mitte heraus und zugleich auf sie bezogen, steht der Mensch in einem spezifischen Verhältnis zu seiner Leiblichkeit. Nach Helmuth Plessner ist das Leib-Sein bezüglich der menschlichen Seinsweise geprägt/ unterlaufen durch die, in der exzentrischen Positionalität gründende, konstitutive Abständigkeit. Damit wird das Leib-Sein immer schon erfahren als „leibhaft[es] Körpersein" (Plessner 1976: 56) und darin ist es zugleich gehabter Körper. „Der eigene Leib wird durchlebt, lustvoll, schmerzhaft, satt, behaglich. Aber diese medialen Modi kippen jedenfalls beim Menschen in die spezifischen Modi des Körper-Habens bzw. von ihm Gehabt-Seins um" (Plessner 1983b: 320f.).

Mit dem ‚Körper-Haben' beschreibt Helmuth Plessner den Umstand, dass der Mensch zu seinem eigenen Körper in Distanz gesetzt ist, ihn als den eigenen ‚weiß', zu ihm in einem Verhältnis steht und darin mit dem Körper als seinem eigenen umgeht. „Dank seiner Futteralsituation, des Im-eigenen-Körper-Steckens, ist er ihm das unmittelbar verfügbare Mittel, das Instrument, auf dem er spielt" (ebd.: 319). Nach Helmuth Plessner ist auch die Bewegung der Instrumentalisierung des eigenen Körpers eine doppelte. Zum einen hat der Mensch einen Körper. Als abständiger Körper ist er ihm verdinglicht und somit nutzbar, er erfährt ihn als „Umhüllung und Werkzeug" (ebd.: 321). Darin bleibt die konstitutive Abständigkeit erhalten. Zugleich realisiert sich in der Instrumentalisierung ein „Akt der Inkorporation" (Plessner 1976: 62). „Im Vollzug wird unser Körper leibhafte Mitte unseres Verhaltens" (ebd.: 38). Im Moment der Realisierung der Instrumentalisierung des eigenen Körpers wird die Abständigkeit insofern scheinbar überbrückt, als dass der seinen Körper habende und nutzende Mensch in der Welt (den anderen Menschen und sich selbst) als dieser Agierende erscheint. Dieses ‚Haben' und ‚Nutzen' wird als ein ‚bedingtes' (vgl. oben) vorgestellt. Der menschliche Körper bedarf der Ergänzung. „Ein auf Instrumentalität angelegtes Wesen, das sich, d. h. seinen Körper als Umhüllung und Werkzeug erfährt, muss auf Ergänzung, Korrektur dieser Situation bedacht sein, auf Ergänzung einer ihm angewachsenen Unvollständigkeit, die ein ungewollter Ausdruck eben seiner seltsamen Futteralsituation gegenüber dem eigenen Leib nun mal ist. Deshalb schafft sich der Mensch künstliche Mittel, man darf ruhig sagen Prothesen" (Plessner 1983b: 321).

Indem Helmuth Plessner den je zu vollziehenden Akt des Zugleich von Instrumentalisierung und Inkorporation als Vollzug der Verkörperung bezeichnet,
hebt er hervor, dass auch der Körper, jenseits einer „Utopie des unverbildeten,
natürlichen" (ebd.: 59), als Teil der Selbst-Inszenierung verstanden werden muss.
„Wir sind nicht unser Körper, auch wenn wir ihn haben, auch wenn er uns hat,
sondern wir verkörpern uns (...). Wir müssen verkörpern – aber wen? (...) Indem
wir diese Rollen verkörpern, figurieren wir (...). Wir figurieren als Jemand, für
die Gesellschaft, die uns von außen sieht (...). Wir suchen uns mit der Rollenfigur (...) zu identifizieren" (Plessner 1983a: 310).

Die Möglichkeit das Verständnis von ‚Rollenspiel‘ und ‚Selbst-Inszenierung‘
aus der Philosophischen Anthropologie Helmuth Plessners als Hintergrund für die
Lektüre von Texten der Homepage ‚kleincrossi‘ zu wählen, scheint fragwürdig.
Da Helmuth Plessner nach der spezifischen Seinsweise des (einzelnen) Menschen
fragt und ihm vermittelt über Rollen eine Art ‚Innerlichkeit‘ zugesteht, scheint
diese Theorie konträr zu unserem Lektüreansatz, welcher eben gerade kein verantwortliches Subjekt hinter der Inszenierung des Selbst verortet. Dennoch haben wir uns dafür entschieden, Helmuth Plessner aufzurufen, um das als Folie
für unsere Lektüre fruchtbar zu machen, was man im Rahmen seiner ‚Rollentheorie‘ unter ‚Selbst-Inszenierung‘ verstehen könnte. Geht man mit Helmuth Plessner davon aus, dass sich in der Begegnung des einen mit dem anderen (oder mit
sich selbst) eine Art unbestimmbare Sphäre ‚hinter‘ den Rollen konstituiert, lässt
sich gerade darin die Unmöglichkeit der Verabsolutierung erscheinender Rollen
lesen. Mit dem ausgeführten Verweisungszusammenhang auf ein Selbst/einen
Jemand der Inszenierung wird dem Verdacht einer Substantialisierung der Rollen entgegengewirkt. Indem sich das In-Erscheinung-Treten stets als Rollenspiel
vollzieht, geht es seinem Inszenierungscharakter nicht verlustig. Zugleich, und
darin denken wir Helmuth Plessners Ausführungen konsequent (weiter), ist dieser sich in der Darstellung/Inszenierung aufgerufene/sich konstituierende Verweis
gerade ein Verweis ins „Nirgendwo" (Plessner 1975: 346). So bleibt man in der
Begegnung mit den erscheinenden Inszenierungen stets an die/deren Oberfläche
verwiesen, welche sich in Inszenierungsstrategien beobachten lässt.

Vor dem Hintergrund dieser Lektürefolie lässt sich der im ‚kleincrossi‘-Text
dargestellte Erzähler als ein sich im Text/in der textlichen Inszenierung konstituierendes Selbst vorstellen. Im Verweis auf Helmuth Plessner wäre davon auszugehen, dass dieses Text-Ich nicht als fest umrissene Gestalt zugänglich ist. Jeder Versuch eines solchen Zuganges bleibt ein verfehlender, da er sich letztlich
ins ‚Nirgendwo‘ verliert. Und so sind das, was sich beschreiben lässt, allein die
Inszenierungen selbst, die mit dem Verweis auf das ‚Mehr-als‘ als Spiel der In-

szenierungen sichtbar werden. Mit dieser Folie lesen wir nachfolgend Inszenierungen der ,kleincrossi' Internetpräsentation von ,Behinderungen als leibliche Erfahrungen' (vgl. oben).

4. www.kleincrossi.com

Wir rufen im Folgenden einige wenige textliche Darstellungen der Internetpräsentation ,kleincrossi' (vgl. Croissant 2012a) als Inszenierungen von ,körperlicher Behinderung' als eine Bedingung ,aktiver Lebensgestaltung' und als eine das ,Selbst bedingende Unvollständigkeit' (vgl. Plessner 1983b: 321) auf. Zur Diskussion steht die Position, dass sich diese Inszenierungen zugleich als ,Optimierungen des Selbst' lesen lassen, in denen sich ,Normalitäten' von ,Behinderungen' und ,Nicht-Behinderungen' als Verschiebungen des Verhältnisses von ,Angewiesen-Sein' und ,Selbstbestimmung' zur Geltung bringen.

Abbildung 1:   Logo Homepage (Croissant 2012a)

Helmuth Plessner kennzeichnet die Namensgebung als ersten Schritt der ,Individuation' (vgl. Plessner 1976: 62). Die Namensgebung der Homepage ,kleincrossi' verortet den Dargestellten in einer ihn bedingenden sozialen Welt, der Familie. Der Namensteil ,crossi' lässt sich als Kosename für den Familiennamen Croissant lesen. Das voranstehende ,klein' könnte als eine Positionierung im Verhältnis zu Mitgliedern der Familie gelesen werden.

Angesprochen werden die Leser_innen in einem Willkommensgruß mit dem Titel der Homepage, der neben der Namensgebung eine weitere Bedingtheit aufruft und somit die Rolle des Familienmitglieds durchquert. Das ,O' des Namens ist in eine Art Piktogramm gestellt. Es wird für informierte Leser_innen zum Rad eines Rollstuhls und damit zu einem Symbol für eine ,körperliche Behinderung'. Der angedeutete Körper des Rollstuhls stellt zugleich einen auf Kopf,

Rumpf und Beine reduzierten menschlichen Körper dar. Mit dieser ‚inszenierten Bildhaftigkeit' (vgl. Plessner 1985: 240) tritt ‚kleincrossi' über die ‚Rollenpläne' (vgl. oben) ‚Familie' und ‚körperliche Behinderung' in Erscheinung. Er wird so als ein Selbst in einer bestimmten Gestalt sichtbar, die in der Symbolik auf die lesbaren Rollen ebenso wie auf ein darin nicht aufgehendes ‚Mehr-als' verweist (vgl. Plessner 1976: 200). Das dargestellte Selbst positioniert sich in dieser Inszenierung mit nur zwei Aspekten seiner Individualität, als Teil einer ‚Familie' und als ‚Rollstuhlfahrer'. Mit Ursula Stinkes könnte man sagen, ‚kleincrossi' zeigt sich damit als bedingtes Ich im Verhältnis zu sich und seiner Welt ebenso wie in einem differenten Selbstverhältnis (vgl. Stinkes 2010: 119).

In der In-Eins-Setzung des menschlichen und des technischen Körpers symbolisiert sich ‚das menschliche Selbstverhältnis als Verhältnis einer unabschließbaren Differenz' (vgl. ebd.) als ein spezifisches Verhältnis des dargestellten ‚kleincrossi' zu seiner Leiblichkeit des ‚Körper-Habens und von ihm Gehabt-Seins' (vgl. Plessner 1983b: 320). Diese Darbietung könnte als Inszenierung eines ‚defizitären Körpers' ebenso gelesen werden, wie als eine Darstellung von ‚Behinderung' in Distanz zum ‚defizitären Körper'. Die eingeschränkten Möglichkeiten des menschlichen Körpers werden durch die Ergänzung/‚Prothese' (vgl. ebd.: 321), durch die Technik des ‚Rollstuhls' erweitert. Die ‚Prothese' ermöglicht die ‚Optimierung des Selbst', als Antwort auf die das ‚Selbst bedingende Unvollständigkeit'. Sie lässt den Körper zu einem ‚verfügbaren Instrument' (vgl. ebd.: 319) werden. In dieser ‚Verfügung' realisieren sich auf spezifische Weise Verschiebungen des Verhältnisses von ‚Angewiesen-Sein' (auf Andere und Anderes) und ‚Selbstbestimmung'. Mit der Instrumentalisierung des Körpers vollzieht sich zugleich die Verkörperung in der Rolle des ‚Rollstuhlfahrers' als Teil der Selbst-Inszenierung (vgl. oben). Die ‚Identifikation' mit der Rollenfigur lesen wir mit Helmuth Plessner als scheinbare Überbrückung der ‚konstitutiven Abständigkeit' und Unverfügbarkeit des ‚leibhaften Körperseins' (vgl. Plessner 1967: 56).

Dem Titel der Homepage folgt eine kurze Einführung, in der die Intentionen des Textes aufgerufen werden: „Ich habe diese Homepage erstellt, um anderen zu zeigen, wie so ein Leben eines Querschnittsgelähmten aussieht und wie man das Beste daraus machen kann. ;) Hin und wieder stelle ich Berichte, Bilder und Videos von meinem Leben und meinen Unternehmungen online. Deshalb gibt es hier ein paar Einblicke!" (Croissant 2012a: 1)

‚kleincrossi' wird in dieser Inszenierung für die Leser_innen als ein spezifisches Ich/Selbst in der Rolle ‚eines Querschnittsgelähmten' (in einer abstrakten Verallgemeinerung) wahrnehmbar. Die thematisierten Anliegen lassen sich als Selbst-Anspruch mit einer doppelten Gerichtetheit vorstellen. Leser_innen

sollen über ‚ein Leben eines Querschnittsgelähmten‘ aufgeklärt werden, indem
ihnen ‚Einblicke‘ gewährt werden. Das Anliegen zu zeigen, ‚wie man das Beste daraus machen kann‘, lesen wir als einen Verweis auf eine ‚Optimierung des
Selbst‘ unter dem Anspruch von ‚Selbstbestimmung‘. Diese Inszenierung zeigt
sich in zweifacher Weise als Spiel. Das Ich des Textes spricht zunächst verallgemeinert von ‚einem Leben als Querschnittsgelähmter‘, dann von einem individualisierten ‚mein Leben‘ und schließlich von ‚ein paar Einblicken‘. So wird
ausdrücklich nicht der Anspruch der vollständigen Präsentation einer Rolle oder
einer Person erzeugt. Mit Helmuth Plessner ließen sich das Aufrufen der Rolle
‚eines Querschnittsgelähmten‘, die Individualisierung wie die Reduktion auf ‚ein
paar Einblicke‘ als Strategien der Selbst-Darstellung verstehen, die mit der textlichen Inszenierung wiederum auf ein ‚Mehr-als‘ verweist und damit der Zumutung entgeht, als ein erkennbares Ganzes identifiziert zu werden (vgl. oben). Der
‚Optimierungsanspruch‘ des sich inszenierenden Selbst ist mit einer ironischen
Setzung versehen, dem Smiley (‚;-)‘), einer als zwinkerndes Lächeln zu lesenden
symbolischen Darstellung, und inszeniert sich so als ‚Spielform‘ (vgl. Plessner
2003: 80), die zum einen offen lässt, was ‚das Beste‘ wäre, was man aus dem ‚Leben eines Querschnittsgelähmten machen kann‘ und zum Anderen den Anspruch
der ‚Selbstbestimmung‘ in Frage stellt (vgl. Stinkes 2010: 117).

Ergänzt wird die Startseite der Homepage von einem Foto des Autors und
einem Aphorismus, der sich im Sinne einer personalen Erzählsituation als direkte Ansprache an die Leser_innen, vielleicht aber auch als Lebensmotto des dargestellten ‚kleincrossi‘ lesen ließe. „Sei keine Fledermaus, denn nur Fledermäuse
lassen sich hängen!“ (Croissant 2012a: 2). Mit Verweis auf Helmuth Plessner kann
die Aufforderung, keine Fledermaus zu sein, die sich hängen lässt, als Annahme der ‚Aufgabe‘, das Leben als Mensch[7] führen zu müssen, vorgestellt werden.

Eine erste Unterseite der Homepage trägt den Titel: „Über mich“ (Croissant
2012b: 1). Sie wird eingeleitet mit einem Untertitel, der Darstellungen von Aspekten der individuellen Person und der Bedingtheit der Individualität verspricht: „Ein
paar Informationen zu meiner Person und warum ich so bin wie ich bin“ (ebd.). Es
folgt eine kurze Beschreibung des Selbst: „Mein Name ist Robert Croissant. Ich
hatte im Sommer 2006 einen Badeunfall und bin seit dem von den Schultern ab
querschnittsgelähmt. Im September 2011 habe ich meine Ausbildung zum Büro-

---

7 (Behinderten-)Politisch und pädagogisch informierte Leser_innen assoziieren vielleicht Diskussionen, Menschen nicht auf die ‚Rolle‘ als ‚Behinderte‘ zu reduzieren mit den Ansprüchen
‚gleichberechtigter und selbstbestimmter Teilhabe‘ und gesellschaftliche Vereinbarungen, wie
das Übereinkommen der Vereinten Nationen über die Rechte von Menschen mit Behinderungen
(vgl. Netzwerk Artikel 3 e. V. 2009), in denen sich die Perspektive ‚Behinderung‘ quer zu den
formulierten Ansprüchen Geltung verschafft.

kaufmann abgeschlossen und seit Oktober 2011 arbeite ich in einem Sanitätshaus in Karlsruhe in der Rehamittel-Sachbearbeitung. Ich bin 23 Jahre alt, habe am 22.03. Geburtstag, höre gern Housemusik, unternehme viel mit Freunden. Aber mein neuestes Hobby ist im Moment Geocaching. Ich gehe gern aus und bin viel mit dem Computer beschäftigt. Trotz meines Handicaps stehe ich mit beiden Beinen... ähm, ... sitze ich mit beiden Pobacken fest im Leben ;)" (ebd.).

Mit dem Namen des Autors stellt sich das Ich des Textes als autobiographisch-inszeniertes vor, das in einer Art zweiten Geburt ‚querschnittsgelähmt' mit einer ‚Unvollständigkeit' in Erscheinung tritt. Die spezifische Bedingtheit der Individualität, die Identifikationsfigur ‚querschnittgelähmt', wird hier explizit als Begründung für das So-Sein des dargestellten Selbst aufgerufen. Die nachfolgenden Informationen rufen allgemeine Daten auf, die das Ich in einem Weltverhältnis inszenieren, die es vermutlich mit verschiedensten Menschen seiner vorgestellten Mitwelt teilt. Mit verschiedenen Rollenbezeichnungen werden Ausbildung und Beruf, Angaben zur Lebenszeit, ein Musikstil, die Zugehörigkeit zu Freunden und ein Trendhobby zur Identifikation des Selbst aufgezählt. In dieser Aufzählung erscheint das Individuelle in der Rolle eines vielseitigen ‚aktiven Gestalters seines Lebens'. Die Bedingtheit der Individualität zeigt sich an dieser Stelle implizit über die Geltung des Ich in den im Aufruf der Rollen vorstellbaren Bildern sowie in unterstellbaren gesellschaftlichen Geltungsansprüchen der Rollen, die unabhängig von der Rollenfigur ‚querschnittgelähmt' erscheinen. Der Abschlusssatz dieser Selbst-Darstellung lässt sich als beide Aspekte verbindende Verhältnisbestimmung des Ich zu sich und Welt verstehen. Die Zugehörigkeit zur Welt (‚stehe ich mit beiden Beinen (...) fest im Leben') wird wie die ‚Unvollständigkeit' als angenommene Lebenserfahrung aufgerufen (‚trotz meines Handicaps') und in einer ironischen Distanzierung kennzeichnet sich das Selbst als Spielfigur eines bestimmten Selbst-Welt-Verhältnisses (‚... ähm, sitze ich mit beiden Pobacken fest im Leben ;)' (vgl. ebd.). Die hier vorgestellte ‚Kurzbeschreibung' lässt sich als Inszenierung von ‚Behinderung' lesen und die benannten anderen Rollen, unter Berufung auf nicht-in-Frage-gestellte ‚herrschende Normalitäten' (vgl. Gugutzer/Schneider 2007: 31), als ‚Optimierungen' des sich darstellenden Selbst. Man könnte unterstellen, dass sich diese ‚Optimierungen des Selbst' an ‚so genannten normalen Körpern' (vgl. ebd.) und deren ‚normalen Handlungsmöglichkeiten' orientieren und damit Vorstellungen vom ‚defizitären Körper' konstituieren. Vielleicht ließen sich die gelesenen Optimierungen aber auch als ‚Technologien des Selbst' (vgl. Mayer u. a. 2011) verstehen, als Antworten auf die ‚Aufgabe', das Leben zu führen und sich selbst damit in Rollen zu verwirklichen, die als unbegründete Orientierungen für eine Lebensführung (vgl. Eichler 2010: 303) ohne Referenz auf ‚Behinderungen', als gesellschaftlich anerkannte vorgestellt werden können.

Die Unterseite „Über mich" (Croissant 2012b: 1) fokussiert nachfolgend auf die ‚behinderte' Leiblichkeit, ohne sich darauf zu reduzieren. Im Duktus sachlich distanzierter Berichte, in denen sich das erzählte Selbst in besonderer Weise fremd scheint (vgl. Stinkes 2010: 119), folgen vier Teile, die mit dem Titel „Mein Unfall" (ebd.) überschrieben sind.

Der erste Teil ist durch einen Untertitel hervorgehoben, der ein zeitliches Datum markiert „16. Juli 2006 ca. 18:00 Uhr" (ebd.). Am Anfang des Textes erzählt das Ich über die Aktivitäten eines Sommertages: „Ich packe gerade meinen Rucksack, denn ich bin auf dem Weg" (ebd.). Das Präsens dieser einführenden Sätze könnte als Hinweis auf die Präsenz des Datums und der erzählten Vorkommnisse für die Positionierung des Selbst gelesen werden. Im Zentrum des Berichtes steht das unvorhersehbar unglückliche Ereignis: „Ich nahm ein bisschen Anlauf und sprang Kopf vor ins Wasser" (ebd.). Dieses Geschehen wird mit seiner Darstellung im Präteritum als vergangenes dargestellt, das sich als imperfektives, als unvollendetes Geltung verschafft. Es markiert den Bruch eines Selbst, das sich zwischen einem scheinbar gegenwärtigen aktiven sich Beobachtenden, einem reflexiv ein vergangenes Geschehen Inszenierenden und einem passiv Beobachtenden zu verlieren scheint: „Sofort verspürte ich einen dumpfen Schlag und mir war sofort bewusst, ich bin unter Wasser, ich kann mich nicht bewegen, ich muss hier raus. Auf einmal wurde es schwarz. Einige Minuten später bin ich zu mir gekommen. (…) Ich habe zuerst gefragt: wo sind meine Arme, wo sind meine Beine? (…) Wieder wurde alles schwarz. (…) Wieder bin ich weg getreten" (ebd.).

Der zweite und der dritte Teil des Berichtes thematisieren in einer Art distanziertem Blick ‚Behinderungen als leibliche Erfahrungen' (vgl. oben) und die Gewinnung des Körpers wie des Sozialen mit technischer Hilfe in Krankenhausszenen: „Ich bin aufgewacht und um mich herum waren einige Geräte und Schläuche, die mit mir verkabelt waren. (…) Geatmet habe ich durch den Hals. Dort wurde ein Luftröhrenschnitt gemacht. (…) Nach ein paar Tagen hat man mir eine Sprachkanüle in die Öffnung gesetzt. Mit sehr viel Luft konnte ich nun ein paar Worte flüstern. (…) In der Ergo habe ich eine Computermaus für den Mund bekommen (…). Durch das Internet hatte ich nun auch die Möglichkeit mit meinen Freunden zu kommunizieren und ihnen zu berichten, wie es mir geht" (Croissant 2012b: 2). Diese Szenen werden mehrmals von reflektierenden Kommentaren durchbrochen, so z.B.: „Am Anfang war mir gar nicht bewusst, wie meine Situation eigentlich aussieht. Erst später wurde mir klar, dass ich mich nicht mehr bewegen kann. Mir schoss als erstes meine Vergangenheit in den Kopf, was ich

früher alles gemacht habe und jetzt nicht mehr machen kann. Mittlerweile kom-
me ich sehr gut mit der Situation zurecht und viel weniger als früher mache ich
auch nicht. Ich gehe sehr oft weg und unternehme viel mit Freunden" (ebd.). Die
‚körperliche Behinderung' (sich ‚nicht mehr bewegen' können) wird in dieser
Darstellung zu einer ‚das Selbst bedingenden Unvollständigkeit' (vgl. Plessner
1983b: 321), in Differenzsetzung zu den aufgerufenen vergangenen Aktivitäten.
Zugleich erfährt die Inszenierung der leiblichen Erfahrungen eine Zurückweisung der Vorstellungen von Aktivitätseinschränkungen (‚viel weniger als früher
mache ich auch nicht'). Insofern wird der ‚defizitäre' Körper wohl als Adressat
medizinisch-therapeutisch und rehabilitativ orientierter Praxen thematisiert (vgl.
Gugutzer/Schneider 2007: 32), jedoch nicht in Differenz zu ‚herrschenden Normalitäten' (vgl. ebd.).

Einer möglichen Lesart von ‚Selbstbestimmung' (vgl. Ackermann 2010: 239)
in dieser Zurückweisung widerspricht der Text, etwa in einer Passage, in der das
Ich in einer personalen Erzählsituation die Leser_innen direkt anspricht: „In meinen Armen und Beinen verspürte ich so genannte Phantomschmerzen. Dadurch
hatte ich auch immer das Verlangen nach Schmerzmitteln (wenn ihr versteht was
ich meine) ;-)" (Croissant 2012b: 2). Diese Inszenierung lässt mit Michel Foucault
die „gnadenlose Topie" (Foucault, zit. nach: Gugutzer/Schneider 2007: 31) des
Körpers erscheinen, die ‚als immer schon gegebene Voraussetzung das Selbst erfahrbar macht' (vgl. ebd.). Die Bezeichnung ‚Phantomschmerzen', die (durch die
Verständigungsaufforderung ‚wenn ihr versteht was ich meine') Kennzeichnung
von ‚Schmerzmitteln' als Code und die ironische Distanzierung vom Text durch
die ihn abschließende Symbolik (‚;-)') lassen das Selbstverhältnis des dargestellten Ich als differentes erscheinen. In Anlehnung an Ursula Stinkes (2010: 116)
könnte man sagen, hier inszeniert sich ein leibliches Selbst, das ‚lernen muss,
sich zu sich zu verhalten'.

Insbesondere im vierten Teil des Berichtes sowie im Text der sich anschließenden Unterseite „Mein Alltag" (Croissant 2012c: 1), wird die körperliche ‚Unvollständigkeit' (hier thematisiert als Assistenz- und Pflegebedarf) als eine Bedingung ‚aktiver Lebensgestaltung' dargestellt. Angekündigt wird „eine Erklärung,
wie – beziehungsweise mit wem – ich so meinen Alltag meistere. Für meine alltäglichen Dinge, wie zum Beispiel Pflege, an- und ausziehen, etwas zu essen geben,
den Computer einschalten, (…) eben alle Tätigkeiten, habe ich eine so genannte
persönliche Assistenz" (ebd.). Der ‚Alltag' wird als zu gestaltende Aufgabe des
Selbst in Beziehung mit anderen dargestellt (vgl. Plessner 1983c: 398). Die Unterstützung (das grundsätzliche Angewiesensein auf Andere und Anderes) wird als
ein Aspekt alltäglicher Routinen aufgerufen. Zugleich kann in dieser Darstellung

die ‚persönliche Assistenz' als ‚Optimierung des Selbst' vorgestellt werden, als ‚Ergänzung einer Unvollständigkeit' (vgl. Plessner 1983b: 321) und damit als Bedingung der Verwirklichung des Selbst/des alltäglichen Lebens. In einer Textpassage heißt es: „Jetzt habe ich zwei Assistentinnen, die rund um die Uhr für mich da sind und eine davon im Moment diesen Text tippt" (Croissant 2012b: 3). Im Rahmen dieser Darstellungen werden die ‚Assistentinnen' ausschließlich in ihren Rollen als solche angesprochen. Es bleibt den Leser_innen überlassen, mögliche Bilder der Assistenz aufzurufen. Vielleicht könnte man in Analogie zur In-Eins-Setzung des menschlichen und des technischen Körpers sagen, dass sich in der ‚persönlichen Assistenz' das menschliche Selbstverhältnis als ein spezifisch bedingtes Verhältnis des sich Darstellenden zu Menschen seiner Welt symbolisiert.

Die folgende Passage könnte als Inszenierung eines ‚Adressaten einer therapeutisch orientierten Praxis' gelesen werden, als eine ‚Optimierung des Selbst', in der eine Orientierung an einem herrschenden Normkörper zur Sprache kommt (vgl. Gugutzer/Schneider 2007: 34): „3-mal in der Woche habe ich Krankengymnastik. Meine Physiotherapeutin (…) behandelt mich im Wohnzimmer auf dem Boden. (…) wir [haben] von einem sehr guten Ergotherapeuten erfahren, der nun 2-mal die Woche kommt. Zusätzlich mache ich auch selbst noch Therapie, wie z. B. jeden 2. Tag Stehtraining und täglich Übungen mit dem so genannten ‚OB-Help Arm'" (Croissant 2012b: 3). Im Anschluss an Helmuth Plessner ließe sich diese Darstellung aber auch als ‚Akt der Inkorporation' (vgl. Plessner 1976: 62) verstehen, in dem der Dargestellte, als seinen Körper habender und nutzender, als ein bestimmter Jemand erscheint.

Im weiteren Text dieser Darstellung wird die ‚körperliche Behinderung' als Rahmen für eine ‚Optimierung des Selbst' als ‚Arbeitgeber' thematisiert: „Diese persönliche Assistenz finanziere ich durch das persönliche Budget. Das bedeutet, ich bekomme von einer staatlichen Behörde einen monatlichen Betrag zur Verfügung gestellt und kann davon meine ganz eigenen Assistenten einstellen. Da ich sozusagen Arbeitgeber bin, bleibt es auch mir überlassen, welche Personen mich versorgen. Egal ob sie vorher in der Autowerkstatt gearbeitet haben oder im Büro oder sogar gerade mit der Schule fertig sind. Ich kann mir meine persönlichen Assistenten auswählen und einstellen" (Croissant 2012c: 1). Die im Text als eigenverantwortliche Aktivität dargestellte Entscheidung über die Personen, die die Rolle der ‚persönlichen Assistent_innen' verkörpern, lässt sich im Verweis auf die zuvor im Passiv aufgerufene Pflege als ‚Optimierung des Selbst' unter dem Anspruch von ‚Selbstbestimmung' lesen: „Zuerst hatten wir einen Pflegedienst der mich versorgte (…) Das war aber nicht so gut, weil wir quasi für jeden Handgriff bezahlen mussten. Da ich vom Medizinischen Kontrolldienst nur in der Pflegestufe 2 eingeteilt wurde, war das auch nicht besonders viel" (Croissant 2012b: 3). Die Darstellung des Ich des Textes als ‚Auswählenden' und ‚Einstellenden' kann aber mit einer Aufmerksamkeit für die Bedingtheit des menschlichen Seins auch als ‚Optimierung des Selbst' in einer Verschiebung des Verhältnisses von ‚Angewiesen-Sein' und ‚Selbstbestimmung' gelesen werden. Die ‚selbst ausgewählten und eingestellten Assistentinnen' ‚versorgen' und dafür wird ‚von einer Behörde ein monatlicher Betrag zur Verfügung gestellt'. Der ‚Rollenplan persönliche Assistenz' mit dem ‚persönlichen Budget' als Teil eines Handlungsplans setzen im inszenierten Selbst-Welt-Verhältnis Vorstellungen vom ‚Medizinischen Kontrolldienst' und von der ‚Pflegestufe 2' nicht außer Kraft. Aus dieser Blickrichtung erscheinen die aufgerufenen ‚Optimierungen des Selbst' als ambivalente „Praktiken der Ermächtigung und Bemächtigung, Entfaltung und Verfehlung des Selbst, der Disziplinierung und Kontrolle, der Zumutung, Verantwortung und Initiative" (Mayer u. a. 2011).

5. Zusammenfassung

Die Lektürefolie der Philosophischen Anthropologie Helmuth Plessners kennzeichnet ‚Angewiesen-Sein' als grundsätzliche Figur menschlichen In-der-Welt-Seins und damit keine spezifische Figur mit der sich Vorstellungen ‚defizitärer' Körper verbinden und/oder ‚Behinderung' kennzeichnen ließe. Liest man die Darstellungen der hier zitierten Auszüge aus der Homepage ‚kleincrossi' als Inszenierungen von ‚körperlichen Behinderungen', lässt sich ‚kleincrossi' als ‚Querschnittgelähmter' vorstellen, für den sein (unter anderem durch die Technik des ‚Rollstuhls' ergänzter) Körper einen spezifischen Aspekt der ‚das Selbst bedingenden Unvollständigkeit' und der ‚aktiven Lebensgestaltung' darstellt. In diesem Sinne kann ‚körperliche Behinderung' als ein Konzept der Inszenierung aufgerufen werden, in dem Verschiebungen von ‚Angewiesen-Sein' und ‚Selbstbestimmung' als ‚Optimierungen des Selbst', als Antworten auf die Aufgabe, sein Leben/sich selbst zu verwirklichen erscheinen.

Vielleicht ließe sich die hier zur Diskussion gestellte Lesart der ‚kleincrossi'-Texte etwa in folgender Weise zusammenfassen: Das Ich des Textes ‚kleincrossi' bringt sich vorrangig in der Rolle des ‚Querschnittgelähmten' zur Erscheinung, welcher sich (in der Rolle und in Distanz zu ihr) selbst verwirklicht, indem er darstellt, wie er ‚das Beste' aus der ihm eigentümlichen ‚bedingenden Unvollständigkeit' macht. So können etwa die In-Eins-Setzung des menschlichen und technischen Körpers (im dargestellten Piktogramm) mit der Instrumentalisierung/Verkörperung in der Rolle des ‚Rollstuhlfahrers' ebenso wie die Alltagsgestaltung mit ‚persönlicher Assistenz', als spezifische ‚Optimierungen des Selbst', eines stets der Ergänzung bedürfenden menschlichen Körpers und damit auch als Infragestellung ‚normierender Differenzsetzung' von so genannten ‚normalen' und ‚abweichenden' Körpern erscheinen. Auch die benannten Körpertherapien und medizinischen Rehabilitationsübungen lassen sich als ‚Optimierungen des Selbst' auffassen. Wir lesen sie weniger als ‚Orientierungen an Normkörpern', vielmehr als je situativ vorzustellende ‚Vollzüge der Verkörperung', in denen ‚kleincrossi' als seinen Körper zunehmend ‚habender und nutzender' Mensch erscheint.

Mit der Rolle des ‚Querschnittsgelähmten' werden Rollenbilder des ‚defizitären Körpers' aufgerufen, verschoben und für Darstellungen des Selbst genutzt, deren Strategien zugleich den Spielcharakter der dargestellten Rolle zur Geltung bringen, vorstellbar als unverfügbares Erleben des Selbst. Inhaltliche Fokussierungen und ironische Kommentierungen der zitierten ‚kleincrossi'-Texte lassen sich in diesem Sinne als In-Frage-Stellungen von aufgerufenen ‚Optimierungsansprüchen' ebenso wie von Identitätszuschreibungen als ‚körperlich Behinderter' vorstellen.

In diesem Zusammenhang erscheinen Rollen wie ‚aktiver Freund', ‚ausgebildeter Bürokaufmann', ‚Geocacher' und ‚Arbeitgeber von Assistenzen' – mit denen ‚kleincrossi' als ‚aktiver Gestalter seines Lebens' in Distanz zur Normierung ‚Behinderung' vorgestellt werden kann – als Orientierungsfiguren die nicht in Frage gestellt werden. Jedoch stellt sich mit dem Bezug auf die Normierung Behinderung/Nicht-Behinderung zugleich die Gültigkeit aller aufgerufenen Rollen in Frage. Die interne Subversion, in Form von Verschiebungen, macht die Verschiebbarkeit und damit die Idealität und den Ungrund der Normen sichtbar. Die als ‚Optimierungen des Selbst' aufgerufenen Inszenierungen von ‚Behinderungen' können auch als Bedingungen leistungsorientierter ‚selbstbestimmter' Lebensgestaltung für ein „Leben so normal wie möglich"[8] (Beck 1996: 22) erscheinen. Sie lassen sich mit Verweis auf Alfred Schäfer als Orientierungen an herrschenden Normalitäten lesen. „Das Selbstverhältnis des Individuums gewinnt (...) den gleichen Bezugspunkt wie die soziale Normalisierung. Die imaginäre Vorstellung eines Täters hinter dem Tun, der als solcher allein für sich und seine Entwicklung verantwortlich ist, bildet den Horizont, in dem sich soziale Normalisierung und Selbstgründung zusammenschließen" (Schäfer 2012: 77). Man könnte fragen, ob sich die Perspektive ‚Behinderung' gerade in diesen Positionierungen des Selbst als ‚selbstbestimmtes' normalisierende Geltung verschafft.

---

8   Stärke und Grenze des Normalisierungsprinzips ist seine Ausrichtung „auf die Gestaltung und Veränderung gesellschaftlicher und individueller Lebensbedingungen" (Beck 1996: 22) von Menschen, die als behindert gelten.

Für Iris Beck „zeigt sich die systemverändernde oder -kritische Kraft des Normalisierungsprinzips" (Beck 1996: 33) in der Thematisierung der Kontingenz von ‚Wertevorstellungen' (vgl. ebd.). Als solche wären auch die Konzepte ‚Selbstbestimmung' und ‚Leistungsorientierung' zu thematisieren. Aber genau das scheint tabuisiert im Anspruch ‚selbstbestimmter Teilhabe' angesichts ‚leiblicher Erfahrungen gesellschaftlich bedingter Beeinträchtigungen' (vgl. Weisser 2005: 77). So verschafft sich auch im Fragen nach differenten ‚Möglichkeiten, sich anders zu positionieren als unter der Perspektive Behinderung' (vgl. Hetzel 2007: 51), die Perspektive ‚Behinderung' Geltung.

Literatur

Ackermann, Karl-Ernst (2010): Zum Verhältnis von geistiger Entwicklung und Bildung. In: Musenberg/Riegert (2010): 224-244

Beck, Iris (1996): Norm, Interaktion, Identität: zur theoretischen Rekonstruktion und Begründung eines pädagogischen und sozialen Reformprozesses. In: Beck/Düe/Schneider (1996): 19-43

Beck, Iris/Düe, Willi/Wieland, Heinz (Hrsg.) (1996): Normalisierung: Behindertenpädagogische und sozialpolitische Perspektiven eines Reformkonzeptes. Heidelberg: Universitätsverlag

Croissant, Robert (2012a): kleincrossi.com – Home (Quelle: http://www.kleincrossi.com; Zugriff: 06.01.2012)

Croissant, Robert (2012b): kleincrossi.com – Über mich (Quelle: http://www.kleincrossi.com/pages/uebermich.php; Zugriff: 06.01.2012)

Croissant, Robert (2012c): kleincrossi.com – Mein Alltag (Quelle: http://www.kleincrossi.com/pages/mein-alltag.php; Zugriff: 22.06.2012)

Crone, Katja/Schnepf, Robert/Stolzenberg, Jürgen (Hrsg.) (2010): Über die Seele. Berlin: Suhrkamp

Gugutzer, Robert/Schneider, Werner (2007): Der ‚behinderte' Körper in den Disability Studies. Eine körpersoziologische Grundlegung. In: Waldschmidt/Schneider (2007a): 31-53

Dux, Günter/Marquard, Odo/Stöker, Elisabeth (Hrsg.) (1983): Helmuth Plessner. Gesammelte Schriften VIII. Conditio humana. Frankfurt/M.: Suhrkamp

Dux, Günter/Marquard, Odo/Stöker, Elisabeth (Hrsg.) (1985): Helmuth Plessner. Gesammelte Schriften X. Schriften zur Soziologie und Sozialphilosophie. Frankfurt/M.: Suhrkamp

Eichler, Uta (2010): Plessners Rehabilitierung der praktischen Philosophie auf der Grundlage seines Seelenbegriffs. In: Crone/Schnepf/Stolzenberg (2010): 302-329

Hetzel, Mechthild (2007): Provokation des Ethischen. Diskurse über Behinderung und ihre Kritik. Heidelberg: Universitätsverlag Winter

Mayer, Ralf/Thompson, Christiane/Wimmer Michael (2011): Abstract zur Tagung ‚Inszenierung und Optimierung des Selbst' (Quelle: http://www.vk.uni-halle.de; Zugriff: 02.11.2011)

Musenberg, Oliver/Riegert, Judith (Hrsg.) (2010): Bildung und geistige Behinderung. Bildungstheoretische Reflexionen und aktuelle Fragestellungen. Oberhausen: Athena

Netzwerk Artikel 3 e. V. (2009): Übereinkommen über die Rechte von Menschen mit Behinderungen. Schattenübersetzung. Korrigierte Fassung der zwischen Deutschland, Liechtenstein, Österreich und der Schweiz abgestimmten Übersetzung (Quelle: http://www.aktion-mensch.de; Zugriff: 21.06.2012)

Plessner, Helmuth (1975): Die Stufen des Organischen und der Mensch: Einleitung in die philosophische Anthropologie. Berlin/New York: Walter de Gruyter

Plessner, Helmuth (1976): Die Frage nach der Conditio humana. In: Ders.: Die Frage nach der Conditio humana. Aufsätze zur philosophischen Anthropologie. Frankfurt/M.: Suhrkamp: 7-81

Plessner, Helmuth (1983a): Der Mensch im Spiel (1967). In: Dux/Marquard/Stöker (1983): 307-313

Plessner, Helmuth (1983b): Der Mensch als Lebewesen. Adolf Portmann zum 70. Geburtstag (1967). In: Dux/Marquard/Stöker (1983): 314-327

Plessner, Helmuth (1983c): Der Aussagewert einer Philosophischen Anthropologie (1973). In: Dux/Marquard/Stöker (1983): 380-399

Plessner, Helmuth (1985): Soziale Rolle und menschliche Natur (1960). In: Dux/Marquard/Ströker (1985): 227-240

Plessner, Helmuth (2003): Grenzen der Gemeinschaft. Eine Kritik des sozialen Radikalismus (1924). In: Ders.: Macht und menschliche Natur. Gesammelte Schriften V. Frankfurt/M.: Suhrkamp: 7-133

Schäfer, Alfred (2012): Das Pädagogische und die Pädagogik. Annäherungen an eine Differenz. Paderborn: Schöningh

Stinkes, Ursula (2010): Subjektivation und Bildung. In: Musenberg/Riegert (2010): 115-141

Waldschmidt, Anne/Schneider, Werner (Hrsg.) (2007a): Disability Studies, Kultursoziologie und Soziologie der Behinderung. Erkundungen in einem neuen Forschungsfeld. Bielefeld: transcript

Waldschmidt, Anne/Schneider, Werner (2007b): Disability Studies und Soziologie der Behinderung. Kultursoziologische Grenzgänge – eine Einführung. In: Waldschmidt/Schneider (2007a): 9-28

Weisser, Jan (2005): Behinderung, Ungleichheit, Bildung. Eine Theorie der Behinderung. Bielefeld: transcript

Mediale Selbstcodierungen zwischen Affekt und Technik

Anna Tuschling

Vorbemerkung

Affekt und Technik gehen ein neues Verhältnis ein, weil die Interaktionen mit intelligenten Objekten in den experimentellen Settings zur Computerentwicklung zunehmend affektiv reguliert werden (vgl. programmatisch: Picard 1995; Institute of Electrical and Electronics Engineers 2010). Computer würden der Metaphorik nach „emotional-intelligent" und könnten mehr und mehr „affektiv antworten" (D'Mello u. a. 2008: 1). Im vorliegenden Beitrag steht nicht allein die medientechnische Bedingung – also das Bündel an historischen und apparativen Voraussetzungen – im Vordergrund, unter der Computer Empathie simulieren können sollen. Anhand des Lernens als bevorzugtem Anwendungsfall emotional intelligenter Maschinen geht es vielmehr um die medienkulturwissenschaftliche Prüfung der Hoffnung, die Technikentwicklung ermögliche die Optimierung des lernenden Selbst. Aufgrund seiner stimmungsregulierenden und damit involvierenden Art scheint Affective Computing das nicht zuletzt durch die frühe Medientheorie Marshall McLuhans genährte Versprechen einzulösen, Lernen geschehe via medialer Selbstcodierung zunehmend selbstbestimmt im Kontakt mit rezenten Medien.

1. Mediale Welten

Je stärker die Gesamtheit heutiger Medien nicht mehr nur als Apparate, sondern als Atmosphären (Hansen 2011, 2012) und Umwelten (Hörl 2011) in den Blick gerückt wird, desto größeres Gewicht erhält der Affekt als Schnittstelle und Bindeglied zwischen Mensch und technischem Gerät. Haben Medien- und Technikbetrachtungen lange Zeit das spezifische Medium (z.B. Buch, Film, Fernsehen) oder Werkzeug fokussiert, verlangen Medienbegriffe nun in der technisch gestützten Netzwerkgesellschaft (Giessmann 2006; Galloway/Thacker 2007) angeblich nach einer „radikal umweltlichen Sichtweise" (Hansen 2011: 366), wie sie recht eigentlich nicht erst den Bedingungen elektronischer Welten angemessen

erscheinen sollte. Medienwissenschaftliche Untersuchungen der Kulturgeschichte fördern schließlich seit einiger Zeit eine überwältigende Zahl an Belegen dafür
zutage, dass mediale Räume kein Novum der Moderne sind (vgl. exemplarisch:
Kittler/Ofak 2007; Siegert/Vogl 2003). Angesichts heutiger Bedingungen, insbesondere der Rechnerallgegenwart (ubiquitous computing), will Mark Hansen jedoch das etablierte Verständnis der Medien als je historisch spezifische Möglichkeitsbedingung zur Speicherung, Übertragung und Verarbeitung zurückstellen
und sie nun verstehen als „Plattform für eine unmittelbare, handlungserleichtern-
de Verschaltung mit und Rückkoppelung aus der Umwelt" (Hansen 2011: 371).
Zwei Gründe sprechen gegen diese veränderte Mediendefinition, denn zum einen unterliegt sie demselben Einwand, der die Rede von *den neuen* Medien als
solche trifft, nämlich die lange Vorgeschichte vermeintlich neuer Technik aus-
zublenden (Coy 1994), und zum anderen knüpft Hansen indirekt an die vielfach
kritisierte medienanthropologische Figur an, elektrische Netzwerke hochspeku-
lativ als Ausweitungen und Verlängerungen des menschlichen Nervensystems
zu verstehen (McLuhan 1964; Kapp 1877). Wichtig bleibt jedoch, dass die Frage der Grenz- und Schnittflächen zwischen dem menschlichen Körper, den Fin-
gern, den Wahrnehmungsorganen, dem Gehirn und „intelligenten" Geräten sich
im Zeitalter der Touchscreens, der neuronalen Prothesen und des Affective Computing nachdrücklich stellt.

Erhalten die Schnittstellen, Interfaces und Übergänge des grundsätzlichen
Miteinanders von Menschen und Medien damit auch eine überragende Bedeutung
– und allem voran der Affekt – so verzichten die meisten Theorien des Affective
Turn (Angerer 2007; Ott 2010; Gregg 2010) immer noch darauf, Emotionalität und
Affektivität auf diese technischen Bedingungen zu beziehen.[1] Emotionsbegriffe
und Affekttheorien haben seit zwanzig Jahren verstärkt Konjunktur. Mit der Abkehr von der großen Sprachkritik, die quer durch die Disziplinen, von der Philosophie (z. B. Wittgenstein), über die Psychoanalyse (z. B. Lacan), bis zur Anthropologie (z. B. Lévi-Strauss), weite Teile der Diskursgeschichte des 20. Jahrhunderts
bestimmt hat, sollten das Nichtsprachliche, das Vorkognitive sowie der Körper, die
Geste, die Emotion und der Affekt wieder zur Geltung kommen (Angerer 2007).

Wie ein Blick in die Mediengeschichte zeigt, sind die Gründe für diese Renaissance des Affektiven jedoch weit vielfältiger, als dass sie allein durch die Diskursgeschichte der Sprachkritik und Postmoderne verstehbar würden. Vielmehr
liegt die Vermutung nahe, dass Emotion und Affekt ein immer wichtigeres Element in der Technikentwicklung darstellen, die auf eine stärkere Involvierung hu-

---

1   Ausgenommen hiervon ist der Affektbegriff von Gilles Deleuze, der einen eigenen Diskurs
     begründet hat.

maner Akteure in elektronische Umgebungen baut, wie sie die neueren Mediendefinitionen akzentuieren wollen. Warum der Affekt so eine Bedeutung erhält, soll anhand des lernenden Selbst untersucht werden. Im Affective Computing wird Lernen als mediale Selbstcodierung zwischen Affekt und Technik kenntlich, weil der Lernvorgang hier zugleich ein von Mensch und Maschine gemeinsam moduliertes Selbstverhältnis bedeutet, das auf eine Optimierung der Affektlagen abstellt. Konzentration und Lernlust sollen so lange wie möglich aufrechterhalten werden, um eine optimale Informationsaufnahme zu gewährleisten (D'Mello u. a. 2008: 2). Das Affective Computing scheint damit einmal mehr kybernetische Utopien zu aktualisieren, mit elektronischen Medien sei ein lustvolleres und selbstreguliertes Lernen möglich. Bemüht sich die aktuelle Medienkulturwissenschaft auch erst wieder zögerlich um ein Verständnis des Lernens, so enthält die frühe Medientheorie der kanadischen Schule bereits ein an die Kybernetik angelehntes pädagogisches Programm, das lange Zeit viel zu wenig beachtet und kritisch evaluiert wurde. Die medienwissenschaftliche Erforschung des Lernens steckt noch in der Entwicklung, zu der hier ein Beitrag geleistet werden soll. Dabei sind auch die weiten Bögen der Mediengeschichte zur Kenntnis zu nehmen, die wesentlich früher ansetzen als beim E-Learning. Speziell das Medium Schrift schuf der medienhistorischen Einschätzung nach ganz bestimmte Unterrichtskulturen mit historisch je spezifischen Lernumgebungen oder konkret Schulen, denen Medienhistoriker im Zeitalter elektronischer Kommunikation schon früh eine prekäre Stellung zugewiesen haben (McLuhan 1962, 1964, 1966; Ong 1987). Allgemein betrachtet erweist sich das institutionalisierte wie das alltägliche Lernen letztlich immer als eine Form der Affektregulation, als Dressur, als Androhung von Strafe und Verheißung von Belohnung, als Vermeidung gefürchteter Unlust angesichts eigener Fehler und gesuchter Lust am Können. Schulung bedeutet neben vielem anderen auch die Erfahrung des Umgangs mit der eigenen Affektlage, der Lust und Unlust etwas zu tun, zu wiederholen, abzubrechen oder zu beenden. Neu ist, dass diese Prozesse nicht mehr nur psychologisch und pädagogisch untersucht werden, sondern den Diskurs um besondere Bereiche der Technikentwicklung bestimmen. Kann die Diskussion über Lernmaschinen auch nicht auf den Computer beschränkt bleiben, so stellt doch gerade das rechnergestützte, elektronische Lernen die Matrix für mediale Selbstcodierung dar.

2. Vom detribalisierten Individuum zum Lernkünstler: McLuhans Mediengeschichte als pädagogisches Programm

Bevor im nächsten Schritt mediale Selbstcodierungen durch experimentelles elektronisches Lernen betrachtet werden, soll als mediengeschichtlicher Hintergrund das pädagogische Programm Marshall McLuhans in groben Zügen skizziert und gewichtet werden. Das mediengeschichtliche Modell McLuhans setzt eine Zäsur an zwischen der direktiven Schulung, die das Buch erfordert, und den stimulierenden und involvierenden Umgebungen, wie die elektrischen Medien (besonders das Fernsehen und die elektrifizierte Stadt) sie ab dem 19. Jahrhundert schaffen (McLuhan 1962, vor allem: 1966). Schule, Ausbildung und Unterricht geraten der Vermutung McLuhans nach damit zunehmend in Konkurrenz zur Medienerfahrung und dem Leben in medialen Welten als solchen. Für ihn stellt dies kein Verlust an Bildung dar, sondern er sieht darin ähnlich der Kybernetik eine Befreiung des Lernens.

Insgesamt rückt das medienwissenschaftliche Verständnis nicht nur die Lernmöglichkeiten in den Vordergrund, die Medien wie die Schrift und der Computer mit sich bringen sollen, sondern ebenso die Notwendigkeit eines bestimmten Kulturtechnikerwerbs, wie sie der Medienwandel bereits seit Jahrtausenden mit erheblichen Unterschieden erfordert: Eine Gesellschaft der analogen Alphabetschrift formuliert andere Lernziele als so genannte orale Kulturen, und die globalisierte Netzwerkgesellschaft will wiederum keine Wissensübermittlung, sondern das Erlernen von Lernfähigkeit fokussieren. Die kanadische Medientheorie betont den lange Zeit unterschätzten Anteil, den Medien – allem voran eben die Schrift – gar an der Formierung bestimmter Selbstverhältnisse hatte und immer noch hat. McLuhan geht soweit, in den Arbeiten des Sprachforschers Eric A. Havelock den Aufweis erkennen zu wollen, dass die Alphabetschrift und Literalisierung „das detribalisierte Individuum" geradezu erschaffen hat (ebd.: 102). Ein weiterer Entwicklungsschritt ist die Entstehung des neuzeitlichen „typographic man", dem der Buchdruck eine individualisierte, nationalisierte und kommodifizierte Welt eröffnet (McLuhan 1962: 124f., 161f., 199f.). Medien rücken seit einigen Jahrzehnten nicht zuletzt deshalb so stark ins öffentliche Bewusstsein, weil die gesellschaftliche Umstellung von einer Kultur des Buchdrucks auf elektronische Schriftlichkeit (Heilmann 2012) und Informationsverarbeitung die klassischen Bildungsinstitutionen herausfordert. 1964 macht McLuhan bereits technische Medien und Elektrizität dafür verantwortlich, dass Bildung veralte und schreibt hierzu im Abschlusskapitel seines Hauptwerkes *Understanding Media*:

„Our education has long ago acquired the fragmentary and piece-meal character of mechanism. It is now under increasing pressure to acquire the depth and interrelation that are indispensable in the all-at-once world of electric organization. Paradoxically, automation makes liberal education mandatory" (McLuhan 1964: 310).

Aus medientheoretischer Sicht sind solche Verschiebungen wie diejenige vom Buchdruck hin zu den technischen Medien des elektrischen Zeitalters in der Kulturgeschichte des Lernens grundsätzlich nichts Neues und somit auch nicht per se etwas, das der Kritik unterzogen werden müsste. Die Kunst besteht vielmehr darin, das Lernen den medialen Bedingungen adäquat zu gestalten. McLuhan ordnet den bildungspolitisch tragend gewordenen Schwellen der Mediengeschichte (analoge Schrift, Druck, Telegraphie, Automation) bestimmte pädagogische Programme und Theoretiker zu. Sieht er Maria Montessori im Zeitalter der fortschreitenden Elektrifizierung und Automation als Vorreiterin umfassenden Lernens, so versteht McLuhan Ramus und Dewey als Antipoden der vorhergehenden Epochen des Buchdrucks (Petrus Ramus) und der Telegraphie (John Dewey) und nennt sie „educational surfers or wave riders of antithetic periods, the Gutenberg and the Marconi or electronic" (McLuhan 1962: 144).

Ein halbes Jahrhundert nach McLuhans Lob der Montessori als Vorreiterin eines erweiterten Lernens hat sich nun der gesamtgesellschaftlich geteilte Eindruck eingestellt, dass die Individuen nicht mehr mit einem festen Wissenskanon zurechtkommen und lediglich einen Ausbildungszyklus durchlaufen müssen, sondern dass die Bildungsinstitutionen eine nachhaltige Anpassungs- und Aneignungsfähigkeit vermitteln können sollen (vgl. die entsprechenden Strategien der europäischen Union[2]). Seit den 1990er Jahren besteht die strategische Antwort der Europäischen Union auf die schnell wechselnden Bedingungen der globalen Wissensgesellschaft vor allem darin, dass anstelle kodifizierter Inhalte das Lernen gelernt werden solle. Im Detail setzt man auf „Schlüsselkompetenzen" (Europäische Union 2009), „situiertes Lernen" (vgl. z. B. Sørensen 2009) und „Lebenslanges Lernen" (Europäische Union 2011).

Vor dem Hintergrund ihrer mediengeschichtlich unterfütterten, sehr zugespitzten Diagnose einer kommenden Krise des Lernens entwerfen u. a. McLuhan und besonders der Kybernetiker Seymour Papert frühe Visionen elektronischen Lernens, die entscheidende Stichworte des Lebenslangen Lernens vorwegnehmen (Tuschling 2009): Nicht mehr der Wissensinhalt gibt den Ausschlag über den Lernerfolg, sondern die selbstbestimmte Gestaltung des Prozesses und der hierdurch ermöglichte Selbstbezug. Der Piaget-Schüler Papert design eine Computerkultur, in der direkteres, in die Alltagsrealität eingebettetes Lernen für alle möglich sein soll und die über das Leben lernen hilft (Papert 1985: 216). Es geht

---

2   Unter: http://ec.europa.eu/education/lifelong-learning-programme/doc78_en.htm (Zugriff: 19.02.2013)

in den Programmen elektronischen Lernens anstelle des Erziehens um Anleitung zur Selbsterziehung. Elektronisches Lernen oder kurz E-Learning wird gemeinhin mit Lernformen gleichgesetzt, bei denen elektronische und/oder digitale Medien in bestehenden Bildungskontexten zum Einsatz kommen. E-Learning deckt aber nur zu einem kleinen Teil die Situationen und Dinge ab, die elektronisches Lernen genannt werden können. Aus mehreren Gründen scheint es viel zu eng, als elektronisches Lernen lediglich die Wissensvermittlung durch Medien oder unter Zuhilfenahme elektronischer und digitaler Geräte zu verstehen, als welche sich E-Learning vor allem versteht. Erstens erscheint elektronisches Lernen dann fälschlicherweise als extrem junges Phänomen und zweitens gerät damit notwendig aus dem Blick, wie tief die Frage des Lernens im Sinne der allgemeinen Technikentwicklung in der Geschichte der Mensch-Computer-Schnittstellen verwurzelt ist und wie früh schon vor allem im kybernetischen Kontext lernende Maschinen konzipiert wurden oder werden sollten. Jürgen Oelkers schreibt in seiner Rückschau auf die kurzlebige kybernetische Pädagogik, dass diese sich zwar zu ihrer Zeit Mitte des 20. Jahrhunderts überhaupt nicht durchsetzen konnte, aber man das kybernetische Prinzip und programmgesteuertes Lernen im E-Learning wiederfinden könne:

> „Schließlich ist auch das programmierte Lernen zurückgekehrt, in Gestalt des computergestützten E-Learnings, das mit dem alten Argument der Individualisierung des Lernens angeboten und verkauft wurde. Die Einführung erfolgte mit einem Tempo und einer Dichte, die mit den früheren Lernmaschinen undenkbar gewesen wäre. Obwohl sich die Grundprinzipien des Lernens nicht verändert haben, sondern nur mit einem überlegenen Medium realisiert werden, gibt es keinen neuen Indoktrinationsverdacht. Die Programme werden pragmatisch genutzt und nicht länger als ‚programmiertes Lernen' verstanden. Eine kybernetische Pädagogik ist dafür nicht erforderlich" (Oelkers 2008: 228).

Ist an dieser Stelle auch keine Kritik des E-Learning als solche angestrebt, so machen Oelkers' kritische Anmerkungen doch auf eine unbemerkte Traditionslinie zwischen der Kybernetik und dem E-Learning aufmerksam, die es in der Verwendung der Ausdrücke zu berücksichtigen und als solche herauszustellen gilt. Käte Meyer-Drawe bringt auf den Punkt, dass jene kybernetisch überhöhte Selbststeuerung heute als „selbstgesteuertes Lernen" Standard sei (Meyer-Drawe 2009: 27), wie es McLuhan und Papert favorisiert haben.

Lernen erfolgt der Vision McLuhans nach in den Städten des 20. Jahrhunderts nicht mehr nur direktiv, sondern ist eingebettet in die Erfahrung von medialen Lernumgebungen. Das heißt aber auch, dass das Lernen und der Kontakt mit Medien, die Stimulation durch mediale Umgebungen, kaum mehr zu trennen sein sollen: Kinder und Jugendliche, durch Fernsehen an eine tägliche Datenflut gewöhnt, würden sich im Klassenzimmer und mit aus dem 19. Jahrhundert stam-

menden Lehrplänen nicht zurechtfinden (McLuhan 1966: 105). Die herkömmlichen Schulumgebungen seien charakterisiert durch geringen Datenfluss und
zerteilte, kontextlose Information. Solch ein „Aufeinanderprallen der Umgebungen", das vor allem einen Mangel an Feedback in den Bildungsinstitutionen bedeute, könne jegliche Lernmotivation vernichten (ebd.). Tatsächlich sei der städ-
tische Raum eine wirkungsvollere „Lehrmaschine" (ebd.: 106) als das formale
Erziehungssystem und Schulabbrecher geraten darum zu Vorreitern der medialen Selbstcodierung:

> „Dropouts are often the brightest people in the class. When asked what they would like to
> do, they often say, ‚I would like to teach'. This really makes sense. They are saying that they
> would rather be involved in the creative processes of production than in the consumer proces-
> ses of ‚sopping up' packaged data" (ebd.: 105).

Auch für die Arbeitswelt hat die Zeitdiagnostik McLuhans weitreichende Folgen, denn er sieht die Welt der Jobs schwinden zugunsten von wechselnden Rollen, die angenommen werden (McLuhan 1962, 1964, 1966). Menschen sollen keine Spezialisten mehr sein, sondern gesellschaftliche Artisten oder Lernkünstler
(McLuhan 1964: 310). Ist McLuhans medienfokussierte Geschichte des Lernens
auch viel zu stilisiert und zu stark auf einen Ersatz eines Mediums durch ein anderes gestützt, so eröffnet sie doch eine andere Sicht auf die Medialität des Lernens jenseits einer Geschichte des Bildungsverfalls. Unter machtanalytischen Gesichtspunkten gilt es, das pädagogische Programm der Medientheorie gemeinsam
mit der Kybernetik als Vorreiterin wissensgesellschaftlicher Bildungsprogram-
me weiter kritisch zu evaluieren. Im vorliegenden Zusammenhang scheint die
Medientheorie ein Versprechen zu formulieren, dass heutige affektiv modulierte
Lernumgebungen einzulösen versuchen, und sie dient darum als Vorentwurf für
die medialen Selbstcodierungen des Affective Computing.

3. Mediale Selbstcodierung im Affective Computing

Elektronisches Lernen deckt nicht nur die computer- und webgestützte Übermittlung von Lerninhalten an Universitäten und Schulen ab – d. h. es umfasst
nicht nur herkömmliche Vorstellungen des E-Learning –, sondern auch die historischen bis zeitgenössischen Settings der Schnittstellenentwicklung zwischen
Mensch und Maschine. In den letzten Jahren lenken die Gestaltung und Lenkung
„intelligenter Interaktionen" und affektiver Computer größere Aufmerksamkeit
auf sich, weil sie in einer durchwegs vernetzten globalen Gesellschaft die Inten-
sivierung der Mensch-Maschine-Verschaltung auf eine bestimme Weise in Aus-

sicht stellen.[3] Bilden die Projekte des Affective Computing auch nicht die einzigen, in denen derzeit der Zusammenhang von Emotion/Affekt und Computer
untersucht wird,[4] so geben sie doch sehr typische und repräsentative Beispiele
für die Neuausrichtung bestimmter Einsatzweisen der Technik am Affektiven ab.
Affective Computing will dabei die humanwissenschaftliche Emotionsforschung
des 20. Jahrhunderts gezielt der Computerentwicklung dienlich machen. Unter
dem Eindruck der Emotionswende in den Neurowissenschaften der 1990er Jahre
(v. a. Damasio), formuliert Rosalind Picard Affective Computing als „Computing,
that relates to, arises from, or influences emotions" (Picard 1995: 1). Affekt- und
Emotionsbestimmungen werden dabei von der Computerforschung meist nicht
selbst entwickelt, sondern aus den Humanwissenschaften und im Besonderen
aus der Hirnforschung und der Psychologie übernommen. Affective Computing
importiert also den humanwissenschaftlich formulierten Affekt in die Domäne
der Technikentwicklung und legt die psychologischen Emotionstheorien von Cal
Izards Studien über Ekman und Friesens Facial Action Coding System bis hin
zur motivationalen Emotionstheorie von Lazarus den Klassifikationssystemen
zugrunde, auf die der Computer bei seiner „Decodierung" der Emotion und der
entsprechend „emotional-intelligenten" Antwort zurückgreifen muss (D'Mello
u. a. 2008: 3, 6f.). In der aktuellen Computerentwicklung sollen Affekte – das
sind hier zunächst die humanwissenschaftlich klassifizierten Zustände humaner
Nutzer – nichts Geringeres leisten, als eine Semantik der Mensch-Maschine-Interaktion bereitzustellen, denn schließlich dient die Affekterkennung von Seiten
des Rechners dazu, die Reaktionen des Nutzers „auszuwerten": „Classification
of learner emotions is an essential step in building a tutoring system that is sen-
sitive to the learner's emotions" (ebd.: 6). Potenziert sich hier einerseits die gesamte Problematik humanwissenschaftlicher Emotionsforschung, seelische Zustände aus den physiologischen und besonders den optischen Daten (der Mimik)
deutend herauslesen zu wollen, so bedeutet der Rückgriff auf die Affektforschung
an dieser Stelle der Technikentwicklung doch noch etwas mindestens ebenso Pre-
käres, nämlich eine Semantisierung und Bewertung der Interaktionen durch den
Computer auf Basis klassifikatorischer Emotionsordnungen der Psychologie und
Verhaltenswissenschaften.

Rosalind Picards programmatische Definition lässt sofort erkennen, dass im
Affective Computing die Mensch-Maschine-Interaktion deutlich im Vordergrund
steht, und deswegen stellen sich Lernvorgänge neben Navigationshilfen und Spie-

---

3   Vgl. die Beiträge der internationalen Konferenzen zu „Affective Computing and Intelligent
     Interaction": http://www.acii2013.org (Zugriff: 19.02.2013).
4   Vgl. die affective sciences: http://www.affective-sciences.org/home (Zugriff: 19.02.2013).

len als besonders wichtige Anwendungsgebiete des Affective Computing dar. Picard (1995: 3) bemerkt hierzu entsprechend, dass Lernen die Quintessenz emotionaler Erfahrung sei. Elektronisches Lernen erhält im Affective Computing eine seiner aktuell umfassendsten Formen. Grundlage für die folgende Betrachtung medialer Selbstcodierungen zwischen Affekt und Technik bildet die Skizze eines Lernsystems namens „AutoTutor" (D'Mello u. a. 2008), das zur Gruppe so genanntes Intelligenter Tutoring Systeme (IST) gehört, die „sensitiv" gegenüber den emotionalen und kognitiven Zuständen des lernenden Nutzers zu sein beanspruchen (ebd.: 1). Stecken computergestützte Lernumgebungen auch in der dauernden Weiterentwicklung, so steht dieses System in seiner Besonderheit dennoch für eines unter vielen und ist an sich prototypisch für Lernen im Affective Computing (vgl. etwa: Moridis/Economides 2012). Es liegt nahe, gerade Lernsituationen am Computer affektiv zu modulieren, weil sie erstens ein bekanntes und gut kontrollierbares Szenario der Rechnernutzung darstellen, und weil das Lernen zweitens einen längeren, störanfälligen Prozess ergibt, den es zu begleiten und zu optimieren lohnt. Egal ob es sich jedoch um Situationen des Lernens, des Navigierens oder anderer Umgangsweisen mit intelligenten Objekten handelt: stets soll das Computersystem über die Affekt- und Emotionserkennung der Interaktionspartner in die Lage versetzt werden, seine Schritte und Angebote den Empfindungslagen entsprechend zu adaptieren. Hierüber hofft man im untersuchten Fall, einen positiven Einfluss auf den Lernprozess ausüben zu können, insbesondere wenn intensives Lernen mit negativen Emotionen und Verwirrung, Frustration, Angst, Langeweile, aber auch positivem Erleben wie Freude, Flow und Überraschung einhergeht. Insgesamt zielt das diskutierte Projekt auf die Verbesserung und sogar die Maximierung des Lernens über das Management der Stimmungslagen (D'Mello u. a. 2008: 2): „Our unified vision is to advance education, intelligent learning environments, and human computer-interfaces by optimally coordinating cognition and emotions" (ebd.: 11).

Konkret findet dies in computergestützten Lernumgebungen statt, die mit Sensoren zur Übermittlung physiologischer Daten des Lernenden ausgestattet ist. Weitreichend formuliert soll der affekt-sensitive elektronische Lehrer die Lücke zwischen dem „hochemotionalen Menschen" und dem „emotional herausgeforderten Computer" schließen helfen (ebd.). Die Programmentwickler gehen davon aus, dass wechselnde so genannte positive wie negative Emotionen den Lernprozess prägen, dabei jedoch eine Erfahrung den Idealzustand darstellt, die mit Csíkszentmihályi als Flow beschrieben wird (ebd.: 2). Zeit werde im Flow vergessen, man verspürt keine Müdigkeit und erlebe andere so genannt positive Emotionen wie Freude oder seltener „aha-Erlebnisse" (ebd.: 1). Gerade Selbstvergessenheit wird demnach zum Idealzustand des Lernens erhoben und das heißt, gerade die Absehung von sich selbst und die absolute affektive Distanzlosigkeit zum Lernprozess scheinen an dieser Stelle das Telos des Affective Learning zu sein. Sich selbst gemeinsam mit dem Medium Computer als Akteur des Lernens zum Verschwinden zu bringen, liegt der impliziten Lernutopie des Affective Computing offenbar als implizites Ziel zugrunde.

Affekt und Technik verbinden sich in der medialen Selbstcodierung systematisch durch die Verschränkung verschiedener Ebenen: Die elektronische Umgebung, mit der ein humaner Nutzer verbunden ist, erhebt über Sensoren (Body Posture Measurment System und Facial Feature Tracking über IMB BlueEyes (ebd.: 4)) in Begleitung des Lernprozesses physiologische Daten des handelnden/denkenden/seienden humanen Nutzers, die mit einer Datenbank zur Klassifikation dieser Daten abgeglichen und somit „ausgewertet" werden. Nach einem vorgegebenen Set von Affekten identifiziert der Rechner zum Beispiel eine bestimmte Haltung in Kombination mit einer bestimmten Mimik und Konversationshinweisen als die für das Lernen relevanten Affekte Langeweile, Konfusion oder Frustration (ebd.: 3f., 9). Aufgrund dieser von ihr vorgenommenen Zuordnung kann die elektronische Umgebung sich wiederum neu auf den Nutzer einstellen. Das Lernsetting besteht darin, dass ein Lernender in einer herkömmlichen Unterrichtssituation auf einem bequemen Stuhl vor Bildschirm und Rechner ein Lernprogramm zu bearbeiten versucht, das zur Vermittlung der Physik Newtons, der Erhöhung von Computerkenntnissen und der Steigerung kritischen Denkens als solchem dient (ebd.: 2). Die lernende Person wird bei ihrem Unterfangen von einem digitalen Lehrer oder Avatar begleitet, der mit der Bezeichnung „Embodied Pedagogical Agent" (EPA) (ebd.: 8) belegt und in anderen Kontexten auch als „Embodied Conversational Agent" (ECA) (Moridis/Economides 2012: 260f.) bezeichnet wird. Über den mit Sensoren ausgestatteten Arbeitsstuhl und ein System zur Registrierung der Augenbewegung erfasst der Computer die verschiedenen Körperdaten des Lernenden, die ihm Auskunft über dessen emotionalen Zustand geben sollen, indem er diese von ihm erfassten Daten mit vorhandenen klassifizierten Affekt(daten) abgleicht. Dies ermöglicht wiederum dem Rechner und somit dem Avatar-Tutor, nach bestimmten Regeln auf den affektiven Zustand des Lernenden zu „antworten". Im Grunde ist die Geschichte des Affective Computing eine Geschichte der Sensoren (Picard 2010), denn nur die Akkuratheit und Funktionsfähigkeit der Sensoren erlaubt dem Computer die so genannte „Affekterkennung" (D'Mello u. a. 2008: 3f.).

Auf Grundlage der Sensordaten hat der Rechner nun die Möglichkeit zugebilligt bekommen, die Affekte der Nutzerinnen und Nutzer auszulesen. Sinnvoll lassen sich Affektmatrizen, die auf dem gesammelten Mimikwissen der vorigen Jahrhunderte fußen (v. a. Basisemotionen nach Ekman und Friesen), in Lernumgebungen anwenden. Wenn in der Literatur von „intelligenten" oder affektsensitiven Computern die Rede ist, dann handelt es sich hierbei stets auch um die sprachliche Überbrückung konkreter technischer Vorgänge. Es ist an dieser Stelle allerdings wichtig anzumerken, dass es im vorliegenden Beitrag nicht in erster Linie darum geht, die Verdeckung der Technizität im Affective Computing aufzudecken und dieser vorhandenen Maschinenhaftigkeit die Menschlichkeit humaner Affektivität als der komplexeren oder gar natürlichen entgegenzuhalten. Im Fokus steht vielmehr die gesamte mediale Anordnung mit ihren Effekten. Fluchtpunkt der medialen Selbstcodierung ist ein temperiertes Selbst zwischen Affekt und Technik, das ungestört selbstvergessen, versunken und möglichst dauerhaft in seiner Lernumgebung arbeiten können soll, bis es bei Ermüdung, Irritation o. ä. ggf. der Affektmodulation und externen Strukturierung durch eben diese mediale Umgebung bedarf. Nicht unähnlich zeitgenössischer Formen des Human Enhancement deutet sich eine Lernutopie ähnlich der kybernetischen an, wonach das lernende Selbst sich lange, lustvoll und scheinbar mühelos durch die gestellten Aufgaben bewegen möge. Es wird eine bestimmte Optimierung des Lernens erhofft, die gleichzeitig eine Erleichterung sein soll, weil scheinbar medial gestützt eine Verfeinerung der emotionalen oder affektiven Modulierbarkeit erreicht werden soll. Es wäre zu prüfen, ob nicht die Verlagerung weg von den Inhalten hin zu den Lernprozessen, wie sie viele Reformpädagogiken in emanzipatorischer Weise und nun auch das wissensgesellschaftliche lebenslange Lernen vornehmen, versteckt eine Bewegung hin zur Affektmodulation bedeutet, die in der Medientheorie als involvierend projiziert und im Affective Computing implementiert wird. Waren Strafen vor dem 20. Jahrhundert meist integraler Bestandteil des schulischen Alltags und unlösbar mit den Vorstellungen des Lernens verbunden (Foucault 1976), so hat im Verlauf des 20. Jahrhunderts in dem Sinne eine Positivierung des Lernens stattgefunden, dass Lernen mit Lust einhergehen müsse. Dies allerdings droht nun wieder in technisch gestützte Utopien des nicht nur stress- und unlustfreien, sondern sogar des selbstversunkenen und selbstvergessenen Lernens umzuschlagen, mit dem Medium und Selbst sich im Lernen gleichzeitig modulieren und entziehen sollen. Können Medientheorie und Affective Computing auch weder für eine Prognose noch eine umfassende Zeitdiagnose herangezogen werden, so geben sie doch wichtige Modelle der medialen Selbstcodierung ab, die zur Grundlage für heutige Bildungspolitiken werden können und darum der kultur- und medienpolitischen Diskussion zuzuführen sind.

Literatur

Angerer, Marie-Luise (2007): Vom Begehren nach dem Affekt. Zürich: Diaphanes

Bolz, Norbert/Kittler, Friedrich/Tholen, Georg Christoph (Hrsg.) (1994): Computer als Medium. München: Fink

Coy, Wolfgang (1994): Aus der Vorgeschichte des Mediums Computer. In: Bolz/Kittler/Tholen (1994): 19-37

Dechert, Charles R. (Hrsg.) (1966): The Social Impact of Cybernetics. London: University of Notre Dame Press

D'Mello, Sidney/Jackson, Tanner/Craig, Scott/Morgan, Brent/Chip, Patrick/White, Holly/Person, Natalie/Kort, Barry/Kaliouby, Rana/Picard, Rosalind/Graesser, Art (2008): AutoTutor Detects and Responds to Learner's Affective and Cognitive States. Workshop on Emotional and Cognitive issues in ITS held in conjunction with Ninth International Conference on Intelligent Tutoring Systems (Quelle: http://www.cs.memphis.edu/~sdmello/assets/papers/dmello-affectwkshp-its08.pdf; Zugriff: 19.02.2013)

Europäische Union (2009): Amtsblatt der Europäischen Union C 119/2 vom 28.5.2009. Schlussfolgerungen des Rates vom 12. Mai 2009 zu einem strategischen Rahmen für die europäische Zusammenarbeit auf dem Gebiet der allgemeinen und beruflichen Bildung („ET 2020') (Quelle: http://eur-lex.europa.eu/LexUriServ/LexUriServ.do?uri=OJ:C:2009:119:0002:0010:DE:P DF; Zugriff: 20.02.2013)

Europäische Union (2011): Amtsblatt der Europäischen Union C 70/1 vom 4.3.2011. Schlussfolgerungen des Rates zur Rolle der allgemeinen und beruflichen Bildung bei der Durchführung der Strategie ‚Europa 2020' (Quelle: http://eur-lex.europa.eu/LexUriServ/LexUriServ.do?uri=OJ:C:2011:070:0001:0003:DE:PDF; Zugriff: 20.02.2013)

Foucault, Michel (1976): Überwachen und Strafen. Die Geburt des Gefängnisses. Frankfurt/M.: Suhrkamp

Galloway, Alexander R./Thacker, Eugene (2007): The Exploit: A Theory of Networks. Electronic mediations. Vol. 21. Minneapolis/London: University of Minnesota Press

Giessmann, Sebastian (2006): Netze und Netzwerke. Archäologie einer Kulturtechnik. 1740-1840. Bielefeld: transcript

Gregg, Melissa (Hrsg.) (2010): The affect theory reader. Durham, NC: Duke University Press

Hagner, Michael/Hörl, Erich (Hrsg.) (2008): Die Transformation des Humanen. Beiträge zur Kulturgeschichte der Kybernetik. Frankfurt/M.: Suhrkamp

Hansen, Mark B. (2011): Medien des 21. Jahrhunderts, technisches Empfinden und unsere originäre Umweltbedingung. In: Hörl (2011): 365-409

Hansen, Mark B. (2012): Ubiquitous sensibility. In: Packer/Wiley (2012): 53-65

Heilmann, Till A. (2012): Textverarbeitung. Eine Mediengeschichte des Computers als Schreibmaschine. Bielefeld: transcript

Hörl, Erich (Hrsg.) (2011): Die technologische Bedingung. Beiträge zur Beschreibung der technischen Welt. Berlin: Suhrkamp

Institute of Electrical and Electronics Engineers (2010): IEEE transactions on affective computing. New York: IEEE

Kapp, Ernst (1877): Grundlinien einer Philosophie der Technik. Braunschweig: Westermann

Kittler, Friedrich/Ofak, Ana (Hrsg.) (2007): Medien vor den Medien. München: Fink

Lange, Ute et al. (Hrsg.) (2009): Steuerungsprobleme im Bildungswesen. Wiesbaden: VS Verlag

McLuhan, Marshall (1962): The Gutenberg Galaxy. The Making of Typographic Man. Toronto: University of Toronto Press

McLuhan, Marshall (1964): Understanding Media. The Extensions of Man. New York: McGraw Hill

McLuhan, Marshall (1966): Cybernation and Culture. In: Dechert (1966): 95-108

Meyer-Drawe, Käte (2009): ‚Sich einschalten'. Anmerkungen zum Prozess der Selbststeuerung. In: Lange (2009): 19-34

Moridis, Christos N./Economides, Anastasios A. (2012): Affective Learning: Emphathetic Agents with Emotional Facial and Tone of Voice Expressions. In: IEEE Transactions on Affective Computing. Vol. 3. No. 3: 260–272

Oelkers, Jürgen (2008): Kybernetische Pädagogik: Eine Episode oder ein Versuch zur falschen Zeit? In: Hagner/Hörl (2008): 196–228

Ong, Walter Jackson (1987): Oralität und Literalität. Die Technologisierung des Wortes. Opladen: Westdeutscher Verlag

Ott, Michaela (2010): Affizierung. Zu einer ästhetisch-epistemischen Figur. München: Edition Text + Kritik

Packer, Jeremy/Wiley, Stephen B. Crofts (Hrsg.) (2012): Communication matters. Materialist Approaches to Media, Mobility and Networks. London/New York: Routledge

Papert, Seymour (1985): Mindstorms. Kinder, Computer und neues Lernen. 2. Aufl. Basel: Birkhäuser

Picard, Rosalind W. (1995): Affective Computing. MIT Media Laboratory Perceptual Computing Section Technical Report 321. 16. Massachusetts Institute of Technology

Picard, Rosalind (2010): Emotion Research by the People, for the People. In: Emotion Review 2, Issue 3. 250-254

Siegert, Bernhard/Vogl, Joseph (Hrsg.) (2003): Europa: Kultur der Sekretäre. Zürich: Diaphanes

Sørensen, Estrid (2009): The Materiality of Learning. Technology and Knowledge in Educational Practice, Learning in Doing. Social, Cognitive and Computational Perspectives. Cambridge: Cambridge University Press

Tuschling, Anna (2009): Lebenslanges Lernen als Bildungsregime der Wissensgesellschaft. In: Berliner Debatte Initial. Geistes- und sozialwissenschaftliche Zeitschrift 20, Heft 4. 45-54

Zitiertes Leben.
Zur rhetorischen Inszenierung des Subjekts

Kerstin Jergus

> *„Es wurde alles schon gesagt, nur noch nicht* von *allen.“*
> (Karl Valentin oder Karl Kraus oder Kurt Tucholsky).[1]

Die Fotokünstlerin Cindy Sherman arbeitet in ihren Bildern mit einem eigentümlichen Verfremdungseffekt: In einer ihren frühen Arbeiten „Untitled film stills" werden Frauen abgebildet, die aus Hollywoodklassikern zu stammen scheinen. Auch in jüngeren Arbeiten wendet sich die Künstlerin immer wieder der Inszenierung und Zitation von Frauenbildern zu, indem sie beispielsweise „Society Ladies" darstellt. Das Medium ist dabei nicht nur die Fotografie, sondern die Künstlerin selbst, die sich als Hollywoodschauspielerin, Filmfigur, Dame etc. detailreich so in Szene setzt, dass die Bilder aufgrund ihres Bekanntheitsgrades funktionieren: Man ,erkennt' die Bilder, obgleich sie gerade keinen Herkunftsort besitzen, denn sie sind keine Kopien tatsächlicher Filme oder von Porträts. Sie inszenieren vielmehr Elemente, welche eine Zuordnung im Kopf der Betrachterin erlauben, ohne dass ein Original zur Verfügung steht. Interessant an diesen Arbeiten ist dabei weniger die Verwandlungsfähigkeit der Künstlerin als vielmehr, was ihre Arbeiten darüber zu zeigen vermögen, wie soziale Wirklichkeit funktioniert: Als erkennbar und lebbar, als Teil ,unserer Welt' wird sie durch das Mittel des Zitats. Ich möchte im Folgenden dieser Spur des Zitats nachgehen. Dabei werde ich zunächst Überlegungen von Jacques Derrida und Judith Butler folgen, die das Zitieren in den Mittelpunkt einer zeichentheoretisch fundierten Sozialtheorie stellen (1. und 2.). Von hier ausgehend möchte ich weiterverfolgen, wie sich Zitationen auf das Subjekt und Sozialität beziehen lassen und welche Konsequenzen daraus für das Denken von Subjektivität folgen sowie abschließend die Inszenierung des Selbst als einen Problem- und Fragehorizont aufrufen (3. und 4.).

---

[1] Diese Äußerung wird gelegentlich allen drei Autoren zugewiesen, wobei sie am häufigsten auf Karl Valentin zurückgeführt wird. Die graue Zone zwischen Zitat, Bonmot, geflügeltem Wort und ,Volksmund' und die damit einhergehenden Unterschiede der Zitationsweisen werden hervorragend ausgeleuchtet in der Studie von Sibylle Benninghoff-Lühl (1998).

1. Zitieren: Dezentrierende Inszenierungen eines Ursprungs

Das Phänomen des Zitats wird für den Philosophen Jacques Derrida zum Anlass, sich mit John L. Austins Theorie der Sprechakte kritisch auseinanderzusetzen und eine zeichentheoretische Perspektive zu entwickeln, welche die Möglichkeit des Zitierens nicht marginalisiert, sondern zum Ausgangspunkt des Nachdenkens über Sprache und Bedeutung werden lässt (vgl. Derrida 2001). Während der Sprachwissenschaftler Austin dem Kontext einer Äußerung die prioritäre Relevanz für das Funktionieren einer Äußerung zuweist, stellt Derrida die Plausibilität des Verhältnisses von Text und Kontext in Frage:

> „Könnte eine performative Aussage gelingen, wenn ihre Formulierung nicht eine ‚codierte‘ oder iterierbare Aussage wiederholen würde, mit anderen Worten, wenn die Formel, die ich ausspreche, um eine Sitzung zu eröffnen, ein Schiff oder eine Ehe vom Stapel laufen zu lassen, nicht als einem iterierbaren Muster konform identifizierbar wäre, wenn sie also nicht in gewisser Weise als ‚Zitat‘ identifiziert werden könnte" (ebd.: 99)?

Mit dieser Frage richtet Derrida die Aufmerksamkeit auf eine spezifische Qualität des Zeichens: Seine bedeutungsgebende Qualität erhält es in einer Bewegung der Wiederholung und des Aufschubs. Denn die Abwesenheit des Kontextes und die Möglichkeit, ein Element aus seinem Kontext entnehmen zu können, resultieren aus einer grundsätzlichen Unverbundenheit der bedeutungsgebenden Elemente.[2] In diese Unverbundenheit hinein ereignet sich die Möglichkeit, Elemente zu verschieben und sie zu ver-wenden. In diesem Sinne macht Uwe Wirth auf das Spezifikum des – aus dem Gärtnerischen entlehnten – ‚Aufpfropfens‘ aufmerksam, das für Derrida als Metapher für den Zitationsvorgang steht. Der Vorgang des Zitierens bzw. des Aufpfropfens impliziert zunächst eine Unterbrechung und einen Eingriff, indem eine Schnittstelle etabliert wird:

> „Die Schnittstelle steht für die Notwendigkeit, ein ‚Dazwischen‘ zu organisieren, und das heißt in diesem Fall: Übergänge herzustellen, um die Zirkulation von Säften und Kräften zu ermöglichen" (Wirth 2012: 86).

Der Vorgang des Pfropfens ist ein Akt der Verbindung, welcher bisher nicht verbundene Elemente (Zweig und Stamm verschiedener Bäume) zu einer Einheit fügt. An der Ver-Wendung des gärtnerischen Veredelungsprozesses illustriert Derrida die „Kraft zum Bruch" (Derrida 2001: 27), welche das Zitat auszeichne und da-

---

2   Psychoanalytische Ansätze argumentieren an dieser Stelle mit der Figur des ‚Mangels‘, welcher konstitutiv für die Besetzungsbewegungen ist und zugleich eine Erklärung für die Bindungskräfte von Besetzungen – für das Begehren, den Mangel zu füllen und seine Füllung für begehrenswert zu halten – liefert. Ich werde dieser sehr inspirierenden Spur an dieser Stelle nicht weiter folgen.

raus folgend konstitutiv für jegliche Bedeutungsgebungsprozesse sei. Während die von Austin vorgeschlagene Version eines sättigenden Kontextes, der die illokutionäre, d. h. bindungs- und wirkmächtige Qualität von Sprechakten erklärlich werden lässt, nahelegt, diese Lücken wären zu füllen, kehrt sich mit Derridas Argument dieses Bild um.

Derrida entwickelt die Funktionsfähigkeit des Zeichens aus dem Moment einer generellen Abwesenheit heraus (vgl. ebd.: 78ff.), die er in zweierlei Richtungen hervorhebt: Der schriftliche Code gewinnt seinen Grund darin, die Abwesenheit sowohl eines Empfängers als auch eines Senders vorauszusetzen. In der Unmöglichkeit, kontextualisierende Bedingungen annehmen zu können und in der wechselseitigen Abwesenheit liegt die Bedingung für bedeutungsgebende Akte. Am Sender-Empfänger-Modell erläutert Derrida die Grundsätzlichkeit der Bedingung von Abwesenheit: So muss ein schriftlicher Code nicht nur unabhängig vom Empfänger funktionieren, der als Abwesender adressiert wird und im Moment des Schreibens zugleich anwesend sein muss, um überhaupt adressiert werden zu können. Der Code funktioniert zudem auch unabhängig vom Sender, der im Schreiben sein eigenes Nicht-Vorhandensein antizipiert, so dass das Geschriebene auch einfach irgendjemanden erreichen und von ihm bzw. ihr verstanden werden kann. Aus dieser Einsicht heraus entwickelt Derrida seine Zeichentheorie, welche sich um das zitathafte Pfropfen organisiert:

> „Auf dieser Möglichkeit möchte ich bestehen: Möglichkeit des Herausnehmens und des zitathaften Aufpropfens, die zur Struktur jedes gesprochenen oder geschriebenen Zeichens [marque] gehört und die noch vor und außerhalb jeglichen Horizonts semiolinguistischer Kommunikation jedes Zeichen [marque] als Schrift konstituiert; als Schrift, das heißt als Möglichkeit eines Funktionierens, das an einem gewissen Punkt von seinem ‚ursprünglichen' Sagen-Wollen und seiner Zugehörigkeit zu einem sättigbaren und zwingenden Kontext getrennt wurde" (ebd.: 89).

Mit dem Bild des Pfropfens wird die konstitutive Abwesenheit nun sichtbar als etwas, das nicht nur den Motor für Signifikationsbewegungen darstellt, sondern auch dem vorausgehend eine Lücke etabliert, auf die hin ein- und besetzend die Bewegung der Bedeutungsgebung ihren Einsatzpunkt findet. Die Schnittstelle, welche den Pfropfvorgang ermöglicht, ist nicht einfach da, sondern sie wird im Verbindungsvorgang etabliert, so dass die Abwesenheit bzw. der Riss das Proprium im Prozess der Sinngebung ausmacht. Von hier aus wird verständlich, inwiefern für Derrida das Zitieren nicht abkömmlich oder etwa marginal, sondern paradigmatisch im Hinblick auf Sprache und Bedeutung ist: Das Zitieren erfordert eine Lücke, in die hin einsetzend es sich bewegt, und aus dieser Re-Figuration resultiert Sinn.[3] Zitieren ist in diesem Sinne ereignishaft, es produziert anderen Sinn, der sich erst aus dieser Neu-Ordnung bzw. Ver-Wendung ergibt.[4] Ganz in diesem Sinne lässt sich das Zitieren als supplementierende Bewegung verstehen, die etwas hinzufügt in eine unausfüllbare Lücke: Eine Ergänzung im Sinne einer „Fülle, die eine andere Fülle bereichert, die Überfülle der Präsenz" (Derrida 1983: 250). Das zitathafte Einsetzen im Modus des Supplements tendiert dabei zugleich zur Verdrängung des ‚Ersetzten' im Beifügen: „Es kommt hinzu oder setzt sich unmerklich an-(die)-Stelle-von; wenn es auffüllt, dann so, wie wenn man eine Leere füllt" (ebd.).[5] Die supplementäre Bewegung ist folglich als eine der gleichzeitigen Ein-Setzung und Aus-Setzung von Bedeutung zu verstehen, insofern im Modus des Zitierens Sinn etabliert – erzeugt durch die Verbindung unverbundener Elemente – und dennoch auf- und verschoben wird. Dieser Aufschub korrespondiert mit der Abwesenheit, die erst jene Verbindungsbewegungen motiviert und er umkreist sie, ohne sie füllen zu können. Auf diese Weise wird die verheißungsvolle Möglichkeit einer Füllung inszeniert und zwar im Modus einer (Un-)Möglichkeit: Das Zitieren ist ein oszillierender Vorgang, welcher einen Riss füllt und zugleich dessen Unfüllbarkeit anzeigt.[6] Markiert durch Anführungszeichen oder Klammern inszeniert das Zitieren eine mögliche Füllung, einen Ein-Satz durch Aus-Setzen, durch das Ins-Spiel-Bringen einer Lücke.[7]

---

3 Es könnte hier angeschlossen werden, inwieweit das Zitieren aus diesem Grund der Katachrese ähnlich ist: Ein Zitat setzt sich ein/wird eingesetzt in einen Zusammenhang, für den es keinen eigenlicheren Ausdruck gibt, auch wenn dieses Einsetzen ‚uneigentlich' geschieht (vgl. dazu Posselt 2005, Stäheli 2002).

4 Ich gehe hier nicht eigens auf die damit im Zusammenhang stehende Figur der différance ein, mit welcher Derrida jene unaufhörliche Bewegung fasst, der kein dauerhafter Fixier- bzw. Ankerpunkt Einhalt gebieten kann.

5 Gerald Posselt (2005) fasst die Figur der Katachrese als doppeltes Supplement. Er vermutet zudem – und auch hierin liegt eine Nähe zum vorgestellten Motiv des Zitierens –, dass die katachrestische Bewegung sich nicht in einen Mangel einsetzt, sondern diesen Mangel konstituiert: „Anders gesagt, die An- oder Abwesenheit eines eigentlichen Ausdrucks ist immer schon eine Sache der Vergangenheit. Vielleicht könnte man sogar so weit gehen zu sagen, dass die lexikalische Lücke, der Mangel eines eigenen, eigentlichen oder ursprünglichen Ausdrucks bereits die Wirkung einer retroaktiven Setzung ist. Die Katachrese wäre dann nicht einfach die Supplementierung eines Mangels, der als solcher vor und außerhalb der Sprache existiert, sondern die Katachrese selbst würde diesen ‚Mangel' überhaupt erst konstituieren und im Raum der Sprache intelligibel machen" (ebd.: 139).

6 Hierin liegen Nähen zum Bildungsmotiv, welches Identität verspricht und damit seinen Gehalt aus der Unmöglichkeit von Identität, also aus einem permanenten Aufschub von Identität, gewinnt. Denn das Versprechen im Modus des ‚Noch-nicht' bringt sich selbst sowohl als Möglichkeit als auch als Unmöglichkeit permanent ins Spiel (vgl. Schäfer 2011 zum Versprechenscharakter von Bildung).

7 Es lassen sich hier Verbindungen ziehen zur Zitatkultur in der Kunst (vgl. Huttenlauch 2010, Römer 2001) bzw. im Kino (vgl. Pantenburg 2012). Auch wird die medial-materiale Dimension

Nicht zuletzt folgt aus dieser Gleichzeitigkeit des Ein- und Aussetzens eine Hybridisierung i. S. einer Ver- und Umwendung.[8] Während das Zitat sich nicht ohne Weiteres einfügt, sondern einen fremden Ort innerhalb des Satzes, innerhalb der Sprache markiert, durchkreuzt es jede Eindeutigkeit und Rückführbarkeit, da seine Ver-Wendung es jenem entnommenen Zusammenhang verfremdet ebenso wie es auf eine Nicht-Passung im neuen Satz anspielt.

Dies lässt sich vor allem auch aus literatur- und sprachwissenschaftlicher Sicht unterlegen, wenn sich dem Prozess des textlich-sprachlichen Zitierens zugewandt wird (vgl. u. a. Gutenberg/Poole 2001b, Beekmann/Grüttemeier 2000, Roussel 2012, Benninghoff-Lühl 1998). Unter diesen Gesichtspunkten lässt sich das Zitieren als ein Prozess der Verkettung verstehen, der zu „einem daraus resultierenden komplizenhaften Verhältnis zwischen zitierendem und zitiertem Text" (Gutenberg/Poole 2001a: 17) führt. Eine zeichenhafte Markierung – die so genannten „Gänsefüßchen" – vollzieht hierbei sowohl eine räumliche und zeitliche Trennung *als auch zugleich* eine Verbindung.

> „Anführungszeichen sind Ausdruck eines paradoxen Redeverhaltens, denn die eigene Rede speist sich aus einer fremden Rede, diese wiederum kann die eigene sogar überlagern und hybridisieren, oder aber im Gegenteil eine deutlich kritisch-distanzierende bis hin zu einer polemisch-diffamierenden Absicht erkennen lassen" (Gutenberg/Poole 2001a: 10).

Der Vorgang des Zitierens verfremdet folglich, indem eine ‚Ursprünglichkeit', ein ‚eigentlicher' Ort ins Spiel gebracht wird – und zwar sowohl im Herkunfts- wie Ankunftskontext –, ohne eine solche korrekte Passung einzulösen bzw. einlösen zu können. Auf diese Weise inszeniert das Zitieren einen Referenzort, der jedoch gerade der zentrierenden Qualität entbehrt – das Zitieren ist sowohl Materialisierung als auch Material und ereignet sich in eben diesem Zwischenraum. Martin Roussel fasst dies so: „Zu zitieren bedeutet also eine doppelte Geste: einen Schnitt und eine Anknüpfung, eine Trennung und eine Verbindung" (Roussell 2012: 24).

Es ist dieser Punkt, der sich mit den zeichentheoretischen Überlegungen Derridas in Verbindung bringen lässt und das Zitieren als eine Praxis in den Blick bringt, die über eine rein textlich-sprachliche Ebene hinausgeht: Das Zitieren ermöglicht Sinn und Bedeutung durch die iterierende Bewegung der Erzeugung eines anderen Raumes „im Zitat als einer Grenzmarkierung, einer Grenzzone oder

---

des Zitierens hierbei deutlich: Als copy and paste oder als inskribierendes Schreiben (vgl. Barthes 1968).

8 Andreas Hetzel schlägt eine Kulturtheorie vor, die sich aus diesen Motiven der Ver-Wendung im Sinne einer praktischen An-Eignung, d. h. als Hybridisierung denken lässt, und weist sie unter Bezugnahme auf rhetoriktheoretische Motive aus (vgl. Hetzel 2002).

einem Spielraum, dessen marge oder Rand der des Symbolischen ist, in seinen Markierungen, seinen Ein- und Zu- und Ausschnitten (...)" (ebd.: 28).

So macht auch die Literaturwissenschaftlerin Sibylle Benninghoff-Lühl in ihrer Untersuchung zu „Figuren des Zitats" (Benninghoff-Lühl 1998) darauf aufmerksam, inwiefern die Figur der ‚Apostrophe' das Zitat in besonderer Weise kennzeichnet. Denn die (wörtlichen wie tropologischen) Apostrophe sind es, welche den Raum für das Einsetzen eines Anderen, eines „Fremdkörpers" (ebd.: 203ff.) eröffnen, und zwar in der Weise, dass auch der Herkunftstext nicht mehr als klarer Herkunftsort qualifizierbar ist. Vielmehr wird im Vorgang des Zitierens ein Verweisungsraum eröffnet, welcher die Ortlosigkeit jedes Zeichens anspricht und aufruft. Dieses Aufrufen – erinnert sei daran, dass citare eine Herkunft aus dem Gerichtswesen, d. h. dem vor (das) Gericht Zitieren besitzt – wird sichtbar gemacht in Form (und Figur) der Apostrophe, welche die Elemente einkleiden, sie vermeintlich verorten und zugleich deren Ortlosigkeit anzeigen. Die Figur der Apostrophe bedeutet zunächst, eine Abwesenheit anzuzeigen und es lässt sich von hier aus erneut die paradoxale Konstellation hervorheben, die zwischen verschiedenen Polen – Leere-Füllung, Nichtort-Ort oder Abwesenheit-Anwesenheit – den Platz figuriert, an dem sich das Zitat als eine Bewegung einstellt, welche unentscheidbar werden lässt, auf welchen der beiden Pole sie gerichtet ist. Die Praxis des Zitierens lässt sich von hier ausgehend als eine Praxis perspektivieren, welche sich im engeren wie im weiteren Sinne auf die Etablierung neuen und anderen Sinns bezieht, wobei dieser als Effekt der Inszenierung eines ‚ursprünglichen' Referenten in Erscheinung tritt.

2. Komplizenschaften: Das zitierte und zitierende Subjekt

Das paradoxale Verhältnis von Vorgängigkeit und Effekt im Zitieren spielt in den Schriften Judith Butlers eine besondere Rolle, wenn sie sich dem Geschehen der Subjektwerdung zuwendet. Mit der Formulierung der „Komplizenschaft" re-artikuliert Butler dabei eine Figur, die sie im Rahmen einer Foucault-Lektüre entwickelt und mit Überlegungen Althussers kompiliert:[9] Sie bezieht dabei die zeichentheoretischen Argumente auf das relationale Verhältnis von Subjektivität und

---

9   In diesem Konzept der Komplizenschaft verdeutlicht sich Butlers eigene Lektüre der Subjektivierungsprozesse, indem sie über das komplizenhafte Verhältnis die Verstrickungen von Subjektivität und Sozialität herausarbeitet. Auch im Hinblick auf das Zitieren entsteht eine solche Komplizenschaft, welche Bindungen zugleich löst und herstellt. Sybille Benninghoff-Lühl situiert dem folgend den Verräter und auch den Freund als Figuren, in denen das Zitat sich ereignen kann und folgert in diesem Sinne: „Der Sinn bricht im höchsten Punkt der Spannung. Er bricht auf zu etwas, was er vorher nicht war, was ihn aber gleichwohl prägte. Er verrät an

Sozialität und entwickelt anhand des parodierenden Zitats nicht nur einen Vorschlag für das Denken von Widerständigkeit, sondern eine Theorie von Materialität, die sie in Bezug auf Körperlichkeit entwickelt.

Am Beispiel geschlechtlicher Identität zeigt Butler (1991, 1995) auf, inwiefern anhand des Zitierens körperlicher Merkmale eine erkennbare Geschlechtsidentität erzeugt wird. Im parodierenden Zitat und in der Travestie werde eben jene Zitathaftigkeit zum wesentlichen Merkmal, anhand dessen das ‚Wesentliche' aufgeführt wird. Wenn Travestiekünstler_innen eine Geschlechtsidentität inszenieren können, so folgert Butler, dann basiert jede geschlechtliche Identität auf Zitationen. Sie argumentiert mit dieser Einsicht gegen die Unterscheidung von *sex* und *gender*. Während diese Unterscheidung davon ausgeht, dass Körperlichkeit dem Kulturellen und Sozialen vorgängig sei, wird anhand der Parodie deutlich, dass der Körper lesbar wird, indem er geschlechtliche Merkmale inszeniert und aufführt. Während das naturalisierende Argument die Vorgängigkeit des Körpers bzw. des *sex* über erkenn- und sichtbare Merkmale wie etwa Haarlänge, Kleiderstil, Intonation oder Gestik zu identifizieren sucht, kann Butler zeigen, dass es gerade diese Merkmale sind, die in und aufgrund ihrer Zeichenhaftigkeit funktionieren. Sie kehrt damit die gängige Unterscheidung von *sex* und *gender* um: Die Erkennbarkeit des Geschlechts ereignet sich im Modus des Zitierens von sich als erkennbar erweisenden Zeichen (Kleidung, Bewegung, Gestik), welche den Körper bzw. *sex* als Effekt ihrer inszenierenden Zitation erzeugen. Es ist also auch hier das Moment einer umkehrenden Bewegung, welche sich selbst – im supplementierenden Modus des Zitats – als vorgängig instituiert. Während es keinen eigentlicheren Modus als die Zitation von Geschlechtlichkeit in der praktischen Aus- und Aufführung gibt, erzeugt dieses Zitieren einen sich als ‚ursprünglich(er)' inszenierenden Ort: den Körper als Grund sozialer und kultureller Praktiken des Selbst.

Judith Butler verwendet zur Beschreibung dieses Vorgangs die aus der Rhetorik stammende Figur der Metalepse (vgl. 1993: 123 sowie 1991: 49ff.), welche die Umkehrung von Ursache und Wirkung beschreibt (vgl. dazu auch de Man 1988a: 151). In Bezug auf die geschlechtliche Identität umreißt diese metaleptische Bewegung jenen Effekt eines zugrunde liegenden Körpers, der in seiner Gestalthaftigkeit und Anerkennbarkeit jedoch durch (geschlechtsstereotype) Zitationen markiert und erkennbar wird. Die Les- und Sichtbarkeit des Geschlechts ist in diesem Sinne folglich nicht Ausdruck eines zugrunde liegenden körperlichen Ensembles, welches die (geschlechtlichen) Körperpraktiken konturieren würde.

---

einer Art blind spot eine Figur, der er sich doch gerade erst verdankte und zu der auch hätte aufbrechen können" (Benninghoff-Lühl 1998: 99).

Vielmehr wird anhand des Arrangements der dargestellten, ausgestellten und sichtbaren Elemente (Bewegung, Gestik, Kleidung, Stil etc.) die Kohärenz des Körpers und bezogen auf Geschlecht eine geschlechtliche Identität innerhalb des binären heteronormativen Codes erzeugt.

In ganz ähnlicher Weise wird für Butler die metaleptische Bewegung im Vorgang der Subjektivierung relevant: Mit dem Neologismus ‚Subjektivation' (Butler 2001) beschreibt sie im Anschluss an die Überlegungen Michel Foucaults und Louis Althussers die Konstitution des Subjekts als einen sprachlich-performativen Vorgang. Es sind sprachliche Prozesse, welche den Platz des Subjekts figurieren und es in das Leben rufen.[10] Die Sprache wird damit über ihre zeichenhafte Qualität hinausgehend zum Ort der Wirklichkeitserzeugung, sodass mit dem Konzept der Performativität nicht nur ein inszenatorischer, sondern vor allem der wirklichkeitskonstitutive Aspekt sprachlicher Prozesse aufgerufen ist.[11] Butler liest (und zitiert) für diesen Zusammenhang die Althussersche Anrufungsszene in einer eigenen Nuancierung: Während Althussers Beschreibung nahelegt, die Formierung des Subjekts ereigne und erschöpfe sich in der Reaktion auf den paradigmatischen Ruf des Polizisten, stellt Butler an diese Szenerie die Frage:

> „Welche Art von Beziehung bindet diese beiden bereits, so daß das Subjekt weiß, wie es sich umzuwenden hat, weiß, daß es dabei etwas gewinnen kann? Wie können wir uns diese ‚Wendung' als der Subjektbildung vorausgehend denken, als ur-sprüngliche Komplizenschaft mit dem Gesetz, ohne die kein Subjekt entsteht?" (Butler 2001: 102).

Mit dieser Frage macht Butler deutlich, dass die Formierung von Subjektivität durch Anrufungen – oder wie Foucault es nennt: Anreize (vgl. Foucault 1983) – kein unidirektionales Determinationsgeschehen darstellt. Vielmehr sind Subjektivierungsprozesse von Unbestimmtheiten gekennzeichnet: Insofern sich der formierende Ruf innerhalb des soziosymbolischen Horizonts ereignet, ist der Subjektivierungsvorgang stets ein zitierendes Geschehen. Die Adressierung von Subjekten setzt diese als bereits konstituiert voraus, indem die adressierende Rede eine Adresse markiert. Butler spricht in diesem Zusammenhang vom ‚Trauma', in eine vorgängige soziale Ordnung formiert zu werden (vgl. Butler 2006: 64f.). Das

---

10   Auch an dieser Stelle wären Verbindungen zu psychoanalytischen Überlegungen zu ziehen, welche darauf hinweisen, dass die sprachliche Verfasstheit das Subjekt konstituiert und der Platz des Subjekts bereits ‚besprochen' ist (vgl. dazu Widmer 1997: 37ff.).

11   Dies grenzt sich von anderen Lesarten des Performativen ab, welche zwischen der theatralischen Inszenierung von Subjektivität und einer realen Existenz dieser zu unterscheiden suchen. Eine solche Tendenz findet sich bspw. in den Arbeiten im Umkreis des Berliner Sonderforschungsbereichs zu „Kulturen des Performativen" (vgl. etwa Wulf/Zirfas 2007). Demgegenüber finden sich Überlegungen zu Inszenierung, welche die Trennung von Theatralität und Realität problematisieren (vgl. etwa Seel 2001).

‚Trauma' der uneinholbaren Benennung besteht darin, dass der Name ‚gegeben'
wurde und dem Subjekt vorgängig ist, weil der Name aus dem nicht dem Subjekt
entspringenden soziosymbolischen Horizont stammt, worin der Zusammenhang
von Unterwerfung und Konstitution im Subjektivierungsgeschehen liegt.[12] Die
adressierende Benennung in der Anrufungsszene zitiert in diesem Sinne Adressen der sozialen Ordnung (Frau, Angestellte, Autorin), welche jedoch selbst keine scharfen Ränder erzeugen können, sondern – aufgrund der notwendigen Zi-
tatförmigkeit jedes sprachlichen Zeichens – unausgefüllt bleiben. Diese Adressen
rufen folglich zur Füllung auf, sie schaffen ‚Anreize', sich als Autorin, Frau, Angestellte etc. zu formieren, ohne dass – ebenfalls aufgrund der notwendigen Zi-
tatförmigkeit jedes Zeichens – dieser Formierung eindeutige Grenzen eignen.[13]
Es ist die über eine rein text-sprachliche Dimension hinausgehende performative Dimension von Sprache, welche die Konstitution des Subjekts ermöglicht. Judith Butler macht jedoch mit dem Hinweis auf die Rhetorizität solcher Prozesse
auch darauf aufmerksam, dass diese Konstitutionsleistung keine Abgeschlossenheit erzeugen kann: Als metaleptische Bewegung erzeugt die Um-Wendung
des Subjekts eine nachträglich erzählbare Linie, die jedoch erst als Effekt einer
Nicht-Linearität entsteht:

> „Wenn es ein Subjekt erst als Konsequenz aus dieser Subjektivation gibt, dann erfordert die
> erzählende Erklärung dieses Sachverhalts, dass die Zeitstruktur der Erzählung nicht richtig
> sein kann, denn die Grammatik dieser Narration setzt voraus, dass es keine Subjektivation
> ohne ein Subjekt gibt, das diesen Prozess durchläuft" (Butler 2001: 106).

Dieser Gedankengang impliziert dabei nicht nur, dass die Prozessualität des Subjektivierungsgeschehens keinen Endpunkt findet, sondern dass auch die niemals
zur Deckung bringende Gleichursprünglichkeit von Subjekt und Subjektivierung
einen unmöglichen Ort des Subjekts erzeugt:

> „Im Gegenteil scheint die Wende als tropologische Inauguration des Subjekts zu fungieren,
> als Gründungsmoment, dessen ontologischer Status dauerhaft ungewiss bleibt. (…) Wie kann
> das Subjekt aus einer solchen ontologisch ungewissen Form der Krümmung und Drehung her-
> vorgehen?" (Butler 2001: 9).

---

12 Butler entwickelt aus diesem Zusammenhang jedoch auch die Frage einer kritischen ‚Wendung':
„Wie lässt sich in die Szene des Traumas eine umgekehrte Weise des Zitierens einführen?"
(ebd.: 64).

13 Dieser Gedankengang wird für Butler zum Ausgangspunkt des Denkens von Kritik und
Widerstand, indem diese Unausgefülltheit je eigene Ver-Wendungsweisen nicht unterbinden
kann. Ohne direkten Bezug auf Butler, jedoch unter Bezug auf das Motiv der Ver-Wendung
entwirft Andreas Hetzel eine Kulturtheorie, welche sich von eben diesen Unausgefülltheiten
her versteht (vgl. Hetzel 2001, 2002).

Die Butlersche Inblicknahme des Subjektivierungsgeschehens impliziert weitergehend, dass das Subjekt über eine auf Dauer gestellte Prozessualität des Subjektivierungsgeschehens hinausgehend existiert, weil und insofern es nicht vollständig konstituiert werden kann:

> „Das Beharren im eigenen Sein bedeutet, von Anfang an jenen gesellschaftlichen Bedingun-
> gen überantwortet zu sein, die niemals ganz die eigenen sind. (...) In diesem Sinn funktio-
> niert die Interpellation oder Anrufung, indem sie scheitert, d. h. sie setzt ihr Subjekt als einen
> Handelnden genau in dem Maße ein, in dem sie daran scheitert, ein solches Subjekt erschöp-
> fend in der Zeit zu bestimmen" (ebd.: 183).

3. Zitationen des Selbst

Die bis zu diesem Punkt verfolgten Spuren und eingelassenen Stimmen zeigen
auf, inwiefern in der zitierenden Inszenierung eines ‚Eigentlichen', d. h. eines Re-
ferenzortes ohne Referenzialität, Bedeutungsgebungsprozesse motiviert wie konstituiert werden. Vor diesem Hintergrund kann das Subjektivierungsgeschehen
als ein zitierender Vorgang der Inszenierung einer ‚Subjektadresse' in den Blick
kommen. Ich möchte nun von hier ausgehend drei Anschlussstellen ansprechen,
welche aus dem Gedankengang der rhetorischen Inszenierung des Subjekts im
Modus des Zitierens resultieren.

Dabei ist darauf hinzuweisen, dass auch dieser Satz eine paradoxale Kom-
ponente enthält, die eigens aufgerufen werden muss: Denn die Rede von ‚der Inszenierung' und ‚dem Subjekt' als ‚zitiertes Subjekt' führt eine semantische Last
mit, welche nahelegt, es gäbe eine (sicht- und lebbare) Trennungslinie zwischen
der Inszenierung und ihren Effekten. Demgegenüber ist darauf hinzuweisen, dass
das Zitationsmotiv gerade in der Lage ist, diese Trennungen – also auch jene Unterscheidung von textlich-sprachlichem und sprachlich-sozialem Zitieren – so zu
irritieren, dass deren Verwobenheit deutlich wird: Wie könnte noch unterschieden werden zwischen dem ‚Eigentlichen' und dem ‚Uneigentlichen'? Von woher
wären Referenzpunkte angebbar, welche das Subjekt von seiner Inszenierung als
Subjekt zu trennen vermögen? Die Inszenierung des Selbst besitzt folglich eine
rhetorische Qualität nicht allein aufgrund ihrer soziosymbolischen Verfasstheit,
sondern vor allem im Hinblick auf die Unentscheidbarkeit zwischen diskursiven
und sozialen Prozessen.

Weiter noch ist es gerade jene – nachträglich eingezogene – Unterscheidung
zwischen Inszenierung und Inszeniertem, welche unter dem Gesichtspunkt des
Zitierens als ein gleichursprüngliches Geschehen sichtbar wird. Wenn etwa die

Praxis des Zitierens einen Referenzort wie ‚das Subjekt', ‚die Frau', ‚die Autorin' etc. etabliert, so geschieht dies im Modus eines uneigentlichen Sprechens – denn was wäre ein Subjekt? Was wäre eine Frau? Was wäre eine Autorin? Die Rede vom Subjekt, von der Frau oder der Autorin inszeniert jene Adressen als bereits vorhandene, während in dieser Inszenierung erst jene Adressen als ‚Stätten', an denen sich ein Subjekt, eine Frau oder eine Autorin einfinden kann (und muss), etabliert werden.

3.1 Die Inszenierung von Originalität oder: das Ringen um Intelligibilität

Im Zitieren vollzieht sich etwas Ähnliches wie in der Subjektivierung: In Anspruch genommen und adressiert durch Sprache unterwerfen wir uns der Autorität des Zitats, seiner Folge, seiner Gestalt und doch bleibt das Zitat nicht fremd. Indem es in Gebrauch genommen wird, es an einer anderen Stelle ver-wendet und ein-gesetzt wird, vollziehen sich Verschiebungen, deren Effekte uns genauso in Gebrauch nehmen, wie wir sie in Gebrauch nehmen. Für diesen Zusammenhang formuliert Bernhard Waldenfels:

> „Wer eine Rede zitiert (...)[,] schließt ein, dass in der eigenen Stimme fremde Stimmen mitanklingen und dass an der eigenen Schrift fremde Autoren mitschreiben. Wer zitiert, ist nicht schlechthin Herr oder Herrin des Redens und Schreibens. Die Rede in der Rede bedeutet zugleich ein Reden von einer anderen Rede her" (Waldenfels 1997: 330).

Die Verflechtungen zwischen Be- und Ermächtigung im Zitieren bleiben undurchsichtig und eben daraus gewinnen sie ihren Effekt: ein zitierfähiges Subjekt zu sein. Mit Zitier-Fähigkeit ist ein Doppeltes angesprochen, wie die Literaturwissenschaftler_innen Andrea Gutenberg und Ralph Poole für ihren so benannten Band herausstellen (vgl. Gutenberg/Poole 2001a: 14f.): Sowohl zitieren zu können, also eine autonome Subjektadresse einzunehmen – auch dies ein zitathafter Vorgang, denn Butler weist darauf hin, dass die Subjektadresse nie vollständig konstituiert werden kann –, als auch zugleich zitierfähig, d. h. als Subjekt anerkennbar zu sein, welches dem Ruf in der Adressierung folgend die Normen der Anerkennung re-signifiziert, d. h. anerkennt und verschiebt.

Hierunter fällt vor allem das Doppelverhältnis im Zitieren, welches im Modus der Zitier-Fähigkeit angesprochen ist (vgl. dazu ebd.: 23ff.): ein souveränes Subjekt zu sein, das autorisiert ist zu zitieren, sich also folglich als Autor_in zu konstituieren. Und zugleich impliziert dies, den Bereich des Zitierbaren markiert zu haben bzw. zu markieren: was als anerkennbar d. h. zitierfähig erscheint. „Zitieren umfasst also sowohl ein Zur-Sprache-Bringen als auch ein Zum-Schweigen-Bringen" (ebd.: 27).

Das machtvolle Be- und Verschweigen un-zitierter Texte wird vor dem Hintergrund postkolonialer Debatten (vgl. Spivak 2007, Castro-Varela/Dhawan 2012) um die Frage des Hör-, Leb- und Sprechbaren als Frage von Machtverhältnissen in das Sprechen hineingetragen: Welche Referenzen werden als Autoritäten installiert und im sozialen Raum sicht- und hörbar? Welche Positionen werden damit als an- und aberkennbar positioniert? Welche Normierungen des sozialen Raums und sozialer Identitäten werden im Prozess des Zitierens inauguriert und/ oder verschoben?

Zitationsindexe und Zitationszirkel zeigen für den Bereich des wissenschaftlichen Raums, wie Positionierungen wissenschaftlicher Subjekte als Autorisierungsprozesse machtvolle Implikationen besitzen. Zugleich ist jedoch gerade aufgrund der Hybridität der Rede (vgl. Waldenfels 1997), welche aus der Ursprungslosigkeit des Zitierens resultiert, stets auch „die Unmöglichkeit einer totalen Kontrolle, einer vollständigen Machtposition angesichts des Fremden, das in die Rede eindringt" (Gutenberg/Poole 2001a: 31), angezeigt. Diese Unverfügbarkeit im Zitieren impliziert in Bezug auf den sozialen Raum der Anerkennbarkeit als zitierfähiges und zitierbares Subjekt, dass die Konturen des Anerkennbaren selbst in Machtlogiken eingespannt sind, so dass die Effekte des Zitierens (von Texten, Subjekten, Positionen und Autoritäten) so wenig absehbar sind wie sie in jedem Fall performative Wirksamkeit erzeugen. Die reguliert-regulierende Praxis des wiederholenden Zitierens entscheidet darüber, welche textuellen Subjektivitäten bzw. positionierten Autoritäten *von Gewicht* sind – was sowohl im engeren Sinne für die anerkannten bzw. anerkennbaren Subjekte/Texte gilt als auch im weiteren Sinne bspw. in Bezug auf wissenschaftliche Autoritäten/Autorisierungen.[14]

3.2 Die Inszenierung des Subjekts als Effekt oder: die Unabgeschlossenheit der Subjektivierung

Der Vorgang des Zitierens verweist zudem auf den Gesichtspunkt prozessualer Temporalität: Die räumliche Markierung durch die sogenannten „Gänsefüßchen" hybridisiert und verfremdet nicht nur die eigene Sprache und durchkreuzt immer schon die Souveränität der Sprechenden. Es trägt zudem auch in temporaler Hinsicht in jedes Sprechen eine Vorgängigkeit ein, die jede identifizierbare Gegen-

---

14 Dass auch der wissenschaftliche Raum als sozialer Raum zu verstehen ist, der den Praktiken der Anerkennung und Anerkennbarkeit nicht entzogen ist, sondern in welchem Autorisierungs- und Legitimierungsprozesse die ‚Dignität der Sache' belangen, haben Alfred Schäfer und Christiane Thompson in Bezug auf Wissen herausgestellt (vgl. 2011a: 20ff.). Alfred Schäfer hat zudem deutlich gemacht, dass die Anerkennbarkeit pädagogischer Theoreme und darin implizierte Wirklichkeitsentwürfe im pädagogischen Terrain von Logiken des Politischen durchdrungen sind (vgl. 2009, 2011 sowie 1989; vgl. auch: Wimmer 2011).

wärtigkeit unterminiert. Denn der Moment der Bedeutung, in welchem sich Sinn konstituieren könnte, wird durch die Unabgeschlossenheit im Zitiervorgang permanent unterlaufen, so dass zu der Vorgängigkeit des Zitierbaren auch die Nachträglichkeit des Zitierten hinzukommt. Nicht nur liefert das eingefügte Zitat eine Unzahl unabsehbarer Referenzen, deren Bedeutungsgehalte nicht im Moment des Zusammenfügens fixiert werden können. In Bezug auf eine mögliche Eingrenzung des Gesagten wird das Zitat vielmehr auch zu einem Riss, welcher die Bedeutung immer wieder öffnet. Indem das Zitat nicht nur den Zusammenschluss unverbundener Elemente prozessiert, sondern auch die Leerstelle, d. h. die Abwesenheit einer definiten Bedeutung permanent anzeigt, wird eine essenzialisierende Fixierung des Gesagten immer wieder unterlaufen. Das Subjekt als eine solche im Sprechakt zitierte und zitierbare Adresse unterliegt diesen Bedingungen gleichermaßen, da es sich durch und nur aufgrund einer Abwesenheit konstituiert. Es antwortet auf einen Ruf, der sich erst in der Antwort als Aufrufen einer Adresse zeigen kann, und erst in der Antwort konstituiert es sich einsetzend in eine Lücke, welche durch den Ruf erzeugt wird.

Dieser Prozess ist deswegen unabschließbar, weil das Konstitutionsgeschehen des Subjekts durch jene Leerstelle motiviert und organisiert wird, die jedoch keine Abgeschlossenheit erzeugen kann. So wie zwischen den Gänsefüßchen eine Vielzahl an Einfügungen Platz finden kann, und dies gerade durch die Gänsefüßchen als passendste und dennoch nicht passgenaue Formulierung angezeigt wird, unterliegt des Subjekt in seiner Konstitution dauerhaft jener prozessualen Qualität. Denn der soziosymbolische Raum, in welchem Adressen wie Subjekte oder Autor_innen erzeugt werden, verfügt über eine begrenzte Anzahl von Symbolen, welche die Subjektadresse formieren können. Welche spezifische Qualität jene Adresse erhält, lässt sich nicht abschließend bestimmen: Wer als Subjekt gilt und wie es Gestalt annimmt, wie eine Autorin ihre Worte kontrolliert und von ihnen kontrolliert wird, erzeugt und eröffnet sich im Moment des Zitierens. Und dieser Moment des Verkettens von Elementen ereignet sich als „Markierung einer Auslassung" (Benninghoff-Lühl 1998: 73) einer Lücke im Text, eines Risses im Raum, einer Leerstelle, auf die hin etwas Gestalt annehmen kann.

Prozessual ist die zitationelle Subjektivierung zudem auch auf einer anderen Ebene, da die Formungen des Subjekts als Autorin, Angestellte oder Frau keinem definiten Gehalt unterliegen. Insofern jeder Begriff sich nicht jenseits des Zitats, sondern nur als solches ereignen kann, bleibt es unmöglich, den fluktuierenden Konnotationen Einhalt zu gebieten: Jede Rede ist von dem Oszillieren zwischen Leere und Füllung gekennzeichnet, und die Leerstelle vor dem Einsatz des Zitats unterminiert die Abschließbarkeit von Bedeutungen. Diese figurative Qualität von Bedeutungen (denen keine Eigentlichkeit eignet, und die dennoch und gerade aufgrund dessen als ‚eigentliche' Bedeutungen inszeniert werden) generiert permanente Einsätze, deren Entschwinden aus den „Gänsefüßchen" nur gewaltvoll unterbunden werden kann und wird.[15] Es ist folglich eben diese doppelte Prozessualität, die sich aus der Unabgeschlossenheit bzw. Figurativität von Sinn ergibt wie aus der Hybridität des Einsetzungsprozesses, welche die Subjektfigur einer Einheitlichkeit entzieht.

Diese Unabgeschlossenheit des Subjekts ist in der Tradition des Bildungsdenkens ein zentrales Motiv, da sich hieraus – auch in aktuellen bildungstheoretischen Gedankengängen – die Möglichkeit einer Veränderung des Selbst speist. So wird etwa in der Diskussion um die Negativität als wesentlichem Bedingungsmoment für Bildungsprozesse angenommen, dass ein Veränderungsprozess des Selbst möglich sei, insofern die negativierenden Momente von Erfahrung eine Um- und Neuorientierung des Selbst veranlassen (vgl. etwa exemplarisch Benner 2005, English 2005). Während also häufig die Qualität eines das Subjekt verändernden Ereignisses herausgestellt wird, lassen sich die zeichentheoretischen Überlegungen zur zitathaften Subjektivierung so verstehen, dass darin eine für bildungstheoretisches Denken andere Konsequenz vermutet werden kann: Die in den Blick kommende Subjektivität ist durch eine generelle Ereignishaftigkeit geprägt, die eine identifizierbare Gestalt nicht ohne gewaltförmigen Zugriff annehmen kann.

Die angedeutete Prozessualität, welche das Zitieren in das unaufhörliche Spiel differenter Elemente (der Bewegung der différance) bringt und das Subjekt in einem solchen Prozess als zerrissene, hybride Adresse markiert, lässt es nicht zu, eine ereignishafte Qualität des Konstitutionsmomentes von einem anderen zu unterscheiden. Es wäre sowohl für einen Selbsterkenntnisprozess als auch im Hinblick auf von außen beschreib- und erkennbare Veränderungen notwendig, das Subjekt in eine stabile Figur zu hypostasieren. Das zitierte Subjekt – und es ist nach den bis hierhin gelegten Überlegungen kein anderes Subjekt denkbar – entzieht sich dauerhaft solchen Identifizierungen, denn worüber gesprochen werden kann und was (an-)erkennbar an einer Subjektivität ist, ist lediglich eine Momentaufnahme im Spiel zwischen Leerstelle und deren Füllung.

---

15 Der Soziologe Ulrich Bröckling weist in seiner Untersuchung von Anrufungsformen gegenwärtiger Subjektivität als „unternehmerisches Selbst" (vgl. 2007) darauf hin, dass Anrufungen keine determinierende Qualität besitzen, sondern gerade aufgrund ihrer Uneindeutigkeit funktionieren, so dass Subjekte niemals vollständig konstituiert werden, sondern als „Gerundivum" (ebd.: 22) prozessieren. Ein ähnliches Argument entfaltet Butler im Hinblick auf Subjektivierungen, indem sie auf die Unausgefülltheit von Normen hinweist (vgl. 2003), worin die Machtverstrickungen von An- und Aberkennungsprozessen liegen, denn gerade weil die Grenzen des Sag-, Leb- und Denkbaren keine dauerhafte Fixierung aufrecht erhalten können, (er)eignen sich diese als Konfliktlinien.

3.3 Die Inszenierung des Subjekts als Adresse oder: das durchkreuzte Subjekt als unmögliche Adresse

Die Inszenierung eines Subjekts unterliegt nicht nur der soziosymbolischen Hervorbringung, deren Vielfältigkeit keine abschließende Form des Subjekts zu erzeugen vermag. Vielmehr und darüber hinaus liegt im Ereignis des Zitationsvorgangs bereits ein dezentrierendes Moment, welches Leere und Fülle zugleich realisiert. Das Subjekt wird in diesem Vorgang – zwischen Gänsefüßchen, die seinen Platz figurieren und die Einnahme dieses Platzes permanent verhindern – als Anwesendes in eine Abwesenheit hineingesetzt und auf diese Weise als unmögliche Einheit gestiftet. In diesem Sinne lassen sich Überlegungen anschließen, die Alfred Schäfer als Einsatzpunkt für Bildungstheorie und Bildungsforschung vorschlägt, um das Subjekt als eine dezentrierte Figur zu fassen: als „Kreuzungspunkt der Diskurse" (Schäfer 2011: 90ff.).

Unter Rückgriff auf methodologische Argumentationen Michel Foucaults im Zusammenhang einer Analytik von Diskursivierungen argumentieren Schäfer und die Mitarbeiter_innen seines Forschungsprojektes (vgl. Krüger/Schäfer/ Schenk 2013), dass der neuzeitlichen Subjektivität der Charakter eines Versprechens eigne (vgl. Schäfer 2011: 108), insofern die Subjektadresse eine Substanzialität lediglich nachträglich als Effekt ihrer Artikulation erzeugt.

> „Das Subjekt als Unterschied, als Zwischen, als Kreuzungspunkt der Diskurse, die durch es ebenso hindurchgehen wie sie nach diesem Durchgang als neue Unterschiede hervorgebracht werden – diese Figur ist weit weg von einer transzendentalen oder auch souveränen Subjektivität" (ebd.: 107).

Mit diesem Bezug auf Foucault schlägt Alfred Schäfer vor, die Mehrdeutigkeiten innerhalb und zwischen den Anrufungen (bspw. Frau, Angestellte, Autorin etc.) als Ort des Subjekts zu verstehen: Als ‚Kreuzungspunkt' wird das Subjekt im Sinne einer dezentrierten Adresse gefasst, die im Modus dieser Relationalität existiert. Schäfers Argumentationen, die nicht nur eine Analytik, sondern auch einen systematischen Vorschlag für das Bildungsdenken beinhalten, nehmen dabei eine spezifische Verschiebung vor: Das Subjekt wird als eine dezentrierte Figur gefasst und zwar nicht wegen des nicht-einholbaren Verhältnisses des Subjekts zu seinen Erfahrungen, Artikulationen, Formierungen. Vielmehr wird die Differenzialität innerhalb des Subjekts verortet, als „ein bloßes Zwischen, eine Differenz nicht zur Subjektivierung, sondern zwischen den diskursiven Subjektivierungen: die Lücke, die Unmöglichkeit der Versöhnung solcher Subjektivierungen" (ebd.: 109).

Die von Schäfer mit der Formulierung des ‚Kreuzungspunktes' anvisierte Perspektive auf Subjektivität verabschiedet folglich eine Einheit des Subjekts mit sich selbst sowohl auf der Ebene von Artikulationen (die empirisch als heterologische Artikulationen in den Blick kommen) als auch auf der Ebene des sich in den Artikulationen konstituierenden Subjekts (das nicht als vereinheitlichender Grund der Artikulationen angenommen wird).

Dieses Argument einer durchkreuzten Subjektivität lässt sich durch den Fokus auf das ‚zitierte' Subjekt weiter führen: Die Rede von einer ‚Stiftung' oder ‚Konstitution' trägt noch und erneut die semantische Last eines definierbaren Produkts des Prozesses mit sich, sodass es wichtig ist hervorzuheben, in welcher Szenerie dieser Prozess der Subjektivierung sich ereignet. Mit den Worten der Literaturwissenschaftlerin Bettine Menke kann darauf hingewiesen werden, dass die Rede einen Schauplatz markiert, in welchem die Sprecher_innen als dezentrierte Subjektpositionen konstituiert werden (vgl. Menke 2012: 271). Eine – heutzutage weniger gängige – Bedeutung des Zitierens liegt in eben diesem Moment des ‚vor Gericht Zitierens' – d. h. als Adresse von Zurechnung und Verantwortung angesprochen zu werden und sich einzufinden. Diese Hinweise schließen stets mit ein, dass die Stelle des Subjekts eine Leerstelle bleibt, in die es hineingerufen und dabei zugleich platziert wie suspendiert wird: eine gekreuzte Subjektivität, welche keine eigentlichere Stelle als dieses Einfinden zwischen den Gänsefüßchen oder auf dem Schauplatz einnehmen kann. Und zugleich ist diese Subjektivität ebenfalls nicht in der Lage, diese Leere jemals auszufüllen. Diese gekreuzte Subjektivität existiert folglich im eigentlich-uneigentlichen Modus eines Supplements, welches seine eigene Anwesenheit dauerhaft unterläuft und in einem katachrestischen Akt seinen Einsatz aus-setzt (und vice versa). Der Vorgang des Zitierens erhellt diese Figur einer Durchkreuzung, insofern unter diesem Gesichtspunkt deutlich wird, wie die Etablierung eines Risses der Subjektadresse vorgängig ist und daraus folgend das sich durch diesen Riss einfindende Subjekt immer schon von einer Zerrissenheit gekennzeichnet ist. Der Kreuzungspunkt, an dem sich die Subjektadresse zeigt (und entzieht), inszeniert hierbei eine Ursprungsreferenz, die jedoch von ihrer dezentrierenden Qualität – zwischen den Gänsefüßchen – als Inszeniertes und Inszenierung zerrissen wird. Der Kreuzungspunkt ist folglich kein definiter Punkt, sondern eine Leerstelle, an der die Differenz zwischen dem eigentlichen und uneigentlichen Platzhalter – etwa dem Subjekt, der Autorin oder der Frau – etabliert wird und sich dauerhaft im Subjekt (oder der Autorin oder der Frau) fortschreibt.

4. Zitiertes Leben: Zitiertes leben?

Über diese Überlegungen hinausgehend, welche das Subjekt als Inszenierung einer ‚Ursprungsadresse' im Modus des Zitierens in den Blick bringen, lässt sich auf einen Punkt hinweisen, welcher in den bis hierhin verfolgten Spuren nur am Rande auftauchte. Ich möchte dazu erneut auf Überlegungen Judith Butlers zurückgreifen, welche das Zitieren nicht nur im Hinblick auf das Subjektivierungsgeschehen betrachten, sondern ausgehend von jener Figur der zerrissenen Ursprünglichkeit dem Zitat eine politische Qualität beimisst: „Und von dieser Bedingung, vom Riss im Gewebe unseres epistemologischen Netzes her, entsteht die Praxis der Kritik" (Butler 2002: 253).

In ihren Überlegungen zur Wirkmächtigkeit des Sprechens deutet Butler mehrmals auf den Aspekt der Resignifikation hin, um die politische Bedeutung einer zeichentheoretisch unterlegten Subjektivierungs- und Sozialtheorie hervorzuheben. Die bedeutungsgebenden Akte des Sprechens werden in diesem Sinne nicht nur in ihrer bindenden Qualität als wirklichkeitsstiftend herausgestellt, sondern zugleich in einen unaufhörlichen Prozess der (machtvollen) Stabilisierung und Unterminierung von Sinn, d. h. im Oszillieren zwischen Signifikation und Resignifikation erhellt. Der hybride Punkt, an dem ein Zitat sich als Zitat erkennbar gibt und seinen Platz innerhalb des einzunehmenden Raums zu erlangen sucht, wird für Butler zugleich zum Einsatz-Punkt, an dem sich „das politische Versprechen der performativen Äußerung" (2006: 252) zeigt. Im Kampf um Geltung und Inszenierungen von Originalität wird es nicht nur möglich bzw. nicht zu unterbinden sein, dass andere Formen von Originalität den Platz zu besetzen versuchen, sondern vor allem wird diese Inszenierung (als ein Subjekt, als Frau, als Angestellte, als Autorin) als eine politische Praxis in den Blick genommen.

Es stellt sich also zum Abschluss die Frage: Wie ist es möglich, das Zitierte zu leben und welche Möglichkeiten gibt es, dem Zitierten ein anderes Leben einzuhauchen oder auch ein anderes Leben zu zitieren? Es ist dies auch die Frage nach der Mächtigkeit von Begriffen, welche zwar nicht fixierbar, aber dennoch gerade nicht beliebig austauschbar sind. Diese Frage berührt den Status dessen, was als lebbar gilt und führt damit zu einer Frage, mit der ich abschließend Judith Butler zitiere: „Wer wird hier Subjekt sein, und was wird als Leben zählen"? (Butler 2002: 265)

Literatur

Barthes, Roland (1968): Der Tod des Autors. In: Jannidis/Lauer/Martinez/Winko (2000): 185-198

Beekman, Klaus/Grüttemeier, Ralf (Hrsg.) (2000): Instrument Zitat. Über den literaturhistorischen und institutionellen Nutzen von Zitaten und Zitieren. Amsterdam: Editions Rodopi B.V.

Benhabib, Seyla/Butler, Judith/Cornell, Drucilla/Fraser, Nancy (Hrsg.) (1993): Der Streit um Differenz. Feminismus und Postmoderne in der Gegenwart. Frankfurt/M.: Fischer

Benner, Dietrich (2005): Einleitung. Über pädagogisch relevante und erziehungswissenschaftlich fruchtbare Aspekte der Negativität menschlicher Erfahrung. In: Erziehung – Bildung – Negativität. Zeitschrift für Pädagogik 51, 49. Beiheft. 7-21

Benninghoff-Lühl, Sibylle (1998): Figuren des Zitats. Eine Untersuchung zur Funktionsweise übertragener Rede. Stuttgart: Metzler

Bröckling, Ulrich (2007): Das unternehmerische Selbst. Soziologie einer Subjektivierungsform. Frankfurt/M.: Suhrkamp

Butler, Judith (1991): Das Unbehagen der Geschlechter. Frankfurt/M.: Suhrkamp

Butler, Judith (1993): Für ein sorgfältiges Lesen. In: Benhabib/Butler/Cornell/Fraser (1993): 122-132

Butler, Judith (1995): Körper von Gewicht: Die diskursiven Grenzen des Geschlechts. Frankfurt/M.: Suhrkamp

Butler, Judith (2001): Psyche der Macht. Das Subjekt der Unterwerfung. Frankfurt/M.: Suhrkamp

Butler, Judith (2002): Was ist Kritik? Ein Essay über Foucaults Tugend. In: Deutsche Zeitschrift für Philosophie 50, Heft 2. 249-265

Butler, Judith (2003): Noch einmal: Körper und Macht. In: Honneth/Saar (2003): 52-67

Butler, Judith (2006): Hass spricht. Zur Politik des Performativen. Frankfurt/M.: Suhrkamp

Castro-Varela, María do Mar/Dhawan, Nikita (2012): Postkoloniale Theorie: Eine kritische Einführung. Bielefeld: transcript

De Man, Paul (1988a): Rhetorik der Tropen. In: Ders. (1988b): 146-163

De Man, Paul (1988b): Allegorien des Lesens. Frankfurt/M.: Suhrkamp

Derrida, Jacques (1983): Grammatologie. Frankfurt/M.: Suhrkamp

Derrida, Jacques (2001): Signatur Ereignis Kontext. In: Ders. (2004): 68-110

Derrida, Jacques (2004): Die différance. Ausgewählte Texte. Hrsg. v. Peter Engelmann. Stuttgart: Reclam

English, Andrea (2005): Negativität der Erfahrung, Pragmatismus und die Grundstruktur des Lernens. Erziehungswissenschaftliche Reflexionen zur Bedeutung des Pragmatismus von Peirce, James und Mead für Deweys Theorie der reflective experience. In: Erziehung – Bildung – Negativität. Zeitschrift für Pädagogik 51, 49. Beiheft. 49-61

Foucault, Michel (1983): Der Wille zum Wissen. Sexualität und Wahrheit I. Frankfurt/M.: Suhrkamp

Früchtl, Josef/Zimmermann, Jörg (Hrsg.) (2001): Ästhetik der Inszenierung. Frankfurt/M.: Suhrkamp

Gutenberg, Andrea/Poole, Ralph J. (2001a): Einleitung. In: Dies. (2001b): 9-38

Gutenberg, Andrea/Poole, Ralph J. (Hrsg.) (2001b): Zitier-Fähigkeit. Findungen und Erfindungen des Anderen. Berlin: Erich Schmidt Verlag

Hetzel, Andreas (2001): Zwischen Poiesis und Praxis. Elemente einer kritischen Theorie der Kultur. Würzburg: Königshausen und Neumann

Hetzel, Andreas (2002): Kultur als Grenzüberschreitung. In: Dialektik. Zeitschrift für Kulturphilosophie, Heft 2. 5-17

Honneth, Axel/Saar, Martin (Hrsg.) (2003): Michel Foucault. Zwischenbilanz einer Rezeption. Frankfurter Foucault-Konferenz 2001. Frankfurt/M.: Suhrkamp

Huttenlauch, Anna Blume (2010): Appropriation Art. Kunst an den Grenzen des Urheberrechts. Baden-Baden: Nomos

Jannidis, Fortis/Lauer, Gerhard/Martinez, Matias/Winko, Simone (Hrsg.) (2000): Texte zur Theorie der Autorschaft. Stuttgart: Reclam

Krüger, Jens Oliver/Schäfer, Alfred/Schenk, Sabrina (2013): Zur Analyse von Erfahrungsdiskursen. Eine empirische Annäherung an Bildung als Problem. In: Thompson/Jergus/Breidenstein (2013, i. E.)

Lohmann, Ingrid/Mielich, Sinah/Muhl, Florian/Pazzini, Karl-Josef/Rieger, Laura/Wilhelm, Eva (Hrsg.) (2011): Schöne neue Bildung? Zur Kritik der Universität der Gegenwart. Bielefeld: transcript

Menke, Bettine (2012): Vorkommnisse des Zitierens, Stimmen – Gemurmel. Zu Marthalers ‚Murx den Europäer! Murx ihn! Murx ihn! Murx ihn ab!'. In: Roussel (2012): 259-280

Neumann, Gerhard (Hrsg.) (1997): Poststrukturalismus: Herausforderung an die Literaturwissenschaft. Germanistische Symposien. Berichtsband XVIII. Stuttgart: Metzler

Pantenburg, Volker (2012): Filme zitieren. Zur medialen Grenze des Zitatbegriffs. In: Roussel (2012): 245-258

Posselt, Gerald (2005): Katachrese. Zur Rhetorik des Performativen. München: Fink

Römer, Stefan (2001): Künstlerische Strategien des Fake. Kritik von Original und Fälschung. Ostfildern: DuMont

Roussel, Martin (Hrsg.) (2012): Kreativität des Findens. Figurationen des Zitats. München: Fink

Schäfer, Alfred (1989): Zur Kritik pädagogischer Wirklichkeitsentwürfe. Möglichkeiten und Grenzen pädagogischer Rationalitätsansprüche. Weinheim: Deutscher Studien Verlag

Schäfer, Alfred (2009): Die Erfindung des Pädagogischen. Paderborn: Schöningh

Schäfer, Alfred (2011): Irritierende Fremdheit: Bildungsforschung als Diskursanalyse. Paderborn: Schöningh

Schäfer, Alfred/Thompson, Christiane (2011a): Wissen – Eine Einleitung. In: Dies. (2011b): 7-33

Schäfer, Alfred/Thompson, Christiane (Hrsg.) (2011b): Wissen. Paderborn: Schöningh

Seel, Martin (2001): Inszenieren als Erscheinenlassen. In: Früchtl/Zimmermann (2001): 48-62

Spivak, Gayatari Chakravorty (2007): Can the Subaltern speak? Postkolonialität und subalterne Artikulation. Wien: turia + kant

Stäheli, Urs (2002): Poststrukturalistische Soziologien. Bielefeld: transcript

Thompson, Christiane/Jergus, Kerstin/Breidenstein, Georg (Hrsg.) (2013, i. E.): Interferenzen – Perspektiven kulturwissenschaftlicher Bildungsforschung. Weilerswist: Velbrück

Waldenfels, Bernhard (1997): Hybride Formen der Rede. In: Neumann (1997): 323-337

Widmer, Peter (1997): Subversion des Begehrens. Eine Einführung in Jacques Lacans Werk. Wien: turia + kant

Wimmer, Michael (2011): Die Agonalität des Demokratischen und die Aporetik der Bildung. Zwölf Thesen zum Verhältnis zwischen Politik und Pädagogik. In: Lohmann/Mielich/ Muhl/Pazzini/Rieger/Wilhelm (2011): 33-54

Wirth, Uwe (2012): Zitieren Pfropfen Exerzieren. In: Roussel (2012): 79-98

Wulf, Christoph/Zirfas, Jörg (Hrsg.) (2007): Pädagogik des Performativen, Theorien, Methoden, Perspektiven. Weinheim Basel: Juventa

Pädagogik als Möglichkeitsraum.
Zur Inszenierung von Optimierungen

Sabrina Schenk

„Du darfst wählen, aber du zahlst dafür."

Aldous Huxley

1. Der Zukunftsbezug der Pädagogik als ihre utopische Dimension

Wenn sich Pädagogik konstitutiv auf die Zukunft verpflichtet, kann das ihre Gegenwart nicht unberührt lassen. Im Nachdenken über die pädagogische Wirklichkeit muss die Zeitdimension in den verwendeten Begrifflichkeiten aufgefangen werden. Aus diesem Grund unterscheidet Johann Friedrich Herbart 1835 im *Umriß pädagogischer Vorlesungen* als die drei Hauptbegriffe der allgemeinen Pädagogik „Zucht" und „Unterricht", die „beide für die Bildung, also für die Zukunft wirken", von der „Regierung", die „das Gegenwärtige besorgt" (Herbart 1910b: 152) – auch wenn sie in der pädagogischen Praxis aufeinander bezogen bleiben. Dass die erzieherischen Tätigkeiten der Gegenwart auf ihre Zukünftigkeit verwiesen sind, hat vor einem halben Jahrhundert in anderer Weise auch Wolfgang Brezinka noch einmal betont. In seinem programmatischen Vortrag *Erziehung für die Welt von morgen* heißt es: „Wer erzieht, bereitet in der Gegenwart für die Zukunft vor" (Brezinka 1962: 1). Man müsse deshalb nicht nur versuchen, „das Gesicht der Gesellschaft von morgen" (ebd.) zu bestimmen, sondern auch das Ideal dieser Gesellschaft, „eine Vision des Menschen, wie er sein soll, eine Norm der gut geordneten Gesellschaft" (ebd.). Der Entwurf eines solchen Ideals müsse sich auf die Gegenwart beziehen, denn „[f]ruchtbar für das Handeln wird nur jene Deutung, die das, was zu tun ist, als beste Verwirklichung der Möglichkeiten zeigt, die in unserer geschichtlichen Situation bereits vorhanden sind" (ebd.).

Der pädagogische Traum bestünde so gesehen in den drei Fragen: In welcher Gesellschaft leben wir jetzt? In welcher Gesellschaft wollen wir morgen leben? Was ist zu tun, um die Gesellschaft, in der wir jetzt leben, in die Gesellschaft von morgen zu transformieren? Pädagogik würde so zu einem zwischen Gegenwart und Zukunft aufgespannten Möglichkeitsraum der Realisierung von Verbesserungswünschen. Die Ernsthaftigkeit dieses Möglichkeitsraums zeigt sich bei Brezinka daran, dass er als einer von „gewaltigen Aufgaben und Gefahren" entworfen wird, die es „gut zu bestehen" (ebd.: 9) gilt. Die Angst des erzieherisch tätigen Menschen müsste sich dann also darauf richten, gar nicht bzw. falsch zu handeln. In Bezug auf Jürgen Oelkers führt Elisabeth Flitner diesen Gedanken fort und gibt diesem Möglichkeitsraum der Pädagogik dabei den Namen Utopie: „Pädagogische Utopien bleiben notwendig, weil das Geschäft der Erziehung nicht aufhört, und auch nicht aufhört, Hoffnungen zu binden – so ungut die Wirklichkeiten sein mögen, unter denen wir erziehen" (E. Flitner 1993: 95). Die Utopie der pädagogischen Entwürfe sicherten der Pädagogik die Hoffnung und den Mut auf das Andere in der Erziehung gegen die von der Erziehungswissenschaft aufgezeigten, entmutigenden und desillusionierenden Erziehungsrealitäten. Erst da, wo diese Auffassung der komplementären Aufgaben von Pädagogik vs. Erziehungswissenschaft brüchig wird, kann erstere als bloßer pädagogischer Idealismus und letztere als bloße realwissenschaftliche Kritik erscheinen.

Ohne die Utopie verliert pädagogische Wissenschaft also ihr produktives Moment. Flitner begreift die Utopie deshalb als Teil jeder Pädagogik, auch der Erziehungswissenschaften und entwirft sie (ähnlich wie Brezinka) als Voraussetzung für die Realisierung von Verbesserungsvorstellungen: „Die Pädagogiken der Neuzeit haben eine utopische Dimension, die sich mit den gesellschaftlichen Entwicklungen verändert", und deren „gemeinsames Kennzeichen ist, dass sie die Analyse der Erziehung immer mit dem Anspruch moderner Gesellschaften auf die bewusste Gestaltung sozialen Wandels verknüpfen" (ebd.: 105). Insofern lässt sich die Desavouierung dieser utopischen Dimension der Pädagogik durch die Erziehungswissenschaft – „der ihre Untauglichkeit für Bildungsplanung oder Lehrerberatung zum Leitfaden der Analyse macht" (ebd.: 106) – als Missverständnis einer sich auf Nützlichkeit und Realismus, auf das Machbare und Planbare reduzierenden Praxisforderung begreifen:

> „In ihren Pädagogiken denken moderne Gesellschaften in zwei Richtungen über sich hinaus, in Richtung auf die ‚Natur', die ihnen den kontinuierlichen Wechsel ihrer physischen Grundlagen vorgibt, und in Richtung auf die ‚Zukunft', die in irgendeinem spezifischen Sinne als ‚neu' gegenüber den Gegenwart vorgestellt wird" (ebd.).

Will sich die moderne Gesellschaft also die Möglichkeit dieser doppelten Transzendenz bewahren, sind ihre Pädagogiken – bzw. alle ihre auf „Projekte gesellschaftlicher Selbsterneuerung" (ebd.: 107) verpflichteten Wissenschaften – konstitutiv auf Utopie verwiesen. Das utopische Moment also als ein konstitutiver Bestandteil pädagogischen Wissens und Pädagogik demnach eine Fiktion auf dem Weg ihrer Realisierung?[1] Hans-Christian Harten führt die Ambivalenz von

---

1   Eine solche Annahme hat unmittelbare Folgen nicht nur für die begrifflich zu fassende Zeitdimension, sondern auch für die Qualität des von Pädagogik beanspruchten Wissens selbst. In

Utopien zwischen Möglichkeitsentwurf und Realisierbarkeit in neuerer Zeit ganz ähnlich ein als eine spezifische „Denkweise, die auf die Virtualisierung von Realitäts- und Handlungszwängen zielt" (Harten 2004: 1071). In einem handlungstheoretischen Verständnis führt das utopische Denken so zu idealisierenden Gegenentwürfen zur Realität, die in kritischer Auseinandersetzung deren Probleme und Defizite sichtbar machen, aber damit auch Wünschen und Ängsten überhaupt erst einen Ausdruck verleihen: „Utopien eröffnen einen Zugang zur Sprache des Wunsches und zur Rekonstruktion von Wirklichkeit und Wirklichkeitserfahrung durch die Sprache des Wunsches (oder, dies wäre immer mitzudenken, der Angst vor einer möglichen Wirklichkeit, die es abzuwenden gilt)" (ebd.: 1072). Eben darin „kann die epistemologische und bildungstheoretische Bedeutung utopischen Denkens gesehen werden" (ebd.), weil ihr systematischer Entwurf neuer Struktur- und Ordnungsmodelle auf die Veränderung des Bestehenden ziele, ohne deshalb schon seine Realisierbarkeit mitzudenken oder zu begründen. Damit können Utopien „zugleich Grundprobleme und Aporien des pädagogischen Denkens sichtbar" machen, ohne sich dabei an die „historisch-gesellschaftliche Komplexität dieser dialektischen Spannungsverhältnisse" (ebd.: 1083) binden zu müssen. Daran anschließend könnten sich hier die Fragen stellen lassen: Was wünschen sich eigentlich Pädagogen? – Und: Müssten sie dann nicht vielleicht davor soviel Angst haben wie vor dem, was sie tatsächlich tun oder lassen?

2. Pädagogische Utopien zwischen Traum und Alptraum

Aldous Huxley hat 1931 den Traum von einer Gesellschaft nieder geschrieben, die den Leitspruch „Gemeinschaftlichkeit, Einheitlichkeit, Beständigkeit" (Huxley 2003a: 24) verwirklicht hat. Die in automatisierten Anlagen maschinell erfolgende Erzeugung und Aufzucht von Embryos wird in dieser Gesellschaft durch staatliche Normzentralen geleistet und ist passgenau und flexibel auf gesellschaftliche Bedarfe abstimmbar. Das gilt nicht nur in Bezug auf unvorhersehbare Mehrbedarfe, bspw. nach Erdbeben, sondern auch in Bezug auf die Zuweisung des Nachwuchses auf einen festen Platz in der Gesellschaft. Diese Zuweisung bzw. passge-

---

der einleitenden Vergewisserung über *Pädagogisches Wissen* bestätigen die beiden Herausgeber des Bandes den Wert der Utopie als einer pädagogischen Wissensform: Verbinde man mit den Zeitdimensionen pädagogischen Wissens „zugleich Wahrscheinlichkeitsannahmen, dann lässt sich zum Beispiel zwischen sinnstiftenden Utopien, der puren Möglichkeit des ganz Anderen in der Erziehung, zwischen Kritik, die mit Realität umgehen muss, ohne in ihr einfach aufzugehen, und Handlungswissen unterscheiden, das sich aus gelungenen und gescheiterten Erfahrungen zusammensetzt, also die reale Geschichte von Erziehungsprozessen reflektiert" (Oelkers/Tenorth 1993a: 28).

naue Herstellung beginnt bereits im embryonalen Stadium mittels ausgeklügelter technischer Verfahren und durch den Einsatz von biologisch-chemischen Substratkombinationen. Auf diese Weise wird die Physiologie der Embryos entsprechend ihrer Zugehörigkeit zu den hierarchisch angelegten, verschiedenen Berufstätigkeitsbereichen zugeordneten, Alpha- bis Epsilon-Kasten genormt. Zudem werden sie durch Kälte- und Wärmebehandlung, spezifische Impfungen und chemische Behandlungen auf ihre künftigen Berufslaufbahnen und damit verbundenen Lebensgewohnheiten prädestiniert. Nach dem Entkorken der Babys aus den Aufzuchtflaschen schließen sich Konditionierungsmaßnahmen an, die es dem Nachwuchs erleichtern, sich zu der ihm jeweils zuteil werdenden sozialen Bestimmung auch berufen zu fühlen und sie zu lieben. Er wird sich aber – dank seiner kastenabhängigen Normierung wie bspw. dem durch Schlafschulen standardisierten Wissen – auch sonst ganz abgestimmt auf das Wohl der Allgemeinheit verhalten. Denn für alle durch menschliche Unbeständigkeiten verursachte Gefahren gibt es in dieser Gesellschaft eine Antwort: monatliche Leidenschafts- und gelegentliche Schwangerschaftsersatzbehandlungen, Fühlkinos, sexuelle Promiskuität, ekstatische Eintrachtsandachten, Frischzellenkuren, stimmungsaufhellendes Soma. Reale Gleichheit ist hier physikalisch-chemische Gleichheit, und als solche gerade nicht auf die individuelle Leistungssteigerung abgestimmt, sondern auf das Glück aller: eine Optimierung der menschlichen Verhältnisse im Hinblick auf das Allgemeinwohl. Abweichungen von den standardisierten Normierungen – z. B. durch körperliche Unterentwicklung oder geistige Überentwicklung im Verhältnis zur Norm der Kaste – sind Ausnahmen, die ein Bewusstsein der eigenen Besonderheit bewirken mögen. Aber Individualität ist nicht Sprengsatz, sondern eher Leidensfaktor in einem System, in dem Freiheit zur Freiheit, „untüchtig und unglücklich", „ein kantiger Pflock in einem runden Loch zu sein" (ebd.: 60), geworden ist.

Eben diese *Schöne neue Welt* Huxleys erinnert an den pädagogischen Traum Rousseaus:

> „Die Welt ist jetzt im Gleichgewicht. Die Menschen sind glücklich, sie bekommen, was sie begehren, und begehren nichts, was sie nicht bekommen können. Es geht ihnen gut, sie sind geborgen, immer gesund, haben keine Angst vor dem Tod. Leidenschaft und Alter sind diesen Glücklichen unbekannt, (...) und ihre ganze Normung ist so, dass sie sich kaum anders benehmen können, als sie sollen" (Huxley 2003a: 217f.).

Die Menschen dieser „schönen neuen Welt" leben in der Gesellschaft und mit sich selbst im Einklang. Ganz ähnlich hat der für das pädagogische Nachdenken so zentrale Autor Jean-Jacques Rousseau in einem schriftstellerischen Gedankenexperiment den *Emile*, die fiktive Biographie eines Menschen entworfen. Darin wird die Übereinstimmung von Wollen und Können und von Denken, Reden und Handeln als die natürliche Identität des Jungen Emile inszeniert, in der nicht nur die Freiheit, sondern auch Selbstzufriedenheit und Glück des Einzelnen liegen – und damit letztlich das Wohl der Gesellschaft (vgl. dazu Schäfer 2002: 32).

Der utopische Roman von Huxley und das fiktionale Gedankenexperiment Rousseaus in Form eines Erziehungsromans scheinen also zumindest darin überein zu stimmen, dass sie beide eine Antwort auf die pädagogisch bedeutsame Frage nach der Möglichkeit von individuellem Glück und individueller Selbstverwirklichung geben, die im Einklang mit dem gesellschaftlichen Wohl stehen können. Sie beschreiben damit beide einen pädagogischen Möglichkeitsraum, der die (fiktive) Inszenierung der Optimierung menschlicher Selbst- und Weltverhältnisse (durchaus unter verschiedenen Bezugspunkten) vorstellt. Gleichzeitig stellt sich dabei jedoch die Frage, ob er im Sinne Brezinkas und Flitners die Realisierung von Verbesserungswünschen – den pädagogischen Traum – darstellt, oder aber der Ängste, von denen Harten spricht. Wie ließe sich denn ein pädagogischer Traum von einem pädagogischen Alptraum unterscheiden?[2]

Zur Beantwortung dieser Frage hat der Autor der *Schönen neuen Welt* hilfreicher weise ein klärendes Vorwort verfasst, dass er den Gedanken, „dass den Menschen die Willensfreiheit gegeben ist, zwischen Wahnsinn einerseits und Irrsinn andererseits zu wählen, (...) belustigend fand und für durchaus möglich hielt" (Huxley 2003b: 10). Seine utopische Welt beschreibt also einen Alptraum – in dem man sich vielleicht eines zukünftigen Tages nach dem Aufwachen wiederfinden könnte. Dieser Deutung ist auch Neil Postman gefolgt, der sie immerhin als zutreffende „Prophezeiungen" begriffen hat, und für Amerika „nahe daran, Wirklichkeit zu werden" (Postman 1985: 190). Nicht als Ideal, als pädagogischer Traum, sondern als Alptraum ist Huxleys *Schöne neue Welt* deshalb zur Rahmenerzählung von Postmans Medien- und Kulturkritik geworden.

Schwieriger scheint dagegen die Einschätzung von Rousseaus gedankenexperimenteller Beschreibung der Erziehung des *Emile* zu sein. So führt Albert Reble Rousseau als „*Verkünder des Evangeliums der Freiheit*" (Reble 1989: 152) in die Geschichte der Pädagogik ein, der vor allem auch die „*negative Rolle der Erziehung*" (ebd.: 155) herausgestellt habe: „Den Menschen erziehen heißt im Grunde also nur: dafür sorgen, dass die Natur (in ihm und um ihn) sich voll auswirken kann und nicht durch menschliche Meinungen und Launen beeinträchtigt und verdorben wird" (ebd.: 156). Von einer solchen positiven Deutung des Wach-

---

2   Die Frage nach dem systematischen Moment dieser Verkehrung von Alp und Traum ist nicht die gleiche Frage wie die nach dem Verhältnis von Gelingen oder Scheitern des pädagogischen Traums, wie sie bspw. Michael Wimmer (2011a) am Film *Club der toten Dichter* untersucht, auch wenn sie mit ihr zusammenhängen mag.

sen- und Entfaltenlassens hat Martin Rang in seiner Einleitung des „Emile" umgekehrt die Rolle der ‚negativen Erziehung' bei Rousseau abgegrenzt: „Denn in
Wahrheit ist ja die Erziehung des Emile wohl geplant und ständig gelenkt, nur
aber auf *indirekte* Weise durch das, was Rousseau die ‚Erziehung durch die Dinge' nennt" (Rang 1963: 84). Rang hebt daher auch den totalitären Macht-Cha-
rakter einer solchen ‚indirekten Erziehung' hervor, der (hier unter Rückgriff auf
Rousseau-Zitate) die „vollständige Unterwerfung" mit dem „Anschein der Freiheit" versieht (ebd.). Ob diese Inszenierung deshalb aber als ein pädagogischer
Alptraum verstanden werden kann, lässt er dahingestellt. Denn letztlich bleibt
das Ziel der ‚natürlichen Erziehung' Rousseaus ein durchaus hoffnungsvoller
Wunsch: „[i]nmitten einer heillosen Welt dem einzelnen Menschen ein menschliches und glückliches Leben zu ermöglichen" (Rang 1963: 69) – so wie ja auch
das (realisierte) Ziel der utopischen Gesellschaft Huxleys das allgemeine Glück
ist (vgl. Huxley 2003: 231).

Es scheint also aussichtslos zu sein, die Entscheidung von Alp oder Traum
am Ziel der beiden Fiktionen oder an den zu seiner Realisierung eingesetzten
Mitteln festmachen zu wollen. Wenn aber der pädagogische Möglichkeitsraum
der Utopie das Verhältnis von Zukunft und Gegenwart vermitteln soll, vielleicht
– und das soll hier nachfolgend untersucht werden – hängt dann die Unterscheidung zwischen Alp und Traum an der Art und Weise dieser Vermittlung? Und
weiter: Inwiefern und wozu aber dann zu diesem Zweck Utopie und Fiktion?[3]

3. Möglichkeitsräume der Pädagogik

Für Huxley kann man vermuten, dass seine Utopie vor dem Wahrwerden eines
Alptraums warnen will, indem sie ihn vorführt. Darauf deutet einerseits sein Vorwort hin und andererseits ein dem Vorwort und der Geschichte vorangestelltes
Motto von Nikolai Berdjajew: „Utopien erweisen sich als weit realisierbarer, als
man früher glaubte. Und wir stehen heute vor einer auf ganz andere Weise beängs-
tigenden Frage: Wie können wir ihre endgültige Verwirklichung verhindern? …

---

3   Es gibt gute Gründe, diese Begriffe semantisch auseinander zu halten. Hier interessiert mich
     jedoch der systematisch unterscheidbare Stellenwert des fiktiven / utopischen Moments in
     seinem jeweilig spezifischen Verhältnis zu seiner anderen Seite der Wirklichkeit / Realität.
     Dieser je unterschiedlich konzipierbare Dualismus soll hier nicht anhand von semantischen,
     sondern von systematischen Unterscheidungen aufgearbeitet werden, deshalb vernachlässige ich
     die begriffliche Präzisierung. Einige andere wichtige begriffliche Unterscheidungen, vor allem
     aber einen Überblick über die Geschichte der (politischen) Utopien, ihren Stellenwert in der
     Moderne und insbesondere in der modernen Pädagogik finden sich im konzisen Wörterbuch-
     Beitrag von Hans-Christian Harten (2004).

Utopien sind machbar. Das Leben hat sich auf die Utopien hinentwickelt." (Berdjajew in Huxley 2003a: 7; Auslassung i. O.) Die Utopie der ‚Vollkommenheit' ist also nichts Irreales, sondern ganz im Gegenteil etwas Machbares. Utopie und Realität stehen hier nicht in einem Gegensatz zueinander wie Schein und Sein, sondern der von Huxley entworfenen zukünftigen Utopie hat sich die gegenwärtige Wirklichkeit inzwischen angenähert, wie er meint (und worin ihm Postman zustimmt): „Heute scheint es durchaus möglich, dass uns dieser Schrecken binnen eines einzigen Jahrhunderts auf den Hals kommt; das heißt, wenn wir in der Zwischenzeit davon absehen, einander zu Staub zu zersprengen" (Huxley 2003b: 19). Man müsste dann dafür plädieren, Utopien zu vermeiden, *weil* sie realisierbar sind.

Rousseau hat seine Erziehungs-Utopie wohl nicht entworfen, um vor ihrer Realisierung zu warnen. Sein Gedankenexperiment diente vielleicht sogar eher noch dazu, eine ‚bessere Praxis' vorzuschlagen, um „Menschen heranzubilden" (Rousseau 1963b: 102), wie dem Vorwort entnommen werden könnte. Der Status des utopischen Moments eines solchen Vorhabens ist dabei unterschiedlich bestimmt worden. Während für Reble das utopische Moment bei Rousseau offenbar nur den Gegensatz zum real Vorstellbaren oder Möglichen bildet (vgl. Reble 1989: 156, 158), deutet Rang das Verhältnis von Utopie und Realität als Verflechtungsbeziehung von Utopie und Konkretion. Nicht „ein ‚Phantasiebild der Vollkommenheit'" wolle Rousseau vorführen, sondern das dem Menschen „‚Bestmögliche'":

> „Daher das Streben Rousseaus, gerade im ‚Emile' konkrete Maßnahmen und Schritte, nachprüfbare seelische Entwicklungen innerhalb der ‚natürlichen Erziehung' zu schildern, kurzum eine ‚konkrete Utopie' zu entwerfen, deren utopischer Charakter durch die Konkretheit zwar nicht aufgehoben, aber uns menschlich nahegebracht wird" (Rang 1963: 61).

Der Möglichkeitsraum, den die „konkrete Utopie" Rousseaus bei Rang bezeichnet, vermittelt also nicht Gegenwart und Zukunft miteinander, sondern Abstraktion und Konkretion des pädagogischen Nachdenkens. Während so gesehen im Möglichkeitsraum der Utopie Huxleys die Zukunft unweigerlich zur Gegenwart werden wird und man dann das Eintreffen der pädagogischen Entwürfe untersuchen kann, stünden im Möglichkeitsraum des Gedankenexperiments in Form eines Erziehungsromans bei Rousseau also Abstraktion und Konkretion nicht im selben Verhältnis zueinander. Sie würden ihre Balance wahren, statt sich ineinander aufzulösen.

Michael Wimmer hat die einleitende Frage nach dem Traum oder Alptraum einer pädagogischen Utopie denn auch in diesem Sinne beantwortet: „Versuche, diese oder andere Utopien des neuen Menschen in die Realität umzusetzen, führen daher fast zwangsläufig zu albtraumhaften Ergebnissen (...), was ein Blick in die deutsche Geschichte hinreichend belegt. Und da die Pädagogik immer eine große Nähe zu Gesellschaftsutopien hatte, als deren integrativer Bestandteil sie sich verstand, ist sie geschichtswirksam gewesen und ist es noch heute" (Wimmer 2007: 13; vgl. auch Wimmer 2002: 36). Es ist also der Zusammenschluss von Zukunft und Gegenwart, die Realisierbarkeit der Utopie selbst, die den Traum in einen Alptraum verwandelt: Ein Traum, in dem man eines Tages aufwachen könnte, ist ein Alptraum – Huxley.[4] Wimmer findet die Zukunft der Pädagogik deshalb nicht in der Utopie aufgehoben, sondern in der Paradoxie. Inhaltlich bestimmt ist es die Paradoxie der Gerechtigkeit; die Paradoxie einer Entscheidung in einer Situation der Unentscheidbarkeit angesichts eines Appells des Anderen, weil es keinen Weg gibt, dieser Singularität gerecht zu werden. Diese Paradoxie sei die „Figur des Wirklichen selbst", wie Wimmer mit Derrida sagt, und er kommt zu dem Schluss:

> „Was den pädagogischen Diskurs antreibt, ist also nicht ein Traum oder das Utopische, sondern das Paradoxe als das Un-Mögliche, das nicht das Unwirkliche ist, sondern eine andere Möglichkeit des Möglichen. Der Sinn des pädagogischen Paradoxons läge dann in der Chance, dem Anderen gerecht zu werden und seine wie die Zukunft der Pädagogik offen zu halten" (ebd.: 14).

Nicht die Vermittlung von Zukunft und Gegenwart im Möglichkeitsraum der Utopie, aber auch nicht die von Abstraktion und Konkretion im Möglichkeitsraum des Gedankenexperiments, sondern statt dessen die Vermittlung von Möglichkeit und Unmöglichkeit selbst im Möglichkeitsraum der Paradoxie wird der Pädagogik von Wimmer anempfohlen, um der Pädagogik ihren Zukunftsbezug zu sichern. Die Entwürfe pädagogischer Wirklichkeiten im Möglichkeitsraum Pä-

---

4   Jürgen Oelkers widerspricht dieser Deutung und führt das Scheitern der auf die Gesellschaftsutopie des Sozialismus bezogenen pädagogischen Theorien auf ihre „Unwirksamkeit oder wenigstens nicht zielgerichteten Wirksamkeit" zurück (Oelkers 1990: 3). Der Grund hierfür könnte in der Pluralitätsunterstellung der Moderne liegen, die der Einheitsfiktion von Utopien widerspricht: „Alle klassischen Utopien setzen Einheit voraus und scheitern also an der Differenz des Faktischen" (ebd.: 5). Dagegen halten Böhnisch und Schröer die Utopie gerade nicht für unwirksam, aber deshalb auch noch nicht für machbar. Stattdessen stellen sie im Nachdenken über die „Zukunftsfähigkeit Politischer Pädagogik" (Böhnisch/Schröer 2007: 234) der Utopie das Szenario gegenüber. In der utopischen Perspektive habe das ganzheitliche, gestaltungsorientierte, „auf Zukunft gerichtete Denken in Geschichte" (ebd.: 235) die Spannungsmomente von fundamentaler Kritik und alternativem Entwurf verbunden. An die Stelle dieser Art des Zukunftsdenkens sei nun nach der Verdinglichung des utopischen Prinzips in den 1970er Jahren offenbar das an der „Dominanz des Ökonomischen" (ebd.: 234) orientierte, auf „Zukunftsfähigkeit als Machbarkeit", Steuer- und Regulierbarkeit ausgerichtete, modularisierte „Szenariendenken" (ebd.: 235) getreten. Mit dieser Veränderung im Zukunftsdenken werden bspw. auch der gegenwärtig zu beobachtende „Drang zur Informalisierung, zur Deregulierung der politischen Gestaltung" oder das „Umschlagen vom demokratischen zum technologischen Regulationsmodell" (ebd.: 236) erklärbar. Für die politische und gesellschaftstheoretische Analyse der Geschichte hat auch Thomas Schölderle (2012) die Utopie fruchtbar gemacht.

dagogik würden sich dann als paradoxale gestalten, nicht als utopische oder gedankenexperimentelle.[5]

4. Das Wirkliche denken – Zur Struktur pädagogischer Möglichkeitsräume

Die vorhergehend vorgeschlagenen Unterscheidungen von Utopie, Gedankenexperiment und Paradoxie mögen zunächst vielleicht plausibel sein, weil sie eine Differenzierung dessen vorstellen, was hier zunächst allgemein als ‚Möglichkeitsraum Pädagogik' bezeichnet worden ist. Einer genaueren systematischen Prüfung würden sie vermutlich aber nicht standhalten; denn mit Recht könnte man fragen, ob sich nicht andere (und für die Diskussion zentrale) AutorInnen finden ließen, die die Eindeutigkeit der Aufteilungen infrage stellten. Schon das Gedankenexperiment Rousseaus war ja gleichzeitig auch als Erziehungsutopie eingeführt worden (vgl. hierzu auch Wimmer 2002: 33). Ziel dieser tentativen Unterscheidungen war es jedoch, mit Wimmer (2002) Alternativen wie die *Zwischen Utopie und Pragmatismus* oder mit Oelkers (1990) zwischen *Utopie und Wirklichkeit* zu vermeiden, um stattdessen die Dimensionen des pädagogischen Möglichkeitsraums mit Hilfe weiterer Figuren beschreibbar zu machen. Vielleicht ist es deshalb an dieser Stelle angebracht, noch einmal eine konsistenter verfolgte und ausgearbeitete Denkfigur von Pädagogik als Möglichkeitsraum zur Inszenierung von Optimierungen vorzustellen, bevor abschließend noch einmal ein konkreterer Anlauf unternommen wird, um die Dimensionierung dieses Möglichkeitsraums als eines utopischen reizvoll werden zu lassen.

Eine Variante, um die Struktur des Möglichkeitsraums in den Blick zu nehmen, in dem sich Pädagogik situiert, stellen nach meinem Dafürhalten bspw. mehrere der kürzlich erschienenen Einsätze Alfred Schäfers dar, von denen hier

---

5   Derrida macht in *Das andere Kap* darauf aufmerksam, dass gerade vom Nicht-Zusammenfallen von Möglichkeit und Unmöglichkeit in ihrer Vermittlung in der Aporie (der Paradoxie bei Wimmer) das Denken von Verantwortung und Entscheidung abhängen: „[M]ehr denn je zwingt sie uns dann dazu, jenes, was sich hier in der rätselhaften Gestalt des ‚Möglichen' (der – unmöglichen – Möglichkeit des Unmöglichen usw.) ankündigt, anders zu denken oder endlich dem Denken aufzuschließen" (Derrida 1992b: 36). Die Erfahrung der Aporie steht im Gegensatz zum angewandten Wissen bzw. der Anwendung einer Technik, dem Abwickeln eines Programms, die Moral und Politik in Technologien verwandele. Erst sie könnte es deshalb ermöglichen, „nicht im voraus der Zu-kunft des Ereignisses einen Riegel vorzuschieben: der Zukunft des Kommenden, der Zukunft dessen, was vielleicht kommt und was vielleicht von einem ganz anderen Ufer aus kommt" (ebd.: 51). An Derridas Denken der „unmöglichen Möglichkeit" hat auch Christiane Thompson skizziert, wie nicht nur das Lehren selbst, sondern auch die wissenschaftlichen Praktiken des Unterstreichens, Nachdenkens und Schreibens einen Umgang mit unmöglichen Möglichkeiten darstellen (vgl. Thompson 2011: 452).

nur zwei angeführt werden sollen. Was in ihnen als „Möglichkeitsraum" von Pädagogik untersucht wird, betrifft den Status ihrer als *Denkmöglichkeiten* konzi-
pierten *Wirklichkeiten*:

> „Wenn man gegenwärtig dennoch die Möglichkeit von pädagogischen oder Bildungsräumen
> annehmen will, geht dies nur so, dass man nicht naiv deren bestimmbare Realität als Bezugs-
> punkt des eigenen Nachdenkens unterstellt. Solche pädagogischen Räume können (...) nur
> hypothetische, nur *mögliche*, sinnvoll vorstellbare Räume bleiben. Nimmt man die Grundle-
> gungsproblematik ernst, so kann mit dieser Möglichkeit nicht einfach eine realisierbare Mög-
> lichkeit gemeint sein (...). Es kann sich nur um eine Möglichkeit handeln, deren Realisierung
> unmöglich erscheint und die dennoch als Möglichkeit festgehalten wird" (Schäfer 2012: 13).

Beispielsweise wäre die Annahme, dass es überhaupt pädagogische Räume gibt,
in denen sich so etwas wie Bildungsprozesse ereignen könnten, eine solche (hy-
pothetische) Wirklichkeit im Sinne einer Denkmöglichkeit. In dieser handeln PädagogInnen in aller Verbindlichkeit und setzen sich so zum unlösbaren Begrün-
dungsproblem, z. B. der Vernunft- oder Freiheitsunterstellung von Praxis, in ein
bestimmtes, identifizierendes, praktisches Verhältnis. Dieses Verhältnis ist in der
Regel ein intersubjektives und sinnvolles. Das heißt, unter Rückgriff auf bestimmte
Bezugspunkte, deren Realitätsgehalt zunächst als möglich und erreichbar unterstellt werden muss, kann der jeweiligen Wirklichkeit und dem eigenen Handeln
darin (ein z. B. pädagogischer) Sinn zugewiesen werden. Wie sehr sich letztlich
nicht nur die gesellschaftlichen, kulturellen oder auch individuellen Selbst- und
Weltverhältnisse auf die über solche Bezugspunkte möglichen Sinnunterstellun-
gen verbindlich verpflichten lassen, lässt sich an den historischen Schließungsbe-
wegungen der unlösbaren Grundlegungsproblematik zeigen, die Schäfer in seiner *Genealogie der Pädagogik* (Schäfer 2012) analysiert.

Im ausgehenden 18. Jahrhundert seien die (mit Rousseau, Schiller, Humboldt
u. a.) gesetzten Bezugspunkte des pädagogischen Nachdenkens (Freiheit, Bildung,
Autonomie, Subjekt o. ä.) als unmöglich zu erreichende, d. h. als transzendente,
sakralisierte und für das sinnvolle pädagogische Nachdenken dennoch notwendige Bezugspunkte noch als solche gewusst worden. Dass aber auf einer solchen
Grundlage die Möglichkeit pädagogischer Räume und Einsätze nur noch hypo-
thetisch, ästhetisch-figurativ, zu gewinnen sei, habe man im Zeitraum eines pädagogischen Optimierungsoptimismus der reformpädagogischen Bestrebungen am
Ende des 19. Jahrhunderts, dann anders gesehen. Unter Rückgriff auf verschiedene Figuren (auch aus anderen Wissenschaften), die einen besonderen Realitätsgehalt bzw. Wirklichkeitsbezug versprechen konnten (Triebleben, Volksorganismus,
sittliche Gemeinschaft u. ä.), habe man diese sakralisierten Möglichkeitsräume in
moralisierte Wirklichkeitsräume verwandelt. Theoretische Erkenntnis und prak-

tische Wirklichkeit schienen in diesen letzteren, d. h. in der Fiktion einer ‚Praktischen Pädagogik', zusammenzufallen. Schon die Pluralität und teilweise Divergenz solcher Entwürfe könnte gegenüber einer solchen Unterstellung allerdings skeptisch stimmen. Ein solcher Versuch formt die Möglichkeit, die die sakralisierten Bezugspunkte angegeben haben, um in eine Möglichkeit, die unter zu realisierenden Bedingungen künftige Wirklichkeit sein können. Das kehrt den ursprünglichen Bezugsrahmen der Wirklichkeitsentwürfe im Möglichkeitsraum Pädagogik um, denn: „Ein solcher Möglichkeitsraum war jenseits der und gegen die Normalisierungsimperative formuliert: Sein Preis bestand darin, dass jedes Versprechen einer sozialen Verwirklichung problematisch bleiben musste" (ebd.: 228). Der „Modus der Möglichkeit" wird zum Modus einer schon in der Wirklichkeit liegenden, noch unerfüllten und daher zu realisierenden Möglichkeit. Diese Möglichkeit wird als empirische daraufhin sicht- und begründbar.

Wie eng aber die generative Qualität dieser sakralisierten Möglichkeitsräume der Pädagogik mit der Struktur der Uneinlösbarkeit des Versprechens auf soziale Verwirklichung verbunden war, hatte Schäfer im *Versprechen der Bildung* (Schäfer 2011) zu zeigen versucht. Hier war es um Möglichkeitsräume von Bildung gegangen, und diese schienen in der neuhumanistischen Tradition nur in der Logik „sakralisierter Möglichkeitsräume" angebbar. Seit Transzendenzen, die die Ordnung des Sozialen garantieren konnten, in der Moderne verloren gegangen waren, ließ sich nicht nur die Einheit des Sozialen, sondern auch die Position des einzelnen Menschen darin nur noch auf rhetorisch-figurative Weise begründen: im Rahmen der Ästhetik (z. B. im „schönen Schein" bei Schiller – vgl. ebd.: 55). Vor diesem Hintergrund war die Möglichkeit von Bildung in der Immanenz des Sozialen verortet worden, deren Qualität als Bildung allerdings an das Versprechen der Möglichkeit der Überschreitung dieses Immanenzraums gebunden war. Für das Denken dieser Möglichkeit, dass das Individuum nicht im sozialen Immanenzzusammenhang aufgeht, standen etwa die Bezugspunkte der Autonomie, der Individualität, der Freiheit. Diese Bezugspunkte waren aus der Immanenz heraus gesetzt und sollten dennoch eben jene transzendieren – sie standen als „notwendige Illusionen" (ebd.: 76) insofern für die Erinnerung an die Unlösbarkeit des Begründungsproblems, d. h. für das Problem der Grundlosigkeit, Offenheit und Unbestimmbarkeit des Sozialen: „Bildungsprozesse erscheinen vor dem Hintergrund des Rückgriffs auf sakralisierte Gegenhalte weder als real noch als moralisch notwendig, sondern als etwas, innerhalb dessen das Unmögliche als Möglichkeit vorgeführt wird – und das genau um diesen ‚Inszenierungscharakter' weiß" (ebd.: 46). Gerade nun dieses Wissen um die Unhintergehbarkeit der Inszenierung, die „Unmöglichkeit von ‚Bildung'" (ebd.: 70) lässt auch den Einwand Foucaults ins Leere laufen, diese Bezugspunkte könnten „selbst bereits Effekte sozialer Machtformen und Normalisierungspraktiken darstellen" (ebd.: 69) und würden so letztlich im Namen von Bildung nur soziale Normalisierungen sanktionieren. Gerade dass Bildung ihre empirische Identifizierung verweigert und so Gegenstand endloser Auseinandersetzungen bleibt, beschreibt für Schäfer ihren Möglichkeitsraum als „Kraftfeld":

> „Die Kraft der Bildungsvorstellung liegt in ihrem Charakter als Versprechen: Sie kann als Ort verstanden werden, über den sich die bürgerliche Gesellschaft an ihren eigenen Anspruch der Einrichtung einer sozialen Organisationsform von Freien und Gleichen erinnern kann" (ebd.: 72).[6]

5. Das Wirkliche als Utopie – Zur utopischen Struktur des pädagogischen Möglichkeitsraumes

Schäfers Beschäftigung mit dem Möglichkeitsraum des Versprechens lässt die Utopie außen vor. Interessanterweise hat aber Jürgen Oelkers eben unter der Bedingung, „die Logik der Utopie muss aus der Semantik der immer erneuten Versprechungen herausgeholt werden" (Oelkers 1990: 8), an der „Inszenierung von Utopien" als „Zukunftsaufgabe" der Pädagogik festgehalten (vgl. ebd.). Wenn

---

6   Zur Problematik der sakralisierten Möglichkeitsräume nach Adorno und zu Perspektiven, die für das Bildungsdenken aus der Radikalen Demokratietheorie Laclaus und Mouffes gewonnen werden können, vgl. Schäfer 2011: 74ff. Zudem sei darauf verwiesen, dass dieses Denken von Möglichkeitsräumen explizit anschlussfähig für empirische Perspektiven sein will: „Das Bildungsversprechen sieht sich nun mit einer ‚Empirie' des Sozialen konfrontiert, die als Empirie um die Unmöglichkeit eines Gründungsversprechens kreist" (ebd.: 130). In diesem Ausgangspunkt, bezogen auf den sich dann die empirische Frage nach der Art und Weise der Produktion des Sozialen bzw. des Pädagogischen stellt, scheint sich auch eine Parallele zu finden zu den neueren Versuchen einer Empirie des Pädagogischen in der Form der Beobachtung (vgl. Neumann 2010a). Ausgangspunkt der verschiedenen Projekte ist der Versuch, diese Beobachtungen nicht an einer Heuristik des Pädagogischen zu orientieren, von der her dann dessen empirische Identifikation und Analyse vorgenommen werden kann (vgl. Dörner 2010: 58f., 62). Sondern Beobachtungen werden als beobachterrelative Gegenstandskonstitutionen mit Rückkopplungseffekten in einem Feld verstanden, das sich ebenfalls in diesem Zusammenspiel von Beobachtung und Rückkopplung erst herstellt (vgl. Neumann 2010b: 81, 83ff.). Vielleicht könnte auf diese Weise eine vor einem halben Jahrhundert formulierte Hoffnung Heinrich Roths mit anderen Mitteln neu aufgenommen werden: „Empirische Forschung heißt nicht, die normative Macht des Faktischen anzuerkennen, sich der Wirklichkeit zu fügen, sondern umgekehrt, die angeblichen Fakten, das scheinbar unabänderlich Gegebene, unter der produktiven Fragestellung, die die pädagogische Idee entwickelt, auf die noch verborgenen pädagogischen Möglichkeiten hin herauszufordern. (...) Die Lösung der Wissenschaftsprobleme der Pädagogik hängt davon ab, ob uns die direkte Erforschung der pädagogischen Situation, in der sich Lern- und Erziehungsprozesse vollziehen, ebenso gelingt, wie die Hermeneutik von Texten gelungen ist" (Roth 1962: 485).

nun abschließend also doch dieser Spur des spezifischen Möglichkeitsraums der Utopie noch einmal gefolgt werden soll, geschieht das insofern unter zwei Fragestellungen. Zum einen lautet die Frage, ob der Utopie in einer dauerhaften Abstinenz von ihrem Verwirklichungsversprechen – möglicherweise wäre dieses ja auch ‚nur' ein Relikt ihrer historischen Teleologisierung, Ontologisierung, Rationalisierung und Ideologisierung (vgl. Harten 2004: 1077) – eine solche Rolle für die Pädagogik zuzutrauen ist. Und zum anderen soll damit auch eine frühere Frage Michael Wimmers noch einmal aufgenommen werden: „Wie ist also unter den Bedingungen der fortgeschrittenen Moderne eine Verständigung über die Zukunft möglich?" (Wimmer 2002: 31) In diesem früheren Text hatte Wimmer im Begriff der Uchronie die Struktur der Utopie zu öffnen versucht. Mit ihrer Hilfe sollte die Richtung eingeschlagen werden, „die Zeiterfahrung selbst zu befragen, d. h. zu fragen, was Zukünftigkeit ermöglicht" (ebd.: 40), um damit auch das Verhältnis von Zukunft und Gegenwart, von Neuem und Bekanntem, von Subjekt und dem Anderem neu erfahr- und denkbar zu machen. Durch den uchronischen „Bruch im Gegenwärtigen" (ebd.: 41) würde eine solche Utopie sich der Alterität öffnen und könnte so mit einer kritischen Erziehungs- und Bildungstheorie zusammenkommen. Zumindest wäre damit auch Jürgen Oelkers' Frage bejaht, „ob es eine Utopie der Utopie geben muss" (Oelkers 1990: 1), um der Struktur pädagogischer Ambitionen eine Zukunft zu geben. Die Antwort würde dann – weitergedacht – darin liegen, dass sich die Pädagogik nicht in Entgegensetzungen zur Utopie zu begründen hätte (als Wirklichkeit gegenüber der Illusion) oder diese als ihr Mittel zu verstehen hätte (als zu verwirklichenden Traum), sondern die Utopie selbst als die Struktur ihres Möglichkeitsraums begreifen müsste: Pädagogische Wirklichkeit *als* Utopie. Vielleicht ließe sich also von hier aus noch einmal der Versuch unternehmen, die Utopie als Form des pädagogischen Möglichkeitsraums zu rehabilitieren.[7] Die pädagogische Utopie wäre dann anders zu denken als in der

---

7 Eine solche Option scheint auch im Anschluss an aktuelle Bemühungen Sinn zu gewinnen, unter dem Eindruck der Radikalen Demokratietheorie die Verhältnisbestimmung von Pädagogik und Politik auf dem Boden von Unbestimmtheit, Grundlosigkeit, Unmöglichkeit oder Aporien neu in Angriff nehmen (vgl. Wimmer 2011b). So hatte – um hier wenigstens auch einen Entwurf einer politischen Utopie angeführt zu haben – Hans-Friedrich Bartig 1971 „Herbert Marcuses utopische Wirkung" (leider in zu knapper Form, um restlos zu überzeugen) vernichtend kritisiert, weil sie utopische, nicht politische Wirkung sei (vgl. Bartig 1971: 54). Marcuse habe seine „möglichen Wirkungen" und seine „Möglichkeit zu wirken (...) ausdrücklich thematisiert" und „versteht sich in erster Linie als Pädagoge" (ebd.: 10). Auch wenn Bartig dies wohl nicht intendiert hat, rückt hier das Utopische im Effekt weg vom Politischen und näher an das Pädagogische. Die spannende Frage für den Status der utopischen Konzeption Marcuses scheint sich für meine Begriffe jedoch dort abzuspielen, wo sie auf eine ‚positive Utopie' hinauslaufen müsste. Dies deutet sich an, wo Bartig auf die „Berührungspunkte zwischen christlicher Eschatologie einerseits und innerweltlicher Utopie andererseits" (ebd.: 33) hinweist; wenn also bspw. „für

offenbar pädagogisch anschlussfähigen Figur eines zu realisierenden, optimisti-
schen und hoffnungssichernden Zielentwurfs (vgl. auch W. Flitner 1976: 5). Dieser Versuch soll nun anhand von zwei verschiedenen Einsätzen gemacht werden.
Für die pädagogische Theoriebildung hat bspw. Michele Borrelli den Vorschlag der Utopisierung der pädagogischen Begriffe gemacht und ihn stellvertretend für „alle anderen pädagogischen Begriffe" am Begriff der Freiheit illustriert:
„Zur Paradoxie der Freiheit gehört, dass ihr Begriff und ihre Realität nebeneinander stehen und nur ideell, aus der Sicht des Utopischen, zu vermitteln sind. Nur in
dieser ist ihre Versöhnung legitim. Ihr Sinn bleibt, richtig verstanden, stets uto-
pisch, wird nie reell" (Borrelli 2003: 145). Auch wenn die Paradoxie hier von Bo-
relli offenbar dialektisch gedacht wird, würden die pädagogischen Begriffe auf
diese Weise eine grundsätzliche Doppelsinnigkeit erhalten: einen ‚reellen Sinn',
der die Sachverhalte der Wirklichkeit in ihrer vorfindlichen „kontingenten Faktizität" bezeichnet, und einen ‚utopischen Sinn', der den Begriffen seine letztlich
darüber hinausgehende, kontrafaktische Offenheit und Nicht-Definierbarkeit sichert. Seine Überlegungen zielen dabei auf einen Umgang mit der Tatsache, „dass
jedes Denken nichtbegründbare Voraussetzungen hat" (ebd.: 143), dass daher jedes Sprechen eine solche Zweisinnigkeit mitführt.[8]

Borrelli macht dies am Beispiel der Kritik fest, die immer gleichzeitig uto-
pisch-kritisch und zugleich dogmatisch-unkritisch auslegbar sei, weil sie inhaltlich und damit positionsgebunden argumentieren müsse: „Vielmehr empfiehlt es
sich, von Kritik in einem zweifachen Sinne zu sprechen und zwischen dem historisch-kontingenten Gehalt einer stets orts- und zeitgebundenen Kritik und Kritik

---

Marcuse Logik und Erfahrung im Entwurf der totalen Antigesellschaft, im Ausgriff auf das
Utopisch-Andere überwunden werden" (ebd.: 21) muss. Bartigs These, Marcuses Alternative
bestehe in der „großen" oder „absoluten Weigerung" (ebd.: 32ff.) scheint mir demgegenüber
eher auf eine Konzeption von ‚negativer Utopie' hinauszulaufen, wie Willem van Reijen sie
als Adornos Hoffnung auf die „inverse Utopie" des Kunstwerks ausgeführt hat, „sofern es die
Erinnerung an (oder den Vorgriff auf) eine bessere Welt enthält. Als solches ist das Kunstwerk
die antinomische Identität von Identität (Bestandteil der existierenden Verhältnisse) und Nicht-
Identität (Hinweis auf einen anderen Zustand). Gerade hierin liegt das utopische Potenzial des
Kunstwerks" (van Reijen 1999: 131). Dagegen fängt Bartig diese konzeptionelle Alternative
in der Diskussion von Marcuses Schwanken zwischen Resignation und Optimismus auf (vgl.
Bartig 1971: 36ff.).

8   Mit Bezug auf Theodor Ballauff hatte Christiane Thompson einen ganz ähnlichen Gedanken am
Grundzug der „Ekstatik" des Denkens, seiner Eingebundenheit in einen ihm vorausliegenden
Verweisungszusammenhang, in seiner Bedeutung für den Möglichkeitscharakter des Denkens
ausgearbeitet: „Damit sich das Denken nicht gegen sich selbst wendet, ist es notwendig, dass
es des Möglich-Seins inne wird. Die pädagogische Forderung lautet zu sehen, dass der eigene
Weg immer nur ein möglicher Weg ist, der einer späteren Selbstüberprüfung nicht standhalten
könnte. Diese Einsicht hat nach Ballauff etwas mit Bildung zu tun" (Thompson 2004: 525). Die
konstitutive Nichtidentität des Denkens mit sich und dessen daraus resultieren Unruhe bilden
einige Parallelen zu Borrellis Vorschlag eines Denkens in und mit utopisierten Begriffen.

als einer Idee, die nicht für einen bestimmten Ort gilt (Utopie), zu unterscheiden" (ebd.). Wenn man Borrelli folgen will, würde das für pädagogische Theoriebildung bedeuten, dass sie konstitutiv auf utopische Momente verwiesen ist, weil ihre Begrifflichkeiten sich nicht auf reelle Sachverhalte verpflichten lassen, d. h. in der Beschreibung historischer Faktizitäten und Bedingtheiten nicht aufgehen. Gerade das würde ihrem Vokabular eine gewisse Unbestimmtheit sichern, die die Möglichkeit des nicht-konformen, kritischen Anders-Denkens enthält. Die pädagogischen Begriffe erhalten als „offene Imperative" in diesem Vorstoß zudem ein generatives Moment, das sie zum beunruhigenden Motor des Weiterdenkens macht, zur unendlichen Arbeit an ihrem Begriff zwingt, dessen Resultate nicht antizipierbar sind: „Humanität und Gesellschaft stellen offene Imperative, Utopien dar. (…) Eine *Humanitas* aber, die nicht substanziell definiert werden kann, sondern utopischer Vorgriff ist, projiziert sich *ad infinitum* in die Zukunft der Gesellschaft hinein" (ebd.: 147).

Mir scheint, dass sich in einer solchen Verbindung beider Seiten von Utopie und historisch-faktischer Kontingenz in den pädagogischen Begriffen auch eine empirische und praktische Relevanz andeutet. Begriffe wie die ‚humane Gesellschaft' benennen – dialektisch gedacht – eben nicht nur eine Utopie und sind von daher theoretisch bearbeitbar, sondern sie sind dieser theoretischen Bearbeitung auch immer schon vorausgesetzt, und zwar als in ihrer historisch-kontingenten Faktizität veränderbare: „Als solche ist sie stets Bedingung *und* Ziel der theoretischen Arbeit am Begriff der humanen Gesellschaft. Sie selbst aber ist niemals nur Begriff und mithin auch nie nur Utopie, sondern immer und zugleich historische Faktizität und verdinglichte Wirklichkeit in der Spannung von Kontingenz und pragmatischer Veränderbarkeit" (ebd.). Wenn es Borrelli auf die Gleichzeitigkeit von Utopie und Faktizität, von Faktizität und deren Transformation ankommt, hätte dies für die pädagogische Theorie zur Folge, dass sie beide Seiten nicht sauber voneinander unterscheiden könnte. Auch die Empirie der historisch-kontingenten Faktizität würde dadurch eine Uneindeutigkeit (z. B. zwischen Vernunft und Verblendung) gewinnen. Der Theorie und ihrem Gegenstand bliebe ihre Eindeutigkeit auf diese Weise letztlich vorenthalten, sie wären auf ihre wechselseitigen Transformationen in einem gemeinsamen Prozess angewiesen, die Theorie zudem darauf, „gegen die bestehende Faktizität und gegen sich selbst zu kämpfen" (ebd.: 150).

Für das Wechselverhältnis von Empirie und Theorie gilt für die pädagogische Theorie deshalb bei Borrelli: „Sie sucht die Selbstverdinglichung zu überwinden, indem sie ihre Dialektik in Praxis übersetzt. Praxis aber ist nicht nur utopischer Vorgriff, sondern immer auch kontingente Faktizität. Hierauf beruht ihr

Paradox" (ebd.). Vielleicht wäre ein solcher Versuch der dialektischen Utopisierung, der dialektischen Inszenierung von Optimierungen geeignet, die Fruchtbarkeit der Uchronie, eines mit Hilfe der Utopie zu denkenden Bruchs im Gegenwärtigen, anzudeuten. Borrelli sieht eben darin die Perspektive einer Kritischen Pädagogik: „Das Kritische der Pädagogik bezieht sich nicht zuletzt auf den Begriff des Pädagogischen selbst, d. h. auf die Möglichkeit und Notwendigkeit seiner undefinierbaren und utopischen Projektion in die Zukunft" (ebd.: 152). Eine solche Pädagogik würde noch gegenüber ihren eigenen Projektionen und Optimierungsinszenierungen skeptisch bleiben.

6. Eine Empirie der Utopie

Einen Vorschlag für eine ‚Empirie der Utopie', wenn man so will, hat m. E. Markus Brunner gewagt. Wie Borrelli geht er davon aus, dass die (pädagogische) Wirklichkeit in der Form des Möglichkeitsraums der Utopie nicht erst in Zukunftsentwürfen zu finden ist, sondern auch für die Gegenwartsanalyse relevant ist. Das empirische Potenzial solcher Möglichkeitsräume der Gegenwart könnte dabei, wie auch schon der Roman von Huxley zeigt, insbesondere in der Analyse von Körperpraktiken liegen. Brunner macht in seiner Analyse der Performances des als Stelios Arcadiou geborenen australischen Künstlers Stelarc Aspekte einer solchen ‚empirischen Utopie' plastisch, die er auch als eine pädagogische versteht:

> „In den Zusammenhang dieser Visionen und Utopien stellt Stelarc auch seine Performances. Sie sollen die in seinen Schriften, Manifesten und Interviews antizipierten Vernetzungen des Menschen austesten und als zukunftsweisende Experimente neue Möglichkeitsräume des (Post-)Menschseins erschließen. Umgekehrt geben die Ausführungen Stelarcs auch den Deutungs-Rahmen ab, in dem seine Performances vom Publikum rezipiert werden sollen. In diesen Kontext sollen im Folgenden die von Stelarc vorgenommenen Aufhängungen (‚Suspensions') gestellt werden" (Brunner 2008: 26).

Die „Aufhängungen" meint: Der Künstler lässt sich Haken durch die Haut treiben, an denen er dann seinen Körper im Raum aufhängen lässt, um die „Expansion des Körpers durch die Amalgamierung von Mensch und Technik, die Befreiung des Menschen aus dem Haut-Korsett als Grenze des Selbst" (ebd.) zu visualisieren. Der Künstler demonstriert damit in seinen Inszenierungen also die mögliche optimierte Wirklichkeit der noch nicht realisierten „Möglichkeitsräume des (Post-)Menschseins" (ebd.). Dieses und andere Performance-Experimente des Künstlers verwirklichten damit eine Utopie des Cyborgs, so Brunner. Versucht man, sich aus der Retrospektive des Lesenden in die raum- und zeitlogische Gleichzeitigkeit einer solchen „Aufhängung"-Performance für die Betrachtenden zu versetzen, während man auf das sie dokumentierende Foto sieht, muss man zunächst vielleicht den ersten Impuls des Schrecks unterdrücken, die Hände vor das Gesicht zu schlagen. Erst wieder die Lektüre der – ohne diese visuelle Beigabe auskommenden – Analyse Brunners bringt zu dem zurück, was man dort sehen *kann* (und wohl auch soll): Der (menschliche?) Künstler Stelarc stellt sich selbst als Utopie des Cyborg aus und demonstriert damit die Aufhebung der „Unterscheidungen zwischen Innen und Außen, zwischen Mensch und Maschine und zwischen realem und virtuellem Körper" (ebd.: 25).

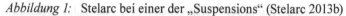

Abbildung 1: Stelarc bei einer der „Suspensions" (Stelarc 2013b)

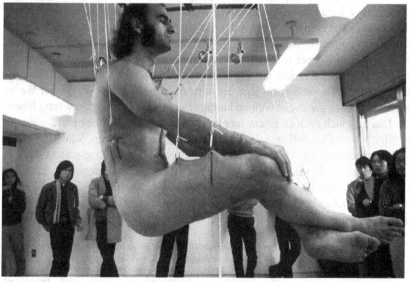

Stelarc inszeniert einen utopischen Möglichkeitsraum der Optimierung des menschlichen Körpers im Cyborg. Dieser *konkret* zu sehende Cyberkörper überwindet schon damit die von den Betrachtenden wohl implizit vorausgesetzten Grenzen des menschlichen Körpers und des an ihn gebundenen Denkens. Von diesem real gegenwärtigen Vorblick auf die posthumane Utopie des Cyborgs her entwerfen die ergänzenden Texte, Reden und Interviews Stelarcs einen noch weitergehenden Ausblick dieser Utopie:

„In dieser Form könne der Mensch zudem als Teil eines globalen technologischen Netzwerks fungieren, das in der Interaktion von menschlichen und mechanischen Körpern neue Erkenntnisse und neues Bewusstsein hervorbringe" (ebd.).[9]

Brunner hält diese Realisierung der Utopie allerdings aus zwei unterschiedlichen Gründen für gescheitert: Einerseits bedeute Stelarcs Realisierung des Cyborgs ein in der Selbstaufgabe des Menschen liegendes Glücksversprechen – d. h. mit Blick auf die *Dialektik der Aufklärung* den Verlust der Idee (und) des Menschen und damit auch die „antiutopische Desillusionierung" (ebd.: 29) der Utopie von Freiheit und Autonomie. Andererseits nähmen die RezipientInnen der Performances den dargestellten Körper als verwundet und leidend und dessen Versprechen daher als ambivalente „Verquickung von Versprechen und Drohung des Zivilisationsprozesses" (ebd.) wahr. Als praktisch-pädagogische Inszenierung einer Utopie wird Stelarcs Performance wohl nicht nur aus diesen Gründen wenige Nachahmende in der pädagogischen Zunft finden. Dennoch ist nicht zu leugnen, dass der am eigenen Körper realisierte Vorausblick auf die Utopie noch einmal ein nachdrücklicheres Gewicht auf die bildhafte, plastische Qualität und Überzeugungskraft von Utopien selbst legt. Sie vermögen es, in ganz spezifischer Weise unsere Auffassung von der Welt zu konfigurieren, in der wir gegenwärtig leben.

Das mag sich auch an einem sehr konkreten empirischen Beispiel der jüngsten öffentlichen Diskussionen um das INDECT-Projekt[10] zeigen. So wird das seit 2009 laufende und mit 11 Millionen Euro geförderte Forschungsprojekt der EU zur Gefahrenabwehr mit Hilfe der Vernetzung von Echtzeit-Videoüberwachungssystemen in einem Radiobeitrag wie folgt anmoderiert: „Es klingt wie Science Fiction, doch schon bald könnte es Wirklichkeit werden: Ein Computerprogramm namens ‚Indect' verbindet all unsere Daten aus Internet-Foren, sozialen Netzwer-

---

9   Die Überzeugungskraft dieser ‚ausgestellten Utopie' als einer bereits in der Gegenwart geschehenen Realisierung, liegt auch in der Plausibilität der Verbindungen, die Stelarc selbst zwischen Gegenwart und utopischem Ausblick zieht. Bspw. führt er auf seiner Homepage Beispiele von aktuell als selbstverständlich, weil lebenserhaltend, -verlängernd oder -rettend akzeptierten ‚Maßnahmen' am Menschen als ‚Vernetzungen' des Menschen mit der Technik an, und kommt so zu dem plausiblen und – vor dem Hintergrund seiner Utopie vollständiger weltweiter Vernetzung – gleichermaßen befremdenden Schluss: „Death now means to be disconnected from technology" (Stelarc 2013a).

10   „INtelligent information system supporting observation, searching and DEteCTion for security of citizens in urban environment" (Radio Bremen 2012). Ein anderer Beitrag übersetzt dies so: „Indect steht für ‚Intelligentes Informationssystem, das Überwachung, Suche und Entdeckung für die Sicherheit der Bürger in einem städtischen Gebiet unterstützt'. Kurz gesagt: Indect soll die Überwachungstechnologie in der Stadt verbessern. Gefahren erkennen, wenn sie entstehen." (Bayerischer Rundfunk 2012). Leider können die Seiten der einschlägigen TV-Berichte bspw. ARD seit der Änderung des 12. Rundfunkänderungsstaatsvertrages nach der Klage der privaten TV-Sender nicht mehr bzw. nicht zeitlich unbegrenzt abgerufen werden (vgl. z. B. Rundfunk Berlin-Brandenburg 2012).

ken und Suchmaschinen mit staatlichen Datenbanken, Kommunikationsdateien und Kamerabeobachtungen auf der Straße" (Radio Bremen 2012). Das Projekt wird mit dem Überwachungssystem des „Big Brother" aus George Orwells Roman „1984" oder auch mit dem 2002 von Stephen Spielberg gedrehten Film „Minority Report" verglichen; die Einschätzungen seiner Ziele, Bedeutung und Wirkungen zwischen offizieller Seite[11] und der Seite der Projektgegner (Stop Indect 2012) könnten dabei diskrepanter nicht sein.[12] Diese kurze Notiz mag vielleicht den Gehalt andeuten, den eine ‚Empirie der Utopie' für die Analyse unserer Gegenwart besitzen könnte.

Das Vexierspiel von Realität und Utopie scheint mir in einer empirischen ‚Utopie der Gegenwart' in systematischer Hinsicht (und ebenso so kurz notiert) zunächst auf zwei Weisen denkbar zu sein. Diese lassen sich in der ambivalenten Einschätzung des utopischen Stellenwerts der Schriften von Donna Haraway (1995) nachzeichnen – die ‚Utopie des Cyborgs' von Stelarc mag ohnehin an Haraway erinnert haben. Carmen Hammer und Immanuel Stieß betonen in der Einleitung zu Haraways Schriften in Bezug auf das im Begriff der „Vision" gefasste „Situierte Wissen": „Vision ist keine Utopie. Vision ist ein Mittel, den eigenen Standort mit anderen zu verbinden" (Hammer/Stieß 1995: 24). Für Christine Rabl dagegen bildet beides keinen Gegensatz: „Objektivität ist damit längst nicht aufgegeben – indem Haraway objektives Wissen als situiertes Wissen reformuliert, betont sie vielmehr den visionären Charakter von Wissenschaft als verkörperte und utopische Vision" (Rabl 2009: 170). Rabls Verbindung von Vision und Utopie hebt dabei vor allem über den Zukunftsbezug der Gegenwart auf den Raum offener – unabsehbarer – Möglichkeiten eines über Visualisierungspraktiken medialisierten Wissens ab. Aus der potenziellen Veränderbarkeit des Sehens soll eine kritische Perspektive gewonnen werden (vgl. ebd.: 171). Dieser kritische Effekt – eine andere Welt im Jetzt möglich werden zu lassen – scheint sich mir jedoch auch in der von Hammer und Stieß verfolgten Strategie zu ergeben. Hier wird die ‚Vision' als Realität behauptet und damit ihr zukunftsbezogenes, utopisches Potenzial in die Gegenwart eingetragen. Vom Blick auf die Utopie her – als Ausblick auf die andersmögliche Zukunft oder auch als ‚Rückblick' auf die andersmögliche Gegenwart – lässt sich das Jetzt als ein anderes neu sehen. In beiden Varianten einer ‚Utopie der Gegenwart' zeigt sich das Jetzt auf diese Weise in seiner spezifischen Qualität als Möglichkeitsraum: gleichzeitig verbindlich und doch andersmöglich. Solche kritischen Perspektiven sind für das pädagogische

---

11   Auf der Homepage des Projektes findet sich allerdings kein Impressum, von der her sich das „offiziell" institutionell verorten ließe – vgl. indect project.

12   Ausführlicher hierzu auch der ‚Hintergrund'-Beitrag des Deutschlandfunk vom 19.10.2012 (Deutschlandradio 2012).

Nachdenken keineswegs optimistisch-tröstliche Ausblicke: Man kann zwar wählen, aber man zahlt auch dafür.

Literatur

Bartig, Hans-Friedrich (1971): Herbert Marcuses utopische Wirkung. Herausgegeben von der Niedersächsischen Landeszentrale für Politische Bildung. Bad Gandersheim: C. F. Hertel

Benner u. a. (Hrsg.) (2003): Kritik in der Pädagogik. Versuche über das Kritische in Erziehung und Erziehungswissenschaft. Zeitschrift für Pädagogik, 46. Beiheft. Weinheim u. a.: Beltz

Benner, Dietrich/Oelkers, Jürgen (Hrsg.) (2004): Historisches Wörterbuch der Pädagogik. Weinheim und Basel: Beltz

Böhnisch, Lothar/Schröer, Wolfgang (Hrsg.) (2007): Politische Pädagogik. Eine problemorientierte Einführung. Weinheim und München: Juventa

Borrelli, Michele (2003): Utopisierung von Kritik. Pädagogik im Spannungsverhältnis von utopischem Begriff und kontingenter Faktizität. In: Benner u. a. (2003): 142-154

Brezinka, Wolfgang (1962): Erziehung für die Welt von morgen. In: Neue Sammlung. 2. Jg.: 1-21

Brunner, Markus (2008): „Körper im Schmerz". Zur Körperpolitik der Performancekunst von Stelarc und Valie Export. In: Villa (2008): 21-40

Derrida, Jacques (1992a): Das andere Kap. Die vertagte Demokratie. Zwei Essays zu Europa. Frankfurt/M.: Suhrkamp

Derrida, Jacques (1992b): Das andere Kap. Erinnerungen, Antworten und Verantwortungen. In: Derrida (1992a): 9-80

Dörner, Olaf (2010): Pädagogische Ordnungen in der Erwachsenenbildung(-swissenschaft). Praxeologische Perspektiven. In: Neumann (2010a): 57-69

Flitner, Elisabeth (1993): Auf der Suche nach ihrer Praxis. Zum Gegensatz von „ermutigender Pädagogik" und „enttäuschender Erziehungswissenschaft". In: Oelkers/Tenorth (1993a): 93-108

Flitner, Wilhelm (1976): Rückschau auf die Pädagogik in futurischer Absicht. In: Zeitschrift für Pädagogik 22, Nr.1. 1-8

Friedrichs, Werner/Sanders, Olaf (Hrsg.) (2002): Bildung/Transformation. Kulturelle und gesellschaftliche Umbrüche aus bildungstheoretischer Perspektive. Bielefeld: transcript

Hammer, Carmen/Stieß, Immanuel (1995): „Einleitung". In: Haraway (1995): 9-31

Haraway, Donna (1995): Die Neuerfindung der Natur. Primaten, Cyborgs und Frauen. Herausgegeben und eingeleitet von Carmen Hammer und Immanuel Stieß. Frankfurt/M.: Campus

Harten, Hans-Christian (2004): Utopie. In: Benner/Oelkers (2004): 1071-1090

Herbart, Johann Friedrich (1910a): Allgemeine Pädagogik und Umriß pädagogischer Vorlesungen. Herausgegeben von Dr. Bernhard Mandorn. Leipzig: Verlag der Dürr'schen Buchhandlung

Herbart, Johann Friedrich (1910b): Umriß pädagogischer Vorlesungen. In: Herbart (1910a): 137-248

Huxley, Aldous (2003a): Schöne neue Welt. Ein Roman der Zukunft. Frankfurt/M.: Fischer Taschenbuch Verlag

Huxley, Aldous (2003b): Vorwort. In: Huxley (2003a): 9-19

Kubac, Richard/Rabl, Christine/Sattler, Elisabeth (Hrsg.) (2009): Weitermachen? Einsätze theoretischer Erziehungswissenschaft. Würzburg: Königshausen und Neumann

Lohmann, Ingrid u. a. (Hrsg.) (2011): Schöne neue Bildung? Zur Kritik der Universität der Gegenwart. Bielefeld: transcript

Neumann, Sascha (Hrsg.) (2010a): Beobachtungen des Pädagogischen. Programm – Methodologie – Empirie. Université du Luxembourg. Ehlerange: reka. (https://www.uni-frankfurt.de/fb/fb04/download/Meseth_Beobachtungen_des_Paedagogischen.pdf. Zugegriffen am 21.08.2012)

Neumann, Sascha (2010b): Die soziale Ordnung des Pädagogischen und die Pädagogik sozialer Ordnungen. Feldtheoretische Perspektiven. In: Neumann (2010a): 79-95

Oelkers, Jürgen (1990): Utopie und Wirklichkeit. Ein Essay über Pädagogik und Erziehungswissenschaft. In: Zeitschrift für Pädagogik 36, Nr. 1. 1-13

Oelkers, Jürgen/Tenorth, Heinz-Elmar (Hrsg.) (1993a): Pädagogisches Wissen. Weinheim und Basel: Beltz

Oelkers, Jürgen/Tenorth, Heinz-Elmar (1993b): Pädagogisches Wissen als Orientierung und als Problem. In: Oelkers/Tenorth (1993a): 13-35

Postman, Neil (1985): Wir amüsieren uns zu Tode. Urteilsbildung im Zeitalter der Unterhaltungsindustrie. Frankfurt/M.: Fischer

Rabl, Christine (2009): Situiertes Wissen und partiale Perspektiven. Einsätze theoretischer Erziehungswissenschaft mit Donna Haraway. In: Kubac/Rabl/Sattler (2009): 165-172

Rang, Martin (1963): Einleitung. In: Rousseau (1963a): 5-97

Reble, Albert (1989): Geschichte der Pädagogik. Stuttgart: Klett-Cotta

Roth, Heinrich (1962): Die realistische Wendung in der Pädagogischen Forschung. In: Neue Sammlung 2. 481-490

Rousseau, Jean-Jacques (1963a): Emile oder Über die Erziehung. Herausgegeben, eingeleitet und mit Anmerkungen versehen von Martin Rang. Stuttgart: Reclam

Rousseau, Jean-Jacques (1963b): Vorwort. In: Rousseau (1963a): 101-105

Schäfer, Alfred (2002): Jean-Jacques Rousseau. Ein pädagogisches Porträt. Weinheim: Beltz

Schäfer, Alfred (2011): Das Versprechen der Bildung. Paderborn: Schöningh.

Schäfer, Alfred (2012): Zur Genealogie der Pädagogik. Die Neu-Erfindung der Pädagogik als ‚praktische Wissenschaft'. Paderborn: Schöningh

Schölderle, Thomas (2012): Geschichte der Utopie. Eine Einführung. Köln: Böhlau.

Sünker, Heinz/Krüger, Heinz-Hermann (Hrsg.) (1999): Kritische Erziehungswissenschaft am Neubeginn?! Frankfurt/M.: Suhrkamp

Thompson, Christiane (2004): Bildung als Raum der Möglichkeiten. Zur Offenheit des Denkens bei Theodor Ballauff. In: Vierteljahrsschrift für wissenschaftliche Pädagogik 80, Heft 4. 523-535

Thompson, Christiane (2011): Exercising Theory. A Perspective on its Practice. In: Studies in Philosophy and Education. Vol. 30. No. 5: 449-454

van Reijen, Willem (1999): Utopie und Gesellschaft. In: Sünker/Krüger (1999): 113-134

Villa, Paula-Irene (Hrsg.) (2008): schön normal. Manipulationen am Körper als Technologien des Selbst. Bielefeld: Transcript

Wimmer, Michael (2002): Zwischen Utopie und Pragmatismus. Zu Status und Wandel pädagogischer Zukunftsvorstellungen. In: Friedrichs/Sanders (2002): 28-44

Wimmer, Michael (2007): Der Traum von einer zwanglosen Erziehung und einer aggressionsfreien Erziehung. Walden #3 – oder das Kind als Medium. Ausstellung und Tagungen zu Geschichte und Gegenwart ästhetischer Bildung und Reform, 11. März bis 3. Juni 2007. Kunsthaus Dresden. (http://www.kunsthausdresden.de/dl.php?file=Walden_2_Wimmer.pdf&source=khdweb. Zugegriffen am 21.08.2012)

Wimmer, Michael (2011a): Zwischen schöpferischer Gewalt und aggressivem Pathos. Lehren im Film ‚Der Club der toten Dichter‘. In: Zahn/Pazzini (2011): 81-96

Wimmer, Michael (2011b): Die Agonalität des Demokratischen und die Aporetik der Bildung. Zwölf Thesen zum Verhältnis zwischen Politik und Pädagogik. In: Lohmann u. a. (2011): 33-54

Zahn, Manuel/Pazzini, Karl-Josef (Hrsg.) (2011): Lehr-Performances. Filmische Inszenierungen des Lehrens. Wiesbaden: VS

Online-Quellen

Bayerischer Rundfunk (2012): http://www.br.de/radio/bayern2/indect-ueberwachung-eu-100~_node-203af9ae-619d-4828-b28b-a6c20fc61235_-9b3a76910b6a22c237c7ea12f95e7b425b989156. html. Zugegriffen am 03.02.2013

Deutschlandradio (2012): http://www.dradio.de/dlf/sendungen/hintergrundpolitik/1898688. Zugegriffen am 03.02.2013

Indect Project (kein Impressum auffindbar): http://www.indect-project.eu. Zugegriffen am 03.02.2013

Radio Bremen (2012): http://www.radiobremen.de/nordwestradio/sendungen/nordwestradio_journal/indect100.html. Zugegriffen am 03.02.2013

Rundfunk Berlin-Brandenburg (2012): http://www.rbb-onlne.de/error/404.html?/rbb/rbb/kontraste/archiv/kontraste_vom_13_10/steuergelder_fuer.html. Zugegriffen am 03.02.2013

Stop Indect (laut Impressum verantwortlich: Piratenpartei Deutschland, Landesverband Bayern) (2012): http://www.stopp-indect.info/?lang=de. Zugegriffen am 03.02.2013

Stelarc (2013a): Stretched Skin (Homepage des Künstlers Stelarc). http://stelarc.org/_.swf. Zugegriffen am 03.02.2013

Stelarc (2013b): Suspensions (Dokumentation der Projekte des Künstlers Stelarc). http://stelarc.org/?catID=20316. Zugegriffen am 03.02.2013

IV

An den Grenzen des Selbst

Norbert Ricken

Das Selbst hat Karriere gemacht: vom indeklinierbaren Demonstrativpronomen zur Betonung des Bezugsworts über das Präfix, das sich – von Selbstabholer und Selbstachtung über Selbstgefälligkeit und Selbstgespräch bis hin zu Selbstzerstörung und Selbstzweifel (vgl. Duden 1983: 1146-1148) – zu allerlei Begriffsbildung und -verschiebung eignet, ist das Selbst längst zu einem substantivierten Zeichen geworden, das das Ich in einer spezifischen Form – nämlich auf sich selbst bezogen zu sein – markiert und schließlich auch insgesamt vertritt. Mit ihm kommt daher nicht nur ein Moment der spätmodernen kulturellen Logik – pointiert: dass Modernisierung rückbezüglich und insofern reflexiv geworden ist (vgl. Beck u. a. 1996) – in den Blick; vielmehr ist das Selbst in seiner erstaunlichen Multiplikation längst selbst zu einem ‚quasi-archimedischen Punkt' (vgl. Bollnow 1964) avanciert, hinter den zurück man nicht kommt – außer in der Paradoxie, dass die Dekonstruktion des Selbst ihrerseits ein vorausgesetztes Selbst etabliert, so dass das Selbst – wie ein Spiegel im Spiegel – sich selbst unendlich iteriert.

Der Titel der Tagung[1] greift diesen Wandel auf und setzt ihn zugleich unter erhebliche Spannung: Nicht nur, weil mit ‚Inszenierung' und ‚Optimierung' zwei unterschiedliche Diskurse – nämlich zum einen ein kulturwissenschaftlich-sozialkonstruktivistischer und zum anderen ein eher funktional-technokratischer Diskurs – aufgerufen werden; sondern vielmehr, weil das Selbst darin selbst ambivalent auftaucht: suggeriert ‚Inszenierung', dass das Selbst dargestellt werden muss und außerhalb seiner Aufführungen vielleicht gar nicht existiert, so legt ‚Optimierung' genau das Gegenteil nahe, in dem es – in der semantisch eher widersprüchlichen Kombination von ‚Optimierung' und ‚Selbst' – Vorstellungen von ‚Authentizität' und ‚Unverfügbarkeit' beschwört. Innerhalb dieses Horizonts nun so über das Selbst nachzudenken, dass man den darin implizierten Vorzeichnungen nicht bloß erliegt, stellt vor einige Schwierigkeiten; ich habe daher mei-

---

1 Die Überlegungen wurden auf der Tagung ‚Inszenierung und Optimierung des Selbst', die im November 2011 an der Martin-Luther-Universität Halle-Wittenberg zu Ehren des 60. Geburtstags von Alfred Schäfer stattfand, vorgetragen; der Vortragscharakter des Textes wurde daher für den Druck ausdrücklich beibehalten.

ne Überlegungen in mehrfacher Hinsicht ,an den Grenzen des Selbst' orientiert und in drei Gedanken gegliedert: In einem *ersten Gedanken* werde ich mich mit der Frage der ,Optimierung des Selbst' beschäftigen und Für- und Widersprüche erwägen. Daran schließen sich in einem *zweiten Gedanken* einige Überlegungen zu den Grenzen des Selbst an, die mich letztlich dazu führen, das Selbst selbst als eine Grenze, als eine Differenz zu fassen. Schließlich werde ich *drittens* einige wenige Abschlussüberlegungen zur Bedeutung von Negativität für die Konstitution des Selbst anstellen – und das auch mit Seitenblick auf das pädagogische Handeln und Denken.

Gedanke 1: Das Problem der ,Optimierung des Selbst'

Die Überschreibung der Fragestellung markiert bereits allein sprachlich eine erwartbare kritische Diagnose: weil ,Optimierung' und ,Selbst' sich nicht umstandslos miteinander vertragen, insofern sie zwei unterschiedlichen Logiken verpflichtet sind, liegt es nahe, mit Kritik einzusetzen und das Selbst als Grenze der Optimierung, der Optimierbarkeit einzuführen. So zustimmungsfähig das auch zunächst ist – diese spezifische und eher bloß im Gestus kritische Intonation ändert sich sofort und dann auch ums Ganze, wenn man anstelle der ,Optimierung' nun die ,Bildung' des Selbst einsetzen würde: was gänzlich anders klingt und ebenso vertraut wie erhaben ist, ist aber in der Sache nicht unbedingt etwas anderes; folgt man den Überlegungen Alfred Schäfers zum ,Versprechen der Bildung' (vgl. Schäfer 2011), dann wird ,Bildung' als das Versprechen der Steigerbarkeit und Verbesserbarkeit des Selbst erkennbar – wenn auch in einer vermeintlich anderen Grundfiguration: nämlich mit Blick auf den Anspruch der Selbstbestimmtheit und damit als Kritik an Fremdbestimmung und gesellschaftlicher Funktionalisierung – und darin als Steigerung von Individualität und auch von Authentizität gedacht. Auch noch so normativ enthaltsam gedachte Konzepte der Transformation des Selbst entraten nicht der immer implizierten Logik der Verbesserung, der Wendung zum Besseren (wenn schon das Gute selbst nicht mehr gilt), auch wenn sie dabei nicht zwingend den Vorstellungen einer Selbstvervollkommnung noch anhängen müssen (vgl. exemplarisch Reichenbach 1998).

   Um die Zweifel an der Falschheit der Optimierung des Selbst wenigstens für einen Moment noch anzufachen und nicht einfach – sozusagen von vorneherein und insofern dogmatisch – bloß abzuwehren, lässt sich doch sehr berechtigt fragen, ob nicht doch so manches am Selbst tatsächlich verbesserungswürdig ist. Drei kurze Gedankenspiele seien erlaubt: Somatisch gesehen gibt es z. B. das Problem der Krankheiten: hier wäre es doch sehr wünschenswert, wenn der

eingeschlagene Weg der Verringerung von Krankheiten, der Heilung auch fortgeführt und weitere technologische Strategien der Optimierung erfunden werden könnten. Das gilt aber auch für andere Bereiche der eigenen Körperlichkeit
wie z. B. Schönheit, wie dies bei Paula Irene Villa (in diesem Band) bereits deutlich geworden ist. Nur ein (anderes) Beispiel: die kosmetisch induzierte Schiel-
operation hilft ja tatsächlich aus vielen Problemen heraus und ist nichts anderes
als eine technologische Verbesserungspraktik qua medizinischem Eingriff. Aber
auch seelisch – und da nähern wir uns doch mehr dem Problem des Selbst – gibt
es erheblichen Verbesserungsbedarf: Wie wäre es, wenn denn die Sollbruchstel-
len des individuellen Selbstbewusstseins, des Zutrauens zu sich und Vertrauens in
sich, der eigenen – nicht übertriebenen, nicht gegen andere konturierten – Selbst-
bejahung verbessert werden könnten, wahrscheinlicher gemacht und Selbstzweifel und Ablehnung zurückgedrängt werden könnten? Schließlich kognitiv – und
man muss dabei gar nicht sofort an Senilität oder ähnliches denken: Die Erweiterung, das Hinausschieben der Grenzen der Erkenntnis- und Verstehensfähig-
keit ist sicherlich etwas, was wir uns alle schon mal sehnlichst gewünscht haben
– weil deren Akzeptanz uns angesichts der offensichtlichen Grenzen nicht nur
schwer fällt, sondern auch durchaus Leiden an uns selbst verursacht. Es ist ja bisweilen auch ein Zeichen der eigenen Dummheit, d. h. der betrüblichen Begrenztheit, etwas Neues irgendwie doch nur in der Form des Alten denken zu können
bzw. auf diese wenigstens beziehen, wenn nicht gar reduzieren zu müssen. Man
muss also nicht unbedingt die Drogen-Protokolle Walter Benjamins – zum Beispiel ‚Haschisch in Marseille' oder ‚Crocknotizen' (Benjamin 2000; vgl. ausführlicher auch Schindler 2007) – beschwören, aber deren Erinnerung hilft doch zu
verstehen, was dazu antreibt, die Dinge – und eigentlich doch das Selbst – „aus
ihrer gewohnten Welt zu lockern und zu locken" (Benjamin 2000: 73) und Versuche der Selbsterweiterung bzw. Selbstentschränkung zu unternehmen – und
damit auch einen provisorischen Vorgeschmack zu erlangen auf eine andere Art,
die Welt und sich selbst durch andere ‚Blenden', wie es bei Benjamin immer wieder heißt (vgl. Benjamin 1991: 297 und 307), zu sehen; das aber heißt doch auch,
das Selbst zu verändern, zu erweitern und zu steigern und in dieser Erweiterung
zu verbessern. Genau betrachtet ist doch jede Erfahrung darauf aus, ein anderer
zu werden (vgl. Foucault 1996) – und das immer darauf bezogen, wer man ist und
war, so dass der Wandel als Bereicherung, nicht aber einfach als Durchstreichung
und relationsloser Neubeginn erlebt wird. Von hier ist es aber auch kein großer
Sprung mehr zu den vielfältigen Strategien von Eltern, im Kampf um das ‚Beste' für ihr Kind – sei es um deren (auch genetische) Ausstattung und (früh-)päd-
agogische Förderung, um Aus- und Schulbildung sowie um generelle Zukunfts-

fähigkeit überhaupt – auch die pädagogische Seite der Optimierung des Selbst in den Blick zu nehmen.

Auf der Gegenseite zur Optimierung des Selbst gibt es nun seit einigen Jahren auch einen breiten Diskurs, der – interessanterweise mit dem Stichwort des ermüdeten, des „erschöpften Selbst" (Ehrenberg 2004; frz. ‚la fatigue d'être soi') – nicht nur die Grenzen der Steigerung des Selbst fokussiert, sondern in der Steigerungsorientierung selbst ein Moment des gesellschaftlichen Wandels beschreibt: So hat Alain Ehrenberg in seiner breit rezipierten Studie zum ‚erschöpften Selbst' (ebd., frz. 1998) die Beobachtung der Zunahme von Depression und Erschöpfung notiert und für die Analyse der Gesellschaftstransformation, genauer: zur Analyse des Wandels der jeweiligen Vorstellungen von Individualität und der damit verbundenen Normen der sozialen Ordnung (vgl. ebd.: 17) zu nutzen gewusst. Seine Beschreibung des Wandels der Schattenseite des Selbst von der Übertragungsneurose über die Charakterneurose bis hin zur Depression hat viel Plausibilität und Anklang gefunden und illustriert den Weg des Selbst zu sich selbst in zwei verschiedenen Formen: So geht es in der durch Disziplin und Verbot geprägten Gesellschaft darum, dass das Selbst sich herauszubilden, zu verwirklichen und zu ergreifen lernt auch durch Überschreitung der Grenzen des Erlaubten, durch Tabubruch und Enttraditionalisierung, was dann zwangsläufig – entlang der Selbstbefragung „Was *darf* ich tun?" (Ehrenberg 2011: 17) – das durch Scham und Schuld gekennzeichnete ‚neurotische Selbst' als Schatten eines jeden Selbst nach sich zieht und in gewisser Weise im Protest-Selbst der 1960er Jahre deutlich geworden ist. Dieser Subjektivierungsmechanismus ändert sich in einer durch emphatisch aufgeladene Autonomie und Identität geprägten Gesellschaft, die nun nicht mehr das Verbotene und Erlaubte voneinander trennt und insofern nach dem ‚Dürfen' fragen lässt, sondern die nun das Selbst als eine andere Art der Überschreitung, als Verschiebung des Unmöglichen zugunsten des Möglichen fasst und insofern die Frage „*Kann* ich es überhaupt? Besitze ich die Fähigkeit es zu tun?" (ebd.: 17) provoziert – mit dem Effekt, dass die Leistungsverbesserung als neuer Heilsweg aufscheint und nun mit (fast) allen Mitteln der Optimierung auch begangen wird, während auf der Rückseite die Diagnose der eigenen Unzulänglichkeit, und mit ihr die der Depression, an Häufigkeit zunimmt.[2]

---

2   Mit der Charakterneurose wird ein Zwischenstadium der 1960er und 1970er Jahre markiert, die anstelle des ödipalen, gegen die Vaterautorität gerichteten neurotischen Selbst nun das narzisstische Selbst in den Vordergrund spielt, das nach den Bedingungen des Selbstseins und seiner Spiegelung in den anderen neurotisch fragen lässt – u. a. auch nach den Quellen der hinreichenden Anerkennung des Selbst durch die anderen (und sich in Buchtiteln niedergeschlagen hat wie z. B. ‚Ich bin OK und Du bist OK'; Harris 2009).

In dem kurzen Manifest von Byung-Chul Han zur „Müdigkeitsgesellschaft"
(Han 2010) hat diese Diagnose nun noch eine weitere Steigerung erfahren, deutet er doch die Zunahme von Erschöpfung und Depression als Indikatoren eines
weit umfassenderen Gesellschaftswandels – in Kurzform: vom „immunologischen
Zeitalter" (ebd.: 6) zum neuronalen Zeitalter, das gerade nicht mehr durch An-
steckung, also dem Eindringen eines feindlichen Außen in ein Inneres, sondern
durch Infarkt, also durch Zusammenbrüche durch ein Zuviel, gekennzeichnet ist.
Hans Diagnose ist sehr süffig – auch weil sie großflächig und abstrakt ist; dabei
knüpft sie zunächst an viele Beobachtungen Ehrenbergs an: „Die Disziplinargesellschaft ist noch vom Nein beherrscht. Ihre Negativität erzeugt Verrückte und
Verbrecher. Die Leistungsgesellschaft bringt dagegen Depressive und Versager
hervor" (ebd.: 18). An anderer Stelle formuliert er: „Die Leistungsgesellschaft als
Aktivgesellschaft entwickelt sich langsam zu einer Dopinggesellschaft. [...] Als
ihre Kehrseite bringt diese Leistungs- und Aktivgesellschaft eine exzessive Müdigkeit und Erschöpfung hervor. [...] Der Exzess der Leistungssteigerung führt
zum Infarkt der Seele" (ebd.: 54f.). Dass Han dann aber in der Müdigkeit auch
noch jene – geradezu hegelianische – Dialektik am Werke sieht, in der nicht nur
das Ende des Selbst deutlich wird, sondern auch bereits dessen Überwindung sich
ankündigt, insofern Müdigkeit – so Han im Rekurs auf Peter Handkes ,Versuch
über die Müdigkeit' (Handke 1989) – selbst die Bedingung anderer Aufmerksamkeit, die Bedingungen eines anderen Selbst in Form eines „Mehr des weniger Ich" (Han 2010: 56) darstellt, markiert seinen spezifisch anderen Einsatz, der
in zwei Punkten über Ehrenbergs Arbeit von 1998 hinausgeht und einen interessanten Bezug zum Problem des Selbst herstellt: Es ist erstens nicht nur ein einfaches Zuviel, an und in dem das Selbst zusammenbricht; es ist v. a. ein Über-
maß an Positivität, ein Zuviel von etwas, das auch ein Zuwenig an Negativität
– sei es als Zwang zur Positivität bzw. zur Positivierung, sei es als Negation der
Negativität (ebd.: 5, 10 u. a.) – kennt. Dabei verbindet Han Negativität mit Andersheit und Fremdheit, die er als Anfechtung, Heraus-Forderung und Ent-Eig-
nung interpretiert; mir scheint es daher fruchtbar zu sein, der Assoziation einer
unglückseligen Positivierung der Negativität nachzugehen und (an späterer Stelle) danach zu fragen, was denn an Negativität auch Bedingung des Selbstseins
ist. Und zweitens: Seine Gesellschaftsdiagnose hat eine machttheoretische Seite,
wird doch in der Steigerungslogik des Selbst auch dessen Isolation und Vereinzelung, also dessen leichtere Regulierbarkeit aufgrund mangelnder Kooperation
und Verbindung mit anderen, betrieben (z. B. ebd.: 20). Es ist dieser Gedanke,
der es erlaubt, die derzeitigen Strategien des Umgangs mit Differenz und Heterogenität auch anders in den Blick zu nehmen und als Regierungs- bzw. Regula-

tionsstrategien durch funktionale Kontrollen zu lesen, die nicht mehr über Normalitätsentwürfe und Bestrafung von Abweichung sich vollziehen, sondern auf Einschluss und Ausschluss, Zugang und Sperre setzen (vgl. auch Deleuze 1993).

Man mag nun diesen Diagnosen einiges abgewinnen können – auch, weil sie metaphernreich und durchaus originell etwas auf den Punkt bringen, was in anderen kulturkritischen Kontexten unter den Stichworten der Beschleunigung (Rosa 2005), der Gouvernementalität (Bröckling u. a. 2000) oder der Arbeitsgesellschaft[3] weit schwerfälliger daher kommt. Als (differenzierte) Gesellschaftsanalyse aber taugen sie m. E. eher nicht: weniger, weil sie bloß großflächig gezeichnet seien und daher – bei aller ‚Kerngenauigkeit' – ebenso pauschal wie abstrakt wirkten; sondern mehr, weil auch eine ganze Reihe von empirischen Daten nicht umstandslos mit dieser Diagnose vereinbar zu sein scheint.

Auch wenn die Krankenkassen seit den 1990er Jahren eine Zunahme von Depression und seelischen Erkrankungen und insbes. Erschöpfungserkrankungen feststellen (vgl. Wittchen/Jacobi 2005), so ist doch diese Einschätzung selbst in Fachkreisen höchst umstritten: zum einen, weil sich die Häufung der Diagnose nicht statistisch von der Häufung der Erkrankung unterscheiden lässt, und zum anderen, weil die harten Daten – insbes. zu Suizid- und Suchtraten – diese Steigerung gerade nicht belegen (und in diesen gilt z. B. Suizid aus Depression heraus als eine hoch signifikante Korrelation). Nur exemplarisch: Mit 9402 vollendeten Suiziden in Deutschland ist das Jahr 2007 das Jahr mit den wenigsten Suiziden überhaupt (11,4 Suicide je 100.000 Einwohner); waren es noch 1980 ca. 18.415 (23,6 je 100.000 Einwohner), so sind es – seit 2007 nur langsam zunehmend – in 2011 dann 10144 (12,4 je 100.000 Einwohner) Selbsttötungen (vgl. Statistisches Bundesamt 2013). Man könnte nun noch allerlei weitere statistische Beobachtung anschließen, z. B. dass mehr Männer sich erfolgreich töten als Frauen, dass aber mehr Frauen einen Selbsttötungsversuch unternehmen als Männer; oder: dass die Suizidrate in der Schweiz (und auch Bayern) doch um einiges höher liegt als in den nördlicheren Regionen Deutschlands; und schließlich: dass in der Altersspanne zwischen 15 und 35 besonders viele Selbsttötungen stattfinden (wenn man die sog. Altersselbsttötung – also über 85 Jahre – außer Acht lässt). Deutlich wird insgesamt: so einfach lässt sich die These der Steigerung von Depression als Indiz für den gesellschaftlichen Wandel jedenfalls empirisch nicht nachvollziehen.

Genau hier setzt Alain Ehrenberg mit seiner jüngsten Studie zum „Unbehagen in der Gesellschaft" (Ehrenberg 2011) an, indem er – jedenfalls kann man das auch so lesen – seine Studie zum ‚erschöpften Selbst' in Teilen selbst dekonstruiert: Auch wenn er an seinem Interpretationsschema ‚von der Neurose zur De-

---

3 Vgl. Münch 2001 sowie auch das Heft 2 ‚Leben als Arbeit?' der Zeitschrift Paragrana 5 (1996).

pression', genauer: von der „neurotischen Schuld" zur „depressiven Unzulänglichkeit" (ebd.: 17) weiterhin festhält, so beschreibt er doch nun einen gänzlich
anderen Wandel – nämlich gerade nicht mehr bloß einfach die Zunahme psychischer Erkrankungen, sondern den Wandel der Kategorien, mithilfe derer psychische Leiden überhaupt diagnostiziert und benannt werden; zugleich stellt er
diese in einen Kontext mit dem Wandel gesellschaftlich geänderter Individuali-
tätsvorstellungen und fokussiert damit die Diskurse, die die Phänomene allererst kategorial konstituieren, und nicht mehr die Phänomene selbst. Daher hält
er dem Mythos der Auflösung der gesellschaftlichen Kohäsionskräfte – und das
ist wirklich überzeugend – entgegen, dass die skizzierten Veränderungen in einer Soziologie des Individualismus sich auch als andere Muster und Formen der
Subjektivierung, d. h. der veränderten Produktion des Selbst in einer sich wandelnden sozialen Ordnung, lesen lassen (vgl. ebd.: 31ff.); anders formuliert: nicht
Isolation und Bindungslosigkeit nehmen zu, so dass die Gesellschaft nun in Gefahr gerät, nicht mehr integrierbar zu sein – d. h. auseinander zu fallen –, sondern
die Deutungsmuster der Individualität verschieben sich in dem Maße, wie Strategien der gesellschaftlichen Einbindung sich zugunsten eher funktional-formaler
Prozeduren der Inklusion bzw. Systemintegration (statt z. B. eher normgeleitete
Praktiken zu sein) verändern.

Bündelt man nun diesen Streifzug, dann kann man wenigstens dreierlei festhalten: *Erstens* scheint weder die vorbehaltlose Unterstützung noch Kritik der
Optimierungsstrategien, also gewissermaßen eine pauschale Bewertung derselben sachlich angemessen zu sein. *Zweitens* hat die Diagnose der ‚Müdigkeitsgesellschaft' zwar einen gewissen metaphorischen Reiz, darf aber wohl kaum als
fertige Gesellschaftsanalyse benutzt werden – auch und vor allem nicht, weil in
der Verurteilung der Leistungsgesellschaft auch eine Verlust- und Verfallsrheto-
rik enthalten zu sein scheint, die den romantischen Kurzschluss wenigstens nicht
gänzlich ausräumt, dass es früher doch irgendwie mit dem und für das Selbst besser gewesen sei. Anders formuliert: Es kann kaum darum gehen, zur Disziplinargesellschaft zurückzukehren. Schließlich ist es *drittens* erforderlich, sich mit
dem ‚Selbst' – d. h. den diskursiven Vorstellungen über das Selbst und den entsprechenden Praktiken – zu beschäftigen.

Gedanke 2: An den Grenzen des Selbst

Ein erster Blick auf die Struktur des Selbst, das in den Praktiken der Optimierung impliziert bzw. beansprucht wird, zeigt eine eigentümlich gespaltene Figur:
Auf der einen Seite wird das Selbst in Form eines souveränen Subjekts gedacht,

das über eine doch weitgehend uneingeschränkte Handlungs- und Verfügungsmacht verfügt, Entscheidungen frei treffen kann und sich – wie es bei Giovanni Pico della Mirandola bereits in der Renaissance heißt – als „dein eigener, in Ehre frei entscheidender, schöpferischer Bildhauer" (lat. „tui ipsius quasi arbitrarius honorariusque plastes et fictor", Pico della Mirandola 1990: 7 bzw. 6) seiner selbst versteht, der sich selbst zu der Gestalt ausformt, die er bevorzugt. Auf der anderen Seite aber ist das Selbst auch radikal sich selbst unterworfen und erscheint als ein dem souveränen Subjekt in die Hand gegebenes, bloß plastisches – pädagogisch gesprochen: bildsames – Objekt, das beliebig – ohne jedes Widerspruchs- und Widerstandsrecht – zu dem gestaltet werden kann, was das souveräne Subjekt aus sich selbst zu machen wünscht. In dieser Spaltung zwischen souveränem Subjekt und ausgeliefertem Objekt aber verschwindet letztlich das Problem des Selbst, das sich doch erst daraus ergibt, dass das Ich sich nur gesellschaftlich bzw. sozial vermittelt zu sich selbst verhalten kann. So war es George Herbert Mead, der im Kontext des symbolischen Interaktionismus einerseits zwischen den zwei Phasen des Ich, dem ‚I‘ und dem ‚Me‘ (als der Perspektive, dass das Ich sich selbst zu einem Objekt werden kann vermittels übernommener Perspektiven anderer) unterschieden hatte, und andererseits deren beider Einheit als eines ebenso sozial (für andere) wie subjektiv (für sich selbst) beobachtbaren Phänomens dann als Selbst bezeichnet hatte (vgl. Mead 1962).

Um die Struktur des Selbst nun genauer zu bestimmen, wähle ich selbst den Zugang über die Metapher der Grenze; damit knüpfe ich an weithin verbreitete Ansichten des Selbst als eines begrenzten Selbst an, d. h. eines irgendwie gearteten und gegenüber einem Außen konturierten Innenraums. Systematisch gesehen lassen sich – ohne Anspruch auf Vollständigkeit – viererlei Grenzen unterscheiden: die Grenze des Selbst als die Grenze des eigenen Körpers; die Grenze des Selbst als die Grenze des Anderen; die Grenze des Selbst mit sich selbst; und schließlich die Grenze des Selbst als zeitliche Begrenzung zwischen Geburt und Tod.

Bereits mit Blick auf das Ich als der Grenze des eigenen Körpers stellen sich unauflösbare Paradoxien ein, die ich hier – wenn auch ohne weitere inhaltliche Füllung (vgl. dazu den Beitrag von Paula-Irene Villa in diesem Band) – nur kurz skizzieren möchte: Zum einen ist der eigene Körper zunächst Inbegriff des Eigenen überhaupt, weil ich nicht nur diesen Körper habe (und auch mit niemandem teile, so dass schließlich auch der Ort, den ich einnehme, zur gleichen Zeit gerade von keinem anderen eingenommen werden kann), sondern dieser auch bin; zum anderen aber ist der eigene Körper auch das, was mir eigentümlich fremd ist. Diese Fremdheit des Eigenen resultiert zunächst daraus, dass ich mich in meiner Körperlichkeit gar nicht gänzlich vor mich bringen kann, so dass ich mir selbst gegenüber erheblich fremder bin als ich es als Körper für die anderen bin; das haben die Spiegeluntersuchungen, insbesondere die von Lacan, eindrücklich gezeigt (vgl. Lacan 1996 wie auch Konersmann 1988 und 1995). Damit hängt zusammen, dass ich von Anfang an als Körper den anderen anvertraut und übergeben bin, so dass ich – darauf hat Judith Butler eindringlich aufmerksam gemacht (vgl. Butler 2005: 43, 48 u. a.) – mir selbst gar nicht ursprünglich gehöre; diese Struktur der Exposition setzt sich in vielerlei Hinsicht fort, setzt aber ihr Gegenstück, dass ich mir selbst gehöre, dass dies tatsächlich mein, und nur mein Körper ist, nicht außer Kraft. Zeichnet sich hier bereits so etwas wie eine Figur des Selbst als Grenze ab – und gerade nicht des Selbst als eines vollständigen und klar abgegrenzten Innenraums gegenüber einem fremden Außen –, dann ließe sich dieser Gedanke – mit Verweis auf eine Studie zum ‚Haut-Ich' (frz. ‚Le Moi peau', vgl. Anzieu 1996) – vertiefen, in der Didier Anzieu darauf aufmerksam macht, dass das Selbst – bereits als Körper – nur relational zu konzipieren ist, weil bereits die Haut sowohl Behälter, Tasche und Grenze als auch Berührung, Beziehung und Anderengefühl ist; anders formuliert: wir kennen uns nicht ohne einen konstitutiven Bezug zu etwas, was wir nicht sind, und können an dieser Naht – qua Haut – nicht streng zwischen dem Eigenen und dem Anderen unterscheiden. Was die Haut spürt ist daher sowohl das Angrenzende als auch sie selbst.

Diesen Gedanken des Selbst als einer Grenze möchte ich nun am Beispiel der Grenze des Selbst als der Grenze der anderen weiter verdeutlichen und greife dafür auf die mich schon länger beschäftigenden Arbeiten zum Problem der Anerkennung zurück (vgl. exemplarisch Balzer/Ricken 2010). Dass die anderen üblicherweise als Grenze des Selbst verstanden werden, lässt sich mit Blick auf einen Satz des ‚common sense' verdeutlichen, markiert doch das gemeinhin mit Alphonse Karr verbundene Diktum, ‚Die Freiheit eines jeden hat als logische Grenzen die Freiheit der anderen', die Logik zweier getrennter und erst nachträglich aufeinander beziehbarer Sphären. So verständlich diese Alltagsweisheit auch ist, anerkennungstheoretisch ist sie alles andere als überzeugend: nicht nur, weil doch ausgesprochen unklar bzw. äußerst begrenzt ist, was noch als ‚eigene Freiheit' reklamiert werden kann, wenn andere Freiheiten nicht eingeschränkt sein sollen; sondern auch, weil sich doch das Selbst – auch und gerade in seiner Freiheit – selbst als von Anderen konstituiert und auf andere bleibend bezogen und angewiesen verstehen muss. Insofern sind die anderen nicht die Grenze, sondern auch die Bedingung der eigenen Freiheit (vgl. exemplarisch Marx 1988: 364f.), was im alltagsweltlichen Spruch gänzlich verschwunden ist. Auf die damit verbundene Paradoxie, das Unabhängigkeit nur über den paradoxen Weg der Anerkennung der eigenen Abhängigkeit gelingt, ist im Anschluss an Hegel oft genug hingewiesen worden (vgl. insbesondere Benjamin 1990: 34ff. und 53ff.); sie lässt sich am Beispiel des ‚Coolen‘, der sich als – geradezu gänzlich – unabhängig inszeniert und in seiner Inszenierung darauf angewiesen ist, dass diese auch genau so gelesen wird, wunderbar verdeutlichen. Doch auch in dem anerkennungstheoretischen Grundgedanken, dass das Selbst sich von anderen her erlernt, stecken enorme Spannungen und Paradoxien, die allzu leicht übersehen werden und dann insbesondere in einer einfachen ‚Pädagogik der Anerkennung‘ zu einem Zerrbild harmonisch und friedlich nebeneinander existierender und einander wechselseitig achtender Wesen führen können (vgl. in Teilen Prengel 2006).

Ich möchte diese Problematik der Anerkennung in zwei Schritten – allerdings sehr verdichtet – deutlich machen: Unbestritten scheint *erstens*, dass die Art und Weise, wie sich das Ich auf sich bezieht, elementar mit den Blicken der anderen und den Umgangsweisen der anderen mit dem Ich zusammenhängt; das ist ein bekanntes Thema im symbolischen Interaktionismus bereits bei Mead (Mead 1962), aber auch in der frühen Selbst- und Sozialpsychologie (vgl. z. B. Charles Cooleys Konzept des ‚looking glass self‘ im Anschluss an William James, vgl. Cooley 1902: 152 und 183f.). Bei Butler wird dieser Gedanke in zweifacher Weise ausgearbeitet: ich werde von anderen nicht nur jeweils als ‚Jemand‘ adressiert und positioniert, sondern erlerne mich überhaupt in und über die Normen der Anerkennbarkeit, indem ich lerne, mich auf mich in den Kategorien, Sprachen und Normen der anderen zu beziehen und mit mir verhaftet zu sein (vgl. Butler 2003). Doch – genau betrachtet – lassen sich die Blicke der anderen auf mich gar nicht übernehmen: ich kann mich gar nicht sehen, wie die anderen mich sehen, weil ich schon die Perspektive der anderen, erst recht aber auf mich, gar nicht einzunehmen vermag. Ohne damit den Gedanken der Epigenesis des Selbst vom Anderen her außer Kraft zu setzen, so wird doch zugleich deutlich, wie komplex oder auch abgründig diese Epigenesis vom anderen her gedacht und konzipiert werden muss; allein die mehrfache Ineinanderfaltung von Erwartungen zu Erwartungserwartungen bei Goffman verdeutlicht (vgl. exemplarisch Goffman 1986), dass zwischen der Fremd- und Selbstperspektive auf mich weder trennscharf unterschieden noch diese überhaupt in ein ursächliches Verhältnis zueinander gebracht werden können.

So sehr man also die Bedeutung von Anerkennung – und hier meine ich zunächst tatsächlich einfach Wertschätzung, könnte das aber auch auf die grundsätzlichere Struktur der Adressierung beziehen (vgl. Ricken 2013) – für die Konstitution des Selbst nicht unterschätzen darf, so sehr muss man auch auf zwei weitere damit verbundene Schwierigkeiten achten und darf Anerkennung auch nicht überschätzen: Zum einen ist mit Anerkennung des Anderen immer auch ein

Verkennen, ein Verfehlen des Anderen verbunden, wird doch dieser Andere immer als spezifischer anerkannt – und damit identifiziert, auf etwas festgelegt und insofern verkannt; darauf hat Thomas Bedorf, wie ich finde sehr eindrücklich, aufmerksam gemacht (vgl. Bedorf 2010); zum anderen aber ist in Anerkennung eine zweite Verfehlung enthalten, die Burkhard Liebsch jüngst in seinem Text zu ‚Anerkennung als verfehltes Begehren‘ (Liebsch u. a. 2011) entwickelt hat: Anerkennung ist – bei aller Wichtigkeit – auch insofern etwas Verfehlendes, weil sie gar nicht leisten kann, was sie zu versprechen scheint – nämlich tatsächlich das Verhältnis des Selbst zu sich selbst so zu gestalten, dass es ein wohlwollendes, positiv gestimmtes Selbstverhältnis ist; anders formuliert: nicht nur der oder die Andere wird im Anerkennen – und das notwendigerweise – verfehlt, sondern auch das Selbst kommt darin nicht zu sich selbst.

In diesen Differenzierungen zeigen sich nun *zweitens* auch hier etliche Spannungen, die sich nicht einfach auflösen oder wenigstens hierarchisch sortieren lassen. Pointiert formuliert: nicht Unbestimmtheit, die dann zu gestalten wäre, ist der Ausgangspunkt, sondern die vielfachen Bestimmungen, denen das Selbst – noch bevor es sich zu sich selbst überhaupt zu verhalten vermag – ausgesetzt ist, scheint mir das erste zu sein; aufgrund der Vielfalt und Widersprüchlichkeit der Bestimmungen einerseits und der Unzulänglichkeit und Nichtvollstreckbarkeit der Bestimmungen andererseits – d. h. dass die Bestimmungen sozusagen nicht strikt und ungebrochen sich durchsetzen bzw. durchgreifen können – eröffnet sich ein Raum, der das Selbst durch Relationierung dieser vielfachen Bestimmungen möglich macht. Auch hier scheint mir die Grenze selbst der Ort des Selbst zu sein.[4]

Auch ohne nun erneut in die Identitäts- und Todesproblematik – d. h. die Problematik der Grenze des Selbst mit sich selbst – eingestiegen zu sein, wird deutlich, dass die Grenzen des Selbst eher in der Art zu begreifen sind, dass das Selbst selbst eine Grenzfigur ist, d. h. sowohl als Grenze fungiert als auch auf der Grenze situiert ist. Anders formuliert: das Selbst als Grenze zu verstehen, heißt,

---

4 Man könnte diesen Gedanken auch am Problem der Präimplantationsdiagnostik verdeutlichen und würde damit relativ genau das skeptische Argument von Hans Jonas und Jürgen Habermas treffen, demzufolge die Unverfügbarkeit der eigenen genetischen Ausstattung – und hier meint Jonas weniger die Genetik selbst als vielmehr das Wissen um sie bzw. um sich selbst – Voraussetzung der eigenen Freiheit ist. Jonas' Argument in seiner Umkehrung: die „subjektive Abwesenheit des Geheimnisses" der genetischen Verfasstheit des Selbst ist „verderblich für die Gewinnung der eigenen Identität" (Jonas 1985: 192), weil die Freiheit des Selbst nur unter dem Schutz des Nichtwissens – und zwar auf beiden Seiten – gedeihen kann. Anders formuliert: gegen identifizierende Zuschreibungen – von Elternseite selbstverständlich nur im Sinne des ‚Besten für das Kind‘ – kann man sich gar nicht positiv mit der Aussage ‚das bin ich‘ zur Wehr setzen, sondern allenfalls negativ, indem man für sich etwas reklamiert, was auch die anderen nicht rechtmäßig beanspruchen können: ‚Du weißt doch gar nicht, wer ich bin‘ (vgl. ausführlicher Ricken 2007a).

es als Differenz zu konzipieren, als eine Relation – genauer: als eine doppelte Relation. Dabei kann man auf eine wunderbare Formulierung Kierkegaards in ‚Die Krankheit zum Tode' zurückgreifen, der zufolge das Selbst ein Verhältnis ist, und zwar in der Art, dass das Selbst ein Verhältnis ist, das sich zu sich selbst verhält, genauer: das an dem Verhältnis (in anderer Übersetzung: das in dem Verhältnis), dass es sich zu sich selbst verhält (vgl. Kierkegaard 1992: 8 bzw. Kierkegaard 2005: 31). Mit dieser Formulierung Kierkegaards wird nicht nur deutlich, dass Selbst und Andere relational aufeinander bezogen sind; mehr noch: Kierkegaard steigert die Relationalität des Selbst, in dem er das Selbst einerseits als Relation zu anderen und anderem und andererseits als Relation bzw. Selbstverhältnis zu dieser Relation zu anderen und anderem versteht. Solchermaßen doppelt bezogen bzw. als ‚Verhältnisverhältnis' gedacht werden Selbst- und Anderenbezug so ineinander verwoben, dass das Selbst gerade nicht mehr als bloße bzw. bloß selbstreferentielle Innerlichkeit, sondern als durch die Bezogenheit auf andere bestimmte Selbstbezüglichkeit deutlich wird – und damit jedem identifizierenden Zugriff zugleich entzogen ist, weil es als positive Einheit nicht mehr gedacht werden kann (vgl. ebd.: 31).

Gedanke 3: Das Problem der Negativität und die Unmöglichkeit ihrer Positivierung

Ein solches Verständnis des Selbst als einer zugleich paradoxen wie auch aporetischen Figur macht es – und das nicht bloß aus theoretischen Vorlieben oder Erwägungen bzw. Entscheidungen heraus – unmöglich, von der Positivität des Selbst – und damit meine ich hier sowohl offenkundige Gegebenheit als auch Durchsichtigkeit bzw. Helligkeit und Vertraut des Selbst – zu sprechen; der damit verbundenen Problematik der Negativität sei daher ausdrücklich nachgegangen. Negativität markiert dabei einen Bruch in der Gegebenheit, d. h. eine grundsätzliche Entzogenheit und daraus resultierend auch eine grundsätzliche Fremdheit und Undurchsichtigkeit. ‚Grundsätzlich' heißt dabei in der Tat nicht auflösbar, nicht positivierbar, so dass Negativität selbst auch noch einen negativistischen Aspekt hat – wie dies in der negativistischen Sozialphilosophie Burkhard Liebschs ausdrücklich betrieben (vgl. Liebsch u. a. 2011) und auch in Alfred Schäfers immer wieder formulierten Gedanken der Grundlosigkeit des Grundes deutlich wird (vgl. exemplarisch Schäfer 2007a und Schäfer 2007b).

Bestimmt man Negativität in ihrem Modus der Abwesenheit, dann lassen sich dreierlei Aspekte unterscheiden (vgl. ausführlicher Ricken 2005): Als *bestimmte Negation* markiert sie ein konkretes ‚Nicht', sei es als Nichtsein oder Nichtvorhandensein, sei es als Nichtwissen oder Nichtkönnen; die Erfahrung des (konkreten) Nicht im anhaltenden Prozess wird zur Einsicht in eine *„prinzipielle Negativität"* (Buck 1989: 47), die sich nicht – wie die Berichtigung einer Täuschung – aufheben lässt, sondern auf die grundsätzliche Unmöglichkeit und andauernde Nichterreichbarkeit von Positivität (z. B. des Wissens) verweist. Diese aber verweist wiederum ihrerseits als wiederholte „Erfahrung der Nichtigkeit" (Gadamer 1999: 360) auf ein weitreichendes Wissen, in dem wir – wie Gadamer formuliert – „unserer Endlichkeit und Begrenztheit im ganzen inne sind" (ebd.: 368). Negativität ist insofern weder einfach Missgeschick und Bagatelle noch Phase und Durchgangsstadium, sondern qua Erfahrung und Anerkennung unaufhebbares Strukturmoment der menschlichen Existenz, die – so Thomas Rentsch (Rentsch 2000) – „als anthropologische Fragilität und Endlichkeit, Bedürftigkeit, Mangelhaftigkeit und Fehlbarkeit einen jeden Menschen" (ebd.: 10) betrifft. Das aber zwingt dazu, die moderne anthropologische Matrix, wie sie bei Gehlen, aber auch Habermas durchschimmert (vgl. insbes. Habermas 1973), nämlich die Unterscheidung von Gegebenem und Aufgegebenem, um einen dritten Pol, den der Entzogenheit zu erweitern; wird sind uns – verkürzt formuliert – nicht nur sowohl gegeben als auch aufgegeben, sondern in beiden Momenten auch jeweilig entzogen, erst das macht die Schwierigkeit menschlicher Existenz aus (vgl. ausführlicher Ricken 2004).[5]

Vor diesem Hintergrund lässt sich die Überlegung zur Negativität des Selbst etwas mehr pointieren: Negativität ist nicht Einschränkung und Begrenzung des Selbst, sondern als Grenze des Selbst selbst Ermöglichungsbedingung des Selbst – d. h. etwas, ohne das das Selbst gar nicht sein könnte. Für den Anerkennungsfall habe ich das versucht zu zeigen; für die Körperproblematik gibt es ein paar Hinweise; und für die Identitätsproblematik ließe sich im Rückgriff auf Ricœurs Unterscheidung von Selbigkeit und Selbstheit zeigen (vgl. Ricœur 1996), dass das Problem der Identität als Selbstheit davon zehrt, dass das Ich sich selbst nicht vor sich selbst zu bringen vermag. Die vielfachen Praktiken der Inszenierung des Selbst leben davon, dass es nicht ausgemacht ist und auch nicht ausmachbar ist, als wer wir uns verstehen und von anderen verstanden werden. Wäre dem nicht

---

5 Daraus ließe sich auch ein – struktureller und gerade nicht inhaltlicher – Maßstab der Kritik formulieren: die aufklärerische Kritik am religiös-dogmatischen fest –gezurrten Gegebenem konnte nur auf dem Feld des Aufgegebenen sich formieren, weil das Gegebene durch das Entzogene (in der Gottesfigur) legitimiert und ‚sankt'ioniert war; wenn aber derzeit die Regulierung auf dem Feld des Aufgegebenen sich formiert und insofern das Gegebene in ein dauerndes Projekt verwandelt, dann ist es sicherlich nicht bloß abwegig, in der Konstellation auf das Feld des Entzogenen auszuweichen und von dort Kritik – z. B. als Unmöglichkeit der Positivierung – zu formulieren. Genau darin sehe ich den Grund der Plausibilität und der Zustimmung zu den Diagnosen der Müdigkeitsgesellschaft.

so, könnten wir vielleicht tatsächlich – wie Blaise Pascal mal formuliert hat – zufrieden bei uns und mit bzw. in uns selbst allein bleiben und auch nebeneinander
wie friedliche ‚Schilfrohre' im Wind existieren (vgl. Pascal 1987: 100 und 103).[6]

Von hier aus lässt sich nun auch auf die Frage der Inszenierung und Optimierung des Selbst einerseits und die These der Müdigkeitsgesellschaft andererseits zurückblicken: *Einerseits* scheinen mir die Praktiken der Inszenierung und
Optimierung des Selbst immer auch Umgangsformen mit Negativität zu sein,
d. h. Versuche, auf einen konkreten Mangel zu antworten und letztlich Mangel
überhaupt, und damit Negativität und Entzogenheit aufzuheben oder gar aufzulösen. Dass das nicht gelingt, stachelt zunächst weitere Strategien und Technologien an, führt aber letztlich nicht daraus heraus, dass Negativität nicht aufhebbar
ist. Eher im Gegenteil: Man sieht den um Positivität bemühten Inszenierungen
des Selbst an, dass sie genau darum, also in der Vermeidung der Schwäche und
Blöße, nur zu bemüht sind, wird doch nicht nur ein (von einem selbst gewolltes)
Selbst aufgeführt, sondern immer auch die Art und Weise dieser ‚gewollten Aufführung' auch.[7] Und *andererseits* mit Blick auf die Müdigkeitsgesellschaft: Es
ist insofern vielleicht weniger allein ein Zuviel an Positivität, wie dies Byung-
Chul Han formuliert hat, sondern die Unmöglichkeit der vollständigen Positivierung, die zur Wi(e)derkehr der Negativität in Form von Erschöpfung, Depression
und Nichtmehrkönnen führt; das vermeintliche ‚Zuviel' besteht also darin, dass
in ihm ein ‚Zuwenig' so offensichtlich wird und als ‚Überspielen' erkennbar ist.
Denkt man *schließlich* Negativität strukturell, dann wird auch deutlich, dass sie
nicht zu normativen Grundlegungen taugt – weder in der Form des (restaurativen)
Einspruchs gegen Verbesserungsstreben jeglicher Art noch ihrerseits in der Anweisung (nun negativ) gebotener Praktiken. Lässt sich aber aus Negativität kein
Handlungskriterium, kein inhaltliches Kriterium der Begrenzung – gar im Sinne des Erlaubten und Verbotenen – gewinnen, dann öffnet sich mit ihr doch ein
Raum für Erwägungen: Es sind daher weniger die Gegenstände, Felder und Praktiken der Optimierung, die an und in sich bereits problematisch wären – hier sind

---

6   Dass damit auch das Problem der Bildsamkeit tangiert ist, sei nur angemerkt; diesseits der
     üblichen Bestimmung derselben als ‚Plastizität' käme es – auch und gerade aus pädagogisch-
     erziehungswissenschaftlicher Logik – darauf an, den Gedanken der ‚Bildsamkeit' an die soziale
     Konstitution des Menschen zu knüpfen (vgl. dazu ausführlicher Ricken 2012).
7   Die theoretische Herausforderung bestünde nun darin, diesen Gedanken der Inszenierung des
     Selbst auch auf Arten und Weisen der Selbstaufführung zu beziehen, die wir unter dem Stich-
     wort der ‚Authentizität' geneigt sind zu verbuchen. Auch ‚Authentizität' – so die Vermutung
     – wäre nicht eine bloß expressive und tatsächlich repräsentative Selbstdarstellung, sondern
     eine spezifische Aufführungsform, die den Kriterien der ‚Natürlichkeit', ‚Spontaneität' und
     ‚Direktheit' einerseits und der ‚Unangestrengtheit' und ‚Offenheit' andererseits in besonderer
     Weise Rechnung zu tragen vermag (vgl. exemplarisch die Beiträge von Sybille Krämer und
     Aleida Assmann in Rössner u. a. 2012).

ausgesprochen heterogene kasuistische Entscheidungen ja durchaus vorstellbar und begründbar –, sondern die sie leitenden und stützenden Orientierungen und Haltungen; denn unter Umständen gefährdet das – den Wunsch nach konkreter Verbesserung – tragende Begehren nach einem qua Positivität bzw. Positivierung sich selbst genügenden Selbst genau jene Fähigkeit, zu sich selbst ein insgesamt positives Verhältnis einnehmen zu können. Anders formuliert: Sich selbst zu genügen heißt wahrscheinlich vor allem, zur Negativität des Selbst ein – wenn auch nicht vollständig mögliches – positives Verhältnis einzunehmen. Genau das aber wird als Fähigkeit problematisch bzw. außer Kraft gesetzt (und insofern nicht gelernt), wenn immer wieder neu ansetzende Positivierungen der Negativität qua technologischer Praktiken – z. B. durch Operationen und Operationen der Operationen etc. – das zentrale Strukturmoment von Selbsttechnologien ausmachen.

Dass diese Haltung, mit den – ausdrücklich: nicht konkret fixierten, insofern nicht räumlich bestimmbaren – Grenzen des Selbst anders umzugehen, mit dem Todesproblem verbunden ist, ist ebenso offensichtlich wie zugleich eine Grenze der Bestimmung solcher Praktiken und Haltungen; auch der Tod eignet sich nicht zu Grundlegungsabsichten, so dass die Akzeptanz der eigenen Endlichkeit wohl eine der bleibenden Herausforderungen auch des spätmodernen Subjekts bleibt. Dennoch: in den vielen Selbsttechnologien – jedenfalls ist das mein Eindruck – finden sich auffälligerweise wenig breit etablierte Praktiken, sich genau damit zu befassen und das Sterbenlernen, sowie es Pierre Hadot für die griechische und römische Antike ebenso eindrücklich wie plausibel rekonstruiert hat (vgl. exemplarisch Hadot 2005), zu lernen. Nichtsdestotrotz lassen sich sehr wohl zwar eher marginale, aber deswegen nicht gänzlich unbedeutende asketische Praktiken des Verzichts als auch der Selbstlosigkeit auffinden, die genau von hier ihre Logik beziehen.

Dass das Problem der Negativität schließlich auch mit dem pädagogischen Problem elementar verbunden ist, lässt sich hier nur noch in zwei Bemerkungen andeuten: Das altbekannte Technologiedefizit, das – so Luhmann (vgl. Luhmann/ Schorr 1982) – daraus entsteht, dass der Erziehende nicht (durchsetzen) kann, was er sich vorgenommen hat, weil er auf etwas angewiesen ist, über das er wiederum selbst nicht einfach verfügen kann, markiert dann *zum einen* vielleicht weniger eine Grenze der Erziehung – also so etwas wie eine – bei Luhmann auch genau so intonierte – zu belächelnde Schwäche der Erziehung, sondern vielleicht so etwas wie eine Ermöglichungsbedingung: nicht zu können, was man will, heißt ja nicht, nichts zu können und insofern vollkommen dilettantisch zu agieren, sondern nur, das, was man will, nicht vollständig durchsetzen zu können – und insofern im Können auf etwas zu stoßen und etwas anzuregen, was sich zwar dem erzieherischen Können auch entzieht, aber doch vermutlich auch durch dieses allererst ‚bildet'. Anders formuliert: Es ginge in der Reflexion des pädagogischen Handelns um eine Gestaltung der Konditionalität, d. h. der Angewiesenheit und Bezogenheit des anderen auf einen selbst (vgl. Ricken 1999), also darum, sich selbst als Entwicklungs- und Bildungsbedingung zu begreifen, die dennoch nicht dadurch bereits Kausalität wird. Genau dieser Umstand aber zwingt dazu, Erziehung ihrerseits nun aus (monologischen) subjekttheoretischen Bahnungen, in denen Selbst- und Fremdbestimmung einander konträr gegenüberstehen müssen, herauszulösen und in einem intersubjektivitätstheoretischen Rahmen, der dann zwangsläufig an Alteritäts- und Negativitätsfragen nicht vorbeikommt, zu situieren.

Das aber führt *zum anderen* zu einem Bruch mit üblichen Festschreibungen der pädagogischen Verantwortung: Gerade weil man Ergebnisse von Erziehung und Unterricht weder durch Instruktion oder Kokonstruktion und Moderation noch durch Kontrolle, Aufsicht oder gar Verzicht auf all dieses sicher stellen kann, ist alles pädagogische Handeln immer auch von einem gegenläufigen Moment durchzogen, was einerseits mit auf Verkennung beruhender Freilassung der anderen zu tun hat, also eine Art Selbstbegrenzungstechnologie ist, die eigene, aufgrund der Asymmetrie des pädagogischen Verhältnisses unabweisliche Macht nicht zur Gewalt werden zu lassen (aber auch nicht umgekehrt bereits als Macht zu widerrufen), und andererseits eine Art ‚pädagogische Neugier' darauf enthält, als wer sich denn die nachwachsende Generation in ihrer nicht vorgreifbaren Lebensgeschichte selbst erweisen möge – unbeschadet dessen, dass Eltern und PädagogInnen immer etwas Überstülpendes und Überbehütendes haben. Deren Rückseite, eine oft schmerzlich erfahrene Nichtschützbarkeit der eigenen Kinder – so hat dies Hans Bokelmann mal im Gespräch formuliert –, sei hier wenigstens nicht verschwiegen.

Eine letzte Schlussbemerkung: Fasst man das Selbst in dieser Weise als eine aporetische Figur, die zu Grundlegungszwecken sich nicht eignet, dann ist auch eine Pädagogik des Selbst ebenso unhaltbar wie unsinnig. Das betrifft m. E. auch alle Pädagogiken des Subjekts, insofern diese beim einzelnen an- oder einsetzen und auf dessen Subjektivierung und Entsubjektivierung zielen. Weil Sozialität die das Subjekt konstituierende Struktur ist, lässt sich nur anders einsetzen und auf die Beschreibung und Analyse pädagogischer Praktiken als Figurationen fokussieren, in denen die verschiedenen Akteure bereits miteinander verbunden sind und sich selbst in und durch Praktiken hervorbringen. Die theoretische und notwendigerweise auch empirische Arbeit an einer solchen praktikentheoretischen Pädagogik bzw. Erziehungswissenschaft, die die Arbeiten von Theodore Schatzki und Andreas Reckwitz auch pädagogisch fruchtbar zu machen suchte, aber steht noch aus.

Literatur

Alkemeyer, Thomas/Budde, Gunilla/Freist, Dagmar (Hrsg.) (2013): Selbst-Bildungen. Soziale und kulturelle Praktiken der Subjektivierung. Bielefeld: transcript

Anzieu, Didier (1996): Das Haut-Ich. Frankfurt/M.: Suhrkamp

Balzer, Nicole/Ricken, Norbert (2010): Anerkennung als pädagogisches Problem. Markierungen im erziehungswissenschaftlichen Diskurs. In: Schäfer/Thompson (2010): 35-87

Beck, Ulrich/Giddens, Anthony/Lash, Scott (1996): Reflexive Modernisierung. Eine Kontroverse. Frankfurt/M.: Suhrkamp

Bedorf, Thomas (2010): Verkennende Anerkennung. Über Identität und Politik. Frankfurt/M.: Suhrkamp

Benjamin, Jessica (1990): Die Fesseln der Liebe. Psychoanalyse, Feminismus und das Problem der Macht. Basel: Stroemfeld/Roter Stern

Benjamin, Walter (1991): Der Sürrealismus. Die letzte Momentaufnahme der europäischen Intelligenz. In: ders: Gesammelte Schriften, hrsg. von Rolf Tiedemann und Hermann Schweppenhäuser. Band 2. Frankfurt/M.: Suhrkamp: 295-310

Benjamin, Walter (2000): Über Haschisch. Novellistisches, Berichte, Materialien. Frankfurt/Main: Suhrkamp

Bollnow, Otto Friedrich (1964): Über die Unmöglichkeit eines archimedischen Punktes in der Erkenntnis. In: Archiv für die gesamte Psychologie. Band 116: 219-229

Bröckling, Ulrich/Krasmann, Susanne/Lemke, Thomas (Hrsg.) (2000): Gouvernementalität der Gegenwart. Studien zur Ökonomisierung des Sozialen. Frankfurt/M.: Suhrkamp

Buck, Günther (1989): Lernen und Erfahrung – Epagogik. Zum Begriff der didaktischen Induktion. Darmstadt: Wissenschaftliche Buchgesellschaft

Butler, Judith (2003): Noch einmal: Körper und Macht. In: Honneth/Saar (2003): 52-67

Butler, Judith (2005): Gewalt, Trauer, Politik. In: dies. (2005): 36-68

Butler, Judith (2005): Gefährdetes Leben. Politische Essays. Frankfurt/M.: Suhrkamp

Cooley, Charles Horton (1902): Human Nature and the Social Order. New York: Scribner's

Deleuze, Gilles (1993): Postskriptum: Die Kontrollgesellschaft. In: ders. (1993): 254-262

Deleuze, Gilles (1993): Unterhandlungen 1972-1990. Frankfurt/M.: Suhrkamp

Duden (1983): Deutsches Universalwörterbuch. Hrsg. vom Wissenschaftlichen Rat und den Mitarbeitern der Dudenredaktion. Mannheim: Dudenverlag

Ehrenberg, Alain (1998): La fatigue d'etre soi. Paris: Jacob

Ehrenberg, Alain (2004): Das erschöpfte Selbst. Depression und Gesellschaft in der Gegenwart. Frankfurt/M.: Campus

Ehrenberg, Alain (2011): Das Unbehagen in der Gesellschaft. Berlin: Suhrkamp

Foucault, Michel (1996): Der Mensch ist ein Erfahrungstier. Gespräche mit D. Trombadori – Mit einem Vorwort von Wilhelm Schmid. Frankfurt/M.: Suhrkamp

Gadamer, Hans Georg (1999): Wahrheit und Methode. Grundzüge einer philosophischen Hermeneutik. In: ders. (1999): Gesammelte Werke. Band 1. Tübingen: Mohr (Paul Siebeck)

Goffman, Erving (1986): Interaktionsrituale. Über Verhalten in direkter Kommunikation. Frankfurt/M.: Suhrkamp

Habermas, Jürgen (1973): Philosophische Anthropologie (ein Lexikonartikel) (1958). In: ders. (1973): 89-111

Habermas, Jürgen (Hrsg.) (1973): Kultur und Kritik. Verstreute Aufsätze. Frankfurt/M.: Suhrkamp

Hadot, Pierre (2005): Philosophie als Lebensform. Antike und moderne Exerzitien der Weisheit. 2. Aufl., unter Mitarbeit von Ilsetraut Hadot. Frankfurt/M.: Fischer

Han, Byung-Chul (2010): Müdigkeitsgesellschaft. Berlin: Matthes & Seitz

Handke, Peter (1989): Versuch über die Müdigkeit. Frankfurt/M.: Suhrkamp

Harris, Thomas Anthony (2009): Ich bin o.k., du bist o.k. Wie wir uns selbst besser verstehen und unsere Einstellung zu anderen verändern können – eine Einführung in die Transaktionsanalyse. 43. Auflage. Reinbek: Rowohlt

Honneth, Axel/Saar, Martin (Hrsg.) (2003): Michel Foucault – Zwischenbilanz einer Rezeption. Frankfurt/M.: Suhrkamp

Jaeger, Friedrich/Liebsch, Burkhard (Hrsg.) (2004): Handbuch der Kulturwissenschaften. Band 1. Grundlagen und Schlüsselbegriffe. Stuttgart: Metzler

Kierkegaard, Søren (1992): Die Krankheit zum Tode (1849). Gesammelte Werke Abt. 24/25, hrsg. von Emanuel Hirsch und Hayo Gerdes, übersetzt von Emanuel Hirsch. Gütersloh: GTB

Kierkegaard, Søren (2005): Die Krankheit zum Tode. Furcht und Zittern. Die Wiederholung. Der Begriff der Angst. hrsg. von Hermann Diem und Walter Rest. München: dtv

Koller, Hans-Christoph/Marotzki, Winfried/Sanders, Olaf (Hrsg.) (2007): Bildungsprozesse und Fremdheitserfahrung. Beiträge zu einer Theorie transformatorischer Bildungsprozesse. Bielefeld: transcript

Konersmann, Ralf (1988): ‚Befremdliche Wohlbekanntheit'. Zur Kulturgeschichte des Spiegelbildes. In: Neue Rundschau 99. 120-139

Konersmann, Ralf (1995): Art. Spiegel. In: Ritter/Gründer/Gabriel (1995): 1379-1383

Lacan, Jacques (1996): Das Spiegelstadium als Bildner der Ichfunktion, wie sie uns in der psychoanalytischen Erfahrung erscheint (1949). In: ders. (1996): 61-70

Lacan, Jacques (1996): Schriften 1. Hrsg. von Norbert Haas und übers. von Rodolphe Gasché u. a. Weinheim/Berlin: Quadriga

Leggewie, Claus/Münch; Richard (Hrsg.) (2001): Politik im 21. Jahrhundert. Frankfurt/M.: Suhrkamp

Liebsch, Burkhard/Hetzel, Andreas/Sepp, Hans Rainer (Hrsg.) (2011): Profile negativistischer Sozialphilosophie. Ein Kompendium. Berlin: Akademie Verlag

Luhmann, Niklas/Schorr, Karl Eberhard (1982): Das Technologiedefizit der Erziehung und die Pädagogik. In: dies. (1982): 11-40

Luhmann, Niklas/Schorr, Karl Eberhard (Hrsg.) (1982): Zwischen Technologie und Selbstreferenz. Fragen an die Pädagogik. Band 1. Frankfurt/M.: Suhrkamp

Marx, Karl (1988): Zur Judenfrage (1843). In: Marx/Engels (1988): 347-377

Marx, Karl/Engels, Friedrich (Hrsg.) (1988): Werke. Band 1. 1839-1844. Berlin: Dietz

Mead, George Herbert (1962): Mind, Self and Society from the Standpoint of a Social Behaviorist (1934). Chicago: Chicago University Press

Münch, Richard (2001): Die neue Arbeitsgesellschaft. In: Leggewie/Münch (2001): 51-74

Pascal, Blaise (1987): Gedanken. Übersetzt von Ulrich Kunzmann und herausgegeben von Jean-Robert Armogathe. Leipzig: Reclam

Pico della Mirandola, Giovanni (1990): Über die Würde des Menschen (Oratio de hominis dignitate, 1486). Hamburg: Meiner

Reichenbach, Roland (1998): Preis und Plausibilität der Höherentwicklungsidee. In: Zeitschrift für Pädagogik 44 (2). 205-221

Rentsch, Thomas (2000): Negativität und praktische Vernunft. Frankfurt/M.: Suhrkamp

Ricken, Norbert (1999): Subjektivität und Kontingenz. Markierungen im pädagogischen Diskurs. Würzburg: Königshausen & Neumann

Ricken, Norbert (2004): Menschen: Zur Struktur anthropologischer Reflexionen als einer unverzichtbaren kulturwissenschaftlichen Dimension. In: Jaeger/Liebsch (2004): 152-172

Ricken, Norbert (2005): ‚Freude aus Verunsicherung ziehn – wer hat uns das denn beigebracht!' (Wolf). Über den Zusammenhang von Negativität und Macht. In: Zeitschrift für Pädagogik. 49. Beiheft, 106-120

Ricken, Norbert (2007a): Welche Jüngeren wollen denn nun die Älteren? Ein pädagogischer Kommentar zum Diskurs der Gentechnologie. In: Schäfer (2007a): 105-135

Ricken, Norbert (Hrsg.) (2007b): Über die Verachtung der Pädagogik. Analysen – Materialien – Perspektiven. Wiesbaden: VS

Ricken, Norbert (2012): Bildsamkeit und Sozialität. Überlegungen zur Neufassung eines Topos pädagogischer Anthropologie. In: Ricken/Balzer (2012): 329-352

Ricken, Norbert (2013): Anerkennung als Adressierung. Über die Bedeutung von Anerkennung für Subjektivationsprozesse. In: Alkemeyer/Budde/Freist (2013): 65-95

Ricken, Norbert/Balzer, Nicole (Hrsg.) (2012): Judith Butler: Pädagogische Lektüren. Wiesbaden: Springer VS

Ricœur, Paul (1996): Das Selbst als ein Anderer. München: Fink

Ritter, Joachim/Gründer, Karlfried/Gabriel, Gottfried (Hrsg.) (1995): Historisches Wörterbuch der Philosophie. Band 9. Darmstadt: Wissenschaftliche Buchgesellschaft

Rosa, Hartmut (2005): Beschleunigung. Die Veränderung der Zeitstrukturen in der Moderne. Frankfurt/M.: Suhrkamp

Rössner, Michael/Uhl, Heidemarie (Hrsg.) (2012): Renaissance der Authentizität? Über die neue Sehnsucht nach dem Ursprünglichen. Bielefeld: transcript

Schäfer, Alfred (2007a): Bildungsprozesse – zwischen erfahrener Dezentrierung und objektivierender Analyse. In: Koller/Marotzki/Sanders (2007a): 95-108

Schäfer, Alfred (2007b): Das Problem der Grundlosigkeit als Provokation der Pädagogik. In: Ricken (2007b): 137-158

Schäfer, Alfred (Hrsg.) (2007c): Kindliche Fremdheit und pädagogische Gerechtigkeit. Paderborn: Schöningh

Schäfer, Alfred (2011): Das Versprechen der Bildung. Paderborn: Schöningh

Schäfer, Alfred/Thompson, Christiane (Hrsg.) (2010): Anerkennung. Paderborn: Schöningh

Schindler, Regula (2007): Die Drogenprotokolle Walter Benjamins. In: Widmer (2007): 205-220

Statistisches Bundesamt (2013): Gesundheitsberichterstattung des Bundes. Statistisches Bundesamt: Bonn 2013 (www.gbe-bund.de; Zugriff 18.1.2013)

Widmer, Peter (Hrsg.) (2007): Psychosen: eine Herausforderung für die Psychoanalyse. Strukturen – Klinik – Produktionen. Bielefeld: transcript

Wittchen, Hans-Ulrich/Jacobi, Frank (2005): Size and burden of mental disorders in Europe. A critical review and appraisal of 27 studies. In: European Neuropsychopharmacology 15, Heft 4. 357-376

Selbst selbstlos?
Überlegungen zur Deixis und Phänomenologie der Ich-selbst-Referenz

Rainer Kokemohr

Die für uns Heutige gewöhnliche Rede vom Selbst ist in der Frage nach Selbster-kenntnis und Selbstbewusstsein seit der Antike ein ubiquitäres Thema okziden-talen Philosophierens.[1] Wie aber im „ich selbst" ein „Selbst" zu sagen sei, vor diese Frage hat mich die Erzählung eines chinesischen Studenten gestellt. Als er über seinen Weg von China nach Deutschland spricht, kommt in seiner Rede we-der ein deiktisches, in unserem Kulturkreis durchaus erwartbares 我自己 (wǒzìjǐ = ich selbst) noch das einfache 我 (wǒ = ich) vor.

Deiktische Ausdrücke verweisen auf Elemente, deren Bedeutung an die Sprechhandlung gebunden ist. Das Wort „ich" verweist auf eben den Sprecher, der hier und jetzt spricht, Wörter wie „hier" oder „dort", „jetzt" oder „damals" auf seine Position in Raum und Zeit. Auch das Wort „selbst", im „ich selbst" als emphatische Betonung auftretend, gehört zu den deiktischen Ausdrücken, die die Sprachlichkeit von Selbst-Entwürfen ausmachen. Während Ausdrücke wie „er selbst" oder „sie selbst" uns erlauben, auf ihn oder sie als diese bestimmten Personen in Raum und Zeit zu zeigen, kann ich mich, der ich mich nicht als be-stimmtes Wesen weiß, aber nicht in gleicher Weise auf mich beziehen.

Tatsächlich wird die Funktion deiktischer Ausdrücke gern in der sprachli-chen Organisation sozialer Interaktion gesehen (vgl. Duranti/Goodwin 1992: 43). Doch das Fehlen eines „ich selbst" im chinesischen Erzähltext lässt die scheinbare Selbstverständlichkeit deiktischer Selbstreferenz brüchig werden. Deshalb suche

---

[1]   Das „Erkenne dich selbst!" fand sich an einer Säule der Vorhalle des Apollontempels in Del-phi. Die unterschiedliche Bedeutung der Worte, ursprünglich die Einsicht in die Begrenztheit menschlichen Vermögens anmahnend, ist in der Geschichte der Philosophie immer mehr in die existentielle Frage nach dem Selbst-Sein des Menschen getrieben worden, wie die Pro-blemgeschichte der vielen Artikel von „Selbst" bis „Selbstzweck" im Historischen Wörterbuch der Philosophie zeigt (Ritter/Gründer 1995: Sp. 292-560). Beispiele heutigen Wortgebrauchs, die von Selbstjustiz über Selbstironie bis zu Selbsttötung einerseits, bis zu Selbstoptimierung andererseits reichen, deuten die außerordentliche Bedeutungsvielfalt an, die zwischen unein-holbarer Subjektivität und Auflösung dessen reicht, was als das Selbst angesprochen wird.

ich mich des Phänomens der „selbst"-Deixis im ersten Abschnitt (1) im vergleichenden Blick auf kulturell weniger fremde Beispiele sowie auf relevante Theoreme zu vergewissern, bevor ich (2) in Anlehnung an eine aktuelle phänomenologische Diskussion nach der Phänomenalität dessen frage, was uns okzidentale Kultur als „mein Selbst" anzusprechen nahelegt, um mich schließlich (3) mit dem Reflexionsgewinn erneut dem Beispiel zuzuwenden.

Es scheint nahezuliegen, eine Interpretation der stummen „ich"-Deixis in der Tradition Chinas zu suchen.[2] Doch eine Hermeneutik der kulturellen Herkunft stößt im gegebenen Fall an die Grenze okzidental geprägten Verstehens. Zwar könnte sie das fragliche Phänomen mit Deutungsfiguren chinesischer Tradition irgendwie in Beziehung zu setzen versuchen. Fraglich bliebe sie aber in dem Maße, in dem das Kulturfremde den begrifflichen Ordnungen okzidentaler Kultur entzogen bleibt.[3] Deshalb versuche ich, die nicht artikulierte „ich"-Deixis des chinesischen Beispiels als Herausforderung an ihre Denkbarkeit in okzidentaler Begrifflichkeit aufzunehmen und erst am Ende zu versuchen, die widerständigen Seiten einander anzunähern.

Der exponierende erste Abschnitt und die systematische Suchbewegung des zweiten Abschnitts folgen verschiedenen Einsätzen. Verbunden sind sie aber durch den Umstand, dass das, was ich als mein „Selbst" anspreche, als solches nicht gegeben ist. Denn nur vermöge deiktischer Ausdrücke im weiten, auch Gesten einschließenden Sinne gebe ich als mein Selbst zu verstehen, was mir Sprache, Bilder, Musik oder bildgebundene Gefühle als „Selbst" zu figurieren ermöglichen. Der letzte Abschnitt markiert die Herausforderung des chinesisch nicht artikulierten „ich selbst" für die okzidentale Gegebenheit von Welt und Ich im Cogito.

1. Das Rätsel der Ich-selbst-Deixis

Die genannte Erzählung gehört zum Korpus von Lebensgeschichten chinesischer Studentinnen und Studenten in Deutschland, die die chinesische Doktorandin Li Xinyan in narrativen Interviews gesammelt hat.[4] Um die Erzählungen in ihrer deutschen Dissertation verwenden zu können, hat Frau Li sie ins Deut-

---

2   Zur Tradition literarischer Selbstdarstellung in China vgl. Bauer 1990: 75ff.
3   In diesen Vorbehalt ist einzurechnen, dass die heute in China genutzte Grammatik, erst um 1900 aus Europa importiert, auf den chinesischen Sprachgebrauch projiziert worden und ihm fremd geblieben ist, wie es von chinesischen Linguisten als Ergänzung meiner ersten Analyse des Textes während der Jahrestagung 2012 des „Arbeitskreises Interkulturelle Germanistik in China" an der Universität Nanjing betont worden ist.
4   Ich danke Frau Li für die Bereitstellung des Dokuments und die darüber geführten Diskussionen.

sche übersetzt. Einer unserer Arbeitsbesprechungen hat sie die genannte Erzählung zugrunde gelegt.

Zur Eröffnung des Interviews fragt Frau Li Herrn Zhao[5], wie er zu seinem Studium in Deutschland gekommen sei. Herr Zhao antwortet, indem er seinen Weg vom Schüler einer High School in China zum Studium in Deutschland anspricht. Ziemlich viel könne er erzählen:

1	Z: 挺多的
	Z: ziemlich viel
2	I: 嗯
	I: hm
3	Z: 雖然是03年來的德國 沒有通過任何中介 很多人不都是通過中介來的嗎
	Z: zwar bin (ich) 2003 hier angekommen, ohne die Vermittlung von Agenten. Viele, die hierher gekommen sind, wurden durch Agenten vermittelt.
4	這邊可能就是通過別的朋友在這邊
	Hier wurde durch Freunde
5	就是在網上搜 搜到一所私立高中 在東德
	wurde Schule im Internet gesucht und eine private Schule gefunden, und die war in Ostdeutschland,
6	然後家裡就決定過來了
	dann hatte die Familie entschieden, hierher zu kommen.

Man kann diesen Text als Einleitung einer lebensgeschichtlichen Erzählung lesen, in der ein Ich-Erzähler einen Ausschnitt seiner Welt und seiner selbst entwirft. Für sie gilt, was Schmid in narratologischer Perspektive herausstellt, dass nämlich „jede beliebige Äußerung (...) ein implizites Bild ihres Urhebers [sc. enthält]" (Schmid 2008: 45). Schmids Feststellung gilt für den Beginn einer Er-

---

5   Der Name ist ein Pseudonym.

zählung in besonderem Maße. Denn in ihm wird vom Erzähler-Ich das von Bühler herausgestellte Zeigfeld (Bühler 1982: 149) entworfen, das mit der Konstitution von Raum-Zeit-Verhältnissen und perspektivischen Hinsichten narrative Bedingung der Möglichkeit des Erzählens ist. Urheber einer Erzählung im empirischen Sinn ist die empirische Person, die die Sätze äußert. Doch Schmid präzisiert, dass „jede beliebige Äußerung" nicht den empirischen Erzähler, sondern sein „implizites Bild" enthält. Ein Erzähler bezeuge sich durch das Bild, das die Erzählung zu verstehen gibt. Dieses Bild verweise zugleich auf den „unterstellten Adressaten" der Erzählung mitsamt der sozialen Welt, der Erzählhandlung insgesamt (vgl. Schmid 2008: 45ff.). So erwarten wir als Leser, als Zuhörer oder Gesprächspartner, dass ein Erzähler zu Beginn der Erzählung in irgendeiner Weise die Hier-Jetzt-Ich-Origo zu verstehen gibt (Bühler 1982: 102ff.), die orientierende Subjektivität, von der aus der Zeit-Raum der Erzählhandlung entworfen wird.

Vor diesem Hintergrund ist eine fehlende Artikulation von „ich" oder „ich selbst" mehr als ein lässliches Oberflächenphänomen. Das fehlende Zeigwort[6] „ich", die nicht artikulierte Deixis lädt zur Frage nach der Hier-Jetzt-Ich-Origo im Verhältnis zu Raum und Zeit ein.

Das eingeklammerte „ich" der deutschen Übersetzung, an dessen Stelle im chinesischen Text kein 我 (wǒ = ich) erscheint, macht die Frage sichtbar. Frau Li sowie Freunde[7] und Kollegen in China und Taiwan sagen mir, das Fehlen sei normal. Denn wenn man vermuten könne, wer gemeint sei, sei es nicht schicklich, „ich" in den Vordergrund zu stellen.

Die Erläuterung stützt sich auf ein Argument, das auch in der westlichen Diskussion bekannt ist und im Zuge kultureller Pluralisierung zu ausgedehnten ethnographischen Untersuchungen von Kommunikation geführt hat.[8] Verständigung zwischen Sprecher und Hörer, so heißt es, ist möglich, sofern Sprecher und Hörer im sprachlichen Handeln eine gemeinsame Welt aushandeln.[9] Dieses

---

6   Bühler erinnert daran, dass die übliche Bezeichnung Personalpronomen in ihrem griechischen Ursprung auf die Rolle des Senders verweise: „Auch ‚ich' und ‚du' sind Zeigwörter und primär nichts anderes. Wenn man den üblichen Namen Personalia, den sie tragen, zurückübersetzt ins Griechische (!) Prosopon gleich ‚Antlitz, Maske oder Rolle', verschwindet etwas von dem ersten Erstaunen über unsere These" (Bühler 1982: 79).

7   Vor allem mein Freund Qi, Jiafu, ein chinesischer Germanist, war mir auch in dieser Frage ein wichtiger Gesprächspartner. – Zur „Identifizierung des eigenen Ichs mit dem All und allen seinen Kreaturen" in „taoistische(r) Selbstvergessenheit" und zur konfuzianischen „Selbsthingabe" und „Zurückhaltung gegenüber individualistischen Neigungen" vgl. Bauer 1990: 63ff.

8   Zu nennen ist hier etwa John Gumperz, dessen zahlreiche Studien der Pragmatik sprachlichen Handelns in unterschiedlichen Kulturen gelten, vgl. Gumperz 1996.

9   Winch stellt in seiner Auseinandersetzung mit Wittgensteins Regelbegriff heraus, „daß die philosophische Klärung des menschlichen Erkenntnisvermögens und die damit zusammenhängenden Begriffe es erforderlich machen, diesen Begriffen im Kontext der in der Gesellschaft

Argument kann man zu der Aussage dehnen, dass die als gemeinsam unterstell-te Welt ein im intersubjektiven Austausch reziprok verankertes Zeigfeld ist und Verständigung deshalb einer ausdrücklichen „ich"-Verankerung nicht unbedingt bedürfe. Doch Aushandlungen gemeinsamer Welten setzen sprachlich handelnde Interaktanten voraus. Ein Verweis aufs je implizite „ich" kann zwar eine prakti-sche *façon de parler* sein. Aber die Frage nach der Origo-Funktion des „ich" oder „ich selbst" wird dringlich, wenn die Unterstellung einer gemeinsamen Welt nicht trägt, wie es beobachtet werden kann, wo in interkultureller Kooperation jeweilig selbstverständliche Voraussetzungen stumm bleiben. Solche Stummheit würde im Verweis auf den von Sprecher und Hörer geteilten Sprachgebrauch nur verdeckt.

Die Verschiedenheit des Sprachbaus, die im Chinesischen das Personalpro-nomen der 1. Person fehlen lassen kann, wenn es interpretativ zu erschließen ist, im Deutschen aber eine „ich"-Artikulation erwarten lässt, schlägt sich im ein-geklammert eingefügten („ich") als Übersetzungswiderstand nieder[10], der zum Anlass einer längeren Diskussion wurde. Was in meiner Sprachwelt Fragen pro-vozierte, war für Frau Li fraglos, weil sie es mit der typischen Erziehung chinesi-scher Kinder zur Harmonie verband.[11] Für einen chinesischen Erzähler sei es auch nach langer Abwesenheit von der elterlichen Wohnung geboten und natürlich, ohne „ich"-Markierung als integrales Moment der familiären Einheit zu erscheinen:

---

stattfindenden Beziehungen ihren Ort zuzuweisen (Winch 1966: 55). Man müsse den Eindruck vermeiden, „als sei da zunächst einmal die Sprache (...), und dann trete diese, als Gegebene, in zwischenmenschliche Beziehungen ein und werde durch deren jeweiligen Charakter mo-difiziert. Verfehlt wird der Sachverhalt, daß jene Kategorien der Bedeutung etc. schon ihrem Sinn nach gesellschaftlichen Wechselbeziehungen logisch abhängen" (ebd.: 59f.).

10 Scheinbar liegen auch im umgangssprachlichen Deutschen „ich"-lose Formulierungen nahe, etwa in einer Formulierung wie „... hab mit Freunden im Internet gesucht...". Doch in der Flexionsform des „hab" ist das „ich" angezeigt, während im flexionslosen Chinesisch auch nicht indirekt angezeigt, sondern nur durch kontextuelle Präsupposition unterstellt wird.

11 Die Erziehung zur Harmonie ist kulturgeschichtlich tief verankert, wie sich der detaillierten Rekonstruktion der chinesischen Geschichte durch Bauer ablesen lässt (Bauer 1990). Er zeigt z. B. an der von Edgar Snow veröffentlichten Autobiographie Mao Tse-tungs, wie der Autor prägende Episoden seiner Kindheit und Jugend auf einen umfassenden Modellcharakter hin stilisiert (vgl. ebd.: 678ff.).

這邊可能就是通過別的朋友在這邊
Hier wurde durch Freunde
就是在網上搜 搜到一所私立高中 在東德
eine Schule im Internet gesucht und eine private Schule gefunden, und die war in Ostdeutschland,
然後家裡就決定過來了
dann hatte die Familie entschieden, hierher zu kommen.

Da ich mit der chinesischen Sprache und Kultur nur wenig vertraut bin, entstand für mich in der Lektüre ein anderes Bild. Dennoch oder gerade deshalb legte sich meine schweifende Phantasie eine mir zugängliche Lesart zurecht. Ihr zufolge sah ich *zunächst* Herrn Zhao zusammen mit Freunden im Internet nach einer passenden Schule in Deutschland suchen *und dann* die Familie entscheiden, dass Herr Zhao nach Deutschland reisen solle. Ich deutete also das Verhältnis zwischen dem Finden der Schule im Internet, der folgenreichen Entscheidung der Eltern und dem weiteren Weg des Sohnes als eine konsekutive Beziehung, die durch die Freunde ermöglicht und im elterlichen Willen verwirklicht wurde. Meine unterstellte Verbindung von Ermöglichung und Verwirklichung ließ mich das Verhalten der Akteure konventionell auslegen, Überraschendes abblenden und das Berichtete zu einem gewöhnlichen Phänomen machen. Das Gespräch zwischen Frau Li und mir hätte also problemlos fortgeführt werden können. Es schien, als hätte nichts unsere Verständigung behindern müssen. Doch der Irritation durch die ungewohnte Syntax konnte ich mich nicht entziehen. Sie nährte den Verdacht, dass wir unterschiedlichen Texturen der Normalisierung folgten, die Differenz in der Unsichtbarkeit der jeweiligen Hintergrundinterpretationen aber der Wahrnehmung entzogen blieb.

Man mag einwenden, dass umgangssprachlich manchmal auch im Deutschen oder in europäischen Sprachen auf eine „ich"-Artikulation verzichtet wird. Ein Beispiel gibt der Schriftseller und Essayist Péter Esterházy. Über die Zeit des Kádár-Regimes in Ungarn sagt er:

> „Die Diktatur funktionierte sehr schlampig. Ihre Macht konnte jederzeit zugreifen, tat es dann aber doch nicht. Deswegen konnte man vieles tun in diesem konturlosen Gebilde, im Matsch des Kádár-Regimes, durch den viele Schleichwege führten: Nur nichts definieren. Dich selbst auch nicht, denn dann bist du zu schnappen" (DIE ZEIT 32/2012)[12].

---

12   Das Interview der ZEIT Nr. 32/2012 ist auf Deutsch abgedruckt und vermutlich auch auf Deutsch geführt worden. Mögliche Sprachdifferenzen, eventuell ähnlich denen zum Chinesischen,

Wir verstehen, was gemeint ist: Der bestimmt Auftretende sei im Netz der Macht identifizier- und greifbar. Also sei es darauf angekommen, unbestimmt zu bleiben. Dem nicht ausgedrückten „ich" des chinesischen Textes scheint das unbestimmte „ich" oder „ich selbst" im Kádár-Ungarn, seine Verbergung im „nichts"[13] zu entsprechen. Doch das Phänomen ist nicht dasselbe. Zwar sind auch Chinesen von Repression bedroht. Aber das nicht ausgedrückte „ich" im Chinesischen hat vormoderne Wurzeln[14] und versteht sich ohne Anstrengung, während es im Kádár-Ungarn der Anstrengung geschuldet ist, sich totalitär auferlegter Kontrolle zu entziehen. Das nicht artikulierte „ich" wird in China unproblematisch gelebt, während Esterházys Nichtartikulation höchste Verletzlichkeit präsupponiert. Die Verschiedenheit des Sprachbaus wie auch des Sprachgebrauchs macht eine allgemeine Antwort auf die Frage schwierig, wie „ich", „ich selbst" oder das „Selbst" zu bestimmen und als nicht Ausgedrücktes zu denken ist.[15]

Kann ein einfaches Beispiel das Verständnis erleichtern? Im Baumarkt lese ich „Selbst ist der Mann!". Der Slogan spricht in mir den Stolz einer Person an, die, ausgerüstet mit dem notwendigen Werkzeug, handwerkliche Probleme ohne fremde Hilfe lösen könne. Wenn ich dann auf die gelungene Reparatur mit dem Satz verweise „Das habe ich selbst gemacht!", präsentiere ich „mich" vor anderen wie vor „mir selbst" im Spiegel der kleinen Bastelei als einheitliches, konsistent fühlendes, intelligent denkendes und geschickt handelndes Individuum.

Der Slogan verweist auf Situationen, in denen der Angesprochene sich in sozialer Spiegelung als ein hier und jetzt Bestimmter aufgehoben weiß. Sofern er sich aufgehoben weiß und kritische Ansprache nicht fürchtet, scheint weiter gehendem Nachdenken über ein Sich-Wissen der Grund entzogen. Doch was es bedeutet, „sich selbst" zu wissen, kann zur kritischen Frage werden, wenn ich einem handwerklich scheiternden Freund mein Besser-Können zeigen will, mir aber das einfachste Handwerk misslingt. Wie verhalten sich dann im „ich kann es selbst nicht" Zeigwort und Gezeigtes zueinander? Sehe ich dann im deiktischen

---

die sich aus Esterházys ungarischer Primärsprache ergeben könnten, kann ich leider nicht nachgehen.

13 Das Wort „nichts" fungiert als deiktischer Ausdruck, der alle potentiellen „das" negiert, auf die er verweist: nicht das_1 und nicht das_2 ... und nicht das_n.

14 Auch im demokratischen Taiwan ist es eine gewöhnliche Redeweise.

15 Searle geht der Frage aus dem Weg, sofern er sie dem Prinzip der Ausdrückbarkeit unterwirft, dem zufolge „man alles, was man meinen kann, auch ausdrücken kann" (Searle 1973: 34). „Literarische oder poetische Effekte, Gefühle, Ansichten und so weiter", für die es nicht „immer möglich ist, einen Ausdruck zu finden oder zu erfinden", verweist er ins Gebiet der „Wirkungen", die ein Sprecher „beim Zuhörer hervorzurufen beabsichtigt" (ebd.: 36). Das zu Bewirkende wird hier aus einer vorsprachlich gedachten Intention abgeleitet, nicht aber in der Sprachlichkeit der Gegebenheit anerkannt.

„ich selbst" ein „Selbst", das als ein Gegebenes, als ein defizitär Bestimmtes erscheinend, bloßgestellt wird?

Die deutlichste Bestimmung eines Gegebenen ist die Definition. Auf sie wird in okzidentaler Kultur gern zur Klärung verwiesen. Aber kann ein präsupponiertes „Selbst" definiert werden? Definitionen sind sprachliche Operationen der Bestimmung oder Feststellung. Definierende Bestimmungen oder Feststellungen folgen Regeln, die sich hinsichtlich Intension und Extension unterscheiden. Die Extension eines Ausdrucks umfasst die Menge aller Objekte, die mit dem Ausdruck bezeichnet werden können. Und die Intension eines Ausdrucks, seines Sinns und seiner konnotierten Bedeutung meint die Menge der Eigenschaften, die gegeben sein müssen, damit ein Objekt mit dem Ausdruck bezeichnet und als etwas durch die genannten Eigenschaften Bestimmtes definiert werden kann. Intensionale und extensionale Bestimmungen setzen mithin ein Objekt voraus, das in hinweisender Geste identifiziert werden kann.

Ein „ich", ein „ich selbst", oder ein „Selbst" ist aber anderes als das empirische Körperobjekt, auf das sich in deiktischer Geste hinweisen lässt. Im Satz „ich selbst bin es, der das sagt!" deutet das substitutive „es" einen offenen, zeigend nicht einholbaren Verweisraum an. Weder intensionale noch extensionale Bestimmungen dessen, was wir als ‚das Selbst' anzusprechen gelernt haben, sind möglich. Denn der Stolz, den das „selbst" im „Selbst ist der Mann!" aufruft, wie die Angst, die wir vor bedrohlichen Bestimmungen unserer selbst durch andere empfinden, und vermutlich auch die Ruhe „ich"-losen Aufgehoben-Seins im Wir der Gruppe sind Gefühle, in die eingelagert ist, was wir „ich" zu nennen gelernt haben. Zwar können wir unser „Selbst" in je emotionaler Tönung aufrufen, aber wir können es in der Weite unserer Gefühle nicht bestimmen. Wir können es weder uns noch anderen in derselben Weise mitteilen, wie wir die Uhrzeit, unseren geographischen Aufenthaltsort oder aktuelle Wetterdaten mitteilen können. Da es für Gefühle (glücklicherweise) kein paradigmatisch normiertes Sprachsystem gibt, entziehen sie sich intensional bestimmender Konkretion. Deshalb ist das als „Selbst" Präsentierte, sei es im Spiegel einer Bastelei, eines Textes oder einer beeindruckenden „Selbst"-Inszenierung, nur ein Versprechen auf eine Deutbarkeit, die in den Strahlen des Nachdenkens definierender Einhegung entgleitet.

Nur eine deiktische Definition scheint möglich. Am Telefon vom unbekannten Anrufer um eine Verbindung zur Person meines Namens gebeten, kann ich antworten: „Das bin ich selbst!" und mit der Äußerung auf mich verweisen, um mich als dieser, der ich bin, dem, der nach mir fragt, zu erkennen zu geben. Zeigend verweist das „das" aufs „ich" des gemeinten Namenträgers, der im deiktischen „bin" kundtut, dass er sich in den hier und jetzt mit dem Anrufer in telefonischer Vermittlung geteilten Vorstellungs- und Handlungsraums einstellt. Als deiktisch verstärkende Geste begleitet das Pronomen „selbst" das Pronomen „ich", um mit der Emphase Zweifel an der Richtigkeit meiner Auskunft auszuschließen. Doch auch Emphase kann dem Zweifel kein definitiv bestimmtes Ich entgegensetzen. Mein „Das bin ich selbst!" ist nur ein Appell an den Anrufer, meinem Hinweis zu vertrauen und darauf zu rechnen, mit meinem Namen den Gemeinten anzusprechen. Indem der Appell als pragmatischer Akt an einen gemeinsamen Vorstellungs- und Handlungsraum erinnert, lässt er von ontologischer Unbestimmtheit absehen.

Im Schatten des vermeintlich Selbstverständlichen scheint die Frage ans groß geschriebene „Selbst" zu bleiben, das mit dem Reflexivpronomen des klein geschriebenen „selbst" die deiktische Funktion teilt, jedoch kraft seiner nominalisierten Form das Gemeinte in Begriffen wie Selbstbewusstsein oder Selbstoptimierung explizit als Objekt präsentiert. Aber auch über den Umweg der Nominalisierung wird „selbst" im „Selbst" nicht zum bestimmbaren Objekt. Redeweisen wie „Selbstkonzept" oder „Selbstinszenierung" lassen es als Objekt nur erscheinen, weil wir es wie ein Objekt ansprechen.[16]

Die Beispiele zeigen, dass das Wort „selbst" die deiktische Funktion von „ich" verstärkt, die Position des Sprechers im diskursiven Feld der Interaktion zu markieren und ihn als ein objektivierbar Seiendes erscheinen zu lassen. Dem entspricht, dass ein nicht gesagtes „ich selbst" eine diskursive Leerstelle öffnet, in der sich nicht Gesagtes als Frage niederschlägt. Ob die Frage gestellt oder in Fraglosigkeit aufgehoben wird, entscheidet sich im kulturellen Geflecht der Lebenswelten.

Von ethnomethodologisch und pragmatisch orientierten Linguisten wird die Bedeutung sprachlicher Äußerungen für die Rahmung und Ermöglichung sozialer Interaktion und sozialen Handelns diskutiert. Hanks schlägt ein pragmalinguistisches Konzept vor, das einen anderen Blick auf die deiktische Ambivalenz im Schein des Objektiven erlaubt (Hanks 1992). Er unterscheidet die Ebene deiktischer Referenz von der ihres indexikalischen Grundes. Wörter wie „ich", „hier", „jetzt", „du", „dort", „gestern" sieht er so auf der Ebene deiktischen Verweisens operieren, dass sie den indexikalischen Grund der Raum-Zeit-Rahmung voraus-

---

16   Dies lässt sich exemplarisch an Meads vielzitiertem Begriff des Selbst ablesen (Mead 1968). Auch dort ist es ein Begriff nur als Form jener pragmatischen Zuschreibungen, vermöge derer andere mich als denjenigen zu bestimmen suchen, auf den sie in ihrem Denken und Handeln rechnen, und die ich als Außenblick auf mich übernehmen und in diesem mein Selbst als Objekt meiner Selbstreflexion oder -bestimmung imaginieren kann. Doch dass soziale Spiegelung oder Anerkennung nicht die ganze Wahrheit ist, lässt sich daran erkennen, dass auch im Falle ihres Entzugs etwas Unausgesprochenes bleibt – und wäre es nur in der Form seiner Negation.

setzen. Die Pointe des Gedankens liegt darin, dass der indexikalische Grund, statt deiktischem Sprachhandeln vorgegeben zu sein, im Gebrauch deiktischer Ausdrücke konstituiert wird.

Der Gedanke lässt sich an der Telefonantwort „Das bin ich selbst!" verdeutlichen. Im „ich selbst" setzt der Sprecher seine Hier-Jetzt-Ich-Origo, die ihn im Zusammenwirken mit der deiktischen Raumreferenz „das" und der Zeitreferenz „bin" so positioniert, dass der Fragende sich auf ihn beziehen kann. Diese Setzung ist eine im Sprechakt gesetzte Bedingung, die in Anspruch genommen wird, ohne als Setzung markiert zu werden. Sie ist die vorausgesetzte Bedingung der Möglichkeit, dass Fragender und Antwortender sich als diese in sozial geteilter Raum-Zeit-Orientierung ansprechen und Themen gemeinsamen Interesses behandeln können. In diesem Sinn haben die in Frage stehenden Ausdrücke zugleich deiktische und indexikalische Funktionen. Kraft ihrer indexikalischen Funktion setzen sie im- oder explizit die Hier-Jetzt-Ich-Origo, und kraft ihrer deiktischen Funktionen erlauben sie Sprechern und Hörern, sich im mit der Hier-Jetzt-Ich-Origo aufgerufenen Zeit-Raum im Verhältnis zueinander zu positionieren.[17]

Der indexikalische Grund, wie Hanks ihn versteht, hat eine quasi-transzendentale Funktion. Transzendental ist seine Funktion, insofern Raum und Zeit, analog zur Kantischen Transzendentalphilosophie, Bedingungen der Möglichkeit deiktischen Verweisens sind. Nur quasi-transzendental ist der indexikalische Grund jedoch, weil sich seine Voraussetzung dem sozialisatorisch erworbenen Gebrauch deiktischer Ausdrücke verdankt, so dass nicht nur deiktische Ausdrücke kulturspezifisch geprägt sind, sondern mit ihnen auch der indexikalische Grund der Hier-Jetzt-Ich-Origo.

Folgt man diesem Konzept, dann darf man annehmen, dass sich Beispiele wie das chinesische von anderen Beispielen nicht nur auf der Ebene deiktischen Verweisens unterscheiden. Auch der indexikalische Grund könnte ein anderer sein. Im chinesischen Beispiel scheint die deiktische Personalreferenz „ich" weniger Gewicht zu haben, während deren Unvermeidbarkeit im Gebrauch der deutschen Sprache und anderer europäischer Sprachen Prozesse deiktischer Subjektivation begünstigt. Sollten soziale Welten, die der ‚ich-selbst'-Artikulation bedürfen, von Welten zu unterscheiden sein, die ohne sie verständlich sein können? Die fallspezifische Interpretation schließt natürlich nicht aus, dass in der chinesischen Welt und umgekehrt in europäischen Welten Konstellationen möglich sind, in denen sich deiktische Funktionen und indexikalischer Grund hinsichtlich des Subjek-

---

17 „If the Relational features specify the deictic relation, the Indexical ones specify the origo to which the relation attaches" (Hanks 1992: 50).

tivierungsimpetus anders entwickeln oder darstellen können.[18] So könnten die unterschiedlichen Formen vom Fehlen des deiktischen „selbst" bis zu seinem endemischen Auftreten als nominalisiertes Selbst in ‚Selbstreferenz', ‚Selbstreflexion', ‚Selbstsein', ‚Selbstoptimierung' und vielen anderen Begriffen als Indikatoren für die Verschiedenheit soziokultureller Existenz- und Subjektivierungsformen gelesen werden.

Mit dieser Einsicht in den Sprachgebrauch sind unterschiedliche ‚ich'- und ‚selbst'-Reden zwar beschrieben, nicht aber ist beantwortet, worin gründet, was man im selbstwidersprüchlichen Gebrauch okzidentaler Begrifflichkeit ihr kulturspezifisches *a priori* nennen kann. Einigen Spuren in der abendländischen Geschichte des Philosophierens versuche ich im Folgenden nachzugehen.

2. Zur Phänomenologie der Selbst-Referenz

Die Vielfalt des Selbst-Wortgebrauchs ist in der okzidentalen Begriffs- und Problemgeschichte des Subjekts verankert. Ohne hier genauer in diese Geschichte eintreten zu können, lässt sich ihr epistemologischer Kern festhalten, die Aufhebung der Differenz zwischen abstraktem Subjekt und den empirischen, den Zufällen der Existenz ausgesetzten Individuen in der Form transzendentaler, alle Menschen einender Subjektivität. Die Unterscheidung gilt dem Aufklärungsbemühen, unserem Dasein einen letzten Grund zu sichern, nachdem dieser sich in der Auflösung des mythischen Gottesbildes verflüchtigt hatte. Doch die Differenz von transzendentalem und empirischem Subjekt ist mangels unabweisbarer Bestimmtheit ein Stachel im Fleisch des Selbstbewusstseins geblieben, der uns antreibt, den Verlust des letzten Grundes durch etwas zu substituieren, dem der indexikalische Grund der Hier-Jetzt-Ich-Origo sprachhandlungspraktisch entspricht.

---

18   Dem möglichen Eindruck ist entgegenzutreten, Denken im Chinesischen verbleibe stets im unbestimmten „Spielraum der Unentschiedenheit", in dem Wirkliches und Mögliches als vorbegriffliche Einheit erscheinen. Das ist natürlich nicht so. Ein Beleg findet sich in der Erzählung eines Mannes in Taiwan. Er spricht von den Widerständen, die er auf seinem Weg zum Lehrerberuf habe überwinden müssen. Vom Vater und von der sozialen Herkunft her zum einfachen Landarbeiter bestimmt, habe er im Zusammenbruch der Militärdiktatur freigesetzte Diskurse genutzt, um sich vom Wort des Vaters und mit ihm von den beengenden Diskursen des alten Systems zu befreien. In dieser Erzählung tritt, wo die Differenz ausgearbeitet wird, wiederholt ein scharfes „ich selbst" 我自己 (wǒzìjǐ) auf. Hier erweist sich deiktische Bestimmtheit in der Nutzung günstiger Diskursangebote als ein Mittel praktischer Auseinandersetzung um eine Selbstbehauptung, die, um des praktischen Lebens willen, vergisst, „Selbst"-Behauptung zu sein. Wo Tradition sie normativ überwölbt oder Ideologie ihre Vermeidung gebietet, verharrt sie im Gewohnten. Sie tritt aber hervor, wo Pflicht oder Sitte zerbrechen und ihre Herrschaft übers anders Mögliche verlieren. – Ich danke Huang, Hsin-Yi, die mir den Text zugänglich gemacht hat.

Nietzsche wendet jedoch ein, dass der verlorene letzte Grund nicht substituierbar ist. In der Rede „Von den Verächtern des Leibes" (Nietzsche 1980: 39-41) lässt er Zarathustra den Geist ein „kleines Werk- und Spielzeug deiner grossen Vernunft" nennen, hinter der das „Selbst", „des Ich's Beherrscher" stehe. Der Text legt frei, was deiktisch objektivierende Sprache ausblendet. Nur Weniges sei angedeutet. Denen, die die Leibbindung der Vernunft vergessen, stellt Nietzsche Zarathustras Wort an die „Verächter des Leibes" entgegen:

> ... Der Leib ist eine grosse Vernunft, eine Vielheit mit einem Sinne, ein Krieg und ein Frieden, eine Heerde und ein Hirt.
>
> Werkzeug deines Leibes ist auch deine kleine Vernunft, mein Bruder, die du „Geist" nennst, ein kleines Werk- und Spielzeug deiner grossen Vernunft.
>
> „Ich" sagst du und bist stolz auf diess Wort. Aber das Grössere ist, woran du nicht glauben willst, – dein Leib und seine grosse Vernunft: die sagt nicht Ich, aber thut Ich ...

Der Leib, „eine Vielheit mit einem Sinne", sei zugleich „ein Krieg und ein Frieden", „eine Heerde und ein Hirt". In kritischer Anspielung auf Hegels Dialektik als Wirkungsgesetz der Geschichte wird die Einheit dessen betont, was die „kleine Vernunft" als das Gegensätzlichste bezeichnet. Das Denken in Gegensätzen sei nur ein Mittel „deiner grossen Vernunft", die, größer als unser nur gesagtes „Ich", Ich „thut".

Zarathustra verkündet seine Wahrheit aus einem imaginierten Jenseits der Sprache. Mit den Mitteln der Sprache sieht er nicht nur in der Sprache, sondern im Bund mit ihr auch in „Sinn und Geist" ein „kleines Werk- und Spielzeug" im Dienste der „grossen Vernunft". Sie sei „deine", also dem Leib eines jeden Angesprochenen innewohnende Vernunft. Vor aller sprachlichen Repräsentation von „Ich" und „Welt" tue sie Ich. Ich zu tun ist offenbar kein Hervorbringen des Ich, nicht die Objektivation eines vom Ich vollzogenen Prozesses, sondern das wirkende Tun eines Ich und Welt vorgängigen, sich ereignenden Geschehens, dessen Oberfläche wir „ich" sagend zum verkennenden Vorschein bringen. So entkleidet Zarathustras Rede das abendländisch artikulierte Subjekt seiner besonderen Stellung zur Welt, seiner Autonomie. Sie spricht an, worin Freud wenig später die Kränkung des Ich sieht und was Husserl als Welt begreifendes Bewusstsein vor disziplinärer Aufspaltung restituierend zu retten sucht. Anrufen kann Zarathustra die große, Ich-tuende Vernunft nur im sprachlichen Bilde.

An diese Anrufung, so Nietzsches Zarathustra, wollen die Verächter des Leibes nicht „glauben". Sie erkennten nicht das Tun, aus dem das Subjectum als unterworfenes allererst hervorgehe. Der Text eröffnet einen Vorstellungsraum, in dem uns, die wir nicht verstehen, eine Stimme entgegentritt, die uns vom anderen Ort her dem Unverstandenen aussetzt und zum Umlernen aufruft.

Doch nur mit den Mitteln der Sprache kann Nietzsche gegen den verstellenden Schein der Sprache arbeiten und so auf ein Selbst verweisen, das, anders als die nur nominalisierte Form deiktischer Selbstreferenz, Inbegriff unseres geschichtlichen Welt und Selbst Schaffens „über sich hinaus" sei:

> „... Der schaffende Leib schuf sich den Geist als eine Hand seines Willens. Noch in eurer Thorheit und Verachtung, ihr Verächter des Leibes, dient ihr eurem Selbst. Ich sage euch: euer Selbst selber will sterben und kehrt sich vom Leben ab. Nicht mehr vermag es das, was es am liebsten will: – über sich hinaus zu schaffen" (ebd.).

Im Schaffen „über sich hinaus" bringt die „Rede an die Verächter des Leibes" einen emphatischen Bildungsprozess zum Vorschein, der im Fortgang des Textes, in Zarathustras Wanderung zum anhaltenden Selbstaufbruch eines unabschließbaren Überstiegs je gegebener Welten aufruft (vgl. Klass/Kokemohr 1998: 291, 303). Ihn hatte schon der frühe Nietzsche im Motiv des enthusiastischen Auftauchens ‚aus sich selbst' zur Geltung zu bringen gesucht (vgl. Kokemohr 1973: 134-140). Das von Zarathustra emphatisch beschworene Selbst gründet im Widerspruch von sprachlicher Fassung seines Erscheinens als „Selbst" und der sprachlichen Uneinholbarkeit jener „grossen Vernunft", die unerkannt allen Erkenntnisformen vorausliege, auf die die okzidentale Neuzeit Welt- und Selbstverhältnisse zu bauen gelernt habe.

Was Zarathustra in bildhaft-spekulativer Rede andeutet, findet in Untersuchungen zur Geschichte bürgerlicher und nachbürgerlicher Gesellschaften Zentraleuropas einen empirischen Niederschlag. Diese Parallele zwischen spekulativer Philosophie und empirischer Beobachtung mag überraschen. Doch Nietzsches Zarathustra-Rede ist kein esoterischer Diskurs. Er thematisiert die metaphysischen Voraussetzungen unseres Welt-Selbst-Verständnisses. Liest man Zarathustras Rede im indexikalischen Register der Hier-Jetzt-Ich-Origo als anhaltenden Selbstaufbruch eines unabschließbaren Überstiegs je gegebener, im deiktischen Verweisungsspiel historisch formierter Welten, dann richtet sich der Blick auf „euer Selbst", das „nicht mehr vermag es das, was es am liebsten will: – über sich hinaus zu schaffen". Dann richtet sich der Blick auf jenes „Selbst", das sich vor der Last sieht, den indexikalischen Grund zu sichern, von dem aus diese, jene oder noch andere Welten deiktisch in den Blick zu nehmen sind. Als Auseinandersetzung mit der Überlastung des indexikalischen Grundes der subjektivierenden Hier-Jetzt-Ich-Origo spiegelt die spekulative Zarathustra-Rede die empirisch sich niederschlagende Überlastung des neuzeitlichen Subjekts.

Auf diese Überlastung des Subjekts blickt Ehrenberg in seinem Buch „Das erschöpfte Selbst", in dem er über die Begriffsgeschichte der Depression den Wandel der Konturen des Subjekts nachzeichnet. Er entfaltet die Annahme, dass sich „die Konturen des zeitgenössischen Individuums" (Ehrenberg 2008: 15) in dem Maße durchsetzen, „wie wir aus der Klassengesellschaft heraustreten [sic] und die Art der politischen Repräsentation und der Verhaltensregulierung aufgeben, die damit verbunden war". Auf zwei Phänomene weist er hin. Einerseits hätten „neue Ideale ökonomischer Konkurrenz und des sportlichen Wettkampfs das Individuum auf den Weg zu einer eigenen Identität und sozialem Erfolg gedrängt (…), dazu, in einem unternehmerischen Abenteuer über sich selbst hinauszuwachsen" (ebd.). Andererseits habe dieser Prozess „zu einem neuen Bewusstsein psychischen Leidens" (ebd.) geführt. Zeigen würden dieses Bewusstsein psychischen Leidens u. a.

> „Selbstinszenierungen im Fernsehen, in denen einem gewöhnliche Schicksale zum Fraß vorgeworfen werden, und das Doping im Sport, die Möglichkeiten, mit Medikamenten die eigene Stimmung zu stimulieren und die eigenen Fähigkeiten zu steigern" (ebd.).

Damit wendet Ehrenberg sich den Lasten zu, in die uns die Auflösung des tradierten Kosmos treibt:

> „Die Karriere der Depression beginnt in dem Augenblick, in dem das disziplinarische Modell der Verhaltenssteuerung, das autoritär und verbietend den sozialen Klassen und den beiden Geschlechtern ihre Rolle zuwies, zugunsten einer Norm aufgegeben wird, die jeden zu persönlicher Initiative auffordert: ihn dazu verpflichtet, er selbst zu werden" (ebd.: 14f.).

Mit dieser Verschiebung ändere sich die Verantwortung für unser Leben. Sie liege nicht mehr „nur in uns selbst (…) sondern auch im kollektiven Zwischenmenschlichen" (ebd.: 15). Dieser Befund wird durch das Argument verständlich, dass unter der Herrschaft des disziplinarischen Modells der Verhaltenssteuerung die kollektiv auferlegten Pflichten hinreichend bestimmt gewesen seien, die der Einzelne in sorgsamer Kontrolle seines Handelns zu befolgen gehabt habe. Wo aber eine allgemein verbindliche Norm des Verhaltens nicht mehr gegeben sei, müsse der Einzelne seine Verantwortlichkeiten im spiegelnden Anspruch der Anderen ausdeuten.

In dieser Veränderung sieht der Autor die Grenze zwischen dem Erlaubten und dem Verbotenen verschwinden. Ihre verhaltensregulierende Funktion löse sich auf in einem Feld der Spannung zwischen dem Möglichen und dem Unmöglichen. Damit werde das Individuum zunehmend an seiner Initiative gemessen, Mögliches zu gestalten und sein Handeln über die Grenzen des bisher Unmöglichen hinaus zu weiten (vgl. ebd.: 19). Ein starkes Indiz dieser Veränderung sei der normal gewordene Einsatz von Antidepressiva, die, da ohne tödliche Neben-

wirkungen, zur Hebung der Stimmung verführen und auch von Menschen eingenommen würden, „die nicht ‚wirklich' depressiv sind" (ebd.: 16):

> „In einer Gesellschaft, in der Menschen ständig psychoaktive Substanzen einnehmen und so
> künstlich ihre Stimmung verändern, kann man nicht mehr sagen, *wer jemand selbst ist*, ja
> nicht einmal, *wer normal ist*. Das ‚wer' ist hier das Schlüsselwort, denn es bezeichnet den Ort,
> an dem es ein Subjekt gibt. Werden wir sein Verschwinden erleben?" (ebd.; Hervorh. i. O.).

Man darf ergänzen, dass es neben psychopharmakologischen auch viele andere
„Antidepressiva" gibt, die sich als Droge nutzen lassen, etwa die Rampen nar-
zisstischer Selbstinszenierung im spiegelnden Lichte kleiner oder großer Öffent-
lichkeit. Sie zeigen einmal mehr, dass das nominalisierte Selbst ein brüchiges
Konstrukt sozialer Bezugnahme ist, das gern in emphatischen Diskursen von
Selbstbehauptung oder Selbstverlorenheit ausgestellt wird.

Ehrenberg stellt den Übergang vom disziplinarischen Modell der Verhaltenssteuerung zur Norm persönlicher Initiative in Begriffen dar, die metapsychologi-
sche mit politökonomischen Elementen verbinden. Doch schon Formulierungen
wie die, dass „wir aus der Klassengesellschaft heraustreten" oder die der „Art
der politischen Repräsentation und der Verhaltensregulierung", zeigen, dass seine Begrifflichkeit wesentlich in einer raum-zeitlichen Metaphorik operiert, deren
Konkretion, sprachtheoretisch gewendet, deiktischer Ausdrücke bedarf. Wenn
„wir" aus der einen Gesellschaftsformation „heraustreten", meiden wir Verhal-
tensregulierungen, deren Formulierung als Orientierungsnormen – ‚tue *hier* und
jetzt dies und meide *jenes*' – deiktische Ausdrücke erfordert. Wenn der Zerfall
der Kontrollnorm jeden Einzelnen „dazu verpflichtet, er selbst zu werden", dann
ist mit der Formulierung der Hier-Jetzt-Ich-Origo der indexikalische Grund gefordert, auf dem dem Anspruch der Anderen zu antworten ist.

In der Überlastung des Subjekts drückt sich der Umstand aus, dass es keinen sicheren Grund gibt, auf den das deiktische Pronomen „selbst" und das nominalisierte „Selbst" zurückgeführt werden können. In der Philosophie der europäischen Neuzeit ist dieses Problem als Satz vom Grund u. a. von Leibniz, Kant,
Schopenhauer und Heidegger diskutiert worden. In Schopenhauers Deutung meint
der Satz vom zureichenden Grund, „daß immer und überall jegliches nur *vermöge eines anderen* ist" (Schopenhauer 1986: 187). In vier Klassen legt er den Satz
aus. Mit den drei ersten Klassen von Kausalität, formaler Logik und kategoria-
ler Begrifflichkeit als Bestimmungsgrund aller Wahrnehmung arbeitet er als den
epistemologischen Grund bestimmenden Erkennens die Bedingungen heraus, die
unsere praktischen und theoretischen Vollzüge ermöglichen. Von den drei Klassen unterscheidet er die vierte: „(...) sie begreift für jeden nur *ein* Objekt, nämlich das unmittelbare Objekt des inneren Sinnes, *das Subjekt des Wollens*, wel-

ches für das erkennende Subjekt ist, und zwar nur in dem innern Sinn gegeben, daher es allein in der Zeit, nicht im Raum erscheint" (ebd.: 168, Hervorh. i. O.). Während die ersten drei Klassen jeweils eine Vielzahl klassenspezifischer Objekte in sich begreifen und den Klassenbegriff in konventionellem Sinn erfüllen, ist der Begriff der vierten Schopenhauer'schen Klasse ein anderer. Denn sie enthalte nur ein Objekt, und dieses Objekt sei kein Objekt im konventionellen Sinn. Wenn es „unmittelbar" nur im inneren Zeitbewusstsein, aber nicht im empirischen Raum erscheint, kann es auftauchen und wieder verschwinden, ohne dass man darauf wie auf ein raumzeitlich gegebenes Objekt verweisen könnte. Das „Subjekt des Wollens", um das es sich hier handelt, ist für Schopenhauer die nominalisierte Form des ‚ich will'. Sie sei mir, dem jeweils Wollenden, „nur in dem innern Sinn gegeben", also nur so, dass ich in deiktischer Geste auf mich verweisend zwar ‚ich will', nicht aber im gleichen Sinn ‚du willst' sagen kann. Die Mir-Gegebenheit im innern Sinn meines Zeitbewusstseins scheide ‚ich' und ‚du'. Sie ist Schopenhauer zufolge die Grenze der Intersubjektivität. So begreife die vierte Klasse „für jeden nur *ein* Objekt", „*das Subjekt des Wollens*", das es vermöge des inneren Zeitbewusstseins und mangels seiner Bestimmung im Raum nur „für das erkennende Subjekt ist".

Zwar könne ein jeder sich, sein Selbst als „unmittelbare[s] Objekt des inneren Sinnes" ansprechen. Doch das Ansprechen habe seine Grenze darin, dass es „kein Erkennen des Erkennens" (ebd.: 169) gebe. Dem vermeintlich nahe liegenden „Einwand: ‚Ich erkenne nicht nur, sondern ich weiß auch, daß ich erkenne'" sei zu entgegnen: „Dein Wissen von deinem Erkennen ist von deinem Erkennen nur im Ausdruck unterschieden. ‚Ich weiß, daß ich erkenne' sagt nicht mehr als ‚Ich erkenne', und dieses, so ohne weitere Bestimmung, sagt nicht mehr als ‚Ich'" (ebd.). So ist die Gegebenheit des Subjekts defizitär, nämlich beschränkt auf den inneren Sinn. An der Unerkennbarkeit unseres Erkennens scheitert die Autonomie, die wir in der Redefigur vom „Subjekt" zu behaupten gelernt haben.

Was Schopenhauer für dieses ‚Ich' geltend macht, nämlich ‚ohne weitere Bestimmung' deiktischer Hinweis aufs leere Hier und Jetzt im Sinne der a priori gegebenen Anschauungen von Raum und Zeit zu sein, erweist sich auch für seine Emphase, das Selbst, wenn wir die Maske seiner objektivierenden Figuration abziehen. Auch das Selbst unterliegt keiner Bestimmtheit im Sinne der drei ersten Erkenntnisklassen. Die Erkenntnis defizitärer Gegebenheit ist die Bruchstelle des Subjekts, das sich seiner selbst gewiss zu sein glaubt. Das nominalisierte „Selbst" bleibt wie das Reflexivpronomen „selbst" eine deiktische Geste. Es bleibt Hinweis auf etwas, das, im „etwas" nur scheinbar benannt, sich der Bestimmbarkeit entzieht. Nur mittelbar, im figurativen Schein objektivierender

Rede, kann ich von mir ‚selbst', von meinem ‚Selbst', von meinem Verhältnis zu meiner ‚Welt' und zu meinem ‚Selbst' sprechen.[19]

Auf diese Bruchstelle der Selbstgewissheit verweist der Zarathustra des von Schopenhauer inspirierten Nietzsche, wenn er im Ich-Sagen nur ein Werkzeug der großen Vernunft des Leibes erkennt. Zwar führt auch seine Rede den Aufbruch der Selbstgewissheit noch in der Traditionsform subjektzentrierter Syntax und Semantik. Doch sein Angriff gilt der deiktisch gezeugten Hypothek, dem Herrschaftsgestus des Subjekts, das in narzisstischer Blendung seiner Selbstkonstitution nicht inne ist.

Das Problem der Selbstkonstitution nimmt in besonderer Weise die Phänomenologie auf. Wenn ich jetzt aber mit dem Interesse an deiktischen Akten der Selbstkonstitution auf die Phänomenologie schaue, rufe ich vermutlich Zweifel an der methodischen Rechtmäßigkeit des Unterfangens auf, Sprachtheorie und Bewusstseinsphilosophie miteinander zu verbinden.[20] Husserls Bewusstseinsphänomenologie beansprucht, Descartes Frage nach der Fundierungsleistung des Cogito zu radikalisieren. In der Auseinandersetzung mit Brentano nimmt sie ihren Ausgang von der Kritik des Psychologismus, der zwar sieht, dass das Bewusstsein immer ein intentionales Bewusstsein von etwas ist, die Reflexion aber auf Wissensformen reduziert, in denen Erkenntnis an idealisierende Klassen- und Beschreibungsbegriffe gebunden ist. Mit der Entwicklung der neuzeitlichen Wissenschaften habe die idealisierende Reduktion das Welt-Selbst-Verhältnis der Menschen durchtränkt. Descartes' Denken habe die Reduktion zwar seismographisch zur Sprache gebracht, sie in der Ausrichtung auf den Gegensatz des erkennenden Subjekts zur Welt als Objekt aber zugleich befestigt und verschattet. Husserl sieht in den positiven Wissenschaften und ihrem Vergessen der fortschreitenden Zurichtung der Welt als Erkenntnisobjekt die Krise der europäischen Neuzeit begründet (vgl. Husserl 1962: Teil I, §2 und Teil II). Der Überwindung der Krise gilt sein angestrengtes Unterfangen, unverschattete Lebenswelt als Grund in den Blick zu bringen, von dem aus die epistemologische Reduktion zu kritisieren und das freizulegen sei, was die Erkenntnismöglichkeiten des Menschen wie auch seine ethische Pflicht fundiere.

Um den zentralen Aspekt der Argumentation, das Verhältnis von lebensweltlichem Grund und der Entwicklung idealisierend-reduzierender Erkenntnis-

---

19 Dieser Irrtum liegt psychologisierenden Vorstellungen eines selbstreferentiellen Ich zugrunde und wiederholt sich nicht zuletzt in Reden vom „Welt- und Selbstverhältnis", wenn dieses so artikuliert wird, als schaue ein Ich einerseits auf die Welt, die äußere Natur, und andererseits auf sein Selbst, die innere Natur.

20 Die Fruchtbarkeit dieser Bezugnahme hat Waldenfels (1994) erwiesen. Seine Arbeiten verdienten mehr Aufmerksamkeit, als im hier begrenzten Raum möglich ist.

formen, nachzuvollziehen, kann ich mich auf einen erhellenden Aufsatz Ricœurs beziehen. Er rekonstruiert Husserls Ansinnen in kritischer Konzentration auf das Verhältnis von transzendentaler Bewusstseinsphänomenologie und Geschichte (Ricœur 1973: 231-276).

Husserl habe den Einsatz der transzendentalen Bewusstseinsphänomenologie zunächst als ein apolitischer Mensch entwickelt.[21] Doch die im Nationalsozialismus kulminierende Verwahrlosung des Lebens, die Erkenntnis, dass „der Geist krank sein kann" (ebd.: 232), habe ihn motiviert, sich mit dem tragischen Verlauf der Geschichte auseinanderzusetzen.[22] Ricœurs Rekonstruktion erlaubt, die Architektur des Husserl'schen Denkens herauszustellen. In platonischer Tradition habe er, bezogen auf Geschichte, zwischen der Entwicklung der Idee und der Entwicklung des Begriffs unterschieden (vgl. ebd.: 236). Was diese Unterscheidung bedeute, werde deutlich in Husserls Verständnis der transzendentalen Reduktion. Während das Bewusstsein in der „ursprünglichen Naivität" der „natürlichen Einstellung", wie Husserl sie genannt habe, „die Welt, so wie sie ist, spontan für einfach *gegeben*" halte (ebd., Hervorh. i. O.), habe er in der transzendentalen Reduktion den Weg zum sinngebenden Bewusstsein gesehen, die Welt zu geben, wie wir sie in natürlicher Einstellung nehmen. Zwar hebe die transzendentale Reduktion die naive Gegenwärtigkeit der Welt, ihre Gegebenheit in eingespielten Begriffen, nicht auf. Aber sie zeige, dass Intentionalität als Bewusstsein von etwas „ein schöpferisches Sehen" ist (ebd.). Damit habe Husserl frei gelegt, „daß der Geist der historischen Gesellschaften nur für und durch ein absolutes Bewußtsein ist, das ihn konstituiert" (ebd.: 237).

Doch mit diesem Argument trete der Grundwiderspruch hervor, der noch das Spätwerk Husserls durchziehe. Ich hebe ihn hervor, da er auch für die Diskussion der Hier-Jetzt-Ich-Origo bedeutsam ist. Es ist der Widerspruch zwischen der Konstitutionsleistung des absoluten Bewusstseins jenseits der natürlichen Einstellung und seiner empirischen Entwicklung in der in natürlicher Einstellung sich vollziehenden Geschichte.

Ricœur diskutiert den Widerspruch mit dem kritischen Argument, dass auch das absolute Bewusstsein als ein dauerndes Bewusstsein ein zeitliches, also historisch empirisch geprägtes sei, ein Hinweis, der sich durch das Argument er-

---

21   „... man ist geneigt, ihn als apolitisch zu bezeichnen, apolitisch durch Bildung, Geschmack, Beruf und durch Vorliebe für wissenschaftliche Strenge..." (ebd.: 231).

22   „Der alte Husserl, der den Nationalsozialisten als Nichtarier, als wissenschaftlicher Denker und noch grundsätzlicher als sokratisches Genie und Infragesteller verdächtig war, konnte, pensioniert und zum Schweigen verurteilt, nicht umhin zu entdecken, dass der Geist eine Geschichte hat (...) dass der Geist krank sein kann und dass die Geschichte für den Geist der Ort der Gefahr und des möglichen Verlustes ist" (ebd.: 232).

weitern lässt, dass das absolute Bewusstsein unvermeidlich auch ein räumliches ist. Konstituierendes Bewusstsein ist es in zeitlicher und räumlicher Hinsicht auf etwas (vgl. ebd.: 238f.). Ricœur verweist an dieser Stelle wieder auf die zentrale Differenz, von der Husserls Phänomenologie lebt. In der transzendentalen Reduktion erscheine „mit der phänomenologischen Zeit auch ein transzendentales Ego" (ebd.: 240). Das Ich sei hier nicht nur ein „welthaftes". Neben ihm gebe es „ein Ich, das in jedem konstituierenden Bewußtsein lebt" (ebd.). Doch mit dieser Differenz von welthaftem und konstituierendem Ich sieht Ricœur zunächst die Schwierigkeit, dass das transzendentale ein einzelnes Ego ist, neben dem es „die Vielheit der Iche" (ebd.: 241) gibt. Diese Schwierigkeit werde vollends unlösbar, weil es keinen Punkt gebe, also keine Hier-Jetzt-Ich-Origo, wie man präzisieren kann, von der aus das transzendentale Ego in den Blick zu nehmen und zu thematisieren sei. Nur in seinen, wie wieder ergänzt werden darf, deiktischen Vollzügen erscheine es als konstituierendes Bewusstsein.

Gleichwohl halte Husserl daran fest, in der Einsicht in die konstituierende Leistung des transzendentalen Ego die natürliche Einstellung zu kritisch zu reflektieren, um in dieser Reflexion den „Sinn des europäischen Menschentums" (ebd.: 246) herauszuarbeiten. So sympathisch dieses Unternehmen als fundamentale Kritik der im Nationalsozialismus kulminierenden Krise ist, so schwierig bleibt es argumentativ, und dies umso mehr, als Husserl dieses Menschentum als ein universales sieht, das mit der Geschichte der griechischen Philosophie beginnend nur in Europa ans Licht getreten sei, während es in der natürlichen Einstellung der indischen und der chinesischen Welt verschattet sei.

Es ist leicht, Husserls Vergleich zurückzuweisen. Zu einer Lösung der fehlenden Ich-Artikulation im chinesischen Erzähltext im Sinn einer natürlichen, die fundierende Subjektivität verschattenden Einstellung taugt er schon wegen des eurozentrischen, empirisch ungeprüften Vorurteils nicht. Wichtig ist aber die Struktur der Argumentation. Denn wenn Husserl davon spricht, „daß unserem europäischen Menschentum eine Entelechie eingeboren ist, die den europäischen Gestaltwandel durchherrscht und ihm den Sinn einer Entwicklung auf eine ideale Lebens- und Seinsgestalt als einen ewigen Pol verleiht" (Husserl 1962: 320, Z. 25-29), also das Ich von einer eingeborenen Entelechie des Sinns „durchherrscht" sieht, dann öffnet er das einzelne Ich auf ein alle Iche einendes „Telos des europäischen Menschentums" (ebd.: Z. 39) hin, „in welchem das besondere Telos (...) der einzelnen Menschen beschlossen ist". Dieses einende Telos liege „im Unendlichen, es ist eine unendliche Idee, auf die im Verborgenen das gesamte geistige Werden sozusagen hinaus will" (ebd.: 320, Z. 39-321, Z. 4). Zwar ist Husserls metaphorische Verlegenheit, die ihn nur „sozusagen" sprechen lässt, hier nicht zu übersehen. Doch die Konstellation ist klar. Das einzelne Ich ist für Husserl der strukturelle Ort des Welt konstituierenden Bewusstseins, weil ihm die „unendliche Idee" innewohnt. Ihr habe es sich zu öffnen, die eigene empirische Gegebenheit auf sie hin mit den Mitteln transzendentaler Phänomenologie zu überschreiten und das Telos der unendlichen Idee als „Willensziel" (ebd.: 321, Z. 6) anzunehmen.

Ricœur lässt seine kritische Rekonstruktion in einer Frage enden, die die Aufgabe konturiert. Zunächst fasst er Husserls Bedeutung in der Aussage zusammen, er habe „einen intentionalen Idealismus [sc. entwickelt] (…), der alles andere Sein, sogar andere Personen ‚im' Ich konstituiert, die Konstitution jedoch als anschauliches Gerichtetsein, als Überschreiten und Aufbrechen der Subjektivität auffaßt" (Ricœur 1973: 276). Fraglich bleibe aber, „ob die Konstitution eine effektive Leistung und damit die wahrhafte Lösung des Problems der verschiedenen Transzendenzen ist, oder ob sie nur ein Name ist für eine Schwierigkeit, die ein vollkommenes Rätsel und ein unaufhebbares Paradox bleibt" (ebd.).

Ricœurs Schluss ist bemerkenswert. Indem er vom vollkommenen Rätsel und unaufhebbaren Paradox spricht, weist er Husserls Argumentation nicht einfach zurück. Er formuliert ihr aporetisches Scheitern als Aufgabe. Statt in der Lösung des Widerspruchs besteht sie darin, die Differenz von transzendentaler und empirischer Ebene in ein lebbares Verhältnis zu setzen.

Mit dieser Aufgabe kehre ich zum Ausgang der Überlegungen zurück. Kann der Gedanke der Konstitutionsleistung des fundierenden Ich-Bewusstseins etwas zum Verständnis einer Rede beitragen, in der „ich" nicht auftaucht? Zunächst scheint die transzendentale Phänomenologie keinen Platz für das in Frage stehende Phänomen anzubieten. Doch Husserl könnte antworten, dass eine fehlende „ich"-Artikulation nur ein linguistisches Oberflächenphänomen sei und nicht ein Fehlen der konstitutiven Leistung des Ich-Bewusstseins bedeute. Der Einwand würde Bühlers Analyse stützen, dass ein jedes Erzählen, eine jede erzählte Welt in der Hier-Jetzt-Ich-Origo des erzählenden Subjekts fundiert ist (Bühler 1982).

Tatsächlich hat sich Bühler in seiner „Sprachtheorie" substantiell auf Husserl bezogen. Zwar setzt er sich in wesentlichen Passagen eher kritisch mit dessen Sprachanalysen auseinander. Doch schon in der Einleitung des Buches betont er, dass Husserl in den *Cartesianischen Meditationen* von 1931 für notwendig erachtet habe, die egologisch angelegte Sprachtheorie der frühen „Logischen Untersuchungen" von 1900 auf das „neue Modell der Menschensprache", das „*Organon-Modell* der Sprache" hin zu überwinden (ebd.: 11, Hervorh. i. O.).

Nicht nur Bühlers Bezugnahme auf Husserl legt nahe, den Begriff der Hier-Jetzt-Ich-Origo als eine sprachtheoretische Version des fundierenden Ich-Bewusstseins zu lesen. Zwar ist sein psychologisches, sprachtheoretisch gewendetes Interesse eher empirischer Art. Doch die Hier-Jetzt-Ich-Origo, die er aller sprachlichen Welt-Selbst-Konstruktion zugrunde gelegt sieht, ähnelt dem transzendentalen Ego darin, unabhängig von der origo-konstitutiven Sprachhandlung keine Position anzubieten, von der aus sie in den Blick zu nehmen wäre.

Gestärkt wird die Parallele nicht zuletzt durch Husserl'sche Redeweisen, in denen die konstituierende Leistung des Ich-Bewusstseins angesprochen wird. Wie schon gezeigt, ist sein Telos-Begriff nicht ohne die Indexikalität sowohl der Zeit als auch des Raums zu denken. Und auch Intersubjektivität als „Apperzeption des Anderen" (Husserl 1963: §52, S. 144, Z. 37) kann er nur in deiktisch hinweisender Rede auf *den* Anderen denken.[23] Wenn Husserl etwa unter dem Stichwort der „Selbstbestimmung des Ich" vom „Ich in meinem Denken, Fühlen (Werten), Begehren (Streben), Wollen auf mich selbst gerichtet, ich als *causa sui*" (Husserl 1973: 210, Z. 20-22) spricht, dann ist nicht zu übersehen, dass seine Formulierungen die Gegebenheit des Ich-Selbst im semiotischen Netz voraussetzen, als sei darauf deiktisch nur hinzuweisen. Zwar kann man viele seiner tastenden Notizen in den Nachlasstexten zur Phänomenologie der Intersubjektivität als seine bleibende Unruhe gegenüber der ich-konstitutiven Redehandlung lesen, etwa wenn er „Ich-Du-Akte" erwähnt und sie stichwortartig als „Ich auf den Anderen, das *alter ego*, ‚Wirkungen' übend, ich ihn bestimmend" skizziert (ebd.: Z. 23-24). Doch seine Redeweisen lassen erkennen, dass die Zeit- und Raum-Deixis eine nicht thematisierte Voraussetzung der Husserl'schen Bewusstseinsphänomenologie ist. Folgt man dieser Argumentation, dann muss auch eine empirisch fehlende Ich-Artikulation, vermittelt durch die ohne geäußertes „ich" wirksame Hier-Jetzt-Ich-Origo, als Origo der transzendental fundierenden Welt-Selbst-Konstitution gelten.

Auch wenn nicht immer klar ist, ob Bühler Husserl nur auf der empirischen oder auch auf der transzendentalen Ebene folgt, kann er die Frage der Intersubjektivität nicht beantworten. Seine Hier-Jetzt-Ich-Origo ist ein semiotisches Konstrukt, das die Deixis der Wörter „hier", „jetzt" und „ich" als Positionsmarkierungen im indexikalischen System auffasst. Innerhalb dieses Systems wird Subjektivität –

---

23   Etwa im Kapitel „Das personale Leben in der Gemeinschaft" ist zu beobachten, wie sich Husserls Sprache der ‚Einfühlung' tatsächlich nur vermöge deiktischer Ausdrücke artikulieren kann: „In einem Akte, in dem ein Ich sich an das andere richtet, ist vor allem zugrundeliegend: I1 erfasst einfühlend I2, und I2 einfühlend I1, aber nicht nur das: I1 erfährt (versteht) I2 als I1 verstehenden Erfahrenden, und umgekehrt. Ich sehe den Anderen als mich Sehenden und Verstehenden, und es liegt weiter darin, dass ich ‚weiss', dass der Andere auch seinerseits sich als von mir gesehen weiss" (Husserl 1973: 211, Z. 34-39). Neben den offen zu Tage liegenden deiktischen Ausdrücken wie „an das andere", „das andere", „den Anderen", „der Andere" oder „von mir gesehen" ist das deiktische Moment auch in der Semantik von „Einfühlung" enthalten: man fühlt sich in etwas ein.

sei sie empirisch, sei sie analog zu Husserls transzendentaler Phänomenologie als transzendentale Subjektivität – immer nur innerhalb des Zeigfeldes als schon gegebene Position vorausgesetzt, aber nicht als im sprachhandelnden Vollzug je sich konstituierend gedacht. Den Zweifel an ihrer Gegebenheit, zu dem mich der chinesische Text veranlasst, beseitigt sie nicht.

Wäre man dennoch bereit, dem Argument in der Bühler'schen Schneise zu folgen, bliebe aus zwei Gründen Skepsis. Man liefe Gefahr, den chinesischen Text doch kurz entschlossen unter das eurozentrische Argument Husserls zu subsumieren. Und, wichtiger noch, man übersähe, dass Bühlers Konstruktion die Frage der Intersubjektivität so wenig löst wie die transzendentale Phänomenologie Husserls und keine Antwort auf die Frage bietet, wie der Vereinzelung der empirischen Iche zu entgehen sei, wenn diese im je eigenen Ausgang von der Hier-Jetzt-Ich-Origo Welt und Selbst so entwerfen, dass, wie Ricœur Husserl kritisch reformuliert, „der Andere als Anderer in meinem eigenen Leben enthalten ist" (Ricœur 1973: 274).

Warum Bühlers Konzeption der Hier-Jetzt-Ich-Origo den Zweifel nicht beseitigt, lässt sich durch die Kritik verdeutlichen, die Lösener im Anschluss an Benveniste durchführt (Lösener 2010: 155-165) und die an Schopenhauers Interpretation der vierten Klasse des Satzes vom Grunde erinnert. Bühler betrachte die Personalpronomina als sprachliche Zeichen, die, wie das Wort Pro-Nomen nahelegt, die durch ein Nomen bezeichnete Klasse repräsentieren. Dagegen sei einzuwenden, dass der Ausdruck „ich" nicht repräsentativ, sondern immer nur situativ fungiere. Benveniste zeige, dass „ich" tatsächlich nur in der jeweiligen Redehandlung bedeute, so dass die Hier-Jetzt-Ich-Origo nicht unabhängig von der Redehandlung vorausgesetzt werden könne.[24] Während deiktische Ausdrücke wie „er", „sie" oder „es" tatsächliche Pronomina seien, die Objektklassen repräsentieren, zeige die Übersetzung direkter in indirekte Rede – aus dem von Klaus geäußerten Satz „Stefan hat nur gesagt: ‚Davon habe ich nichts gewusst!'" wird der Satz „Stefan hat nur gesagt, dass er davon nichts gewusst habe" –, dass „ich" immer

---

24 Mit Bezug auf Charles Morris formuliert Benveniste: „Chaque instance d'emploi d'un nom se réfère à une notion constante et ‚objective', apte à rester virtuelle ou à s'actualiser dans un objet singulier, et qui demeure toujours identique dans la représentation qu'elle éveille. Mais les instances d'emploi de je ne constituent pas une classe de référence, puisqu'il n'y a pas d' ‚objet' définissable comme je auquel puissent renvoyer identiquement ces instances. Chaque je a sa référence propre, et correspond chaque fois à être unique, posé comme tel" (Benveniste 1966: 252). „Ich" könne weder wie andere Pronomina in deiktischen Termini noch in objektkonstituierenden Begriffen „definiert" werden, „ich" bezeichne allein „la personne qui énonce la présente instance de discours contenant ‚je' ... Je ne peut être défini qu'en termes de ‚locution', non en termes d'objets, comme l'est un signe nominal. Je signifie ‚la personne qui énonce la présente instance de discours contenant je'" (ebd.: 252).

nur die sprechende Person meint und nicht auf einen objektivierten Sprecher verweist (ebd.: 161). Zwar sei auch mit Benveniste an der konstitutiven Funktion der Origo festzuhalten. Doch im Unterschied zu Bühler repräsentiere sie keine vorausgesetzte „psychologisch-situative Disposition" (ebd.). Die je wirksame „ich"-Origo wirke nur in der je konkreten Redehandlung einer Sprecher-Hörer-Interaktion als Zusammenspiel des Ausdruckes „ich" mit orientierenden Betonungen, Körpergesten oder anderen gestisch-prosodischen Anteilen (sowie entsprechenden Orientierungsäquivalenten im Falle eines Romans oder geschriebenen Textes).

Bühlers Fehler, „ich" als repräsentierendes Pronomen einer vorausgesetzten Entität zu deuten, wirft nochmals ein kritisches Licht auch auf Husserls Voraussetzung eines transzendentalen, der konkreten Redehandlung in sozialer Interaktion vorausgesetzten Bewusstseins-Ichs.

So eröffnet der Rückblick auf Bühlers Hier-Jetzt-Ich-Origo und deren sprachhandlungstheoretische Umdeutung durch Benveniste auch die Möglichkeit, Husserls transzendentale Phänomenologie anders zu interpretieren. Statt sie als Bekräftigung der These vom transzendentalen Ich zu übernehmen, lässt sie sich auch als Auftrag zur Auseinandersetzung mit der Frage der Gegebenheit des Ich im anhaltenden Anrennen gegen das ererbte Bollwerk der Transzendentalphilosophie lesen, hinter dem sich, für Husserl verborgen, die Dynamik sprachlicher Konstitutionsleistungen ankündigt.

Eben dieses Moment der Sprache als welt-selbst-entbergende *energeia* nimmt auf seine Weise Heidegger auf, wenn er sagt: „Die Sprache spricht, nicht der Mensch. Der Mensch spricht nur, indem er geschickt der Sprache entspricht" (Heidegger 2006: 161) und so betont, dass das Sprechen nicht auf etwas anderes als das Sprechen der Sprache, nicht auf etwas ihr Vorausgesetztes zurückgeführt werden könne. Um dem Subjekt-Dilemma zu entgehen, ersetzt er in „Sein und Zeit" die Einschränkung auf Bewusstseinserlebnisse durch das menschliche Leben in der Fülle seiner sinnhaften Bezüge, deren Anspruch als je ganzer Welt er uns im Modus der „Gefallenheit des Daseins" und das „In-der-Welt-Sein als Grundverfassung des Daseins" als subjektvorgängiger „Seinsverfassung" (Heidegger 1963: 176) vor allem Bewusstsein von Einzelphänomenen immer schon ausgesetzt sieht.

Eine aussichtsreiche Weiterentwicklung dieser Reflexion findet sich bei französischen Denkern. Schon im frühen Anschluss an Husserl und Heidegger hat sich dort die Phänomenologie als eine Hauptrichtung philosophischer Forschung etabliert.[25] Mit der Kritik am bannenden Autonomieanspruch der Erkennbarkeit

---

25 Gondek und Tengelyi rekonstruieren in Fortführung der Arbeit von Waldenfels (Waldenfels 1987) die Entwicklung der Phänomenologie in Frankreich sehr sorgfältig bis in die Gegenwart

des Erkennens führt sie gegenwärtig zu einer Neufassung des Subjekts und mit ihm des Selbst.

Gondek und Tengelyi bezeichnen in ihrer sorgfältigen Rekonstruktion der jüngeren Entwicklung der französischen Phänomenologie den Grund für die Zurückweisung des Autonomieanspruchs als „Gegebenheitsdefizit des Subjekts" (Gondek/Tengelyi 2011: 192). Das Defizit formulieren sie als mangelndes Vermögen des Subjekts, „sich als einmalige Einzigkeit zu bestimmen, sich für die Andersheit zu öffnen" (ebd.). Auch diese Kritik schließt an die von Schopenhauer genannte Bruchstelle des Subjekts an. Neu ist aber der von Levinas betonte Mangel des Subjekts, „sich als einmalige Einzigkeit zu bestimmen, sich für die Andersheit zu öffnen und eine ursprüngliche Empfangsbereitschaft für das Sich-Gebende aufzuweisen" (ebd.). Der Begriff des Gegebenheitsdefizits ist also doppeldeutig. Einerseits erinnert er an das Defizit der Erkennbarkeit des Erkennens, die dem Subjekt den sicheren Seinsgrund entzieht. Andererseits ruft er die Schwäche des Subjekts auf, sich in der Konzentration auf sich selbst für das zu öffnen, was sich dem Zugriff seiner begrifflich voreingestellten Wahrnahme nicht fügt.

Gondek und Tengelyi entnehmen die bündige These des Gegebenheitsdefizits des Subjekts der in Deutschland bisher kaum bekannten Phänomenologie Marions (ebd.: 152ff.). Marion wende das Problem des Subjekts, indem er es pointiert auf die Phänomenalität der Phänomene bezieht. Was Schopenhauer mit der Nichterkennbarkeit des Erkennens zum Vorwurf erhebt, von Nietzsche im Topos der großen Vernunft und von Husserl und Heidegger als Zuwendung zur unverstellten Phänomenalität eingefordert wird, entfalte Marion mit der intelligenten Unterscheidung gewöhnlicher und gesättigter Phänomene. Tatsächlich bieten seine Ausführungen zu diesem Begriff einen Rahmen, der sowohl auf die Problematik der pronominalen Deixis „selbst" als auch der nominalisierten ‚Selbst'-Emphase ein neues Licht wirft.

Im kürzlich auf Deutsch erschienenen Aufsatz „Die Banalität der Sättigung" zeichnet Marion zunächst das von der neuzeitlichen Philosophie entwickelte Verhältnis von Anschauung und Begriff nach (vgl. Marion 2011: 78-98). Kant und Husserl seien die Philosophen gewesen, die „in der Moderne das Phänomen gerettet haben, indem sie ihm das Recht auf vorbehaltloses Erscheinen zuerkannten" (ebd.: 78). Die Aussage schließt ein, dass unsere praktischen Erkenntniszugriffe, wie wir sie gelernt haben, dazu neigen, die Phänomene nicht vorbehaltlos in ihrem Erscheinen wahrzunehmen, also die Phänomenalität der Phänomene dem

---

(Gondek/Tengelyi 2011).

Blick zu entziehen.[26] Diesen Entzug zeichnet Marion als Effekt jener die Maße gebenden Erkenntnisformen nach, die Anschauung und Begriff ins Verhältnis der Wahrheit zu setzen beanspruchen. Zwei maßgebliche Formen werden unterschieden. Einerseits „vollzieht sich die Wahrheit in einer vollkommenen Evidenz, sowie [sic] die Anschauung den Begriff vollständig erfüllt und ihn so restlos bestätigt" (ebd.: 79)[27]. Dies sei „die weniger häufige", gleichwohl aber „paradigmatische Situation" (ebd.). An ihr orientierten wir auch jene Wahrheit, die wir „im gewöhnlichen Sinne als Verifizierung, Bestätigung, Bekräftigung" (ebd.) mit dem lebensweltlichen Umstand entschuldigen, dass ein Begriff durch eine Anschauung nicht vollständig erfüllt werde (ebd.). In diesen zwei Varianten, die den Satz vom zureichenden Grunde in der Rücksicht auf idealisierende Gewohnheiten im Sinne der drei ersten von Schopenhauer unterschiedenen Klassen, wenn auch ohne ausdrücklichen Bezug auf ihn auslegen (vgl. ebd.: 80), vollziehe sich die Wahrnehmung gewöhnlicher Phänomene. Während ein paradigmatisch strenger Wahrheitsbegriff eine Gleichheit zwischen Anschauung und Begriff verlange, enthalte der Begriff in der gewöhnlichen Situation einen „Überschuss" gegenüber der Anschauung und nehme dieser ihre begriffsmodifizierende Bedeutung (vgl. ebd.).

Beiden Varianten stellt Marion mit dem gesättigten Phänomen, dies seine Neuerung, eine dritte Beziehung zwischen Anschauung und Begriff gegenüber. Das gesättigte Phänomen zeichne sich aus durch einen Überschuss einer Anschauung, die reicher sei als der Begriff (ebd.). Die Pointe des gesättigten Phänomens sieht er in der Verschiebung der Aufmerksamkeit vom erkenntnisprägenden Begriff zu einer Anschauung, die die Grenzen des Begriffs sprengt. Zwar setze das gesättigte Phänomen die gewöhnlichen Phänomene nicht außer Kraft, und weiterhin würden deren kategoriale Bestimmungen in Raum, Zeit, Modalität, Quantität, Qualität und Relation gelten. Doch die Aufmerksamkeit auf Sättigung könne zum Verständnis solcher Phänomene herausfordern, die sich einer Bestimmung in den gewohnten Bahnen jener Kategorien entziehen.

Um das Spezifische gesättigter Phänomene herauszustellen, unterscheidet Marion vorbereitend zwei Formen gewöhnlicher, nämlich häufige und banale Phänomene. Häufig seien Phänomene, deren „Konstitution als Objekte nur eine leere oder arme Anschauung erfordert" (ebd.: 82). Deren Verständnis gründe in der Bestimmung des Begriffs, kaum aber in der Erfahrung der Anschauung.

---

26   Das gilt in hohem Maße für die westliche und verwestlichte Schule und ruft zu Recht Schulkritiker wie Horst Rumpf immer wieder auf den Plan. Ohne dass Marion dies anspräche, verweist seine Aussage auf ein Unbehagen, das sich auch in der reformpädagogischen Forderung niederschlägt, Schulen zu Orten des Lebens zu machen.

27   Das in einem Wort geschriebene „sowie" dürfte ein Druckfehler sein. Sinngemäß müsste es „so wie" heißen.

Deutliche Beispiele seien technisch produzierte Objekte, die wir aufgrund ihres Produktionszwecks als das wahrnehmen, was sie für unseren Gebrauch sind. So nehmen wir eine Uhr aufgrund der begrifflich unterstellten Funktion der Zeitanzeige, kaum aber aufgrund der Anschauung als Uhr wahr.

Von häufigen seien die – eher seltenen – banalen Phänomene zu unterscheiden (vgl. ebd.: 83). Deren Bedeutung gebendes Paradigma leitet Marion aus dem Heerbann ab, der die Angerufenen im „Du sollst!" in die Abhängigkeit ruft und dem Landesherrn erlaubt, das Land zu verteidigen oder Krieg zu führen. Verallgemeinert habe sich diese Bedeutung in Objekten wie der Mühle oder dem Feld der Allmende, zu deren Nutzung alle im Aufruf der Autorität des Landesherrn aufgefordert seien, was sie, als Nutzende ohne Bestimmungsrecht, zu Hinnehmenden oder Empfangenden mache. Zu solchen Objekten könnten banale Phänomene von Kriegsdienst oder Allmende nur durch das – andere – Subjekt des Landesherrn werden, der die Individuen in die ‚bannende' Pflicht rufe oder ‚bannend' auf die objektgemäße Nutzung des Feldes verpflichte. Die in die Pflicht gerufenen Menschen sieht Marion als Individuen, die, dem landesherrlichen Bann unterworfen, bar bestimmender Subjektivität und bar einer anderen Phänomenwahrnahme sind.

Im Spiegel der gewöhnlichen Phänomene verdeutlicht Marion die Möglichkeit gesättigter Phänomene. Das banal bannende Phänomen bringe den Stachel des Widerspruchs ins Spiel. Es rufe mich auf, mich der objektkonstituierenden Einhegung meiner Subjektivität zu entziehen (vgl. ebd.). Eben dieser dem Bann geschuldete Entzug erlaube mir wahrzunehmen, „*dass die Mehrzahl der Phänomene, wenn nicht alle*, einer Sättigung durch den ihnen innewohnenden Überschuss an Anschauung gegenüber dem Begriff oder der Bedeutung fähig sind" (ebd., Hervorh. i. O.). Was zunächst als arm und gewöhnlich erscheine, ermögliche mir, von jener Einhegung befreit, auch eine andere Interpretation, „die von nichts abhängt als von den Ansprüchen meiner immer wechselnden Beziehung zu ihnen". So stehe es mir oft frei, „von der einen Interpretation zur anderen, von einer armen oder gewöhnlichen Phänomenalität zu einer gesättigten Phänomenalität überzugehen" (ebd.: 84).

Marion belegt seine Reflexion mit einleuchtenden Erfahrungen von Phänomenalität. Was im Alltag als gewöhnliches Phänomen wahrgenommen werde, könne in anderem Kontext ein gesättigtes sein. Ein Beispiel sieht er in der Verkehrsampel, die wir als Objekt wahrnehmen, deren Farben rot, gelb, grün wir unter den Begriff ihrer Funktion subsumieren. Der Subsumtion unter einen Begriff verweigern sich die drei Farben aber, wenn sie im Rothko-Gemälde *Number 212* von 1962[28] in horizontalen Streifen erscheinen. „Hier erscheint das Phänomen (das Bild) in offenkundiger Ermangelung eines Begriffs" (ebd.: 86), der den Anspruch der Farben, ihren Gehalt, ihre Funktion oder Verweiskraft, zu fassen vermöchte, so dass sie „mit einem augenscheinlichen Mehr an Anschauung" (ebd.) hervortreten. Die Anordnung der drei Farbstreifen erinnere „an wirklich nichts (...): Sie zeigt nichts anderes als genau diese Farben und ihr wechselseitiges Spiel, ohne irgendeine andere Sache der Welt vor Augen zu legen, noch irgendein Objekt zu produzieren, noch eine Information zu übermitteln. Es gibt auch keinen Begriff mehr im Sinne einer Bedeutung noch weniger den eines Zeichens, das arbiträr auf eine weitere Bedeutung verwiese (...) es lässt sich in nichts zusammenfassen, was es erlauben würde, es zu kodieren, um sich die Anschauung seiner ungestalteten Farben zu ersparen" (ebd.).

In einer Anschauung, die wir uns nicht ersparen können, sieht Marion anderes als die nur rezeptive Hinnahme des Geschauten, dem wir uns ohne wesentlichen Verlust durch ein Wegschauen oder seine Ersetzung im Begriff entziehen können. Zwar könnten wir den Gang ins Museum meiden und das Rothko-Bild nicht anschauen. Aber in solchem Entzug entzögen wir uns dem Anspruch des Bildes an uns. Wir entzögen uns einem Anspruch, der uns, gerade weil wir ihn nicht objektivieren können, kritisch der objektivistischen Verfasstheit unserer provisorisch konstituierten Welt aussetzt. Am Rothko-Bild zeigt Marion, wie am Anspruch der aus begrifflich subsumtiver Wahrnehmung freigesetzten Farben mit unserer provisorisch konstituierten Welt unser Begehren scheitert, in irgendeinem begrifflich objektivierenden Sinn unbedingt selbst, ein unbedingtes Selbst zu sein. Das gesättigte Phänomen im Sinne Marions führt ins substantielle Versagen. Es versagt das Selbst und mit ihm die Objektivation.

Indem der Anspruch des gesättigten Phänomens die begriffliche Verstellung des Daseins freilege, führe es in eine Umwendung des Subjekts. In seinem Anspruch entgleite dem Subjekt die Macht über sich, und das Selbst erweise sich als ein nur provisorisches „Selbst". Folgt man Marion, erweist der Anspruch des gesättigten Phänomens unsere selbstreflexiv konstituierte Selbstgewissheit als defizitär. In seinem Anspruch zeigt sich, dass sie eine Gegebenheit ist, die sich zwar innerhalb der pragmatischen Grenzen unseres Handelns in objektivierter Welt bewährt, die Bewährung aber den Mitteln sprachlicher Repräsentation verdankt, die, wie sich ergänzen lässt, deiktischer Ausdrücke bedarf, die im Vollzug der Hier-Jetzt-Ich-Origo verweisend das in den Begriff bringen, was uns als

---

28 Im Internet unter http://www.google.de/search?q=Rothko+Number+212&hl=de&client=firefox-a&hs=quw&tbo=u&rls=org.mozilla:de-DE:official&channel=s&tbm=isch&source=univ&sa=X&ei=i08JUY_aFY610QXF7ICADA&ved=0CDQQsAQ&biw=1228&bih=856.

Objekt erscheint. Marion argumentiert, dass der gesättigt phänomenale Appell, sei er der eines Bildes, einer Musik, einer Äußerung oder eines Textes, mehr und anderes ist als die Freilegung der provisorischen Wahrheit unseres Daseins. In Marions Sinn ist er ein Anspruch an die 1. Person, Singular, – ein Anspruch ans *„ich"*, der *„mich"* der uneinholbaren Frage aussetzt, wer ich, was Welt, und das heißt, wie mein Welt–Selbst möglich sei.

Um diesen Anspruch ans *„ich"* zu erläutern, erinnern Gondek und Tengelyi an die von Marcel Mauss in die Diskussion gebrachte, von Derrida radikal bedachte und von Marion nochmals geschärfte Figur der Gabe. Gegen den Herrschaftsgestus des im *„ich"* sich selbst verkennenden Subjekts, der ursprünglich dem reflexiven Blick aufs Unterworfene, aufs *sub-iectum* geschuldet ist, führen sie dessen Taubheit gegen einen Anspruch ins Feld, der sich gibt.

> „Ein Phänomen, das sich gibt, lässt kein *Ich* zu, das ihm Sinn geben sollte, aber es gibt sich jeweils einem Adressaten hin: *mir*. Wenn sich in diesem ‚mir' noch ein ‚Subjekt' verbirgt, so handelt es sich um ein Subjekt, das, weit davon entfernt, selbstmächtig zu sein, vielmehr von vornherein dem Gabenereignis ausgesetzt, überantwortet (‚sub-iectum') ist. Anders gesagt, verlangt ein Phänomen, das sich gibt, nach einem Subjekt, das sich der Selbstgebung der Gegebenheit hingibt und die Gabe ‚hingebungsvoll' hinnimmt" (Gondek/Tengelyi 2011: 194).

Sie beziehen sich auf „Etant donné", das Buch mit dem kaum übersetzbaren Titel, dessen Thema Marion schon in der Einleitung gegen jede Form einer Nominalisierung abgrenzt (Marion 2005: 5ff.), um in der Spur des Husserl'schen Blicks auf die Phänomenalität der Phänomene und der Heidegger'schen Philosophie des Daseins „la phénoménalité de la donation" (Marion 2005: 250) als Aufforderung auszuweisen, „(de) passer ces déterminations du donné" (ebd.).

Die Formulierungen bezeugen die Schwierigkeit des Gedankens. Das zu Denkende entzieht sich der Subjekt-Objekt-Struktur, ohne auf sie verzichten zu können. Im in Zeichen gesetzten ‚Subjekt' erscheint, wenn auch in bestrittener Selbstmacht, das Subjekt, das sich im ‚Subjekt' „verbirgt", als grammatisches Subjekt des Verbergens. Die Formulierung, das sich gebende Phänomen verlange ein Subjekt, das sich hingibt, bezeugt, dass gegen die Verführung unserer Sprache nur der schwierige Diskurs des *mich* hingebenden Widerrufs phantasmatischer Subjektivierung bleibt, indem ich *mich* als mein dem Ereignis, der sich *mir* hingebenden Gegebenheit hingegebenes Selbst ‚empfange': „(...) man empfängt sich nur als gegebenes Selbst, indem man sich der Selbstgebung der Gegebenheit hingibt" (Gondek/Tengelyi 2011: 194). Um „die Aporien des ‚Subjekts'" (ebd.) zu überwinden, setze Marions Phänomenologie die Gabe in den Nominativ des Gebens und das ‚sub-iectum' des *Ich* in den Dativ des *mir*. Die Bezogenheit auf die „Selbstgebung der Gegebenheit" überwinde „die Aporien des ‚Subjekts'" (ebd.).

Wie die Farben des Rothko-Bildes sich selbst geben und nicht *„vermöge eines anderen"* sind, wie Schopenhauer die Wahrheitslogik gewöhnlichen Wissens formuliert hatte, werde das Subjekt, werde *ich* im *mir*. Mit der Nominativ-Gegebenheit des Ich im Dativ „mir" öffnet Marion einen Weg, auf dem ich mir, so Marion, in der Wahrnahme der entgrenzten Phänomenalität des Phänomens der Unmöglichkeit der Selbstgegebenheit meines Selbst als eines gegebenen inne werde und mich in der Hingabe an gesättigte, sich selbst gebende Phänomene empfange. Im empfangenden Dativ der ‚Hingabe' an sich selbst gebende „Sinnereignisse"[29] werde *ich selbst* meiner Gegebenheit inne (vgl. ebd.).

Marion sieht, dass die Selbstgebung der Gegebenheit als Andersheit, der sich das Selbst hingibt, leicht in einen theologischen Diskurs einmünden kann, dem zufolge das sich gebende Phänomen „nur *vermöge eines anderen* ist", wie Schopenhauer formuliert hatte. Doch dies ist nicht Marions Weg. In strenger Bindung „an die Regel des methodologischen Atheismus" gelte es, mit Heidegger an dem Anspruch festzuhalten, im gesättigten Phänomen die Selbstgebung der Gegebenheit als „Ereignis vom Sprachwesen her zu verstehen" (Gondek/Tengelyi 2011: 158) und der Gefahr vorzubeugen, „dem Geben und der Gabe einen benennbaren Geber unterzuschieben" (ebd.: 166).

Marions methodologischer Atheismus fordert die Rede vom Selbst heraus. Wenn ich sprechend meines Selbst in der Hingabe an die Selbstgebung der Gegebenheit inne werde, tritt das Wort „Selbst" zweimal auf. In deiktischer Funktion verweist es auf Verschiedenes (und wiederholt das von Benveniste herausgestellte Problem der Verschiebung von „ich" zu „er"). Doch der Verweis auf Verschiedenes ermöglicht, dass das Verschiedene zueinander in Beziehung tritt: Mein „Selbst" ist, was es ist, in der Hingabe seiner *selbst* ans sich selbst *mir* gebende Sinnereignis. Sagen lässt sich diese Beziehung nur in einer Position, aus der ich, in hingebender Haltung, auf im Sinnereignis mir zukommende Welt und auf mich in meiner Hingabe schaue. So kehrt im Kleid der Sprache Zarathustra zurück, die atheistische Kunstfigur, die, Rilkes Engel verwandt, von der Schwelle eines gedachten Jenseits aus Welt überschaut, und den Dativ meiner Hingabe in die Subjekt-Objekt-Struktur des Schauens einhängt. Im Widerruf eben dieser Einhängung lässt sich ein „Selbst" zwar ansprechen, nicht aber bestimmen. Selbstgebung des Sinnereignisses und ihr antwortende Selbst-Hingabe, das gesättigte Phänomen und ich als im Akt des Empfangens dativ-konstituiertes Selbst sind, im „und" zur Einheit gebunden, ein Schwellenereignis, dessen Konstanz die Worte „selbst" und „Selbst" vermöge der deiktischen Geste figurieren, ohne

---

29 Vgl. den Titel des Bandes: „Phänomenologie der Sinnereignisse" (Gondek/Klass/Tengelyi 2011).

sie der begrifflichen Bestimmung zugänglich zu machen, die sie vorgeben. Die deiktische Emphase prädiziert nicht. Sie verweist nur auf jene „grosse Vernunft", die „Ich thut", vor der aber die sprachlichen Artikulationen „ich" und „Welt" nur „Werkzeug" provisorischer Orientierung im deiktisch konstituierten Hier und Jetzt des Daseins sind.

Von gewöhnlicher Art ist ein Phänomen, das ich mittels der mir verfügbaren Begriffe wahrnehme. Wenn aber das gewöhnliche Phänomen das Schwellenereignis eines gesättigten Phänomens verdeckt, ist im Rückblick auf die Zhao-Erzählung zu fragen, wie ich mich unter Beachtung des methodologischen Atheismus dem Fehlen der „ich"-Artikulation als einem gesättigten Phänomen zuwenden, mich ihm empfangend hingeben kann.

Gegenüber der Dominanz begrifflicher Bahnungen gewöhnlicher Phänomenalität sieht Marion den schlichten Versuch vergeblich bleiben, „nach eigenem Gutdünken" und „im Allgemeinen" (Marion 2011: 98) zu entscheiden, ob ein gesättigtes Phänomen vorliegt. Stattdessen „(...) geht [sc. es] darum zu sehen, angesichts eines solchen Phänomens, ob ich es als Objekt beschreiben kann (...) oder ob ich es als ein gesättigtes Phänomen beschreiben muss (...). Diese Sache lässt sich nicht abstrakt und willkürlich entscheiden, es ist jedes Mal Aufmerksamkeit, Urteilsfähigkeit, Zeit und Hermeneutik vonnöten" (ebd.). Im sensiblen Engagement dieses Ob sieht Marion eine Not und ihre Wende. Wo ein Phänomen nicht als Objekt beschrieben werden kann, muss es als gesättigtes Phänomen beschrieben werden.

Ein Phänomen als Objekt zu beschreiben, heißt, seine Phänomenalität so zu fassen, dass das Beschriebene in einer Einheit von Anschauung und Begriff als dieses oder jenes bestimmt wird. Die kritische Frage lautet also, ob sich die fehlende ich-Artikulation der Zhao-Erzählung solcher Beschreibung als Objekt verweigert und in der Verweigerung den Blick auf ein gesättigtes Phänomen öffnen kann.

Wenn ich vom „Fehlen" der ich-Artikulation spreche, subsumiere ich das Phänomen unter eine grammatische, dem Chinesischen auferlegte[30] Begrifflichkeit, die, positivierend aufs Personalpronomen ausgerichtet, in seiner negativen Hohlform das Rätselhafte des Phänomens verschwinden lässt. Die Übersetzung des chinesischen Textes ins Deutsche, die hilfsweise ein eingeklammertes „(ich)" einsetzt, markiert die Hohlform und verdeckt sie zugleich. Das „Fehlen" ist eine Leere, ein „écart vide" (Marion 2005: 370), „un espace d'indécision qu'on ne peut envisager sans effroi" (ebd.: 421), ein Raum der Unbestimmtheit und Konturlosigkeit, der sich „„nicht ohne Grauen ins Auge fassen"" lässt, wie Gondek und Tengelyi übersetzen (Gondek/Tengelyi 2011: 205). Er lässt sich „nicht ohne Grauen

---

30   Vgl. Anmerkung 2.

ins Auge fassen", sofern ich vor ihm als begreifendes Subjekt verloren und dem „"Spielraum der Unentschiedenheit'" (ebd.) ausgesetzt bin. Im Schock steigt die Erkenntnis auf, dass unser Denken und Fühlen, unser Welt-Selbst-Verhältnis sich nur der zerbrechlichen „Kruste der veräußerlichten ‚historischen Tatsachen' der Philosophiegeschichte" (Husserl 1962: 16, Z. 27-28) verdankt. Ihr Zerbrechen entzieht uns den „universalen apodiktischen Boden" (ebd.: Z. 39), der unsere „Welt" und unser „Selbst" tragen könnte.

Marion wendet die Leere positiv. Im Zerbrechen des „universalen apodiktischen Boden(s)" sieht er die gewöhnlichen gesättigten Phänomene freigegeben. Ihr Anspruch setzt uns der Frage aus, wer wir seien.

3. Deixis und Phänomenologie im Rückblick auf das chinesische Beispiel

Die fehlende „ich"-Artikulation lässt sich wie ein gesättigtes Phänomen nicht *be-*, sondern nur *um*schreiben. Mit umschreibender Aufmerksamkeit und hermeneutischer Geduld wende ich mich also ein zweites Mal der Zhao-Erzählung zu. Doch schon diese Formulierung suggeriert im Schleier der Selbstzähmung das in der Zuwendung definitionsmächtige Subjekt. Kann der Stachel des „Fehlens" dieses (mein) Subjekt in den Dativ beugen?

Mein Deutungsversuch war der Zhao-Äußerung fremd geblieben. Ohne mich auf textuelle Indizien einer konsekutiven oder kausalen Handlungsfolge stützen zu können, hatte ich die Individuen einem gewöhnlichen Handlungsschema unterworfen, die Beziehung zwischen Herrn Zhao, seinen Freunden und seiner Familie aber nicht verständlicher machen können. Nur als leere Wiederholung der Worte hatte ich die Aussage meiner chinesischen Freunde hinnehmen können, es handele sich um die Familie als Einheit, in der eine „ich"-Artikulation sich nicht schicke. Und auch Bauers Darstellung taoistischer Selbstvergessenheit und konfuzianischer Selbsthingabe ist aus der Perspektive des externen Beobachters formuliert (Bauer 1990: 63ff.).[31] Aber die Familie als wirkliche Einheit und den Erzähler als *eine* Familienstimme denken konnte ich nicht. Zwar hat schon W. v. Humboldt vom Dualis gesprochen und in manchen alten Sprachen ein in einem Wort gefasstes *ich-und-du* als unhintergehbare, im Sprechen sich konstituierende Handlungseinheit erkannt (Humboldt 1979: 128).[32] Doch wie wäre die Einheit „Familie-ich" in einer Erzählung zu denken, in der Herr Zhao aus großem zeitlichen, geographischen und vermutlich auch aus bemerkenswertem Erfahrungsab-

---

31 Vgl. Anmerkung 7.
32 „In der alten Welt bleibt also Asien der eigentliche Sitz des Dualis", sagt Wilhelm von Humboldt im genannten Aufsatz (ebd.: 123). Der Dualis sei „gleichsam ein Collectivsingular" (ebd.: 132).

stand spricht? Sollte er nach sechs Jahren seines Lebens in einem anderen Land weiterhin von seiner Familie als Einheit ohne „ich"-Markierung sprechen? Sollte er sich, was nur als Selbstwiderspruch zu formulieren ist, als unterschiedsloses Partikel familiärer Einheit sehen?[33] Das Unbegriffene, das sich im eingeklammerten „ich" niederschlägt, widersteht den mir geläufigen Begriffen, ist nicht unter sie subsumierbar, es ist kein gewöhnliches Phänomen. Der Übersetzungswiderstand nötigt mich zu fragen, „ob ich es als ein gesättigtes Phänomen beschreiben muss": *Hier wurde durch Freunde Schule im Internet gesucht und eine private Schule gefunden, und die war in Ostdeutschland, dann hatte die Familie entschieden, hierher zu kommen.*

Die ersten zwei Teilsätze sind eine Passivkonstruktion ohne die Formulierung eines suchenden und findenden Subjekts. Im letzten Teilsatz tritt die Familie als handelndes Subjekt auf: *„dann hatte die Familie entschieden"*, doch das „ich", dem aufgetragen wird, *„hierher zu kommen"*, wird nicht artikuliert.

Auf der Gegenwartsebene der Erzählzeit ist der empirische Herr Zhao die erzählende Instanz. Er sitzt der Interviewerin Frau Li gegenüber, seine Stimme, Mimik und Gestik lassen nicht zweifeln, dass er der empirische Sprecher ist. Doch wie passen seine praktische Präsenz und die syntaktisch-semantisch fehlende Ich-Origo zusammen?

Schmid hatte daran erinnert, dass „jede beliebige Äußerung" statt des empirischen Erzählers sein „implizites Bild" enthält. Als implizierter Erzähler spricht er von Freunden, von der Familie und ohne deiktische Markierung wohl auch von sich als auf der Vergangenheitsebene der erzählten Zeit irgendwie beteiligt. Doch der Ausdruck „irgendwie" verdeckt die Frage. Er ersetzt deiktische Bestimmtheit durch deiktische Unbestimmtheit. Zwar geben die Konjunktion *„und"* sowie das deiktische *„dann"* einen zeitlichen Zusammenhang zwischen dem Suchen der Freunde und der Entscheidung der Familie vor. Was aber *„dann"* zur Entscheidung der Familie geführt hat und welche Rolle die im Internet suchenden Freunde für diese Entscheidung gespielt haben, bleibt ungesagt. Ein vages Geflecht möglicher Beziehungen, ein „Spielraum der Unentschiedenheit" deutet sich an, in dem das Wirkliche und das Mögliche vorprädikativ verschmelzen und mich als Leser eine phantasmatische Hier-Jetzt-Ich-Origo jenseits der Schwelle eines von der begrifflichen Ordnung meines gewöhnlichen Lebens gelösten Irgendwie, Irgendwann und Irgendwo evozieren lassen. Verweist mich die fehlende „ich"-Artikulation also auf ein gesättigtes Phänomen?

---

33   Das Wort „Partikel" wird dem Sachverhalt nicht gerecht, weil es schon seiner lateinischen Herkunft nach die Unterscheidung zu dem enthält, von dem es unterschieden wird. Doch auch wenn sich ein anderes Wort finden ließe, bliebe die Unterscheidung im „sich" des Subjekts erhalten, das sich im Verhältnis zur Familie sieht.

Verstellt meine Rede der fehlenden „ich"-Artikulation, die das fragliche Phänomen einer ihm fremden grammatischen Begrifflichkeit unterstellt, ein Sinnereignis, dem ich mich ‚hingeben' muss, um mich im empfangenden Dativ *meiner
selbst* inne zu werden? Scheitert mein Verstehen, weil mich das Phantasma okzidentaler Subjektgegebenheit bannt? Beugt der kleine chinesische Text das ‚sub-
iectum' meines Ich in den Dativ des „mir"?

Wenn ich das nicht artikulierte „ich" als stumm fehlendes Ich unterstelle,
deute ich es als Pronomen und verbleibe im Phantasma fundierender Subjektivität, die, den Dativ des „mir" verkennend, als ein Ich auf die Welt als gegebene
schaut. Da aber, wie Benveniste gezeigt hat, das „ich" der Hier-Jetzt-Ich-Origo
kein Pronomen ist und nur innerhalb des jeweiligen Vollzugs der sprachlichen
Handlung bedeutet, verbleibe ich im Phantasma fundierender Subjektivität und
wandele unversehens das stumme „ich" der direkten Rede des Herrn Zhao in ein
ebenfalls stummes „er". Indem ich „ich" in ein definierbares Objekt übersetze,
begreife ich es als gewöhnliches Phänomen, das das gesättigte Phänomen dem
Blick entzieht. In den „ich"-zentrierten Sprachen Europas wird die Gabe des Ich
im Dativ des „mir" erst in der Dekonstruktion des falschen pronominalen „ich"-
Scheins vernehmbar.

Ist, was im Zhao-Text nicht gesagt wird, eine Leerstelle in dem strengen
Sinn, dass eine Gegebenheit gar nicht präsupponiert wird, weil sich der erzählende Herr Zhao ‚nur als gegebenes Selbst' weiß, das ‚sich der Selbstgebung der
Gegebenheit hingibt'? In dieser Lesart könnte ein objektivierbares „ich", auf das
als ein außerhalb des Redezusammenhangs Gegebenes hinzuweisen wäre, nicht
auftreten. Die Hier-Jetzt-Ich-Origo wäre zwar vermöge der körperlich-prosodi-
schen Präsenz des Erzählers wirksam. Ihre Dignität empfinge sie in der Hingabe an ihre Gegebenheit im familiären Sinnereignis. Die Nicht-Artikulation des
„ich" wäre über den Takt des sozialen Umgangs hinaus Indiz einer anderen Gegebenheit von „ich" und „selbst".

Die Interpretation befremdet. Subsumiert sie das fragliche Phänomen nur
unter ihm fremde Deutungsfiguren?

Folgt man Huang, dann wird in konfuzianischer Tradition das Verhältnis
zur Gemeinschaft der Menschen nicht als ein Verhältnis objektiv gegebener und
voneinander unabhängiger Instanzen gedacht (Huang 2009). Es sei vielmehr der
Denkzusammenhang der „moralischen Kultivierung". Sie „ist zwar einerseits individuell, andererseits aber ist sie gerichtet auf eine Gemeinschaft, die sich nach
Ansicht der frühen Konfuzianer schließlich auf ‚alles unter dem Himmel' (…) er-
streckt. Der je eigene Herzgeist des einzelnen Menschen ist als das denkende Or-
gan zugleich die Instanz, die jene umfassende Gemeinschaft realisiert" (ebd.: 122).

Wenn der „Herzgeist (...) jene umfassende Gemeinschaft realisiert", dann richtet sich der Blick nicht auf die fundierende Gegebenheit des Subjekts. Der Herzgeist, als 心 (xin) auch den heutigen Sprachgebrauch prägend, wird in Analogien, Metaphern, Bildern gedeutet. Als Objekt ist er nicht bestimmbar und unterliegt keinem cartesianischen Zweifel. Die „Kultivierung des eigenen Herzgeistes ist unmittelbar auf die Gemeinschaft ausgerichtet, ihr Ziel ist soziale Harmonie im Sinne geregelter Interaktion (...) *So wie* der eigene Herzgeist mit den Gliedern des Leibes verbunden ist, *so* ist er nach konfuzianischer Vorstellung auch mit den anderen Mitgliedern der Gemeinschaft verbunden, welche zusammen den Körper der Gemeinschaft ausmachen" (ebd.: 130, Hervorh. R.K.). Dass diese Vorstellung nicht der Kontur eines Instanzen objektivierenden Denkens folgt, zeigt sich in der Verbindung des Herzgeistes mit dem Qi. „Der wichtigste Punkt betrifft (...) die Verbindung des eigenen körperlichen Selbst zum Himmel" (ebd.: 135) Sie meine, „dass der menschliche Herzgeist nach denselben Prinzipien operiert wie der natürliche Kosmos und dass deshalb die Kultivierung des Herzgeistes sich unmittelbar fortsetzt und direkt fortwirkt in seinem im größtmöglichen Maßstab gedachten Umfeld. Hier stoßen wir nun auf einen der wichtigsten und am schwierigsten zu verstehenden Ausdrücke des gesamten chinesischen Denkens, nämlich den Ausdruck Qi (...) – der Stoff, die Energie, der Atem und die Dynamik, aus welcher der Kosmos besteht und alles innerhalb seiner, auch der Mensch" (ebd.). „Dieses Qi durchflutet den Kosmos und den individuellen Körper, und es ist die Aufgabe des Menschen, durch eigenes Handeln den Fluss des Qi zu befördern (...)" (ebd.: 136).

Wie sich das Rothko-Bild begrifflicher Zurichtung entzieht, so bleibt die Zhao-Erzählung blind gegenüber dem positivierenden Zugriff meiner Grammatik. Die scheinbar gewöhnliche Ich-Leere erweist sich als gesättigtes Phänomen. Im Blick der anderen Zhaos, mit denen ich in Asien lebe und handele, verweist sie mich jenseits meines Denkens auf ein Leben, das im Kosmos und Körper verbindenden Qi auch dem leugnenden Bann ins Esoterische widersteht. Als *mir* sich gebende Gegebenheit erschüttert sie die Begriffssee meines okzidentalen Selbst. Indem sie den indexikalischen Grund meines Welt-Selbstverhältnisses aufbricht, setzt sie mich, quer zu verfügbarer Selbstoptimierung, in die Freiheit *mich hingebender* Bildung.

Literatur

Bauer, Wolfgang (1990): Das Antlitz Chinas. Die autobiographische Selbstdarstellung in der chinesischen Literatur von den Anfängen bis heute. München: Hanser

Benveniste, Émile (1966): Problèmes de linguistique générale I. Paris: Gallimard

Bühler, Karl (1982): Sprachtheorie: die Darstellungsfunktion der Sprache (1934). Stuttgart: Fischer

Cate, Abraham P. ten/Papp, Reinhard/Strässler, Jürg/Vliegen, Maurice (Hrsg.) (2010): Grammatik – Praxis – Geschichte. Festschrift für Wilfried Kürschner. Tübingen: Narr

Colli, Giorgio/Montinari, Mazzino (Hrsg.) (1980): Friedrich Nietzsche. Sämtliche Werke. Kritische Studienausgabe in 15 Bänden. Berlin: de Gruyter

Duranti, Allesandro/Goodwin, Charles (1992): Rethinking Context. Language as an interactive phenomenon. Cambridge: Cambridge University Press

Ehrenberg, Alain (2008): Das erschöpfte Selbst. Depression und Gesellschaft in der Gegenwart. Frankfurt/M.: Suhrkamp

Esterházy, Paul (2012): „Die Diktatur war schlampig". Interview mit Alexander Cammann. Die ZEIT Nr. 32/2012 [zit. Die ZEIT Nr. 32/2012]

Gondek, Hans-Dieter/Tengélyi, László (2011): Neue Phänomenologie in Frankreich. Berlin: Suhrkamp

Gondek, Hans-Dieter/Klass, Tobias Nikolaus/Tengélyi, László (Hrsg.) (2011): Phänomenologie der Sinnereignisse. München: Fink

Gumperz, John Joseph (1996): The linguistic and cultural relativity of inference. In: Gumperz/Levinson (1996): 347-406

Gumperz, John Joseph/Levinson, Stephen C. (Hrsg.) (1996): Rethinking linguistic relativity. Cambridge: Cambridge Univ. Press

Hanks, William F. (1992): The indexical ground of deictic reference. In: Duranti/Goodwin (1992): 46-76

Heidegger, Martin (1963): Sein und Zeit. Tübingen: Niemeyer

Heidegger, Martin (2006) Der Satz vom Grund (1957). Gesamtausgabe Band 10. Frankfurt/Main: Klostermann

Huang, Chun-Chieh (2009): Konfuzianismus: Kontinuität und Entwicklung. Bielefeld: transcript

Humboldt, Wilhelm von (1979): Über den Dualis (1827). In: ders. (1979): Schriften zur Sprachphilosophie. Werke in fünf Bänden. hrsg. von Flitner, A./Giel, K. Darmstadt: Wissenschaftliche Buchgesellschaft: 113-143

Husserl, Edmund (1962): Die Krisis der europäischen Wissenschaften und die Transzendentale Phänomenologie. Husserliana VI. Dordrecht: Kluwer

Husserl, Edmund (1963): Cartesianische Meditationen und Pariser Vorträge. Husserliana I. Dordrecht: Kluwer

Husserl, Edmund (1968): Logische Untersuchungen. Bd. I. Prolegomena zur reinen Logik (1900). Tübingen: Niemeyer

Husserl, Edmund (1973): Zur Phänomenologie der Intersubjektivität. Texte aus dem Nachlass. Zweiter Teil: 1921-1928. Den Haag: Nijhoff

Husserl, Edmund (1976): Ideen zu einer reinen Phänomenologie und phänomenologischen Philosophie. Erstes Buch: Allgemeine Einführung in die reine Phänomenologie (1913). Husserliana III. Den Haag: Nijhoff

Klass, Tobias Nikolaus/Kokemohr, Rainer (1998): „Man muß noch Chaos in sich haben, um einen tanzenden Stern gebären zu können" – Bildungstheoretische Reflexionen im Anschluß an Nietzsches „Also sprach Zarathustra. Ein Buch für Alle und Keinen". In: Niemeyer/Drerup (1998): 280-324

Kokemohr, Rainer (1973): Zukunft als Bildungsproblem. Die Bildungsreflexion des jungen Nietz-
    sche. Ratingen: Henn
Kokemohr, Rainer/Gabriel, Kokebe Haile (2007): Entwicklungszusammenarbeit. In: Straub, J./Wei-
    demann, A./Weidemann, D. (Hrsg.) (2007): 627-636
Lösener, Hans (2010): Die Origo der Subjektivität. „Ich", „jetzt", „hier" bei Bühler und Benveniste.
    In: Cate/Papp/Strässler/Vliegen (2010): 115-126
Marion, Jean-Luc (2005): Etant donné. Paris: Presses Universitaires de France
Marion, Jean-Luc (2011): Die Banalität der Sättigung. In: Gondek/Klas/Tengelyi (2011): 78-98
Mead, George H. (1968): Geist, Identität und Gesellschaft aus der Sicht des Sozialbehaviorismus.
    Frankfurt/M.: Suhrkamp
Niemeyer, Christian/Drerup, Heiner (Hrsg.) (1998): Nietzsche in der Pädagogik? Weinheim: Beltz/
    Deutscher Studien Verlag
Nietzsche, Friedrich, (1980): Also sprach Zarathustra. Ein Buch für Alle und Keinen (1883-1885).
    KSA Band 4 (Colli/Montinari). Berlin: de Gruyter
Noack, Hermann (Hrsg.) (1973): Husserl. Darmstadt: Wissenschaftliche Buchgesellschaft
Ricœur, Paul (1973): Husserl und der Sinn der Geschichte. In: Noack (1973): 231-276 (Erstveröf-
    fentlichung unter dem Titel: Husserl et le sens de l'histoire in: Revue de Métaphysique et de
    Morale 54, 1949, Nr. 3/4: 280-316)
Ritter, Joachim/Gründer, Karlfried (Hrsg.) (1995): Historisches Wörterbuch der Philosophie. Bd. IX.
    Basel: Schwabe (Lizenzausgabe Darmstadt: Wissenschaftliche Buchgesellschaft)
Schmid, Wolf, (2008): Elemente der Narratologie. Berlin: de Gruyter
Schopenhauer, Arthur (1986): Über die vierfache Wurzel des Satzes vom zureichenden Grun-
    de. In: ders.: Sämtliche Werke. Kleinere Schriften. Bd. 3 (1813), hrsg. v. W. F. Löhneysen.
    Frankfurt/M.: Suhrkamp: 7-189
Searle, John R. (1973): Sprechakte. Ein sprachphilosophischer Essay. Frankfurt/M.: Suhrkamp
Straub, Jürgen/Weidemann, Arne/Weidemann, Doris (Hrsg.) (2007): Handbuch Interkulturelle Kom-
    munikation und Kompetenz. Stuttgart/Weimar: Metzler
Waldenfels, Bernhard (1987): Phänomenologie in Frankreich. Frankfurt/M.: Suhrkamp
Waldenfels, Bernhard (1994): Antwortregister. Frankfurt/M.: Suhrkamp
Winch, Peter (1966): Die Idee der Sozialwissenschaft und ihr Verhältnis zur Philosophie. Frankfurt/M.:
    Suhrkamp

Das Selbst als Phantom

Michael Wimmer

Das Subjekt hat, wie es scheint, seinen Tod überlebt.[1] Es ist wiedergekehrt und dabei so vital, aktiv, gefeiert und verehrt, wie kaum zu seinen ‚Lebzeiten'.[2] Zudem hat es sich vermehrt und pluralisiert (vgl. z. B. Welsch 1991; Turkle 1998) und dabei nicht nur seine raum-zeitlichen Schranken überwunden,[3] sondern auch seine ontologische Verankerung in einer objektiven Wirklichkeit. „Das Selbst", so schreibt Norbert Bolz zehn Jahre nach seiner Todesanzeige, „ist nur der Knotenpunkt virtueller Realitäten, begreifbar nicht mehr als Subjekt in einer objektiven Welt, sondern als Entwurf im Projektionsraum eines rechnenden Denkens,

---

1   In der zugleich auf Nietzsches Formel vom „Tod Gottes" und auf Foucaults Formulierung vom „Ende des Menschen" anspielenden Metapher „Tod des Subjekts" fasste Norbert Bolz Anfang der 80er Jahre einige derjenigen Ergebnisse der „neueren philosophischen Philosophie im Zeichen Nietzsches" zusammen, die die Prämissen und das Selbstverständnis der Moderne und insbesondere der in der Aufklärungstradition stehenden Kritischen Theorie im Kern trafen, allen voran die Vorstellung des autonomen, selbstverantwortlichen, selbsttransparenten und über sich verfügenden Vernunftsubjekts (Bolz 1982).

2   Ablesbar ist dies z. B. an den vielen Komposita, mit denen die neoliberale Rhetorik die Subjekte weniger beschreibt als vielmehr adressiert und als Unternehmer ihrer selbst beschwört (Bröckling 2007), die aber auch in psychologischen, pädagogischen und bildungspolitischen Diskursen sowohl Begründungsfunktion haben, als auch als normativ-programmatische Zielvorstellungen mit einem imperativen Mandat ausgestattet sind. Über die klassischen Begriffe (Selbstentfaltung, -verwirklichung, -erhaltung, -ständigkeit, -bewusstsein, – bestimmung, -verantwortlichkeit etc.) hinaus haben sich eine Vielzahl weiterer Komposita gebildet, die ihre Herkunft aus der Kybernetik deutlich erkennen lassen, indem sie die Selbstwerdung der Subjekte leiten, orientieren, formieren und unterstützen: Selbststeuerung, -organisation, -kontrolle, -regulation, -wirksamkeit, -aktualisierung, -aktivierung, -referenz, -achtsamkeit, -beobachtung, -evaluation, -inszenierung, -optimierung etc. Zu den semantischen Feldern, in denen diese Begriffe ihre spezifischen Konturen erhalten und die Adressaten ihre ambivalenten Positionierungen zugewiesen bekommen, vgl. z. B. Bröckling/Krasmann/Lemke (2004) und Dzierzbicka/Schirlbauer (2006). Stefan Rieger sieht hier einen Kurzschluss, durch den die Leitwerte der Goethezeit mit denen der technisch-naturwissenschaftlichen Gesellschaft modernisiert werden: „Die Ermächtigung zur Selbststeuerung, die in früheren Zeiten Autonomie hieß (...), erfolgt jetzt im Zeichen und vielleicht unter dem Vorwand einer wissenschaftlichen Steuerungstechnik namens Kybernetik" (Rieger 2003: 22).

3   Vgl. die z. T. schon aus den 1950er und 1960 Jahren stammenden Texte von Günther Anders, in denen er die Wirkungen der technischen Entwicklung für die Anthropologie beschreibt (1980a; 1980b: 335-354).

den man heute Cyberspace nennt" (Bolz 1993: 182). Doch ob man sich das Selbst als ein virtuelles Datenbündel überhaupt vorstellen kann, ob es, vollständig körperlos geworden, außerhalb wissenschaftlicher Diskurse noch von irgendeiner empirischen Relevanz sein kann, ob ihm nur noch eine logische Funktion in spezielle Sprachspielen zukommt oder ob es wenigstens die Konstanz einer Metapher hat (vgl. Gamm 1992: 15-38) – diese Fragen sind auch 20 Jahre später keineswegs abschließend geklärt.

Wegen seines Wiedergängertums, seiner Körperlosigkeit und Virtualität könnte man den Verdacht hegen, es handele sich nicht mehr um das moderne Subjekt selbst, sondern um dessen Gespenst, um das Selbst als ein Phantom. Dieser Gedanke scheint zunächst allerdings sehr abwegig, wenn nicht sogar selbst verdächtig, da er mit dem Animismus und Obskurantismus zu liebäugeln scheint, während in weiten Teilen der Sozial- und Kulturwissenschaften sich die Auffassung zum Konsens zu verdichten scheint, dass das Subjekt zwar in der Tat keine einfache (Vor-)Gegebenheit ist, dass ihm aber durchaus eine wirkungsvolle Realität zukommt. Zwar verdanke es sich weder einer reinen Selbstkonstitution oder einer autopoietischen Selbstkonstruktion, noch gehe es aus einer biologisch determinierten Entwicklung, einer sozialen Programmierung oder einer neuronalen Formierung hervor, doch trotz der Dekonstruktion der Vorstellung von einem substantiellen, wesentlichen und eigenständigen Selbst und seiner Rückführung auf die Bedingungen und Prozesse, denen sich die Rede vom Selbst verdankt, wird auch nach dem Vergehen seines essentialistischen Scheins am Selbst festgehalten, und sei es in Form einer wirkungsmächtigen Fiktion.

Gerade auch in den gegenwärtigen Diskursen, die den neuen Formierungen der Subjektivität unter den sich wandelnden Machtverhältnissen nachgehen, dem neuen Selbstverständnis der Subjekte im Kontext der Ökonomisierung des Sozialen, den aktuellen postdisziplinären Techniken der Selbstführung unter den Bedingungen verabsolutierter Marktgesetze und dem Zusammenhang von Bildung und Medien unter den Bedingungen der globalisierten Expansion der digitalen Revolution in den Informations- und Kommunikationstechnologien – in den meisten dieser Diskurse wird weiterhin nicht nur vom Selbst gesprochen, sondern steht es selbst im Zentrum der Untersuchungen. Das gilt natürlich vor allem für diejenigen Analysen, die den gegenwärtigen Phänomenen der Selbstdarstellung und der Selbstverbesserung gewidmet sind und die zumeist die neuen Formierungen des Selbst gouvernementalitätstheoretisch rahmen und mit dem Konzept der

Selbsttechnologien (Foucault 2005) und/oder der Subjektivierung (Butler 2001; Ricken/Balzer 2012) analysieren.[4]
    Selbstkultur und Arbeit an sich selbst haben eine ungeheure Konjunktur. Ob Diätetik, Prothetik, Kosmetik oder Kybernetik: alle Körperarbeit dient dem höheren Ruhm eines Selbst, das erst durch technisch-pädagogische Interventionen in den Zustand verbesserter Selbstfähigkeit versetzt wurde und nun die Optimierung seiner selbst in die eigene Hand nimmt.[5] In diesen Praktiken vermengen sich Fremd- und Selbstbestimmung bis zur Ununterscheidbarkeit. Foucaults Bestimmung dieser Praktiken als Technologien des Selbst vermeidet die Illusion, hier stünde etwas zur Wahl, man könne in einen machtfreien Raum entkommen und ganz frei und ganz man selbst sein. Doch auch wenn das Selbst nicht als ein passives Objekt hervorgebracht werden kann, weil es aufgrund seiner Selbstreferentialität stets an seiner Konstitution selbst aktiv beteiligt ist, und auch wenn es keine Möglichkeit gibt, sich nicht zu sich zu verhalten, so bleibt dennoch ein Bewusstsein davon, dass der neue, im Namen von Flexibilität und Freiheit auftretende Imperativ eine Nötigung darstellt und keineswegs eine selbst gewählte Option. Was in den neuen Selbsttechniken und Selbstmanagementlehren stattfindet, scheint daher nichts anderes zu sein als die Einspannung des Selbst in eine neue Steuerungstechnologie, die, zugleich innen und außen wirksam, eine Form der Besessenheit instituiert.
    Fraglich ist dabei nicht nur, ob die Gewaltförmigkeit des alten Steuerungsmodells der Disziplinarmächte tatsächlich durch gewaltfreie Formen der Selbststeuerung ersetzt wird oder ob in die neuen Modelle nicht doch Sedimente der alten Repression eingelagert sind. Fraglich ist auch, um was für ein Selbst es sich dabei handelt. Denn in all diesen Diskursen bleibt der Status des Selbst auf eine merkwürdige Weise diffus, und zwar auch dann, wenn ihm scheinbar eindeutig ein nur symbolischer Ort mit einer imaginären Funktion attestiert wird. Zugleich wird nämlich in der Spur Nietzsches an der Körperlichkeit und Leibgebundenheit des Selbst festgehalten. Schon Foucault hatte sich vehement dagegen verwahrt, dass die Seele eine bloße Illusion oder ein ideologischer Begriff wäre und statt dessen darauf bestanden, dass sie existiert und als Produkt von Machttechnologien eine Wirklichkeit hat: „um den Körper, am Körper, im Körper" (Foucault 1977: 41). Und doch ist sie, obwohl wirklich, „unkörperlich" (ebd.: 42), in der nächsten

---

4   Zur Orientierung seien nur einige Referenzen genannt: Ach/Pollmann (2006), Bublitz (2010), Coenen/Gammel/Heil/Woyke (2010), Degele (2004), Gugutzer (2006), Posch (2009), Reichert (2008), Reuter (2011), Schroer (2005), Villa (2008).
5   Auf die Überlegungen zur Anthropotechnologie von Sloterdijk (1999) und zur Optimierung des Menschen (Sloterdijk 2009) kann hier leider ebensowenig eingegangen werden wie auf den Transhumanismus (Borrel 2012) oder den Posthumanismus (vgl. Herbrechter 2009).

Zeile aber schon wieder ein „Element", in dem sich Macht und Wissen miteinander verschränken, das „Zahnradgetriebe" zwischen Wissen und Macht. Diese auf technische Materialität anspielenden Metaphern rücken die Seele ganz in die Nähe dessen, was man ein Medium nennt, in dem sich einerseits Macht und Wissen vermitteln, das aber andererseits selbst das Resultat dieser Vermittlung sein soll.

Kurz: diese Vagheiten und Ungereimtheiten im Gebrauch des Begriffs des Selbst geben zum einen hinreichend Anlass zur Frage nach seinem Status, dem auch bei Foucault etwas Gespenstisches anhaftet. Zum anderen stellt sich aber auch die Frage nach der Technizität des Selbst, seiner medialen Bedingtheit und Konstitution. Wie Hannelore Bublitz schreibt, werden Selbsttechnologien „durch soziale und technisch-mediale Technologien ermöglicht und begrenzt", weshalb sie auch „mediale Praktiken als Technologien des Selbst" untersucht (Bublitz 2010: 103), in denen sich das Subjekt, so die Hypothese (ebd.: 10), performativ durch Selbstinszenierung zugleich als ‚szenisches Kunstwerk' (ebd.: 115) überhaupt erst konstituiert. Auch hier findet man wieder ein Schwanken zwischen realem Selbst, das durch seine medialen Praktiken in sich selbst wirkliche Effekte herstellt (ebd.: 103), und den inszenierten Repräsentationen eines Selbst, das „immer fiktiv bleibt" (ebd.: 171). Und so bleibt auch hier zum einen unklar, was real ist am Selbst und was fiktiv und für wen, und zum anderen, welchen Stellenwert die Medien einnehmen, die im Text von Bublitz dem Selbst eigentümlich äußerlich bleiben.

Gewiss, eine Medientheorie der Subjektivität oder gar „des Menschen" (Rieger 2003), die mit der Erkenntnis einer Irreduzibilität und Universalität technologischer Bedingtheit und der Unhintergehbarkeit medialer Vermittlungen einhergeht, hätte derart weitreichende Konsequenzen, dass sie kaum als explizit deklariertes Unternehmen möglich sein dürfte, sondern ihr Anliegen eher bemerkenswert unauffällig thematisieren müsste. Und so möchte ich nicht zu große Erwartungen auf eine Weltreise in die Gefilde globalisierter Menschenfassungen wecken, sondern eher im Nahbereich bleiben. Statt auf eine Lustreise à la Kant oder einen Spaziergang durch die Passagen der modernen Großstadt möchte ich Sie nur zu einer Geisterbahnfahrt einladen, die, wie zu hoffen ist, kein Horrortrip wird.

1. Machtfragen

Folgt man der Diskurslinie in der Spur des so genannten Poststrukturalismus, wurden die Fragen des Subjekts bzw. des Ich oder des Selbst sowie die damit zusammenhängenden Probleme seiner Realität oder Fiktionalität entweder psychoanalytisch (mit Lacan) oder machtanalytisch (mit Foucault) aufgeschlossen. Insbesondere Foucaults „Genealogie der modernen ‚Seele‘" (1977: 41), mit der das Selbst als Effekt einer „bestimmten Technologie der Macht über den Körper" (ebd.) verstanden werden konnte, ermöglichte eine neue Perspektive auf die Frage nach dem Subjekt, die sich für soziologische und kulturwissenschaftliche Analysen als anschlussfähig erwies. Ihm zufolge entsteht das moderne Subjekt in der Disziplinargesellschaft bekanntlich in einer Subjektivierungspraxis, die als szenische Einheit von Unterwerfung und Autonomisierung zu verstehen ist, bevor er in seiner *Geschichte der Gouvernementalität* (Foucault 2004) das für aktuelle Analysen zentral gewordene Konzept der *Technologien des Selbst* (2005) entwickelte. Dieses Konzept der „Selbsttechnologien" wird in letzter Zeit mit einer immer größeren Selbstverständlichkeit bemüht, wenn es darum geht, die aktuellen Subjektivierungspraktiken und die Verfasstheit der Subjektivität zu analysieren. Was mich dabei immer noch und wieder beschäftigt, ist die Frage, welchen Status hier das Selbst hat und wie das Verhältnis zwischen Technik und Selbst zu denken ist. Das betrifft weniger die Frage, ob es Foucault wirklich gelungen ist nachzuweisen, dass die moderne Seele ein Resultat von Macht-Techniken ist (Foucault 1977), weshalb das an sich selbst arbeitende Selbst nur als bodenlos verstanden werden könne, wie Alfred Schäfer gezeigt hat (2004), oder ob Foucault doch ein Selbst als Instanz voraussetzen muss. Meine Frage zielt eher auf die Auffassung und den Status von Sprache, Medien und Technik und darüber hinaus auf die Art des Selbstbezugs. So müssen zum einen die Selbsttechnologien mit dem Axiom der anthropologischen Unbestimmtheit und seiner aktuellen Radikalisierung in einen Zusammenhang gebracht werden (vgl. z. B. Gamm 2004). Dabei wäre aber zu beachten, dass dem anthropologischen Diskurs eine von Platon über Herder bis hin zu Gehlen reichende Auffassung von Technik als mangelkompensatorischer Prothetik inhärent ist, gegen die sich Foucault mit dem Begriff der „Technologien des Selbst" gerade gewendet hatte. Denn, wie Kittler und Tholen schon im Vorwort zu „Arsenale der Seele" knapp bemerken, hat Foucault „Heideggers Frage nach der Technik, die Dinge erst zu Objekten gemacht hat, umgewendet zur Frage nach den Techniken, die Leute erst zu Subjekten gemacht haben." (Kittler/Tholen 1989: 8) Wie aber wäre dieser Zusammenhang zu denken, ohne unbemerkt die Technikvergessenheit fortzusetzen und ohne unwillentlich das Selbst zu resubstanzialisieren? Könnte es vielleicht sein, dass bei Foucault selbst gerade die Frage der Medien und der Technik zu kurz kommt, dass sie immer noch überlagert wird von seiner ontosemiologischen Sprachauffassung aus der frühen Zeit der „Ordnung der Dinge" – wo er vom „Sein der Sprache" spricht (vgl. Wahl 1973) –, die die Radikalität eines medialen „tertium datur" (Mersch 2008) umgeht? Wie sonst ließe sich seine zuweilen mangelnde Aufmerksamkeit für das

Wort und für die Schrift erklären, d. h. dafür, dass die Sprache und andere Medien nicht nur einen *Zugang* zum Selbst und zur Sorge organisieren, sondern diese mit konstituieren und in ihrem Selbstverhältnis *formieren* könnten? Man muss nicht gleich Stieglers apodiktisch vorgetragener Kritik folgen, wenn er schreibt, für „*Foucault gibt es keine pharmakologische Herausforderung*, und das ist ein fundamentales Problem für eine Philosophie, die sich letztlich durchweg als ein Denken über die Sorge und das Selbst darstellt." (Stiegler 2009: 41; Hervorh. i. O.) Und doch bleibt der Verdacht, dass Foucault den medialen bzw. „pharmakologischen Charakter der Technologien der Macht im allgemeinen" (ebd.: 38) ausblendet, wenn er z. B. in *Überwachen und Strafen* die individuierende Wirksamkeit dem Disziplinarsystem Schule *an sich* zurechnet, dabei aber die „Schriftmacht" (ebd.) übergeht (vgl. dazu Foucault 1977: 244).

Diese Frage nach dem medialen Charakter der Selbsttechnologien ist aber vor allem aus dem Grund bedeutsam, um der Antwort auf eine andere Frage näher zu kommen, nämlich wie es möglich sein kann, Foucaults Analysen zur Biopolitik und zur Gouvernementalität nicht machtkritisch, sondern affirmativ zu verstehen. Auch in neueren Studien zu Selbsttechnologien lässt sich zuweilen ein selbstgenügsamer Ton vernehmen, der sich damit zufrieden gibt, die Produktivität der Macht in den Selbstführungen aufgezeigt zu haben. Gewiss, Foucault hat sich vehement gegen die Repressionshypothese ausgesprochen und die hervorbringende Wirksamkeit von Macht analysiert und den Kritikern der Macht ihre Positivität vorgerechnet. Doch hat er m. E. nie aus den Augen verloren, dass es immer auch noch die Führungen gab, und damit auch Herrschaft, Zwang und Staats-Gewalt. Mich interessieren also der Verbleib und die Spuren des Außen im Modell der Selbsttechnologien oder in der libidinösen Ökonomie des „unternehmerischen Selbst" (Bröckling 2007).

Um es kurz und überstürzt zu formulieren, handelt es sich auch bei der Selbstführung immer noch um *geführte* Selbstführungen. Die Anlässe, Nötigungen oder Anrufungen sind weiterhin wirksam auch dann, wenn der Blick von den „äußeren" Führungen auf die „inneren" Selbstführungen gerichtet wird. Es geht m. E. *nicht*, wie Norbert Elias es beschrieben hat, um einen Autoritätswechsel von einer äußeren zu einer inneren Kontrollinstanz, als ob die Machteffekte dann allein aus dem freien und unkontrollierbaren Verhältnis des Selbst zu sich selbst resultierten. Es geht vielmehr um eine bleibende Anwesenheit von etwas Anderem und Fremden im Selbst, das von diesem nicht vollständig assimiliert und ins Selbst integriert werden kann, das nicht spurlos zum Eigenen werden, aber auch nicht als etwas klar bestimmbar Fremdes be- und gewusst werden kann. Anders formuliert geht es um eine Öffnung auf den gesellschaftlichen Kontext mit sei-

nen medialen und technologischen Bedingungen und den ihnen korrespondieren-
den Formen der *Selbstfremdheit*.

Gewiss, genau das ist es, was man Foucaults Programm nennen könnte, also
die Macht von ihren Technologien ausgehend zu denken und nicht vom Gesetz
aus. Doch verliert er dabei ganz die Möglichkeit aus dem Blick, dass auch das
Gesetz einen technologischen Charakter haben könnte, der mit demjenigen der
Machttechnologien darin übereinstimmt, dass beide nicht ohne Medien wirksam
sein können (Stiegler 2009: 46). Beide stützen sich auf mediale Techniken, die die
Selbsttechnologien erst formen und daher das ermöglichen, was Stiegler die Psychotechniken nennt, durch die die staatliche Biomacht transformiert werde in die
Psychomacht des Marktes (ebd.: 53). Kurz – die Selbstsorge bzw. die Technologi-
en des Selbst sind medientechnisch supplementierte pharmakologische Psycho-
technologien, die den Selbstbezug von Anfang an bedingen und auch konstituieren. Diese medialen Technologien – wie z.B. die Schrift – kompensieren keinen
Mangel, sondern gehören – um es mit Derrida zu formulieren (1974: 283ff., 536ff.)
– als „ursprüngliches Supplement" zum Selbst, da das Selbst nicht von selbst und
aus sich selbst heraus zum Selbst werden kann. Ohne dieses Andere gibt es kein
Selbst, das Selbst allein ist nicht es selbst, oder kurz: es gibt kein Selbst als solches. Das Selbst kann daher nicht allein als ein selbständig gewordenes *Resultat*
von Technologien der Macht verstanden werden, von denen es sich völlig gelöst
hätte, sondern es ist und *bleibt in sich technisch verfasst* und kann sich nur vermittels medialer, d.h. pharmakologischer Stützen als ein Selbstverhältnis konstituieren und behaupten. Ein reiner Selbstbezug ist daher nicht möglich, denn das
ihm ursprünglich zugehörende, aber nicht vollständig assimilierbare Supplement
bewohnt das Selbst in seinem Inneren.

Damit stellt sich die Frage nach der Art des Selbstbezugs und dem Status des
Selbst in weitaus radikalerer Weise, als dies noch bei der Entdeckung und theoretischen Bestimmung seiner Konstitutionsbedingungen und Entwicklungslogik der
Fall war. Hatten die Konstitutionsanalysen von Subjektivität bereits die Vorstellung einer Selbstursprünglichkeit und genuinen Selbstvertrautheit als den Grund
von Wahrnehmung und Erkenntnis sowie von Selbst- und Weltverhältnissen als
trügerischen Schein deutlich werden lassen, so steht nun das Sein des Selbst als
solches in Frage. Eben hatte ich gesagt, dass der Übergang von der Führung zu
den Selbstführungen nicht einfach als Wechsel der Kontrollinstanz verstanden
werden kann nach dem Muster einer „Fremdaufforderung zur freien Selbsttätigkeit", einer inzwischen nicht nur Pädagogen bekannten Formel Fichtes (vgl. Benner
1987: 63ff.). Und doch legt Foucault genau dies nahe, wenn er die antike „Problematisierung der Lüste" und die ethischen Grundbegriffe der Selbstsorge wie die

enkráteia (Beherrschung) und die *sophrosýne* (Mäßigung) im Sinne einer Ethik
der Selbstbeherrschung (Foucault 1986: 85) und der Selbstkontrolle (ebd.: 87) aus-
legt, als eine „agonistische Beziehung mit sich selber" (ebd.: 90), als ein „Kriegs-
verhältnis" (ebd.: 89) zwischen moralischer Lebensführung und den Begierden.
Gegen diese Interpretation hat z. B. Robert Pfaller eingewendet, dass es den
antiken Glücksphilosophen vorrangig *nicht* um Kontrolle und Mäßigung der *Lust*
gegangen wäre, sondern um die Beherrschung der *Einbildungen* und Wahnvorstellungen:

> „Wenn darum der Begriff der ‚Beherrschung', wie Foucault es tut, als Selbstbeherrschung auf-
> gefasst und auf ein Verhältnis zweier Teile derselben Seele, etwa gemäß Platons Bild vom Ge-
> spann mit den zwei ungleichen Pferden, bezogen wird, dann verfehlt dies nicht nur die glücks-
> philosophische Fragestellung; es führt sogar dazu, dass man geradewegs auf das falsche Pferd
> setzt. Was die Glücksphilosophien meinen, ist nämlich keineswegs, dass dafür gesorgt wer-
> den müsste, dass das edlere Tier die Herrschaft über das struppigere ausübt. Im Gegenteil:
> Was bekämpft werden muss, ist genau die Einbildung, dass es ein solches edleres Pferd gäbe,
> welches Unterstützung in seinen Herrschaftsansprüchen verdiente. Denn alle Einbildung ist
> (...) letztlich die Einbildung eines solchen edlen Pferdes, eines Idealich" (Pfaller 2002: 250f.).

Beherrscht werden muss dann die Einbildungskraft, und gemäßigt werden muss
die narzisstische Eitelkeit, etwas Besseres sein zu wollen. „Nur durch die Bekämp-
fung der selbstverliebten Einbildung lässt sich Unlust in Lust zurückverwandeln"
(ebd.: 252). So kommt Pfaller zu dem Schluss: „Foucaults Philosophie der Selbstsorge erscheint somit selbst als ein Teil gerade jener Einbildung, von der die antiken Philosophien die Leute kurieren wollten" (ebd.: 251).

Das also wären meine Fragen: Frage nach dem Außen im Selbstverhältnis
(Hantologie), Frage nach der Technik und den Medien (Pharmakologie), Frage
nach der Macht und dem Status des Selbst (Psychotechnologie). In der hier gebotenen Kürze lassen sich gewiss weder die Fragen befriedigend beantworten noch
können alle hier formulierten Behauptungen hinreichend begründet werden. Ich
hoffe aber, die Bedeutung der Frage nach der Exteriorität der Macht etwas verdeutlichen zu können.

2. Hantologie

> „Was zwischen zweien passiert, wie zwischen Leben und Tod und zwischen allen anderen
> ‚zweien', die man sich vorstellen mag, das kann sich nur dazwischen halten und nähren dank
> eines Spuks" (Derrida 1995: 10).

Darum wird es gehen, um diesen Spuk, nicht nur zwischen zwei Entitäten wie
zwischen dem Einen und dem Anderen oder zwischen Sein und Nichts, sondern

auch zwischen dem Ich und dem Mich. Dabei kann man kaum wissen, worum es da geht, weil es zum Wesen des Unwesens, des Spuks, des Gespenstes, des Phantoms gehört, „niemals als solches präsent" zu sein. Und dennoch, es gibt, schreibt Derrida, „kein *Mitsein* mit dem anderen, keinen *socius* ohne dieses *Mit-da*, das uns das *Mitsein* im allgemeinen rätselhafter macht denn je. Und dieses Mitsein mit den Gespenstern wäre auch (...) eine *Politik* des Gedächtnisses, des Erbes und der Generationen" (ebd.: 11, Hervorh. i. O.).

Dieses spukhafte Zwischen ist nicht nur dazwischen, sondern berührt auch die beiden Seiten, die es trennt und verbindet, es ist auf beiden Seiten mit-da und verunreinigt sie. Doch selbst das kann man eigentlich kaum sagen, denn man weiß nicht nur nicht, *was* es ist, sondern ob es überhaupt etwas *ist*, ob es existiert. Zwischen Sein und Nichts, Ding und Person, Da und Weg untersteht es auch nicht dem Wissen. Wenn, wie Hegel sagte, die Erscheinung dem Wesen wesentlich ist, weshalb ein Wesen ohne Erscheinung ein Unwesen wäre, dann ist umgekehrt eine Erscheinung ohne Wesen ein bloßer Schein, ein Trugbild, eine bloße Einbildung, die sich vom individuellen Wahn und Hirngespinst nur dadurch unterscheiden ließe, dass sie auch von anderen wahrgenommen werden kann. Ohne hier alle möglichen Differenzierungen ausbreiten zu können zwischen dem Spuk, dem Gespenst, dem Geist, dem Phantasma, dem Idol, dem Dämonen oder dem Simulacrum (ebd.: 277ff.), möchte ich diesen Schein oder diese Einbildung ein Phantom nennen. Die Bedeutung von „Phantom" unterscheidet sich im Deutschen vom „Gespenst" vor allem dadurch, dass es eine größere semantische Nähe zur reinen Imagination bewahrt, zur Irrealität und halluzinatorischen Qualität eines Bildes. Darin dem Gespenst, das im Unterschied zum Phantom immer auch mit einem „Gespensterleib" konnotiert ist[6], wiederum auch ähnlich, weil dieses stets als Revenant erscheint, genauso wie eine Halluzination, nach Lacan, als Wie-

---

6   Dass die Frage, ob ein Gespenst ein Gewicht habe (vgl. Mittmansgruber 2012: 68), keineswegs abwegig ist, hängt damit zusammen, dass das Gespenst „eine paradoxe Verleiblichung, das Leib-Werden, eine bestimmte leibliche Erscheinungsform des Geistes [ist]. Er wird zu einem ‚Ding', das schwer zu benennen ist: Weder Seele noch Leib, und doch beides zugleich. Denn der Leib und die Phänomenalität sind das, was dem Geist seine gespenstische Erscheinung verleiht, doch sogleich in der Erscheinung verschwindet, im Kommen selbst des Wiedergängers oder der Wiederkehr des Gespensts. Es gibt Entschwundenes (disparu) in der Erscheinung (apparition) als dem Wiedererscheinen des Entschwundenen selbst." (Derrida 1995: 21) In einer Wendung gegen die animistische Vorstellung eines reinen Geistes bzw. einer parallel existierenden geistartigen Verdoppelung der materiellen Welt distanziert sich Derrida von der Identifikation des Geistes mit dem Gespenst (und umgekehrt), d. h. von der Versuchung, den Begriff des Geistes dem des Körpers strikt entgegenzusetzen, der dann als „bloßes Supplement, als mechanisch vom Geist bewegte Maschine" (Mittmansweiler 2012: 70) abgewertet würde. Eine reine, von jeder Spur einer ‚res extensa' unberührte ‚res cogitans' hätte eine Ununterscheidbarkeit zwischen dem Geist und dem Gespenst zur Folge, eine Inkarnation des Geistes im Gespenst (vgl. ebd.).

derkehr des Verworfenen im Realen zu verstehen ist. Derrida: „Ein Gespenst ist immer ein Wiedergänger. Man kann sein Kommen und Gehen nicht kontrollieren, weil es *mit der Wiederkehr beginnt*" (ebd.: 28, Hervorh. i. O.). Was da wiederkehrt, war nicht schon einmal da, sondern erscheint zum ersten Mal. Diese seltsame Zeitlichkeit und Logik ist diejenige der Heimsuchung als Ereignis oder des Ereignisses als Heimsuchung. Ihr eignet in der Erfahrung der Charakter der Unwirklichkeit und des Außer-Ordentlichen. Diese Irrealität, die mit dem Status „von der Idee der Idee (der Idealisierung der Idealität als Effekt der Iterabilität)" (ebd.: 20) untrennbar verbunden ist, diese Irrealität ist bekanntlich keineswegs kraft- und bedeutungslos, sondern kann im Gegenteil sehr mächtig sein, so wie der tote Vater bei Hamlet und Freud (1974a), und zwar nicht *obwohl*, sondern *weil* er tot ist. Das Phantom ist „virtuell viel wirksamer als das, was man in aller Ruhe eine lebendige Präsenz nennt" (Derrida 1995: 31). Liegt die Wirksamkeit des Gespenstes dabei nicht zuletzt in der ereignishaften Heimsuchung selbst, so resultiert diejenige des Phantoms eher aus seiner Täuschungskraft, das Bild bzw. die Einbildung für real zu halten.

Für einen strengen Begriff des Phantoms wäre es nötig, die Beziehung zum Phänomen oder zum Phantasma im Allgemeinen zu klären. Man könnte z. B. Derridas Hinweis auf Husserls Hinweis auf einen intentionalen Bestandteil eines phänomenologischen Erlebnisses (eines Noemas) folgen, der aber nicht real ist. Da dieses nicht-reale Element des Erlebnisses weder im Bewusstsein noch in der Welt lokalisierbar ist, aber doch Bedingung jeder Erfahrung und Phänomenalität wäre, könnte man darin den „Ort der Erscheinung selbst [sehen], die wesenhafte, allgemeine, nicht regionale Bedingung des Gespensts" (ebd.: 213, Fn 17). Das würde bedeuten, dass es kein Entkommen gäbe, dass also sowohl die phänomenale Form der Welt gespensterhaft als auch das phänomenologische Ego (Ich, Du ...) ein Phantom wäre (vgl. ebd.). Doch bevor ich mich dieser Idee weiter widmen oder mich ihr überlassen möchte, gibt es noch einige Zwischenschritte zu bedenken.

Bleiben wir noch einen Moment bei Husserls Ausführungen zum Gespenst und folgen dabei Überlegungen von Tobias Klass (2010). Wenn das Phantom nur zum Phänomenalen gehört, aber nicht zum Bereich des Dinglichen, unterscheidet es sich von einem „wirklichen Ich" (wenn es so etwas gibt) durch dessen Körper. Das „empirische" Ich rechnet sich nämlich nicht nur seine psychischen Zustände, Erlebnisse, Kenntnisse und Eigenschaften zu, sondern auch seinen Leib. Die Einheit des Menschen-Ich lässt sich für Husserl daher nur als Verflochtenheit von Seele und Leib begreifen, nicht als äußerliche Addition von Realitäten. Dass der Leib für die Beschaffenheit des Ich bedeutsam ist, begründet Husserl merkwürdigerweise mit Blick auf das Gespenst: „Selbst das Gespenst hat notwendig seinen

Geisterleib. Freilich ist dieser kein wirkliches materielles Ding, die erscheinende Materialität eine Täuschung, aber damit zugleich die zugehörige Seele und so das ganze Gespenst" (Husserl 1991: 93). Tobias Klass greift diese Überlegungen auf (vgl. Klass 2010: 307ff.), und nachdem er daran erinnert hat, dass Husserl die Möglichkeit wirklicher Gespenster konzedierte, stellt er die Frage, „ob nicht (…) das Gespenst in ähnlicher Weise ‚wirklich' wäre wie der Phantomschmerz: als etwas, das ebendort erscheint, wo es nicht ist (…), indem es sich in diesem ‚Dort' bemerkbar macht: durch spezifische, zumeist schmerzhafte Wirkungen" (Klass 2010: 309). Auch Husserl hatte Überlegungen in dieser Richtung angestellt, als er seine Studien zur Intersubjektivität verfasste, indem er nach den Bedingungen fragte, unter denen ein Phantom sich in der realen Welt bemerkbar machen könnte bzw. was die Bedingungen seiner Erfahrbarkeit sein könnten. Wie Klass resümiert, ging Husserl „nicht nur der Möglichkeit des intersubjektiven Erfahrens von Gespenstern nach (was aus ihnen erst Gespenster, weil mehr als subjektive Wahnvorstellungen machen würde), sondern, daran anschließend, auch der Möglichkeit einer Art gespenstischer Gemeinschaft" (ebd.: 310).

Diese ersten Hinweise sollen vorerst genügen, um deutlich zu machen, dass es sich hier nicht um infantile Märchen handelt. Man müsste das Phantom/Gespenst in seinen diversen symbolischen Formen, den verschiedenen Diskursen und kulturgeschichtlichen Kontexten betrachten (vgl. z. B. Stadler 2005), um seine Bedeutungsschichten und Funktionen zu erfassen, allem voran, dass sie die längste Zeit zum Leben gehörten und das Handeln mitbestimmten, dass ihre Wirklichkeit in ihrer Wirksamkeit bestand, „die ganze Lebensformen, ‚Politiken' bestimmen und beeinflussen" konnte (Klass 2010: 311). Ihr Erscheinen war dabei unkontrollierbar und bedrohlich, da sie unvorhersehbare Wirkungen im Realen hatten, aber auch im Denken, da es sich um Wahrnehmungen handelte, die zugleich unfassbar waren und den Angstschutz klarer Grenzziehungen und Unterscheidungen wie derjenigen zwischen Lebenden und Toten auflösten.

Inwiefern kann man aber nun vom phänomenologischen Ego, vom Ich oder vom Selbst als Phantom sprechen? Ich habe nun nicht vor und wäre dazu auch gar nicht in der Lage, die weite Diskurslandschaft zu sichten, in der seit geraumer Zeit aus allen möglichen Richtungen und Hinsichten das Selbst thematisiert wird, um diese Frage genauer zu positionieren. Erinnert sei lediglich an Überlegungen und Thesen, die eine große Nähe zum Titel meines Vortrags aufweisen: Das Ich als Maske (Nietzsche), als Fiktion und Illusion (Metzinger), als Unfassbarkeit (Goldschmidt), als Selbstentzug (Merleau-Ponty), als Anderer (Rimbaud), als (Spiegel-) Bild und Shifter (Lacan), das Selbst als unbestimmbare Referenz der Person und Identitätsmarker (Goffman), als Leerstelle (Schäfer), als Metapher oder Erfindung (Gamm) – man könnte diese Reihe fortsetzen, deren gemeinsamer Nenner darin besteht, dass eine begrifflich eindeutige Bestimmung problematisch bzw. nicht möglich ist und dass es sich nicht um eine substanzielle Entität handelt. Selbst die Frage, ob es sich um eine Instanz handelt oder nur um bestimmte Funktionen, ist umstritten. Die Aussage von Donald Davidson dürfte deshalb wohl über die Positionen hinweg große Zustimmung finden, dass „in der normalen Rede der Ausdruck ‚das Selbst' keine klare Rolle [spielt]. Von Philosophen wird er eingeführt, wenn sie solche Themen wie das Selbstbewusstsein oder die Frage nach dem einheitsstiftenden Element der diversen Erfahrungen einer Person erörtern wollen" (Davidson 2004: 152f.).

So möchte ich auf die Aussage Derridas zurückkommen, dass es zwischen zweien spukt. Wenn das auch für den Selbstbezug zwischen Ich – Mich gilt, kann sich in dem Abstand eine Heimsuchung ereignen und im Zwischenraum das Phantasma einnisten, so dass das Ich von seinen eigenen Phantomen heimgesucht würde. Lassen wir noch einmal Derrida zu Wort kommen, der in Zusammenhang mit seiner Lektüre der Kritik von Marx an Stirner schreibt: „Es (das Ich) würde durch die Gespenster gebildet, deren Gastgeber es von da an ist und die es in der heimgesuchten Gemeinschaft eines einzigen Leibs versammelt. Ich = Gespenst. (…) Ich bin heimgesucht von mir selbst, der ich (heimgesucht bin von mir selbst, der ich heimgesucht bin von mir selbst, der ich … usw.) Überall, wo es Ich oder Mich (*Moi*) gibt, *spukt es*" (Derrida 1995: 209). Dass diese Analyse keineswegs als ein Psychogramm Stirners zu lesen ist, sondern von Derrida durchaus als formale Struktur des Selbst verstanden wird, wird einige Sätze später deutlich: „Die wesenhafte Weise der Selbstpräsenz des *cogito* wäre die Heimsuchung dieses ‚Es spukt'. Es handelte sich da um das Stirnersche *cogito* in der Logik einer Beschuldigung, gewiss, aber ist diese Grenze unüberschreitbar? Kann man diese Hypothese nicht auf jedes *cogito* ausweiten? Auf das cartesianische *cogito*, das Kantsche ‚Ich denke', das phänomenologische *ego cogito*?" (Ebd.: 210)

Nun könnte man davon kaum etwas wissen oder darüber sprechen, wenn die Gleichung Ich = Gespenst von einer differenzlosen Identität künden würde. Zu einer Identität würde sie nur dann, wenn der Selbstbezug Ich – Mich in eine abstandslose Unmittelbarkeit zusammenstürzte und das Gespenst dabei vermeintlich exorziert würde, weil das „ich" dann nicht mehr von „sich" heimgesucht werden könnte. Doch das Gegenteil wäre der Fall, das „ich" wäre vom „Ich" (Moi, Idealich) besessen, mit dem ersteres sich identifiziert, es wäre vollständig zum Phantom geworden. Etwas vereinfacht könnte man auch sagen, dass der Phantom-Effekt darin besteht, dass die Differenz zwischen dem (symbolischen) Geist, der das „ich" beseelt, und dem (imaginären) Ghost/Gespenst, der im Mich der Selbstrepräsentanz spukt, eingezogen wird. Geist und Gespenst sind daher sowenig Gegensätze wie Signifikant und Signifikat, vielmehr ist dieses das abkünftige Doppel von jenem, es hat am Geist teil und ist ihm unterstellt (ebd.: 199). Doch wenn man „den Geist nicht mehr vom Gespenst unterscheidet, verkörpert, inkarniert er sich, als Geist, im Gespenst" (ebd.: 21). So können Ideen oder geistige Vorstellungen, Gedanken oder Einbildungen, kurz alle Imaginationen, nimmt man sie als solche, d. h. in der vermeintlich unmittelbaren Gegebenheit des Imaginierten, zu Phantomen werden. Ein „Fortschritt in der Geistigkeit" bestünde dagegen darin, die symbolische Differentialität des Imaginierten, d. h. den Status der Imagination als Imagination, mitdenken und vom als real vorgestellten Objekt der Imagination unterscheiden zu können, was, nach Freud und Lacan, den Verzicht auf das Reale voraussetzt und daher eine Trauerarbeit impliziert (vgl. Freud 1974b; Lipowatz 2005; Derrida in McMullen 2006: 49'ff.).

3. Pharmakologie

Aber, so könnte man fragen, was hat das alles mit den Medien zu tun? Ging es bisher zunächst darum zu zeigen, *dass* das Selbst etwas Gespenstiges hat, *dass* es in ihm spukt, ohne dass man aber sagen könnte, dass es ein Phantom *ist*, oder sogar, dass es *nur* ein Phantom wäre – denn würde es einfach zur Ordnung der Seienden gehören, gäbe es ja kein Problem und deshalb auch kein Phantom, sondern nur eine Täuschung oder einen Irrtum –, so geht es nun darum, *wie* das Selbst als Phantom verstanden werden kann, wie es zum Phantom werden kann oder zur Bühne oder zum Friedhof für Phantome.

Folgt man der psychoanalytischen Theorie der Trauer, die an Freud anknüpfend von Nicolas Abraham und Maria Torok entwickelt worden ist und der auch Derrida folgt (vgl. McMullen 2006: 49'ff.), dann würde bei einer normalen Trauer der Tote assimiliert, verinnerlicht und idealisiert.[7] Nach Abzug der libidinösen Besetzungen könne er als Toter angenommen werden. Bei einer unvollständigen Trauer würde die Verinnerlichung missglücken, obwohl eine Inkorporation stattfände. Die Toten würden hineingenommen, aber nicht zu einem Teil des Selbst werden, obwohl sie einen Platz im eigenen Körper besetzten. Und daher könnten sie unseren Körper heimsuchen, für sich selbst sprechen und auch unser Sprechen bauchrednerisch steuern. Eingeschlossen in unseren Körper, werden wir zu einer Art Friedhof für Phantome, die nicht nur unser eigenes Unbewusstes, sondern auch das Unbewusste anderer darstellen und uns daher terrorisieren könnten.

---

7   Vgl. dazu auch die Ausführungen von Abraham und Torok zum Fall des „Wolfsmanns" (Abraham/Torok 1979) sowie den einleitenden Beitrag dazu von Derrida (1979).

Diesen Gedanken könnte man formalisieren und verallgemeinern dahingehend, dass das, was wir in uns hinein nehmen müssen – wie z. B. die Sprache –,
was aber kein originärer Teil von uns werden kann, etwas Fremdes bleibt, so wie
Lacan sagte, dass das Unbewusste der Diskurs des Anderen wäre, der Sprache,
dass sie unser Sprechen bauchrednerisch steuert und wir nicht ganz beherrschen,
was wir sagen. Wenn es im Selbst spukt, zwischen den zweien, dem „je" und dem
„Moi", dem „I" und dem „me", dem „ich" und dem „Mich", dem „Ich" und dem
„Ichideal" oder wie immer man die Instanzen im Selbst nennen mag, mit denen
sich das Selbst auf sich selbst beziehen kann, dann spukt es also deshalb, weil
das Medium, durch das diese Differenz instituiert wird, selbst nicht dazugehört.
Es ist weder ganz innen noch ganz außen, es ist weder ein eigener Teil des Selbst
noch etwas ihm gänzlich Fremdes, es ist weder präsent noch abwesend (Münkler/
Roesler 2008). „Medien sind nichts Menschliches" (Thacker 2011: 308), fungieren aber bis in die grundlegendsten Strukturen der Subjektbildung als irreduzible technologische Konstitutionsbedingungen des Menschlichen wie auch des Sozialen (vgl. Tholen 2008; Nancy 2011).[8] Sie verkörpern daher ein grundlegendes
Vermittlungs-Paradox und scheinen zudem in Kontakt mit dem Übernatürlichen
zu stehen, das sich in ihnen, wie nicht nur in Filmen oder andern Medien der Populärkultur ersichtlich, in einer großen Bandbreite manifestieren kann. Wie Eugene Thacker schreibt: „Medien und mediale Vermittlungen sind jene Momente,
in denen mit dem kommuniziert oder Kontakt aufgenommen wird, was *per de-*
finitionem absolut unzugänglich ist" (Thacker 2011: 308). In einer Art „Antivermittlung" (ebd.) machen sie das Fremde als Fremdes zugänglich und so erfahrbar,
dass der Wahrnehmende von den Objekten zugleich heimgesucht wird, weil sie
einen unfasslichen, ihr Objektsein übersteigenden, aber unbestimmbar bleibenden Überschuss mitbringen, der vom Subjekt als etwas Heteronomes, Unverfüg-

---

8   So fasst z. B. Scott Lash unter Bezug auf die Theorien von Stiegler, Simondon, Varela und
     Luhmann den Übergang und Ersatz des von Philip K. Dick beschriebenen „voluminösen
     aktiven lebenden Intelligenzsystems" hin zu einem „nichtlinearen soziotechnischen System",
     das „– gleichsam als Verkörperung eines inneren Zeitbewusstseins – phänomenologische
     Reduktionen, die zugleich Kommunikationen darstellen" verrichtet. „Es handelt sich dabei
     um produktive Kommunikationen, und in diesem Sinne ist Erfahrung zugleich Produktion:
     Produktion der Medien, Produktion des urbanen Raums. (…) Sei es als poiesis oder als techne
     – es handelt sich um eine Technik des informationellen und doch materiellen Realen, um ein
     wirksames technisches Supplement, das sich im inneren der menschlichen Mangelhaftigkeit
     entwickelt, bis es den Menschen schließlich überholt und hinter sich lässt" (Lash 2011: 359).
     In dieser Konzeption einer Ontotechnologie (ebd.: 360) wird das humanistische Subjekt durch
     technische Subjektivität ebenso ersetzt wie Subjekt und Objekt durch soziotechnische Systeme,
     die die Unterscheidung von endlicher und unendlicher Erfahrung unterlaufen. Dadurch geraten
     auch für Lash Medien und Technik in die Nähe des Mystischen und Religiösen (ebd.: 362f.).
     Zum Zusammenhang von Erfahrung, Medien und Mysterium vgl. auch Mayer (2011).

bares, Unheimliches oder gar Gruseliges wahrgenommen werden mag, als Erfahrung von etwas Unerfahrbarem.

Kurz: Medien dezentrieren das Subjekt als seine technologische Bedingung. Lacan hat die Spaltung und Dezentrierung des Subjekts immer wieder beschrieben, die dem Eintritt in die Sprache geschuldet sind. Aber schon das erste Bild im Spiegel war ja bereits ein Medium, das „die symbolische Matrix darstellt, an der das *Ich* (je) in einer ursprünglichen Form sich niederschlägt" (Lacan 1973: 64), d. h. als Ideal-Ich. Da dieses virtuelle Bild den Körper als Einheit zwar zeigt, der ihm als realer aber zugleich fehlt, kann man hier buchstäblich vom Selbst als Phantom sprechen, also der bruchlosen Identifikation mit dem Ideal-Ich.[9] Das macht die ganze phantomhafte Dynamik und Literatur des Doppelgängermotivs verständlich, in dem die Grenzen zwischen Ich und Anderem, zwischen Leben und Tod instabil sind und die Ambivalenz des Unheimlichen alles dominiert (vgl. Rank 1993). Die Konstitution des Subjekts vollzieht sich dann Lacan zufolge über das Medium der Sprache als etwas ihm Äußerlichem, von dem es getragen wird, ohne in ihr vorzukommen oder von ihr bestimmt werden zu können, weil es nur als „shifter" auf der Signifikantenkette surfen kann (Weber 1978; Hegener 1997).

Das Subjekt hat nach Lacan zwar die Chance, dem Selbst als Phantom zu entkommen und die Wahrheit seines Begehrens zu erfassen,[10] was aber nicht bedeutet, dass es in alle Zeit vor Phantomen sicher wäre, seinen und denjenigen anderer. Denn zum einen ist die Heteronomie und Äußerlichkeit des Symbolischen als Eigenstes des Individuums zugleich ein fremdes Gesetz, so wie die Muttersprache zugleich die erste Fremdsprache ist (Derrida 2003). Und zum anderen fungiert das Imaginäre als ein ‚zweites Reales', man kann es nicht überwinden. Anthropologisch gesprochen hängt dies mit der Unbestimmtheit des Menschen, seiner Offenheit und dem Entwurfscharakter des menschlichen Seins zusammen, seiner Zeitlichkeit. Menschen benötigen „scheinbar systemnotwendig Medien des Entwurfs" (Rieger 2003: 28), die „unterschiedliche Formen des Vorlaufs in die Zukunft ermöglichen", denn der Vorlauf „ist gekoppelt an Dispositionen und Dispositive, bei denen Medien eine zentrale Rolle spielen: Medien und Apparate, die Zeit handhaben" (ebd.: 28f.). An erster Stelle stehen hier für Rieger Bilder und

---

9 Mit welcher Macht dieses Spiegelbild auch im Erwachsenenalter noch wirksam ist, wird in höchstem Maße augenfällig in den entscheidenden Szenen der TV-Serie *The Swan – Endlich schön*, wenn es der Kandidatin erlaubt wird, nach mehrwöchiger Spiegelabstinenz ihrem neuen Spiegelbild zu begegnen: http://www.youtube.com/watch?v=4GBNw-KzI_M (letzter Zugriff am 17.02.2013). Vgl. zur detaillierten Analyse von *The Swan* als mediale Subjektivierungspraxis Seier/Surma (2008).

10 Diese Auffassung Lacans wird von Derrida keineswegs geteilt. Zur Voraussetzung der Möglichkeit eines wahren Sprechens und zum Begriff und Wert der Wahrheit vgl. von ihm *Der Facteur der Wahrheit* (Derrida 1987: 183-282).

unterschiedliche Bildtypen, weil erst durch sie Zukunft vorstellbar und der Vorlauf thematisch umsetzbar wird: „Was immer Menschen tun, sie tun es im Zeichen irgendwelcher Bilder" (ebd.: 33). Mit Bildern bzw. allgemeiner mit Medien kann für Rieger nicht nur die Zeit in die Modalität der Zukunft rücken und damit virtuell werden, sondern die Menschen selbst geraten in den Sog der Virtualität, sie selbst „sind nichts anderes als Medien" (ebd.: 31), weil, wie er schreibt, „Virtualität der Vollzugsmodus des Lebens selbst ist" (ebd.: 32). Sie ist, bereits vor der Digitalisierung, der Regelfall:

> „Der Selbstbezug im Modus des Vorlaufs und der Virtualität ist selbst nicht außer Kraft zu setzen, er ist jener Mechanismus, der in seiner Grundsätzlichkeit, in seiner Stetigkeit mit dem Leben zur Deckung gelangt. Er ist jener Mechanismus, dessen Universalität und nicht zuletzt dessen Effizienz einem Status der Latenz geschuldet sind. Dieser Mechanismus operiert jenseits bewusster Steuerung und Kontrolle" (ebd.).

Anders gesagt: Es gibt kein Jenseits der Medien, zwischen Natur und Kultur, Vermittlung und Unmittelbarkeit besteht keine Wahl, und Fragen nach einer medial unverfälschten Wirklichkeit verlieren ebenso ihre Bedeutung wie die nach authentischer Selbst- oder medialer Fremdsteuerung, Repression oder freier Selbstverwirklichung. Subversion ist keine Option mehr.

Das Selbst ist – um es kurz zu machen – grundlegend medial bedingt, es bedarf der Außenstützen von Medien zu seiner Konstitution, Entwicklung und Aufrechterhaltung. Es hat selbst keinen Grund, den es erkennen oder über den es verfügen könnte, weil es seinen Grund im Außen hat, im Anderen, im Mit-Sein, in der Sprache, den Medien und der Technik. Auch der vermeintliche Grund hat die Modalität des Virtuellen. Wenn Kittler vom Symbolischen als einer Welt der Maschine spricht (1993), dann ist das keine Metapher, sondern buchstäblich gemeint. Auch ohne dieser radikalen Sicht zustimmen zu müssen (vgl. Seifert 2008: 232ff.), kann doch festgehalten werden, dass es ohne Medien für uns nichts gäbe. Denn, wie Norbert Bolz kurz definiert: Ein Medium „ist" das, was „ist" zur Erscheinung bringt. Und wenn es stimmt, dass es nichts in der Welt gibt, was wir ohne Medien wahrnehmen, erkennen, wissen und ausdrücken können (Krämer 1998), dann gilt das notwendig auch für uns/er s/Selbst.

Ich kann hier nicht genauer auf Derridas Lektüre von Platons *Phaidros* eingehen, weder auf die ambivalente Logik des Supplements, welches das, was es ermöglicht, zugleich zu ersetzen oder gar zu zerstören droht, noch auf die widersprüchliche Logik des „Pharmakons", als das Platon die Schrift bezeichnet. Bekanntlich stellt Platon der Anamnesis als der lebendigen, wissenden und wahrhaftigen Erinnerung die Schrift als Medium der Hypomnésis, der Rememorierung, Wiederversammlung und Aufzeichnung gegenüber, die er anklagt „zu wiederholen, ohne zu wissen" (Derrida 1995a: 83) und damit dem Vergessen statt der Erinnerung zu dienen, weshalb von der Schrift als Hypomnésis, als künstlichem Gedächtnis eine Bedrohung ausgehe. Als Pharmakon ist die Schrift daher Heilmittel und Gift zugleich, sie supplementiert das Gedächtnis als technische Stütze und entlastet es zugleich von der Erinnerung. In diesem Sinne, so könnte man sagen, ist jedes Medium eine pharmakologische Technik und daher ambivalent,

> „weil es genau die Mitte bildet, in der die Gegensätze sich entgegensetzen können, die Bewegung und das Spiel, worin sie aufeinander bezogen, ineinander verkehrt und verwandelt werden (Seele/Körper, gut/böse, Drinnen/Draußen, Gedächtnis/Vergessen, Sprechen/Schrift, etc.). Aus diesem Spiel oder dieser Bewegung heraus werden die Gegensätze und die Unterschiedenen von Platon *angehalten*. Das *pharmakon* ist die Bewegung, der Ort und das Spiel (die Hervorbringung der) Differenz. Es ist die *différance* der Differenz. Es hält die Reserve, unentschieden zwischen Dämmern und Wachsein, die Unentschiedenen (*différents*) und die Strittigen (*différends*), die alsdann durch die Diskriminierung da herausgeschnitten werden. Die Widersprüche und die Gegensatzpaare heben sich auf dem Grund dieser diakritischen und differierenden (*différante*) Reserve ab. Differierend bereits, um dem Gegensatz der differenten Effekte ‚zuvorzukommen', um den Differenzen als Wirkungen zuvorzukommen, hat diese Reserve folglich nicht die punktuelle Einfachheit einer *coincidentia oppositorum*. Aus diesem Grund wird die Dialektik ihre Philosopheme schöpfen" (ebd.: 143).

Das *pharmakon* ist auch ein anderer Name für den grund-losen Grund, der, selbst identitätslos und „ohne von sich aus etwas zu sein", über die von ihm gestifteten Entgegensetzungen stets hinausgehe, wie es auf der nächsten Seite heißt.

Das Gedächtnis, das ja Voraussetzung für jede Wahrnehmung, jedes Wissen, für die Identitätsbildung, für das Bewusstsein und Selbstbewusstsein ist, das Gedächtnis, auch das lebendige, ist also immer technisch supplementiert. Und so kann Stiegler sagen: „Die *anamnésis* (die Wiedererinnerung) beinhaltet immer eine *hypomnésis* (eine Mnemotechnik), von der sie getragen und beseelt wird. Das geschieht jedoch meistens auf unsichtbare, da ‚naturalisierte' Weise – in einer Form, die ihre eigene Technizität, Faktizität, Prothetizität und Historizität getilgt hat und zur ‚zweiten Natur' geworden ist, die man ebenso wenig sehen kann, wie ein Fisch das Wasser sieht, das dennoch sein *Element* ist" (Stiegler 2009a: 44).

Diese Selbstverständlichkeit ist sicher ein Grund, weshalb die „Verdrängung des pharmakon" bis heute andauert, wie er schreibt (Stiegler 2009: 21). Dass die Medien, wie jede Technik, um so unauffälliger werden, je besser sie ihre Aufgabe erfüllen (wie z. B. eine Fensterscheibe), mag z. T. erklären, warum sie „der blinde Fleck im Mediengebrauch" sind (Krämer 1998: 73). Dass sie, „indem sie *etwas* zur Erscheinung bringen, ihr *eigenes Erscheinen* einbüßen. Ihre Anwesenheit [also] das Format einer Abwesenheit" hat (Mersch 2008: 304), das könnte die schillernde Ungreifbarkeit von Medien als einem paradoxen Grenzphänomen erklären, mit dem etwas Gespenstisches verbunden ist. Doch all das erlaubt es allein noch nicht, vom Selbst als Phantom oder dem Phantomhaften des Selbst zu sprechen. Entscheidend für das Verständnis ist nämlich die temporale Struktur, dass Phantome also nicht einfach kommen, sondern *wiederkehren*. Das erste Mal ist bereits eine Wiederholung, eine Erinnerung. Gespenstisch wird es daher, wenn es sich um eine Erinnerung der Vergangenheit handelt, die nie lebendige Gegenwart war. In Derridas Worten: „Von einem Phantom verfolgt werden heißt sich an das erinnern, was man niemals als Gegenwart erlebt hat, was im Grunde niemals die Form der Präsenz gehabt hat" (Derrida in McMullen 2006: 49'; Derrida/Stiegler 2006: 132).

Es ist eine Erinnerung an etwas, was man nicht erlebt hat, das Wiedererkennen einer Erscheinung, die man zum ersten Mal sieht. Das ist es, was Medien ermöglichen, angefangen mit der Stimme, dem Spiegelbild, der Sprache, der Schrift, dem Buch, ausgeweitet auf das Reale und das Imaginäre durch die technischen Medien Photo-, Phono-, Cinématographie, und ungeheuer beschleunigt durch die Raum und Zeit selbst transformierenden Massen- und dann die neuen digitalen Informations- und Kommunikationsmedien. Und zwar mit einer massiven Macht, wie Derrida schon in den frühen 90er Jahren konstatierte: „Die politisch-ökonomische Hegemonie wie auch die intellektuelle oder diskursive Herrschaft vollziehen sich, wie sie es noch nie zuvor in solchem Grad noch in solchen Formen getan haben, auf dem Weg über die techno-mediale Macht – das heißt auf dem Weg über eine Macht, die auf differenzierte und widersprüchliche Weise jede Demokratie bedingt und gefährdet" (Derrida 1995: 91f.). Seither haben sich die „gespenstischen Effekte" vervielfacht, die „Geschwindigkeit der *Erscheinung des Simulakrums*" ist zur Echtzeit geworden, „synthetische oder prothetische Bilder" sind omnipräsent, die „Artefaktualität" der Ereignisse (Derrida 2006) hat das „lebendige Präsens" gespenstisch aufgefächert und das Leben mit dem Überleben und dem Tod verbunden (Derrida/Stiegler 2006: 66), virtuelle Ereignisse und Cyberspace sind zum normalen Alltag geworden. Konnte Derrida in den 80er Jahren noch sagen, dass das Kino die Kunst wäre, Phantome wiederkehren zu lassen, und dass Cinématographie und Psychoanalyse zusammen die Wissenschaft der Gespenster bilden würden (Derrida in McMullen 2006: 17'; Derrida/ Stiegler 2006: 132, 134), dann muss man zur heutigen Situation sagen, dass die Gespensterproduktion industrialisiert worden ist und sich die Phantome global bis in die letzte Hütte ausgebreitet haben.

Bevor ich auf diese industrielle Gespensterproduktion und die Frage ihrer Macht eingehe, möchte ich noch einmal auf das Selbst zurückkommen. Noch nicht hinreichend geklärt scheint mir nämlich die Rede vom Selbst *als* Phantom. Oben hatte ich an Husserls Auffassung erinnert, dass ein phänomenologisches Erlebnis (ein Noema) einen intentionalen Bestandteil aufweise, der nicht real wäre. Dieses intentionale, aber nicht-reale Korrelat des Noemas, das, wie Derrida schreibt, eindeutig weder *in* der Welt noch *im* Bewusstsein lokalisiert werden könne, lässt sich m. E. als die Spur des Medialen erkennen, die nicht getilgt werden kann und die die Möglichkeit einer reinen Selbstpräsenz und eines unvermittelten Selbstbezugs subvertiert, weil und obwohl die Medialität die Bedingung jeder Erfahrung und Phänomenalität ist. Wahrnehmung und Bewusstsein, das sagte schon Freud, fallen nicht zusammen, auch wenn es uns so erscheinen mag. Es gibt eine irreduzible *différance*, die Freud in seiner Metapher vom Wunderblock zu veranschaulichen suchte (Freud 1975). Wahrnehmung ist bereits Erinnerung einer aufgezeichneten Wahrnehmungsspur. Eine lebendige Gegenwart im wörtlichen Sinne gibt es demnach so wenig wie die reine Echtzeit einer Lifesendung. Es handelt sich bei dem vermeintlichen Gegenwartserleben wie auch bei der technisch realisierten Echtzeit um einen Effekt der différance. In der Worten Derridas: „Die Bedingung der Möglichkeit der lebendigen, absolut realen Gegenwart ist bereits Gedächtnis, Antizipation, das heißt ein Spiel von Spuren" (Derrida/ Stiegler 2006: 145).

Das bedeutet aber, dass zwischen einer primären und einer sekundären Retention, einer lebendigen Gegenwart und einer Erinnerung, zwischen Wahrnehmung und Imagination, Realität und Fiktion nicht mehr klar unterschieden werden kann. Und wenn Medien wie die Schrift als Bedingungen von Selbst- und Welterfahrung fungieren, als Außenstützpunkte des Selbst, als Gedächtnistechniken und Erinnerungsprothesen, ohne die es keine Wahrnehmung, Erinnerung und kein Denken gäbe, dann wird vielleicht verständlich, dass das Selbst von Phantomen bevölkert ist, und zwar um so mehr, je mehr medial gespeicherte und übertragene Erfahrungen – Stiegler spricht hier von tertiären Retentionen – es aufnimmt.[11]

Wenn Derrida gegen Platons Kritik der Schrift den Einwand erhebt, dass Sprache immer schon Schrift ist, dann könnte man entsprechend gegen die alte Kritik des Films als Illusionsmedium einwenden, dass das reale Leben immer schon Kino ist. Der Unterschied zwischen einer realen und einer künstlichen Erfahrung, zwischen einer echten, präsenten, authentischen Gegenwart und einer

---

[11] Doch Vorsicht – denn zum einen darf diese „Aufnahme" nicht so verstanden werden, als würde ein bereits existierendes Selbst sich medial geprägte Erfahrungen und Weltinhalte aneignen und ihnen einen Ort in ihm geben, als wäre es ein Behälter, der mit Bildern, Bedeutungen, Vorstellungen, Erinnerungen und Geschichten aufgefüllt werden könnte. Das Selbst kann eben nicht als ein Ort oder eine Instanz verstanden werden, die Wahrnehmungen, Erfahrungen und Erinnerungen in (s)einem Innenraum versammelt, durch die die Inhalte eine Einheit und das Selbst seine Identität gewinnen könnte. Vielmehr wäre das Selbst posthermeneutisch zu konzipieren (vgl. Mersch 2010). Und zum anderen sei daran erinnert, dass das Selbst nicht nur von Phantomen bevölkert ist, sondern selbst den Status eines Phantoms hat.

unechten, sekundären und verfälschten Repräsentation wäre hinfällig, weil es nur noch darum ginge, ob man in einem guten oder schlechten Film wäre. Doch geht es mir hier weniger darum, ob sich wirklich analog zur arché-écriture so etwas wie ein arché-cinéma nachweisen ließe, sondern darum, was es für das Selbst bedeutet, dass aus dem Kino eine Industrie geworden ist.

4. Psychotechnologie

Vance Packard zitiert in seinem schon 1957 erschienen Buch „The hidden Persuaders" (1981) einen Artikel aus der *New York World-Telegram and Sun*, wo es heißt, es gehe darum, „beim Verbraucher die *Vorbedingungen* für den Kauf zu schaffen, indem man ihm die ‚story' des Produkts ‚ins Gehirn ätze'". Dies ist für Stiegler ein deutlicher Beleg dafür, dass das Problem nicht länger darin bestand, „wie man die Bevölkerung als Produktionsmaschine kontrollieren kann, sondern als Konsumtionsmaschine. Heute steht also nicht mehr die Biomacht auf dem Spiel, sondern die Psychomacht, die der Kontrolle und der Erzeugung von Motiven dient" (Stiegler 2009: 60). In dem Band „Die Logik der Sorge" (Stiegler 2008) beschreibt er daher, wie es den Marketingleuten darum geht, über den psychischen Apparat der Kinder und Jugendlichen die Kontrolle zu übernehmen, die Erwachsenengeneration in der Erziehung und Über-Ich-Bildung zu ersetzen und die Aufmerksamkeit der Kinder zu vereinnahmen. So zitiert er z. B. Patrick Le Lay, Geschäftsführer von TF 1: „Damit ein Werbespot beim Zuschauer ankommt, muss sein Gehirn verfügbar sein. Unsere Sendungen haben die Aufgabe, es verfügbar zu machen: Sie müssen das Gehirn unterhalten und es entspannen, um es jeweils zwischen zwei Werbespots für die Aufnahme vorzubereiten. Was wir also letztlich an Coca Cola verkaufen, ist verfügbare menschliche Gehirnzeit" (zit. nach Stiegler 2010: 42f.). Wenn man die industrielle Gesellschaft in eine hyperindustrielle Konsumtionsmaschine verwandeln wolle, müsse man eine neue libidinöse Ökonomie errichten (vgl. Hörl 2010; Stiegler 2010), was aber problematisch wäre, weil die Außerkraftsetzung der inter- und transgenerationellen Sorgesysteme die Identifikationsmöglichkeiten und damit die Konstitutionsbedingungen einer stabilen libidinösen Ökonomie zerstöre (Stiegler 2009: 62ff.). Das „Anliegen der Systeme zur Gewinnung der Zielgruppen" wäre es,

> „den durch das Ich und das Es und die damit verbundenen Kreisläufe der Transindividuation konstituierten psychischen Apparat durch Apparate der Psychotechnologie zu ersetzen, die die Kontrolle der Aufmerksamkeit ermöglichen und sich nicht mehr an das Wünschen richten, sondern an die Triebe. Dies geschieht durch das Kurzschließen des Generationenverhältnisses, durch Beseitigung der Unterschiede durch Auslöschung der Aufmerksamkeit für das

durch menschliche Erfahrung Vererbte, das sich in Gestalt von sekundären und tertiären Retentionen angehäuft hat und das die Wissensformen unterstützt. Die vergangene und die gegenwärtige Erfahrung werden kurzgeschlossen und auch der Entwurf auf eine zukünftige Erfahrung im voraus verhindert. Diese psychotechnologischen Apparate sind Bestandteil einer Psychomacht, die die Formierung der von Michel Foucault analysierten Biomacht vervollständigt, zugleich jedoch deren Schwergewicht verlagert" (Stiegler 2008: 28).

Die Psychomacht industrialisiere den Wunsch und zerstöre das Begehren (Stiegler 2009a: 20) und damit auch das Wissen, das mit jenem untrennbar verbunden wäre (ebd.: 66f.; Stiegler 2010: 56ff.). Daher müsse man gegen die kulturellen und kognitiven Technologien eine „Schlacht für die Intelligenz" aufnehmen (ebd.: 33, Zitat von François Fillon, Figaro 2.6.07).

Ich will hier nicht Stieglers Genealogie der industriellen Verfassung nachzeichnen, die unser individuelles wie auch gesellschaftliches Leben und Denken bestimmt und in deren Zentrum die Frage der Technik steht (vgl. Stiegler 2011). Ich möchte nur diejenigen Elemente kurz skizzieren, die mir für mein Thema relevant erscheinen. Zentral ist der schon von Leroi-Gourhan (1980) formulierte Gedanke der pharmakologischen Bedingung des Gedächtnisses in Form exteriorisierter Techniken. Überlieferung und die Weitergabe kulturellen Erbes über die Generationen setzen künstliche Gedächtnisse voraus, die erst eine Materialisierung von Zeit erlauben, ihre Verräumlichung, Speicherung, Reaktivierung, Rekonstruktion. (Stiegler 2009a: 45) Erst über den Umweg des Außen, der medialen Aufzeichnung, der Schrift gelinge die gedankliche Fassung und Sistierung des Gedachten als verinnerlichte Idee, der keine Interiorität vorausgehe.

Gegenwärtig vollzieht sich nach Stiegler eine Revolution der Mnemotechnologien, die die Zeitlichkeit selbst transformieren und die Kontrolle des Bewusstseins ermöglichen. Anknüpfend an Husserls *Vorlesungen zur Phänomenologie des inneren Zeitbewußtseins* und des Zeitobjekts, auf der seine gesamte Kritik der Psychomacht basiert, entwickelt Stiegler die These von der hyperindustriellen Produktion von Zeitobjekten. Wenn die Eigentümlichkeit eines Zeitobjekts darin liegt, dass seine zeitliche Ablaufstruktur „vollkommen homothetisch mit dem Ablaufen und Verfließen meines eigenen Bewusstseins ist" (ebd.: 71), dann wird es mit den technischen Medien möglich, diese Objekte industriell herzustellen und damit die Aufmerksamkeit zu vereinnahmen bzw. die Zeitlichkeit der Bewusstseine mit derjenigen der Zeitobjekte zu synchronisieren. Die visuellen und auditiven Zeitobjekte verströmen wie das Bewusstsein selbst, sie verlangen keine Übersetzungsarbeit wie die Schrift, Licht- und Tonfrequenzen erzeugen Wahrnehmungen und vermögen Re- und Protentionen selbst zu steuern. Man hört eine Stimme, nicht ein Stimmbild und nicht die Bedeutung „Stimme" (ebd.: 68). Die hyperindustriellen Zeitobjekte schreiben sich als Psychomacht ins

Gedächtnis ein und kontrollieren das Bewusstsein, d. h. Wahrnehmung, Urteilen und Entscheiden. Das Bewusstsein wird zum Teil eines Exterioritätsregimes, das in Form „tertiärer Retentionen" (ebd.: 76) oder medialer Mnemotechnologien die Erfahrungsräume und Erwartungszeiten vorstrukturieren, so dass man statt von der Intentionalität von seiner „Attentionalität" (ebd.: 14) sprechen müsste. In diesem Sinne könnte man sagen, dass sich Enzensbergers Begriff von der „Bewusstseinsindustrie" (1964) von einer diagnostischen Metapher zu einer buchstäblichen Realität gewandelt habe, da erst heute die technischen Möglichkeiten zur Verfügung stünden, mittels der industriellen Zeitobjekte zwischen dem Bewusstsein und der Industrie einen Kurzschluss herzustellen und die Aufmerksamkeit selbst zu lenken.

Wenn tertiäre Retentionen in Form von Speicher- und Übertragungsmedien geistig-kultureller Erinnerungen schon immer die Möglichkeitsbedingung waren für den Fortbestand und die Entwicklung menschlicher Gesellschaften, dann besteht auch die eigene Vergangenheit nicht nur aus dem Eigenen, d. h. aus selbst Erlebtem, d. h. primären und sekundären Retentionen. Man ist immer mehr als das, insofern man auch in gewisser Weise die Vergangenheit ist, die einen bewohnt und heimsucht, die einen in der Weise besitzt und besetzt, „wie ein Geist oder Geister einen Ort als Ort einräumen" (Stiegler 2009a: 66). Folgt man Stieglers Überlegungen, dann bedeuten die neuen Medien zusammen mit den psychotechnologischen Programmindustrien allerdings einen Kulturbruch. Der Prozess der „Industrialisierung und Kommerzialisierung des Gedächtnisses" bedeute das „Ende des Okzidents" und zugleich eine „katastrophale Krise der Geistesgeschichte" (ebd.: 78). Mit explizitem Bezug auf Adornos Begriff der „Kulturindustrie" wird kritisch angemerkt, dass „die Industrie den Fluss dieser Bewusstseinszeiten wenn nicht kontrollieren, so doch zumindest konditionieren" und zu neuen Verhaltensweisen bewegen könne (ebd.: 78). Daher gelte es, eine „Politik der Steigerung der individuellen und kollektiven Bewusstseinsschärfe" (ebd.: 88) zu ermöglichen, was jedoch keinesfalls bedeute, das Bewusstsein wieder zur Grundlage des Denkens und Handelns zu machen. Es wird, daran wird kein Zweifel gelassen, „als Gastgeber des Geistes und von Geistern bewohnt, die es heimsuchen und wie Bauchredner durch es hindurch sprechen. Genau das verdeutlicht der Begriff der tertiären Retention" (ebd.). Doch könne dies nicht als Alibi dafür herhalten, „auf eine Politik des Bewusstseins von der Schwäche des Bewusstseins" (ebd.) zu verzichten.

5. „Die Zukunft gehört den Gespenstern."

Ich hatte meinen Überlegungen ein Zitat von Derrida vorangestellt, in dem in gewisser Weise bereits alles gesagt ist, was ich hier also nur wiederholen konnte: „Was zwischen zweien passiert, wie zwischen Leben und Tod und zwischen allen anderen ‚zweien', die man sich vorstellen mag, das kann sich nur dazwischen halten und nähren dank eines Spuks" (Derrida 1995: 10). Unklar sind daher vielleicht die Spukverhältnisse, da man nicht genau unterscheiden kann, wer hier wen heimsucht. Gewiss, Derrida hat angefangen, er hat die Gespensterfrage ins Spiel gebracht, ihm ist das Diskursereignis zuzurechnen, die Erfindung oder Wiederentdeckung der von ihm so benannten „Hantologie" (aus heimsuchen, franz. „hanter", und „Ontologie"; ebd.: 27). Doch, wie er selbst schreibt, macht die Singularität eines Ereignisses aus einem ersten Mal „zugleich ein letztes Mal. Jedesmal ist ein erstes Mal ein letztes Mal, das ist das Ereignis selbst" (ebd.: 27). Daher ist es jedesmal anders. Auch hier also ist der Anfang ein erstes Mal und zugleich Wiederholung, und noch bevor ich darüber zu sprechen beginnen konnte, hat es angefangen zu spuken. Auch mein Sprechen ist – das ist kaum zu leugnen – heimgesucht von Derrida, der zu einem Phantom geworden ist, dem bereits die Zukunft gehört. Selbst hierbei soufliert er mir als mein Bauchredner, „dass es nicht möglich ist, diese Voreiligkeit zu vermeiden, dass jeder mit seinen Gespenstern liest, denkt, handelt, schreibt, auch wenn er es auf die Gespenster des anderen abgesehen hat" (ebd.: 219). Jacques Derrida z. B., er ist (m)ein Gespenst geworden, und er wusste es schon zu Lebzeiten und sprach darüber schon 1984 vor laufender Kamera mit seiner kurz nach den Filmaufnahmen verstorbenen Partnerin Pascale Ogier in dem Film „Ghost Dance" von Ken McMullen. Dort sagte er gleich zu Beginn der Szene zu Pascale Ogier, die ihn fragte, ob er an Gespenster glaube: „Ici, le phantôm, c'est moi." (16'10") Und kurz darauf: „Je pense, que l'avenir est aux phantôms, et que la technologie moderne des images, de la cinématographie, de la télecommunication decuple le pouvoir des phantôms, le retour des phantôms."

Einige Jahre später, 1993 in den Fernsehgesprächen mit Bernhard Stiegler, kommt er auf diese Szene zurück, und sagt – in Bezug auf die gerade laufende Aufzeichnung und möglicherweise in Begleitung des Gespenstes von Pascale Ogier etwas skeptischer als im Film:

> „Und da wir (…) wissen, dass dieses Bild (…) in unserer Abwesenheit reproduziert werden kann, da wir das jetzt schon wissen, werden wir bereits heimgesucht von dieser Zukunft, die unseren Tod in sich birgt. Unser Verschwinden ist schon da. (…) Wir werden, indem uns die Kamera aufnimmt, von vornherein zu Gespenstern [*spectralisé*], von Gespenstischem erfasst [*saisis de spectralité*]" (Derrida/Stiegler 2006: 133).

Und so bleibt einem kaum etwas anderes übrig, als die Phantome zur Kenntnis zu nehmen. „Sogar und vor allem dann, wenn das da, das *Gespenstige, nicht ist*" (Derrida 1995: 10). Diese Fortsetzung des Eingangszitats mündet in einer Passage, die, nachdem Derrida sich mit dem Wunsch auseinandergesetzt hat, endlich leben zu lernen – „Je voudrais apprendre à vivre enfin" (ebd.: 9) –, als Appell, als Bildungsprogramm oder als politische Zukunftsvision gelesen werden kann. So möchte ich mich abschließend noch einmal als Gastgeber und Bauchredner für einen Geist zur Verfügung stellen, von dem nicht klar ist, ob er es ist oder seiner: „Die Zeit des ‚lernen zu leben', eine Zeit ohne bevormundendes Präsens, käme auf das zurück, wohin der Auftakt uns führt: Lernen, *mit* den Gespenstern zu leben, in der Unterhaltung, der Gesellschaft oder der Kumpanei, im ungeselligen Verkehr mit den Gespenstern. Es würde heißen, anders zu leben und besser. Nicht besser, sondern gerechter. Aber *mit* ihnen" (ebd.: 11).

Literatur

Abraham, Nicolas/Torok, Maria (1979): Kryptonymie. Das Verbarium des Wolfsmanns. Mit einem Beitrag von Jacques Derrida. Frankfurt/M./Berlin/Wien: Ullstein

Ach, Johann S./Pollmann, Arnd (Hrsg.) (2006): no body is perfect. Baumaßnahmen am menschlichen Körper – Bioethische und ästhetische Aufrisse. Bielefeld: transcript

Anders, Günther (1980a): Die Antiquiertheit des Menschen. Bd.1: Über die Seele im Zeitalter der zweiten industriellen Revolution. München: C. H. Beck

Anders, Günther (1980b): Die Antiquiertheit des Menschen. Bd.2: Über die Zerstörung des Lebens im Zeitalter der dritten industriellen Revolution. München: C. H. Beck

Bedorf, Thomas/Röttgers, Kurt (Hrsg.) (2010): Das Politische und die Politik. Frankfurt/M.: Suhrkamp

Benner, Dietrich (1987): Allgemeine Pädagogik. Eine systematisch-problemgeschichtliche Einführung in die Grundstrukturen pädagogischen Denkens und Handelns. Weinheim/München: Juventa

Bolz, Norbert (1982): Tod des Subjekts. Die neuere französische Philosophie im Zeichen Nietzsches. In: Zeitschrift für philosophische Forschung 36, H. 3. 444-452

Bolz, Norbert (1993): Am Ende der Gutenberg-Galaxis. München: Wilhelm Fink

Bröckling, Ulrich (2007): Das unternehmerische Selbst. Soziologie einer Subjektivierungsform, Frankfurt/M.: Suhrkamp

Bröckling, Ulrich/Krasmann, Susanne/Lemke, Thomas (Hrsg.) (2004): Glossar der Gegenwart. Frankfurt/M: Suhrkamp

Bublitz, Hannelore (2010): Im Beichtstuhl der Medien. Die Produktion des Selbst im öffentlichen Bekenntnis. Bielefeld: transcript

Butler, Judith (2001): Psyche der Macht. Das Subjekt der Unterwerfung. Frankfurt/M.: Suhrkamp

Coenen, Christopher/Gammel, Stefan/Heil, Reinhard/Woyke, Andreas (Hrsg.) (2010): Die Debatte über ‚Human Enhancement'. Historische, philosophische und ethische Aspekte der technologischen Verbesserung des Menschen. Bielefeld: transcript

Degele, Nina (2004): Sich schön machen. Zur Soziologie von Geschlecht und Schönheitshandeln, Wiesbaden: VS Verlag für Sozialwissenschaften

Derrida, Jacques (1974): Grammatologie. Frankfurt/M.: Suhrkamp

Derrida, Jacques (1979): FORS. Die Winkelwörter von Nicolas Abraham und Maria Torok. In: Abraham/Torok (1979): 5-58

Derrida, Jacques (1987): Die Postkarte – von Sokrates bis an Freud und jenseits. 2. Lieferung. Berlin: Brinkmann & Bose

Derrida, Jacques (1995): Marx' Gespenster. Frankfurt/M.: Fischer Taschenbuch

Derrida, Jacques (1995a): Platons Pharmazie. In: Ders.: Dissemination. Wien: Passagen: 69-190

Derrida, Jacques (2003): Einsprachigkeit. München: Wilhelm Fink

Derrida, Jacques /Stiegler, Bernard (2006): Echographien. Fernsehgespräche. Wien: Passagen

Dzierzbicka, Agnieszka/Schirlbauer, Alfred (Hrsg.) (2006): Pädagogisches Glossar der Gegenwart. Wien: Erhard Löcker

Foucault, Michel (1977): Überwachen und Strafen. Die Geburt des Gefängnisses. Frankfurt/M.: Suhrkamp

Foucault, Michel (1986): Der Gebrauch der Lüste. Sexualität und Wahrheit 2. Frankfurt/M.: Suhrkamp

Foucault, Michel (2005): Technologien des Selbst. Dits et Ecrits IV. Frankfurt/M.: Suhrkamp: 966-999

Freud, Sigmund (1974a): Totem und Tabu (1912-13). In: Studienausgabe Bd. IX. Frankfurt/M.: S. Fischer: 278-444

Freud, Sigmund (1974b): Der Mann Moses und die monotheistische Religion: Drei Abhandlungen (1939). In: Studienausgabe Bd. IX. Frankfurt/M.: S. Fischer: 455-583

Freud, Sigmund (1975): Notiz über den „Wunderblock" (1925). In: Studienausgabe Bd. III. Frankfurt/M.: S. Fischer: 363-370

Gamm, Gerhard (1992): Die Macht der Metapher. Im Labyrinth der modernen Welt. Stuttgart: J. B. Metzler

Gamm, Gerhard (2004): Der unbestimmte Mensch. Zur medialen Konstruktion von Subjektivität. Berlin/Wien: Philo

Gugutzer, Robert (Hrsg.) (2006): body turn. Perspektiven der Soziologie des Körpers und des Sports. Bielefeld: transcript

Hegener, Wolfgang (1997): Zur Grammatik Psychischer Schrift. Systematische und historische Untersuchungen zum Schriftgedanken im Werk Sigmund Freuds. Tübingen: edition diskord

Herbrechter, Stefan (2009): Posthumanismus. Eine kritische Einführung. Darmstadt: Wissenschaftliche Buchgesellschaft

Hörl, Erich (2010): Wunsch und Technik. Stieglers Genealogie des Begehrens. In: Stiegler (2010): 7-36

Hörl, Erich (Hrsg.) (2011): Die technologische Bedingung. Berlin: Suhrkamp

Husserl, Edmund (1991): Ideen zu einer reinen Phänomenologie und phänomenologischen Philosophie. Zweites Buch: Phänomenologische Untersuchungen zur Konstitution. Husserliana Bd. IV (Reprint von 1952). Dordrecht: Kluwer Academic Publishers

De Kerckhove, Derrick/Leeker, Martina/Schmidt, Kerstin (Hrsg.) (2008): McLuhan neu lesen. Kritische Analysen zu Medien und Kultur im 21. Jahrhundert. Bielefeld: transcript

Kittler, Friedrich A. (1993): Die Welt des Symbolischen – eine Welt der Maschine. In: Ders.: Drakulas Vermächtnis. Technische Schriften. Leipzig: Reclam: 58-80

Kittler, Friedrich A./Tholen, Georg Christoph (1989): Einleitung. In: Dies. (Hrsg.): Arsenale der Seele. München: Wilhelm Fink: 7-12

Klass, Tobias (2010): Das Gespenst des Politischen. Anmerkungen zur „politischen Differenz". In: Bedorf/Röttgers (2010): 303-334

Borrel, Philippe (2012): Welt ohne Menschen. Dokumentation. Arte am 23.10.2012. Frankreich

Krämer, Sybille (1978): Das Medium als Spur und als Apparat. In: Dies. (Hrsg.): Medien Computer Realität. Wirklichkeitsvorstellungen und Neue Medien: Frankfurt/M.: Suhrkamp: 73-94

Lacan, Jacques (1973): Schriften I. Olten: Walter

Lash, Scott (2011): Technik und Erfahrung. Vom Kantischen Subjekt zum Zeitsystem. In: Hörl (2011): 333-364

Leroi-Gourhan, André (1980): Hand und Wort. Die Evolution von Technik, Sprache und Kunst. Frankfurt/M.: Suhrkamp

Lipowatz, Thanos (2005): Der „Fortschritt in der Geistigkeit" und der „Tod Gottes". Würzburg: Königshausen & Neumann

Mayer, Ralf (2011): Erfahrung – Medium – Mysterium. Studien zur medialen Technik in bildungstheoretischer Absicht. Paderborn: Schöningh

McMullen, Ken (2006): Ghost Dance (1984), DVD, Mediabox Limited

Mersch, Dieter (2008): Tertium datur. Einleitung in eine negative Medientheorie. In: Münker/Roesler (2008): 304-321

Mersch, Dieter (2010): Posthermeneutik. Deutsche Zeitschrift für Philosophie, Sonderband 26, Berlin.

Mittmansgruber, Markus (2012): Das „Gespenst" und seine Apokalypse. Von Jacques Derridas Körper. Wien: Passagen

Münker, Stefan/Roesler, Alexander (Hrsg.) (2008): Was ist ein Medium? Frankfurt/M.: Suhrkamp

Nancy, Jean-Luc (2011): Von der Struktion. In: Hörl (2011): 54-72

Pfaller, Robert (2002): Die Illusionen der anderen. Über das Lustprinzip in der Kultur. Frankfurt/M.: Suhrkamp

Pongratz, Ludwig A./ Wimmer, Michael/Nieke, Wolfgang/Masschelein, Jan (Hrsg.) (2004): Nach Foucault. Diskurs- und machtanalytische Perspektiven der Pädagogik. Wiesbaden: VS Verlag für Sozialwissenschaften

Posch, Waltraud (2009): Projekt Körper. Wie der Kult um die Schönheit unser Leben prägt. Frankfurt/M.: Campus

Rang, Otto (1993): Der Doppelgänger (1925). Wien: Turia + Kant

Reichert, Ramón (2008): Amateure im Netz: Selbstmanagement und Wissenstechnik im Web 2.0. Bielefeld: transcript

Reuter, Julia (2011): Geschlecht und Körper. Studien zur Materialität und Inszenierung gesellschaftlicher Wirklichkeit. Bielefeld: transcript

Ricken, Norbert/Balzer, Nicole (Hrsg.) (2012): Judith Butler: Pädagogische Lektüren. Wiesbaden: Springer VS

Rieger, Stefan (2003): Kybernetische Anthropologie. Eine Geschichte der Virtualität. Frankfurt/M.: Suhrkamp

Schäfer, Alfred (2004): „Die Seele: Gefängnis des Körpers". In: Pongratz/Wimmer/Nieke/Masschelein (2004): 97-113

Schroer, Markus (Hrsg.) (2005): Soziologie des Körpers. Frankfurt/M.: Suhrkamp

Seier, Andrea/Surma, Hanna (2008): Schnitt-Stellen – Mediale Subjektivierungsprozesse in THE SWAN. In: Villa (2008): 173-198

Seifert, Edith (2008): Seele-Subjekt-Körper. Freud mit Lacan in Zeiten der Neurowissenschaft. Gießen: Psychosozial-Verlag

Sloterdijk, Peter (1999): Regeln für den Menschenpark. Frankfurt/M.: Suhrkamp

Sloterdijk, Peter (2009): Optimierung des Menschen? Vortrag an der Universität Tübingen am 6.12.2005, DVD im Quartino-Verlag, München.

Stadler, Ulrich (2005): Gespenst und Gespenster-Diskurs im 18. Jahrhundert. In: Baßler, Moritz/ Gruber, Bettina/Wagner-Egelhaaf, Martina (Hrsg.): Gespenster. Erscheinungen, Medien, Theorien. Würzburg: Königshausen & Neumann: 127-140

Stiegler, Bernard (2008): Die Logik der Sorge. Verlust der Aufklärung durch Technik und Medien. Frankfurt/M.: Suhrkamp

Stiegler, Bernard (2009): Von der Biopolitik zur Psychomacht. Frankfurt/M.: Suhrkamp

Stiegler, Bernard (2009a): Denken bis an die Grenzen der Maschine. Zürich/Berlin: diaphanes

Stiegler, Bernard (2010): Hypermaterialität und Psychomacht. Zürich: diaphanes

Stiegler, Bernard (2011): Allgemeine Organologie und positive Pharmakologie. In: Hörl (2011): 110-146

Thacker, Eugene (2011): Vermittlung und Antivermittlung. In: Hörl (2011): 306-332

Tholen, Georg Christoph (2008): Mit und nach McLuhan. Bemerkungen zur Theorie der Medien jenseits des anthropologischen und instrumentellen Diskurses. In: Kerckhove/Leeker/ Schmidt (2008): 127-139

Turkle, Sherry (1998): Leben im Netz. Identität im Zeitalter des Internet. Reinbek bei Hamburg: Rowohlt

Villa, Paula-Irene (Hrsg.) (2008): schön normal. Manipulationen am Körper als Technologien des Selbst. Bielefeld: transcript

Wahl, François (1973): Die Philosophie diesseits und jenseits des Strukturalismus. In: Ders. (Hrsg.): Einführung in den Strukturalismus. Frankfurt/M.: Suhrkamp: 327-480

Weber, Samuel M. (1978): Rückkehr zu Freud. Jacques Lacans Ent-stellung der Psychoanalyse. Frankfurt/M./Berlin/Wien: Ullstein

Welsch, Wolfgang (1991): Subjektsein heute. In: Deutsche Zeitschrift für Philosophie 39, H. 4. 347-365

Autorinnen und Autoren

Gerhard Gamm, Dr. phil. habil., Professor für Philosophie an der Technischen Universität Darmstadt. Sein Forschungsinteresse gehört der Philosophie der modernen Welt, u. a. der Rolle, die Kunst und Technik, Wissenschaft und Gesellschaft darin spielen sowie der Frage, welche Bedeutung in diesem Zusammenhang dem Unbestimmbaren und Ungewissen, dem unsicheren und unscharfen Wissen, der Ambivalenz und dem Unentscheidbaren zukommt.
Kontakt: gamm@phil.tu-darmstadt.de

Angela Höller, M.A. Erziehungswissenschaft an der Martin-Luther-Universität Halle-Wittenberg. Interessenschwerpunkte: Erziehungswissenschaftliche Theoriebildung; Bildungsforschung; erziehungswissenschaftliche Anknüpfungen im Kontext von Theater und Performance.
Kontakt: AngelaHoeller@web.de

Kerstin Jergus, Dr. phil., wissenschaftliche Mitarbeiterin am Arbeitsbereich „Allgemeine Erziehungswissenschaft unter besonderer Berücksichtigung der Bildungstheorie und kulturwissenschaftlichen Bildungsforschung" an der Martin-Luther-Universität Halle-Wittenberg. Arbeitsschwerpunkte: Bildungstheorie und Bildungsforschung; pädagogische Theoriebildung; Poststrukturalismus und kulturwissenschaftliche Forschungsperspektiven; Diskursanalyse; Ethnographie; Probleme sozialer Ordnung.
Kontakt: kerstin.jergus@paedagogik.uni-halle.de

Sandra Koch, Dipl.-Päd., wissenschaftliche Mitarbeiterin im DFG-Projekt „Autorisierungen des pädagogischen Selbst. Adressierungspraktiken in Fortbildungsveranstaltungen" an der Martin-Luther-Universität Halle-Wittenberg. Arbeitsschwerpunkte: Sozialwissenschaftliche Kinder- und Kindheitsforschung; Diskurstheorie und -analyse; erziehungswissenschaftliche Bildungsforschung; Institutionen der (frühkindlichen) Bildung.
Kontakt: sandra.koch@paedagogik.uni-halle.de

Rainer Kokemohr, Dr. phil., em. Professor für Allgemeine Erziehungswissenschaft an der Universität Hamburg und Chair Professor an der National ChengChi Universität Taipeh, Taiwan. Arbeitsschwerpunkte: Bildungsprozesstheorie; Bildungsphilosophie im interkulturellen Kontext gesellschaftlicher Transformationsprozesse; Interaktionsforschung; Biographieforschung. Langjähriges Arbeitsprojekt: Feldforschung und wissenschaftliche Verantwortung in Gründung und Aufbau einer Reformschule, eines Lehrerbildungsinstituts, einer Universität in Kamerun. Kontakt: RKokemohr@gmx.de

Jens Oliver Krüger, Dr. phil., wissenschaftlicher Mitarbeiter im DFG-Projekt „Exzellenz im Primarbereich" am Zentrum für Schul- und Bildungsforschung der Martin-Luther-Universität Halle-Wittenberg. Arbeitsschwerpunkte: Schnittstellen zwischen Bildungsforschung, Kulturwissenschaften und Sprachphilosophie; qualitative Empirie. Kontakt: oliver.krueger@zsb.uni-halle.de

Ralf Mayer, Dr. phil., wissenschaftlicher Mitarbeiter im Arbeitsbereich „Systematische Erziehungswissenschaft" an der Martin-Luther-Universität Halle-Wittenberg. Arbeitsschwerpunkte: Erziehungs- und bildungsphilosophische Fragestellungen unter Aufnahme kritisch-theoretischer und poststrukturalistischer Ansätze; Gesellschaftstheorie; Politische Philosophie und Psychoanalyse; Medientheorie und Technikphilosophie. Kontakt: ralf.mayer@paedagogik.uni-halle.de

Gesine Nebe, Dipl.-Päd., M.A. Early Childhood Education and Care, wissenschaftliche Mitarbeiterin am Arbeitsbereich „Sozialpädagogik mit dem Schwerpunkt ‚Pädagogik der frühen Kindheit'" an der Martin-Luther-Universität Halle-Wittenberg. Arbeitsschwerpunkte: Sozialwissenschaftliche Kindheitsforschung; Sozialpädagogik mit dem Schwerpunkt ‚Frühe Kindheit'; Formen und Praxen von Beobachtung und Dokumentation in Kindertagesstätten; Ethnographie. Kontakt: gesine.nebe@paedagogik.uni-halle.de

Ludwig A. Pongratz, Dr. paed., Professor i. R. für Allgemeine Pädagogik und Erwachsenenbildung an der TU Darmstadt. Arbeitsschwerpunkte: Allgemeine Pädagogik; Erziehungs- und Bildungsphilosophie; pädagogische Methodologie und Theoriegeschichte; Kritische Theorie bzw. Bildungstheorie; Erwachsenenbildung/Weiterbildung. Kontakt: l.pongratz@apaed.tu-darmstadt.de

Kirsten Puhr, Dr. phil., Professorin für Soziale und Berufliche Integration am Arbeitsbereich „Sonderpädagogische Grundlagen und Handlungsfelder" der Pädagogischen Hochschule Heidelberg. Arbeitsschwerpunkte: Theoriebildungen, pädagogische und sozialpolitische Praxen der Konzepte Inklusion/Exklusion, Heterogenität und Diversität.
Kontakt: kirsten.puhr@ph-heidelberg.de

Sarah-Marie Puhr, Magisterstudentin der Philosophie und der Germanistischen Literaturwissenschaft an der Martin-Luther-Universität Halle-Wittenberg. Arbeitsschwerpunkte: Identitätsphilosophie und Frühromantik.
Kontakt: sarah-marie.puhr@arw.uni-halle.de

Norbert Ricken, Dr. phil. habil., Professor für Erziehungswissenschaft mit dem Schwerpunkt „Theorie und Geschichte von Erziehung und Bildung" an der Universität Bremen. Arbeitsschwerpunkte: Theorie und Philosophie der Bildung; Grundfragen erziehungswissenschaftlicher Theoriebildung; Subjektivitäts-, Intersubjektivitätstheorie und Anerkennungstheorie sowie Subjektivationsforschung; ethnographische und diskursanalytische Bildungsforschung.
Kontakt: ricken@uni-bremen.de

Sabrina Schenk, Dipl.-Päd., wissenschaftliche Mitarbeiterin am Institut für Pädagogik an der Martin-Luther-Universität Halle-Wittenberg. Arbeitsschwerpunkte: Konstitutionsfragen der Pädagogik; Grundlagenprobleme der Erziehungs- und Bildungsphilosophie; Relationierungsweisen von Theorie und Empirie.
Kontakt: sabrina.schenk@paedagogik.uni-halle.de

Kristin Scholz, M.A. Erziehungswissenschaft, studentische Hilfskraft am Arbeitsbereich „Systematische Erziehungswissenschaft" an der Martin-Luther-Universität Halle-Wittenberg. Arbeitsschwerpunkte: Erziehungs- und Bildungsphilosophie; interdisziplinäre Perspektiven zur Subjekt- und Bildungsforschung.
Kontakt: Kristinscholz@gmx.de

Sabrina Schröder, M.A. Erziehungswissenschaft, wissenschaftliche Hilfskraft im DFG-Projekt „Autorisierungen des pädagogischen Selbst. Adressierungspraktiken in Fortbildungsveranstaltungen" an der Martin-Luther-Universität Halle-Wittenberg. Arbeitsschwerpunkte: Erziehungswissenschaftliche Theoriebildung; Bildungsforschung; Subjektivierung im Kontext von Gouvernementalitätsforschung.
Kontakt: SabrinaSchr@yahoo.de

Pauline Starke, M.A. Erziehungswissenschaft, wissenschaftliche Mitarbeiterin im DFG-Projekt „Autorisierungen des pädagogischen Selbst. Adressierungspraktiken in Fortbildungsveranstaltungen" an der Martin-Luther-Universität Halle-Wittenberg. Arbeitsschwerpunkte: Erziehungswissenschaftliche Theoriebildung; empirische Bildungsforschung (Ethnographie, Diskursanalyse); Subjekt- und Praxistheorien.
Kontakt: pauline.starke@paedagogik.uni-halle.de

Christiane Thompson, Dr. phil. habil., Professorin für Allgemeine Erziehungswissenschaft unter besonderer Berücksichtigung der Bildungstheorie und kulturwissenschaftlichen Bildungsforschung an der Martin-Luther-Universität Halle-Wittenberg. Arbeitsschwerpunkte: Bildungs- und Erziehungsphilosophie; Pädagogik und Kritik; historisch-systematische Pädagogik; Empirie und Systematik pädagogischer Prozesse an der Schnittstelle von Sprache, Kultur und Macht.
Kontakt: christiane.thompson@paedagogik.uni-halle.de

Anna Tuschling, Dr. phil., Juniorprofessorin für Medien und anthropologisches Wissen an der Ruhr-Universität Bochum. Arbeitsschwerpunkte: Mediengeschichte der Affektforschung; Kritische Medienanthropologie; Kulturtheorien der Angst; Geschichte der Digitalität; Lerntechniken und Lernregimes.
Kontakt: anna.tuschling@rub.de

Paula-Irene Villa, Dr. rer. soc., Professorin für Soziologie/Gender Studies an der LMU München. Arbeitsschwerpunkte: Soziologische und Geschlechterwissenschaftliche Theorien; Kultur- und Körpersoziologie; Biopolitik, Gender & Science.
Kontakt: www.gender.soziologie.uni-muenchen.de

Michael Wimmer, Dr. phil. habil., Professor für Systematische Erziehungswissenschaft an der Universität Hamburg. Arbeitsschwerpunkte: Erziehungs- und Bildungsphilosophie im Kontext gesellschaftlicher Transformationsprozesse; Differenzphilosophie und Erziehungswissenschaft; Psychoanalyse, Medientheorie und Kulturwissenschaft; Ethik, Politik und Pädagogik.
Kontakt: Michael.Wimmer@uni-hamburg.de

Handbücher Erziehungswissenschaft

Rudolf Tippelt | Bernhard Schmidt (Hrsg.)
Handbuch Bildungsforschung
3., durchges. Aufl. 2010. 1058 S. Geb.
EUR 79,95
ISBN 978-3-531-17138-8

Rudolf Tippelt | Aiga von Hippel (Hrsg.)
Handbuch Erwachsenenbildung/ Weiterbildung
5. Aufl. 2011. 1105 S. Geb.
EUR 79,95
ISBN 978-3-531-18428-9

Herbert Altrichter | Katharina Maag Merki (Hrsg.)
Handbuch Neue Steuerung im Schulsystem
2010. 467 S. (Educational Governance Bd. 7) Br. EUR 39,95
ISBN 978-3-531-16312-3

Robert Heyer | Sebastian Wachs | Christian Palentien
Handbuch Jugend - Musik - Sozialisation
2012. ca. 550 S. mit 40 Abb. u. 40 Tab. Br.
ca. EUR 49,95
ISBN 978-3-531-17326-9

Margrit Stamm | Doris Edelmann
Handbuch Frühkindliche Bildungsforschung
2013. ca. 500 S. Br. ca. EUR 49,95
ISBN 978-3-531-18474-6

Marita Kampshoff | Claudia Wiepcke
Handbuch Geschlechterforschung und Fachdidaktik
2012. ca. 620 S. Geb. ca. EUR 59,95
ISBN 978-3-531-18222-3

Christoph Wulf | Jörg Zirfas
Handbuch pädagogische Anthropologie
2013. ca. 480 S. Br. ca. EUR 59,95
ISBN 978-3-531-18166-0

Angela Tillmann | Sandra Fleischer | Kai-Uwe Hugger
Handbuch Kinder und Medien
2013. ca. 480 S. Geb. ca. EUR 49,95
ISBN 978-3-531-18263-6

Erhältlich im Buchhandel oder beim Verlag.
Änderungen vorbehalten. Stand: Januar 2012.

Einfach bestellen:
SpringerDE-service@springer.com
tel +49 (0)6221 / 345 – 4301
springer-vs.de

Springer VS